中文數位探索

THE CHINESE COMPUTER

A Global History of The Information Age

從漢字輸入到電腦中文化的壯闊歷程

墨磊寧 Thomas S. Mullaney 著

吳國慶——譯

本書出自哥倫比亞大學維澤赫德東亞研究所的研究。

哥倫比亞大學「維澤赫德東亞研究所」（Weatherhead East Asian Institute）的研究始於一九六二年，目的在向廣大群眾展示關於現代和當代東亞新的重要研究成果。

各界推薦

「這是一部生動、精確且富有挑戰性的發明家和技術人員的歷史，他們教會了電腦不同的書寫方式。中文電腦使運算的歷史去地方化。」

——安東尼・格拉夫頓（Anthony Grafton），普林斯頓大學

「墨磊寧這本引人入勝且研究精巧的書闡明了使西方電腦與漢字相容所需的獨創性。透過詢問在電腦時代寫作意味著什麼，這部重要的著作為電腦歷史開闢了新的方向。」

——伊頓・麥地那（Eden Medina），麻省理工學院科學、技術與社會項目學程

「墨磊寧透過對數位時代中國輸入的引人入勝的描述，改寫了全球運算歷史的劇本。《中文數位探索》構思巧妙，研究精湛，是一次勝利之作。」

——維克特・蕭（Victor Seow），《碳技術統治》（Carbon Technocracy）作者

「墨磊寧扣人心弦的敘述充滿了歷史和技術見解，大膽宣稱中文運算已經改變了書寫本身的本質。」

——澤夫・韓德爾（Zev Handel），《漢學》（Sinography）作者

「這本精彩的書記錄了一些原本會丟失的事件：計算機如何使中文輸入演變成當今的高效形式。」

——肯．朗德（Ken Lunde），《中日韓越訊息處理》（CJKV Information Processing）作者

「這本書揭示了中文電腦輸入發明的迷人歷史，以前連人機交互專家都不知道，現在首次揭曉了。」

——翟樹民（Shumin Zhai），Google首席科學家兼 Gboard 總監

「從打字機到電腦，墨磊寧不只讓日常生活科技現身歷史，更透過這些發明開展跨學科，超越在地與全球，文化與社會框架的宏觀論述，精彩地為『長20世紀文明』立下關鍵註腳。」

——郭文華（國立陽明交通大學科技與社會研究所教授）

「如果說墨磊寧在《中文打字機》開啟了中文『輸入』的先聲，那麼，《中文數位探索》要探詢的就是『如何能夠機械化地輸入成千上萬的漢字？』墨磊寧告訴我們中文輸入法最初是由非西方使用者為了適應主流的英語鍵盤所發明，但這不意味非英語系語言在現代技術中處於劣勢。相反地，這將引領我們重新思考現代資訊史中『西方』與『非西方』之間的認識論與技術權力樣態。」

——陳建守（中央研究院近代史研究所副研究員）

目錄

Chapter 3

Chapter 4

Chapter 5

Chapter

6

本書獻給湯瑪斯（Thomas，一九四五～二〇一七），奧菲歐（Orfeo，二〇一八～），瑪利（Merri，一九四五～二〇二一）以及亞瑟（Arthur，二〇二一～），真心希望你們能共聚一堂。

漢字進入電腦的漫長歷史，以及其中曲折的人性故事

張俊盛（國立清華大學資訊工程系教授、自然語言處理研究室主持人）

拼音文字幾乎是語音的孿生姐妹，學習起來容易，也容易排列檢索。相對地，漢語的象形文字就很難有簡單的排列、檢索的安排。在電腦發明之後，這個差異更顯得突出：漢語或者中文，遲遲無法和人類歷史上最重要的工具發明結合。使用者很難把資訊傳入電腦處理（這就是所謂的「中文輸入法」），在電腦中表達中文資訊。

出乎一般人認知，漢字其實某種程度上是非常倚重「音」的訊息。雖然漢字有六種構成的法則（六書）：象形、指事、會意、形聲、轉注、假借。其中，會意字在說文解字中有一一六七個，占十二%，數量比象形、指事為多。其實，最多的反而是形聲字，但語音卻無系統的借用「漢字」來表達，不像羅馬文字用二十六字母有系統來表達聲音。

雖然，我也提出一項中文輸入法的專利（多重模式注音符號碼之解碼裝置，發明專利第00181367號，證書號056598，中華民國專利公報，十九卷，十期，一九九二年四月一日），執行過倚天公司委託的中文輸入法研究案。我對中文輸入法所知受限於臺灣，也受限於個人電腦的世界。墨磊寧教授的這本書讓我大開眼界。

本書詳細敘述漢字進入電腦的漫長歷史，不僅僅有技術的層面，有各式各樣的圖表，影像：從大鍵盤、形象代碼、語音代碼、對應到英文鍵盤、儲存為內碼、記錄字型的艱辛過程。我特別欣賞他講故事追新聞的功力。比如說，他描述IBM展示中文電腦的新聞照片，圖中當然有風度翩翩但有點緊張的發明人高仲芹。展示成不成功，其實有賴熟練地操作電腦鍵盤的一位搶眼年輕女士。第一位中文電腦打字員葛瑞絲·湯（Grace Tong）。其實，照片上的年經女士另有其人，就是出生在廣東，遠嫁美國的劉淑蓮。墨磊寧教授當時已經認識了高仲芹的專業聲譽和家世，但是不知道這位女士是誰。身為一位歷史教授，他自然想知道她的名字，了解背後的故事。書上描述教授歷經了十年功，居然找到她——。接著就是一段動人的故事。

高仲芹用電華打字機寫給IBM總裁的第一封中文信：

日期：一九四六年二月二日

親愛的華生先生：

由於你的遠見和慷慨支持，讓我有幸使用這台打字機，寫下有史以來第一封中文打字信件給你。

讀到這裡，讀者妳可能已經了解到這本書同時間紀錄了一項偉大的科學發明和突破，以及其中曲曲折折的人性故事。

他追溯IBM要讓電腦中文的起點，搜集了美中台三地，甚至是日本的漢字電腦化的研究開發，鉅細靡遺，娓娓道來，令人動容。

最後，我也來談一下我個人的中文輸入法故事。補充一下這本的臺灣部分，希望不是狗尾續貂，或許勾起大家臺灣的回憶，重回中文輸入法風起雲湧的時代。我來談談臺灣的中文輸入法的場景，我熟識的幾位最要角：倚天、松下、朱邦復、許聞廉。

日本當然很需要日文電腦化，因為漢字也是日文的三種字體之一，日文電腦發展的歷程也影響到臺灣。日文早期也有大鍵盤的漢字打字機。之後，就朝向漢字讀音的輸入法，可以羅馬拼音或直接用仮名（平假名、片假名）輸入，透過選字、選詞。這時候如果能用語言模型就可以排列選擇，預測最可能的選項。松下公司的臺灣分公司的周峻慧，繼而在臺灣用同樣的想法，開發「漢音輸入法」是當時第一個拼音／注音的智慧型輸入法，廣為大家所愛用。當時內建於宏碁與微軟、資策會合作的中文 MS-DOS 3.21 版中。之後，中央研究院的許聞廉研究員，也開發了「自然輸入法」，用人工撰寫的規則表達詞語前後的搭配關係，來強化預測的準確性。

朱邦復自一九七七年開始因為參與軍方發展中文通訊系統，而投入研究漢字的檢索問題，從傳統的「部首、筆畫數」出發，設計了「形意檢字法」，後來演變成家喻戶曉的「倉頡中文輸入法」。倉頡簡化部首為二十四個「倉頡字母」來配合電腦鍵盤的二十四個英文字母。非學院派的朱邦復不拘泥於文字學家對部首的認定，而是直覺地由「上、左、外」而到「下、右、內」順序，來分解漢字、簡化部件、處理例外，編製一字一碼，互不重疊「倉頡碼」。

「倉頡碼」有顯著的優點，合乎直覺、易記、易維持之效。首先朱邦復透過巧妙的設計，達到一字一碼，不用選字的效果。然而，初學者無法做到「想打」想到一字，馬上浮現「倉頡碼」馬上打字。不過，「倉頡」經過短時間的學習，就能上手，最後達到盲打。

在中文電腦，中文輸入法風起雲湧的時代，許多人都技癢，想要有所創新有所貢獻。筆者那時開始在清華大學資工系執教，就因緣際會設計了一套中文輸入法。我在清華的日子教學研究之初就滿腦子實務應用，沒用心在學術發表。即使在學術發表有進展，也都是發表一些輕量級的demo papers，枉費我在NYU苦學了那麼多理論。其中一項業外收獲就是中文輸入法的專利——我成功獲得中華民國專利，並且得到國科會補助專利申請費用。後來，有機會得到倚天公司委託，繼續研究中文輸入法。但是，這一項專利一直束諸高閣，沒有化成產品服務社會。

二〇二〇年一月，有一天安裝了新版蘋果作業系統、輸入法後，突然發現自己宛如夢裏，試用起自己發明的中文輸入法，一方面高興，一方面也難以置信。近日受臺灣商務印書館之邀，為本書執筆做序，便翻出我的中文輸入法專利，來自娛一下。

申請專利範團：

一種多重模式注音符號碼之解碼裝置；多重模式注費符號碼將中文調以多種方式編碼，即

1. 詞的全部讀音
2. 省略末字以外的非首音符號（及／或四聲）
3. 省略每字的非首音符號（及／或四聲）

皆可視為一中文詞的注音符號碼；

解碼裝置包含下列步驟：

（a）初期化，設定堆疊為起始處理狀況

（b）取出堆疊頂端記錄，並判斷是否成功

（c）若成功，則由代碼記錄的最後位置往檢查，找到可以構成一字的首碼或全碼符號，記錄新的代碼間隔及目前編碼模式

（d）若有多種構成一個字的首音或全音符

專利文長，就不贅述。總之，我們有幸讀到墨磊寧教授的中文電腦的壯闊歷史，科技人的苦苦追尋解答的動人故事，臺灣、日本、美國、中國很多人一再嘗試，這些一時豪傑都有階段性的成功，他們的解決方案，都有眾多的追隨者。隨著技術的推進，前人嘗試被無情地取代。中文電腦的技術，不受限於使用漢語的臺灣、中國、日本，美國也扮演了相當重要的角色，就像在容量很低的 IBM 個人電腦的擴充槽，插入漢字字型卡的方式，就是出自一位美國年輕人的構想。總之要感謝史上這麼多人的努力，讓中文電腦成為可能。

致謝

早上八點四十九分，我錯過了我哥打來的電話，那是二〇二一年一月下旬的某個星期六。當時在後座躺著的亞瑟，出生還不滿兩天，奇雅拉和我正開車載著亞瑟第一次進醫院。而我的大兒子奧非歐在托兒所，剛開始踏上所謂「兄弟情誼」的那條奇妙月令他感到困惑的道路上。史考特在八點五十六分又打電話來，這次我接到了。

嗨，史考特。應該不會是什麼好消息，對吧？

恐怕不是，老媽今天早上去世了。

我已經盡可能做好了心理準備。這一切在幾個月前就開始了。第一通電話是媽媽的醫生發現了一些東西，第二通說癌症已經擴散，第三通就是媽媽開始接受安寧照護。

在第三通電話之後，我的身體開始產生抗拒。一切是從我熟睡時開始，我在睡夢中猛烈咬碎了自己的後臼齒。我以前從沒看過牙齒裡面長什麼樣子，那次終於看到了，牙齒裡面是明亮的紫色牙髓，如同鏡中的晨光一樣清晰。

兩天後，這種身體抗拒也蔓延到我清醒的時候。午餐喝了兩杯啤酒後，我在開車回家的路上尿了褲子。就在我家路口前停的最後一個紅綠燈，我意識到再忍耐也沒用了，奇雅拉難以置信地看著我的藍色牛仔褲變成了更深五度的顏色。

COVID疫情正在肆虐。奇雅拉肚子裡懷著我們的第二個孩子。我該飛去看她嗎？我該去向她道別嗎？如果我把病毒帶回家怎麼辦？當時一切都是未知的。

最後，我決定去一趟：二〇二〇年十二月十九日，星期六。舊金山飛往鳳凰城。登機門：尚未指定。開始登機時間：早上七點五十分。座位1E。票號P19SR3。聯合航空七九四航班。奇雅拉會和奧菲歐留下，我去見母親最後一面。

我自己開車去機場。我仔細擦拭每個可能接觸到的表面。遠遠避開那邊那個傻瓜，因為他像表達抗議似的，只把口罩戴在鼻孔下面。我也拒絕了空姐給的水，我忍住不喝水。當機門一打開，我立刻衝下飛機。

媽媽、哥哥、嫂子和我，我們外帶食物回來吃。一起聊天，一起看電視。幾天後，我向大家告別，一切就這樣結束了。

這本書要獻給四位我希望他們彼此能夠一起見面，但卻永遠無法辦到的人：也就是我的父親、我的母親和我的兩個兒子。爸爸在奧菲歐出生幾個月前去世了，媽媽在亞瑟出生不到四十八小時後去世了，這將成為我心中永遠的遺憾。

從更廣泛的意義上來說，我還要把這本書獻給在撰寫這本書大約十五年期間過世的這些人。例如劉淑蓮、葉展（Chan Yeh音譯）、露薏絲．羅森布魯姆、羅爾夫．海寧等人，他們對我敞開心扉，告訴我許多事。我經常在收件箱裡看到他們以前傳的電子郵件和訊息，每次都得阻止自己想要回覆的衝動。而對於我該逐一指名感謝的許多人，我也深感抱歉——如果這些感謝也可以像我職業生涯中寫過的其他致謝文章那樣，我一定也會寫下。所以我決定像這樣來特別感謝一組人：亦即那些無論多麼短暫，都歡迎我來到他們的生活和家庭中的人，那些已經離開我們的人。

就在我完成這本書的校對時，還傳來了新的死訊。事實上，我不得不先將所有關於劉淑蓮的動詞改成過去式。接著是海爾西昂．勞倫斯和布魯斯．羅森布魯姆。劉淑蓮活了漫長而豐富的人生，這個事實在某種程度上緩和了去世消息所帶來的打擊。但海爾西昂去世的消息卻完全不同，讓所有認識她的人——甚至像我這樣只是認識和在專業上是同事的人，都遭受了嚴重打擊。一個如此聰明而偉大的靈魂竟然在如此年輕的時候離世，這是完全無法想像的。

最後，布魯斯的消息也傳來了，他的離世並不意外。就在幾年前，他曾向我透露他被診斷出患有「肌萎縮性側索硬化症」（Amyotrophic lateral sclerosis，縮寫為ALS），然而消息傳來仍令人難過。我從未遇到像布魯斯這樣面對死亡的人：堅定、樂觀，毫無怨言，即使這種殘酷的疾病如此剝奪了他的生命。我可能永遠無法理解，一個人怎麼有辦法如此堅強。

感謝所有向我敞開心扉的人，我也希望各位都有機會彼此相遇。

導言

數位時代的中文

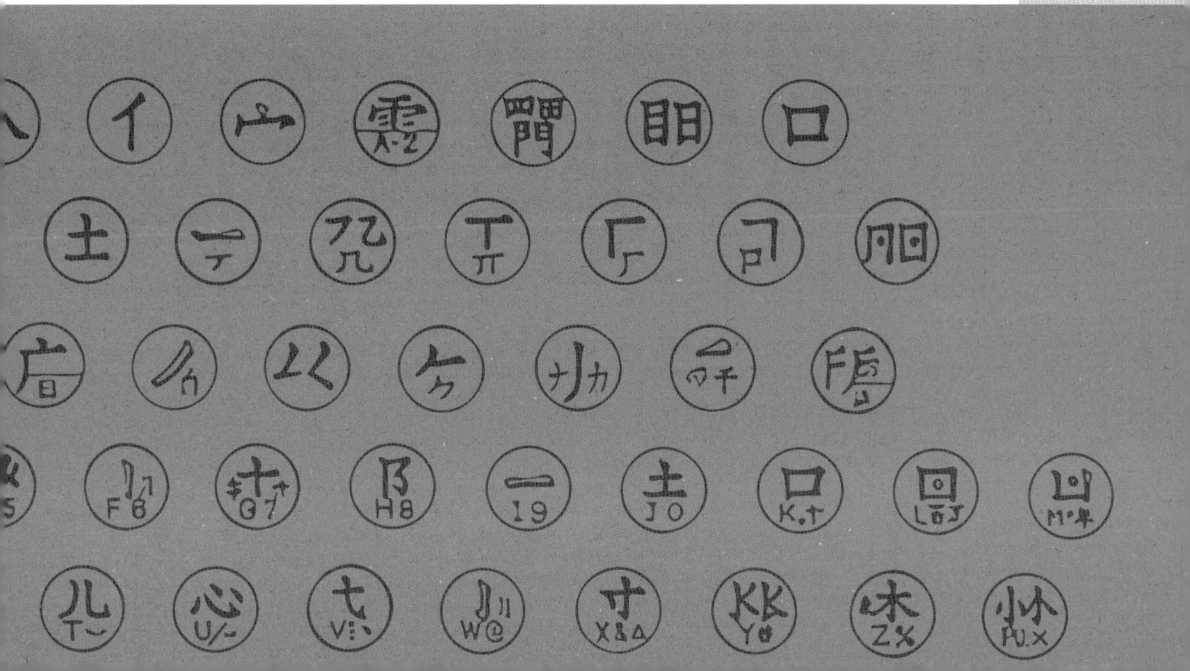

可能有一億名以上的中文使用者，遇到了一種奇怪的新型「認知障礙」的困擾。

他們正在忘記如何「寫」中文。

至少，已經有這樣的傳言出現。

這些報導開始於二十一世紀初，每則報導都有著驚人相似的敘述脈絡。一個人在突然之間，從一個能幹、有成就、通常受過高等教育的狀態，例如一位科學家、一位企業家、一位作家，轉變成了像學童一樣，甚至必須努力回憶最基本的中文字。

因為他們一提起筆卻忘了字怎麼寫：也就是傳言所說的「提筆忘字」[1]。有些人稱之為「失語症」（Aphasia），一種導致無法說話的嚴重疾病。另外一些人則稱之為「書寫障礙」（Dysgraphia），這是失語症的姊妹疾病，不過它是針對書寫而非說話方面。還有人提議這是一種「奇怪的新文盲形式」[2]。沒有人能理解這種流行病，其病理與傳統醫學大相逕庭。它的發病如此突然，以至於整個故事就像是直接從科幻小說頁面裡抄來的一樣。

「失寫症」（Character amnesia）——這是它被貼上的標籤[3]。

傳言逐漸演變成了令人警醒的統計數據：根據二〇一三年的一項調查，百分之九十八．八的受訪者宣稱自己有提筆忘字的經歷，其中有許多人每天都會發生[4]。整個國家似乎陷入了一場奇怪的「漢字危機」中[5]。

「失寫症」的龐大影響以及如此令人困惑的行為，都讓情況變得更糟糕。不過，就像許多公共衛生危機一樣，它並未嚴重影響到生活在社會邊緣的人——也就是那些被邊緣化和貧困的人。被這種病無情困擾著的反而是中國的精英階層，一個人越富有、越城市化，就越容易發生提筆忘字的情況；可支配收入越多的人，失去書寫能力的風險就越高。

罪魁禍首終於浮出水面：數位書寫。「失寫症」最常見於那些使用電腦、智慧型手機和平板電腦的人，也就是由任何使用QWERTY標準鍵盤或觸控板來書寫中文的電子設備所造成。這個人可能前一刻還在筆記型電腦或行動裝置上，穩定輸入長串的文字，然而一旦設備關閉後，他們的思維好像也跟著關閉了。

我們該如何理解這些驚人的報告呢？這是數位時代的又一個道德恐慌案例嗎？——例如對於文本語言、表情符號、手寫能力下降或其他「語言衛生」問題的擔憂？抑或是二十一世紀的中國，已經成為數以億計的新文盲失寫症患者（illiterate aphasics）以及書寫障礙失憶症者（dysgraphic amnesiacs）的家呢？[6]如果是這樣，為什麼我們在任何地方都找不到這種危機的證據呢？是經濟上出現了缺口？又或許是高等教育的崩潰？果真如此，中國又怎麼可能成為世界上最活躍、最富有的數位經濟體之一呢？此外，中文網路上的活動如此興盛，僅在中國大陸估計就有九億網路用戶參與著狂熱、不間斷的中文內容交流。如果中國最懂上網、最懂技術的人都「無法書寫」（前面提過書寫障礙的基本定義）了，那麼到底是誰在進行這些中文書寫呢？

《中文數位探索》是第一本探討數位時代中文發展史的書籍，以跨越十五年以上的研究為基礎，追溯了電子化中文從二戰結束誕生後，直至今日的繁榮發展過程。這部作品基於口述歷史、實體文物及來自亞洲、歐洲和北美幾十家館藏檔案。描述了包括IBM、中國中央新聞社、RCA、麻省理工學院、中央情報局、美國空軍、美國陸軍、五角大廈、蘭德公司、英國電信巨頭Cable and Wireless（大東電報局）、矽谷、臺灣軍方、日本工業界，以及中國大陸的高層智庫、工業和軍事機構中，那些古怪且精彩的人物故事。

然而這本書不僅為了展示形形色色的一群失敗者，也致力於解釋中文電腦處理的六個核心維度——理解數位時代中文必須掌握的六個公理。

為了探索這些公理，我們打算從中國河南省一個寒冷冬日下的禮堂，展開這趟旅程。二〇一三年十二月，也就是「提筆忘字」危機最嚴重的時候，五十五位才華橫溢的數位達人聚集此地。他們聚集的目的並非為了悲嘆「提筆忘字」這件事，而是為了在正面對抗中擊敗對手：亦即在打字比賽中贏得第一名，獲得吹噓自己是中國乃至全世界最快的電腦鍵盤手的權利。

中文電腦的六個公理

ymiu2

klt4

puyy1

一位年輕的中國男子坐在他的QWERTY鍵盤前，迅速敲打出一串神祕的字母和數字。

wdy6
o1
dfb2
wdv2
fypw3
uet5
dm2
dlu1 . . .

這是密碼嗎？是兒戲還是一團混亂？……這其實就是中文。

應該說至少是中文的來源。這四十四個鍵盤的敲擊，代表一種「輸入」過程的第一步驟：也就是使用QWERTY鍵盤或觸控板，在電腦顯示器或其他數位裝置上顯示中文字元的行為（**圖0.1**）。

在所有電腦和數位媒體裝置中，中文文字的輸入都依賴稱為「輸入法編輯器」的軟體程式——更廣為人知的名稱是「IME」（input method editor，輸入法編輯器，以下簡稱為「輸入法」）。輸入法是一種「中介軟體」，因為它們是在用戶設備的硬體與軟體或應用程式之間運行而得名。無論你是在微軟Word中編寫中文文件、在網路搜尋、發送簡訊或其他操作，輸入法都在運作，截取用戶的所有按鍵操作，並嘗試確定用戶想要產生哪些中文字元。簡單來說就是輸入ymiw2klt4pwyy……結果就會得到一串中文字。[8]

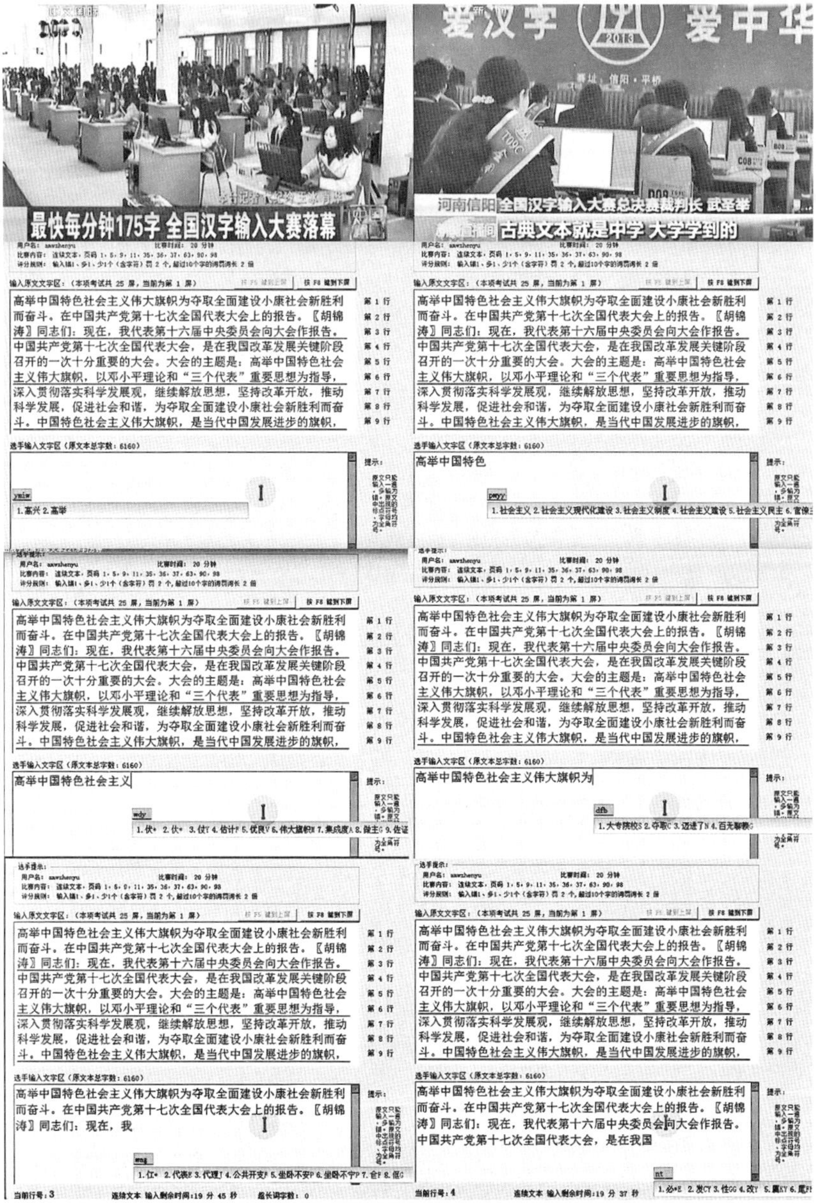

圖0.1　來自2013年中文輸入比賽的截圖與影像

輸入法就像是一種不安分的生物。從使用者按下按鍵或滑動筆畫的那一刻起，它們就開始了一個動態的、反覆的過程，不斷捕捉用戶輸入的資料，並在電腦記憶體中搜尋可能匹配的中文字。目前最常用的輸入法是基於「漢語拼音」——也就是使用拉丁字母來描述中文字的發音。中國大陸的使用者最常使用的就是這種官方的羅馬拼音系統（拼音輸入並非一直都是最受歡迎的中文輸入方式，我們很快就會談到這一點。）。*

當第一個按鍵被按下（也許是「C」）時，像搜狗拼音、QQ拼音和谷歌拼音這樣的輸入法，就會開始向使用者提供選項。這些「候選字」會出現在螢幕邊緣的彈出式選單中，它們的發音都是以「C」開頭的字，例如「吃」（chi）、「才」（cai）以及其他上百種可能性。

當使用者按下第二個鍵（假設為「H」）時，輸入法會調整候選字列表。它開始只顯示發音是以「CH」開頭的中文字元（「才」的可能性被排除了，但「吃」的可能性依舊保留）。一旦使用者在彈出式選單中看到他們想要的字，只需要再按最後一個按鍵——空格鍵、輸入鍵或數字鍵，就可以選到該字，將字添加到主要的文字編輯視窗內（也許使用者想輸入的詞是「chaoxi」，即「抄襲」）（圖0.2）。這種一個接一個按鍵的操作，就是輸入法編輯器如何透過字母、數字與符號，用QWERTY鍵盤產生中文字的過程。[9]

剛剛提到的這位年輕人，他的名字叫做黃振宇（以他的別名「宇師」而聞名）。他是當天大約六十名參賽者中的一員，每位參賽者都佩戴一個鮮紅色的臂章，就像以前的繽紛紙帶遊行或選美比賽一樣[10]。在大廳前面的海報上，用了鮮豔的金黃色印著「愛漢字」的字樣。參賽者的任務是盡可能快速且準確地打出

* 譯註：本書以下依時間、地點的不同，會有翻成「漢語」或「中文」的不同情況，特此說明。

圖0.2　中文輸入法編輯器彈出式選單的範例（抄襲）

即將卸任的中國國家主席胡錦濤的談話：「高舉中國特色社會主義偉大旗幟為奪取全面建設小康社會新勝利而奮鬥……」，這是該段比賽文章開頭的話，比賽用的簡體中文為：「高举中国特色社会主义伟大旗帜为夺取全面建设小康社会新胜利而奋斗……」[11]。然而，黃振宇的QWERTY鍵盤（即一般使用的標準鍵盤）並不能直接輸入這些字，他只能輸入看起來毫無意義的字母和數字串：*ymiw2klt4pwyy1wdy6*……

透過這四十幾個按鍵，黃振宇不僅贏得了二〇一三年全國漢字打字比賽冠軍，還創下了世界範圍內，有史以來最快的打字速度之一[12]*。

* 譯註：不論線上線下比賽，宇師無疑是大陸打字界第一名快手。不過當時官方公布的冠軍卻是一七五字的王士輝。這件

在本書第一章裡，我們將面對中文電腦最基本、但也影響最深的公理：「ymiw2klt4pwyy1wdy6」不等於「高舉中國特色社會主義」。黃振宇在QWERTY鍵盤上實際按下的按鍵，我們可以稱之為他的「主要紀錄」，跟最終出現在他的電腦螢幕上的字元，也就是胡錦濤演講的「次要紀錄」，兩者完全不同。這點對於全球十多億華語圈電腦用戶都是如此。因為在中文電腦中，你所輸入的永遠不是你所得到的。

對於習慣使用英語文字處理軟體和電腦的讀者來說，這可能令人感到驚訝。舉例來說，如果你把你正在閱讀的這段文字，與我如何產生這段文字的按鍵紀錄進行比對，其內容可能相當沒有意義（客氣的說法）。這段紀錄會是「F-o-r-r-e-a-d-e-r-s-a-c-c-u-s-t-o-m-e-d-t-o-E-n-g-l-i-s-h」（請原諒拼寫錯誤或編輯的部分）。在英語文字打字和電腦處理的輸入中，打字者的主要紀錄和次要紀錄原則上是相同的。鍵盤上按下的字元和螢幕上得到的字元是一樣的。

但中文電腦並非如此。輸入中文時，人們在他們的QWERTY鍵盤上看到的符號，總是與最終出現在顯示器或印在紙上的符號不同。華語圈中的每位電腦與新媒體裝置的使用者，無論他們的打字速度快如閃電或慢如糖蜜，都跟黃振宇一樣，持續進行這種反覆的過程。亦即透過某種輸入法，進行同樣的某種「標準—候選—確認」字詞的輸入方式。值得注意的是，不只會說中文的使用者如此，而是全世界所有使用者在打中文字時都是如此。因為這是中文電腦的第一個也是最基本的特點：中文電腦的人機互動，要求用戶完全使用代碼來操作[13]。

這怎麼可能？中文字數以萬計，加上許多（就算不是絕大多數）獨特字元的數字代碼，黃振宇——或者更重要的是數以億計的其他中文電腦用戶——如何能夠記住並即時用上這些字元的代碼呢？為了回答這個問題，我將在第一章回溯的並非二〇一〇年代，而是回到最早努力對開發中文打字機的一九四〇年代：

中國工程師高仲芹發明的IBM「電華打字機」（中文電報打字機），由IBM（國際商業機器公司）進行原型機的製作。正如我們將看到的，這台前所未有的機器在鍵盤上根本沒有中文字元。取而代之的是打字員必須另外透過一個單獨的「主要紀錄」來輸入中文字，就像黃振宇做的一樣。不過電華打字機用的是一系列獨特的四位數字代碼，每組代碼可以對應到該機器所能印出的六千多個字元之一。在本章中，我們將會看到第一批掌控這台設備的人之一：一位名叫劉淑蓮（Lois Lew）的非凡女性。經過近十年的追尋，我有幸採訪到她的故事。

如果說黃振宇對複雜的字母數字代碼的掌握，還不夠令人印象深刻的話，那麼請想想他在比賽時表現出來的驚人速度。他在大約五秒內就打出了胡錦濤演講的前三十一個中文字，算起來就是每分鐘三百七十二個中文字的超級速度。在艱苦的二十分鐘比賽結束時，已經打出了幾千個中文字元。他在比賽結束時的平均打字速度，令人難以置信地達到了每分鐘兩百二十一點九個字元。

相當於**每秒鐘**三．七個中文字。

如果換成英文環境下，黃振宇開場前五秒的打字速度，相當於每分鐘可以打出大約三七五個英文單字，而他整場比賽的平均速度也輕鬆超過每分鐘兩百個單字，這是任何使用QWERTY鍵盤的英語系國家，

事也成為大陸打字界有名的黑箱事件。

在使用QWERTY鍵盤的情況下，無法媲美的速度[14]。一九八五年，芭芭拉・布萊克班（Barbara Blackburn）以每分鐘一七〇個英文單字的速度，創下一項被《金氏世界紀錄大全》認證的紀錄（以打字機完成）。速度鬼才尚恩・羅納（Sean Wrona）後來以每分鐘一七四個單字的速度（必須註明他是用電腦鍵盤完成）[15]，超越了布萊克班的紀錄。儘管這些里程碑令人印象深刻，但事實依舊是：如果黃振宇的表現發生在英語系國家的話，他的名字將被寫入《金氏世界紀錄大全》，成為新的紀錄。

而且，黃振宇的速度還具有特殊的歷史意義。[16]

對於生活在一八五〇年至一九五〇年之間的人來說，也就是本書的前傳《中文打字機》中考證的時期。用電報打字機生成中文，而且每分鐘要超過兩百個字，在當時完全是難以想像的速度。從一八七〇年代開始的中文電報歷史上，操作員的最大速度可能達到每分鐘幾十個字。到了機械中文打字的全盛時期，大約從一九二〇到一九七〇年代，已知的最快速度僅接近每分鐘八十個字（大多數打字員的速度遠低於此）。從現代資訊技術的角度來看，也就是說，中文一直是世界上書寫速度最慢的系統之一。[17]

究竟發生了什麼變化？一個被長期譏笑為繁瑣和無助的複雜書寫系統，為何突然能與全球其他地區的電腦打字速度競爭，甚至超越呢？即使我們接受中文電腦用戶在某種程度上能夠進行「即時」輸入代碼，但中文輸入法不是應該會導致中文文本處理的整體「上限」低於英文嗎？畢竟在冗長的多步驟過程中，中文電腦用戶必須跨越更多障礙：例如輸入法必須先截取用戶的按鍵，搜索記憶體中的匹配選項，提供潛在的候選字清單，並等待用戶選字確認。與此同時，英文電腦用戶只需按下希望出現在螢幕上的文字按鍵即可。有什麼會比「即時性」更簡單快速呢？「Q就是Q、W就是W」，依此類推。

在第二章中，我將透過探索中文電腦的第二個公理來回答這個問題：即使中文電腦的人機互動依賴於主流英語電腦所看不到的「中介」形式（mediation），但這些額外的中介層，卻可以產生速度等於甚至超越看似「無中介、所打即所得」的英語世界。所以很違反直覺的，中介層的添加可能讓花費的時間**減少**了。

為了解開這個看似矛盾的現象，我們將檢視史上第一部中文電腦：Sinotype，也被稱為「表意組字機」（Ideographic Composing Machine。）*。這台機器於一九五九年由麻省理工學院教授山繆・霍克斯・考德威爾（Samuel Hawks Caldwell）和圖形藝術研究基金會（Graphic Arts Research Foundation）首次推出。該機器配備了一個QWERTY鍵盤，操作者用來輸入中文字的並非該字的語音，而是組成中文字的「筆畫」。然而Sinotype的目的並不是像用字母拼出單字，然後在頁面上「組合」出中文字元的那種方式。相反的，每個筆畫的「拼寫」，都是作為Sinotype邏輯電路用來從記憶體中「檢索」中文字的電子位址。換句話說，歷史上第一台中文電腦的輸入方式，用的是類似於黃振宇在二〇一三年獲勝表現中所看到的，相同類型的「附加步驟」（選擇候選字）。

正如我們將在考德威爾的研究中所見，他發現了這些附加步驟在預期之外的優點，這些優點在當時的英語人機互動背景下完全沒人發現過。他的新發現就是，與正常寫出一個中文字元相比，Sinotype只需更少的按鍵操作，就能在記憶體中**找到**該中文字元。以英文單字為例，要「拼寫」一個像「c-r-o-c-o-d-i-l-e」（鱷魚）這樣九個字母的單字，會比從記憶體中**檢索**相同單字，花費更多的時間（對電腦來說，只要拼寫到「c-r-o-c-o-d」就夠了，因為沒有其他具有相同或類似拼寫的單字）。考德威爾將他的發現稱為「最小拼

* 譯註：Sino為東方之意，亦可指中國。由於該機器發展為一至三代，故以下均以Sinotype原名稱之，以利後續Sinotype II、SinotypeIII名稱的使用。

寫」（minimum spelling），並讓它成為史上第一台中文電腦的核心成分。現在我們是用一個不同的名字來指稱這種技術：自動完成（autocompletion）。這是一種人機互動策略，因為在輸入時額外添加的「中介層」，反而比無中介的打字有更快的文字輸入速度。因此，早在英語世界重新發明「自動完成」這項功能的幾十年前，中文電腦領域就已經發明過了。

為什麼黃振宇一開始要使用QWERTY鍵盤呢？考慮到把成千上萬的中文字元「塞進」QWERTY鍵盤的重大挑戰，為何這些電腦工程師不干脆放棄QWERTY鍵盤，直接專注於設計一個更獨特的「中文」介面，也就是設計一種讓中文電腦用戶完全可以避開輸入困難，享受與英語對手同樣「無中介」的人機互動方式呢？

我們將在第三章看到，這點正是一九六〇年代晚期至一九七〇年代初期的工程師們所嘗試完成的——而且曾經在某段時期裡，他們真的做出來了。當時電腦處理技術的迅速進步，為整個亞洲、美國和英國的工程師開拓了新的前景。他們不再試圖建立在Sinotype和基於QWERTY鍵盤的早期努力上，而是完全放棄了QWERTY鍵盤，尋求可以稱之為「即時中文」的解決方案。

這個時期設計的系統在多樣性方面令人驚嘆。例如我們將會看到一個為用戶提供一百二十個SHIFT層級的特製介面（輸入裝置），而一般標準QWERTY設備上只有兩層（即小寫和大寫）。另一種介面則有二五六個按鍵，而非典型西方設備人機介面約八十到一百個按鍵。這個時期甚至還有另一個介面設計提供了超過兩千個鍵。也有一個是使用觸控筆和觸控板，讓用戶可以直接在輸入介面選擇字元。還有一個完全放棄了平面形式的輸入介面裝置，而把一個中文字元矩陣，包在一個旋轉的滾筒介面裝置上。

除了梳理中文電腦發展史裡這個關鍵但鮮為人知的部分之外，本章還提醒我們一個重要的事實：無論輸入法的潛力或實證紀錄如何，它一直都不是受人尊敬的一項技術。從起源到現在，輸入法往往被認為是一種本質上的補強技術，目的在協助或「解決」中文文本在電腦處理時所面臨的挑戰。儘管我們在這段歷史裡標出了多項重要成就，包括驚人的速度和效率等，但我們仍然必須小心，永遠不要把輸入法想像成曾被尊奉為「另類的現代性」，或想像成是可與西式人機互動相抗衡的「競爭對手」。恰好相反的是，我們會在這段時期裡發現——有時很微妙，有時又很明確的——一種渴望與英語世界中備受推崇的「即時」介面相符，或至少很接近的中文人機互動形式。也就是說，輸入法在當時幾乎都不是任何工程師的「首選」目標。[18]

從一九七〇年代末期開始，亦即第四章所探討的時期裡，自製中文介面逐漸從市場和實驗室中消失，被一波波西方製造的個人電腦所取代，因為這些電腦大量湧入了「改革開放」（Reform Era China，一九七八年至一九八九年）時期的中國。然而QWERTY鍵盤的復興以及隨之而來的輸入法，並非依循過去的老路。如果中文電腦在曙光初現時只有兩種輸入系統（高仲芹四位數代碼和考德威爾的Sinotype拼寫代碼），那麼一九七〇年代末期到一九八〇年代，就是輸入法競爭式的大爆發時期，當時出現了幾十、幾百，最後甚至超過一千種以上的不同輸入法。二〇一三年的黃振宇和同場競爭的對手們，都屬於這個年代的後代子孫，他們出生在一個擁有眾多輸入法的世界，對他們來說，一切就像理所當然。事實上，就在黃當時輸入那組神祕的字母數字序列ymiw2klt4pwy……到他的電腦中時，其他五十多位競爭對手的按鍵紀錄，看起來應該也會截然不同。

這點帶我們來到了中文電腦的第四個公理，也許是最難理解的：中文輸入法是無窮盡的。對每個中文字元而言，都存在著無限多的輸入序列可以產生該字元（至少在理論上如此）。

要理解這種「無限多對一」的奇特關係，我們必須回到黃振宇那串看似毫無意義的字母數字序列ymiw2klt4pwy……。不僅要了解它如何運作，更重要的是要了解到這個數字字母序列，只是他在QWERTY鍵盤輸入時可以選擇的無數種可能之一，它們都可以打出完全相同的文字。亦即有無窮多的方法，可以產生出與胡錦濤演講完全相同的文字。

讓我們深入解釋為何「y-m-i-w-2」對應於「高举」（高舉）二字。這是因為在黃振宇使用的特定輸入法——一種被稱為「五筆」的輸入法中——按鍵「Y」、「M」、「I」和「W」分別對應於一組特定的圖形形狀，也就是中文字的某個部分。在五筆輸入法中，「Y」分配給特定的十一個形狀，其中之一的（亠），就是黃振宇打算輸入的字「高」的最上面部分。因此，按下「Y」鍵時，黃振宇就是在告訴五筆輸入法，找出「包含」該組特定形狀的中文字。

圖0.3　在QWERTY鍵盤上，帶有五筆輸入法符號標記的「Y」和「M」鍵

一旦他按下「Ｙ」鍵，輸入法便開始在彈出式選單中顯示可能匹配的字元。

由於字母「Ｙ」也同時對應其他十個形狀，所以這個初始的字元匹配集合中，將包含大量的非正確選項。為了進一步確認正確的形狀，黃振宇又按下了鍵盤上的「Ｍ」鍵——這個鍵本身又對應另一組十四個形狀（其中包含了「冂」，這個形狀也出現在他打算輸入的「高」字中，這次是在該字底部）。此時，輸入法已經獲得大量訊息，將範圍限縮在可能的匹配組合裡，也就是只顯示那些包含了「Ｙ」對應的十一個形狀和「Ｍ」對應的十四個形狀之一的中文字。隨著可能性的快速縮減，輸入法不斷刷新彈出式選單，並「建議」了包含「高」這個字的候選字給他，等待確認。這就是黃振宇在比賽時間內，不斷進行的相同過程（見**圖0.3**）。

對於對黃振宇輸入字串的複雜性感到震驚的讀者，請做好心理準備迎接真正的震驚：黃振宇可以使用完全不同的字母數字輸入序列，來獲得完全相同的文字輸出。在五筆輸入法中，有不止一種方式可以得到相同的中文字元。同時，如果黃振宇選擇使用完全不同的輸入法（就像他的許多比賽對手所用的），他的輸入序列將完全不同。而且，如果假設黃振宇本身恰好是一位發明家，想從頭開始設計他自己的中文輸入法，他還可以構建出理論上無限多的輸入法，把給定的胡錦濤總理演講「原始文本」與不同的字母數字序列產生的「次級文本」相互關聯。

要理解為何任何中文字元都可以有無限多種輸入方式，我們只需進一步研究五筆輸入的邏輯即可。你很快就會發現，雖然五筆輸入法的發明者王永民，選擇將拉丁字母「Ｙ」與中文字元組件「亠」畫上等號，但並不存在一個恆定的限制法則告訴我們必須永遠如此。同樣地，也沒有任何法則告訴我們「Ｍ」應該等於冂。所有這些拉丁字母和中文字元部件之間的配對，都是發明者的主觀決定。人們可以想像出完全不同的方式，用來管理輸入序列對於「主要紀錄」與中文字元的「次要紀錄」之間的對應關係。

對比電腦輸入英文單字的方式，傳統上只有一種正確且被接受的方式，可以達到預期的輸出結果。例如要輸入「electricity」這個字，我們知道要輸入「e-l-e-c-t-r-i-c-i-t-y」。如果我輸入「elctricity」、「elec-trcty」、「elec」或其他拼法，一定就是打錯字或縮寫之類。相較之下，從一九五〇年代以來的中文輸入系統設計者，已經開發出一千多種輸入單一中文字「電」的方式。舉例來說，使用「區位碼」輸入時，正確的輸入序列是「2171」；而在「太極碼」輸入系統中，正確的輸入序列將會是「N Y」；在「支碼」輸入系統中則會是「D79」等……，這張輸入法名單可以一直延續下去（見**表0.1**）。

我們還會在第四章介紹一位工程師支秉彝的故事，他的輸入系統是在文革時期裡的一個監獄牢房中構思出來的。我們將藉此檢視當時的發明家們，到底如何設計出幾百種不同的中文輸入法。

撇開黃振宇的QWERTY鍵盤暫時不談，到底他的電腦還有什麼特點，使其與英語世界使用的電腦有所不同？究竟是什麼東西讓一台電腦成為「中文電腦」？是否「中文電腦」指的就是在中國或華語圈的政治範圍內製造的任何電腦？中文電腦是否依照某種邏輯運作，讓它們與其他地方製造的電腦有所不同？是否只有具有中國血統的工程師開發的電腦，才算是「中文電腦」？黃振宇的電腦是否有某種無法從外觀上辨識的獨特「中國特性」？

表0.1 二十幾種不同的中文輸入法，在輸入「 」（電）這個中文字的字元數字輸入序列。

在電腦上輸入「电」這個字	
使用的輸入法	**輸入的字元數字序列**

汉语拼音（漢語拼音）	diantmvv
郑码（鄭碼）	kzvv
五笔输入法（五筆輸入法）	jnv
仓颉编码（倉頡編碼）	lwu
首尾音形输入法（首尾音形輸入法）	djfz
双笔音形输入法（雙筆音形輸入法）	djjm
拼音	dian#
笔形编码（筆形編碼）	601[1]
四角附音（四角附音）	50716d[2]
双拼双部编码法（雙拼雙部編碼法）	dqtk
易输入法（易輸入法）	rgd
双拼（雙拼）	dm#
区位码（區位碼）	2171
国标（GB Code，國標碼）	3567
形意三码（形意三碼）	b1
唯物码（唯物碼）	J47
五十字元输入法（五十字元輸入法）	ljd
汉字笔形查字法编码法（漢字筆形查字法編碼法）	60
见字识码（見字識碼）	DDDD
钱码（錢碼）	djm
五笔字型（五筆字型）	jn
自然码（自然碼）	dmlo/

表形码（表形碼）	lkkd
大众码（大眾碼）	doww
华码（華碼）	drz
太极码（太極碼）	ny
3F码（3F碼）	;d
仓颉（倉頡）	mbwu
五笔型（五筆型）	jtw
层次四角[3]（層次四角）	xe
内码（內碼）	B5E7[4]
安氏編碼系統	106071[5]
基本笔画（基本筆畫）	1046[6]
笔顺码（筆順碼）	016[7]

表格注：

1. 天津市中環電子電腦公司，《漢字編碼手冊》（一九八二年，天津：天津市中環電子電腦公司），一百八十七頁。
2. 天津市中環電子電腦公司，《漢字編碼手冊》。
3. 林淑珍，《家庭電腦：漢字編碼速查》（一九九四年，福州：福建科學技術出版社），第十六頁。
4. 林淑珍，《家庭電腦》，第十六頁。
5. T.K. Ann（安子介），《漢字列表 A：安氏編碼系統》（一九八五年，香港：Stockflows Co., Inc.），第十四頁。
6. 天津市中環電子電腦公司，《漢字編碼手冊》，一百八十七百。
7. 王頌平，《筆順碼圖解全集》（一九九八年，北京：中國婦女出版社），第五頁。

從外觀來看，黃振宇使用的電腦看起來和世界各地的桌機並沒有什麼不同。會不會是有什麼內部的東西，可能是CPU之類，讓它有特殊能力，可以處理這種高度複雜的文字輸入？

我們將在第五章看到這個問題的答案，答案既是**否定**也是**肯定**。

否定的答案是，這場比賽所使用的電腦，與世界各地家庭、辦公室和學校中的Windows相容電腦並無差異，從內到外都沒有什麼特別「中文化」之處。

然而，從歷史的角度來看，答案卻是**肯定**的。在二十一世紀裡，全球每部大規模生產的個人電腦，都已具備本文所討論的處理中文輸入的能力。事實上，中文輸入法已經預先加載，其他輸入法則可供下載（通常是免費的）。大約在二〇一三年左右，你在電腦商店裡買到的每台桌上型電腦、筆記型電腦和智慧型手機都已經「中文化」了，也就是它們都有能力處理中文的輸入和輸出。

然而，情況並非一直都是如此。事實上，這很明顯是最近才有的現象。在一九八〇年代初期，消費型個人電腦剛興起時，西方設計的中央處理器、印表機、顯示器、作業系統或程式語言等，都無法直接處理中文字的輸入或輸出（至少無法「開箱即用」）。在電腦歷史的大部分時間裡，電腦技術的發展一直偏向某些字母文字，尤其是拉丁字母。舉例來說，在二十世紀中葉，西方的電腦工程師確定五乘七的點陣網格就能提供足夠解析度，可以在顯示器和點陣印表機上呈現或列印出清晰的拉丁字母。然而，若要讓中文字做到相同的事，工程師必須將這個點陣網格擴展到至少十六乘十六以上。一九六〇年代，ASCII（American Standard Code for Information Interchange，美國資訊交換標準碼）背後的開發團隊確立了七位元編碼架構及其一二八個位址組合，便可為拉丁字母表中的所有字母和數字，以及非字母符號和功能鍵提供足夠的空間。相較之下，中文字需要至少十六位元編碼架構才能處理超過六萬個字元。當然也包括在很久以前，西方工程師已經在現有的打字機鍵盤上使用Shift鍵來切換小寫和大寫字母（中文沒有字母，也沒分大小寫）[19]。因此，無論在字元編碼、電腦顯示器、點陣印表機、程式語言、光碟作業系統、輸入介面、光學字元辨識演算法或其他方面，電腦的早期歷史從許多層面看來，都像是一個接一個的數位版「排華法案」[20]。*

正如我們將在第五章看到的，到了一九八〇年代，隨之而來的是一段竄改和修整的時期，用工程師圈的常用術語來說就是「改裝」（modding）。西方製造的點陣印表機被改裝了，西方設計的磁碟作業系統和基本輸入輸出軟體（BIOS）也被改裝了。中國和其他各地的工程師，一點一滴地讓西方製造的電腦硬體和軟體都能與中文相容。那是個混亂的、分散式的，而且是輝煌的實驗和創新年代，所有這一切都使得在二〇一三年當時，以及目前中國在電腦和新媒體領域的地位成為可能。[21]

黃振宇一開始為何不厭其煩地使用ymiw2klt4pwyy1wdy6來輸入中文呢？即使我們承認QWERTY介面在中文電腦上普遍存在，即使我們承認輸入法的核心重要性，但還是留下了一個懸而未決的問題：黃振宇為什麼不選擇根據胡錦濤演講的「語音」來輸入，而是選擇根據印刷頁面上構成它的中文「字元結構」特徵來輸入呢？舉例來說，輸入「高舉」這兩個字時，為什麼他不是輸入「g-a-o-j-u」，就像人們期望的、發音為「高舉」的組合呢？他在輸入「中國特色」時，為何不輸入「z-h-o-n-g-g-u-o-t-e-s-e」，為何要費心使用基於字元結構的輸入法？像他打出的ymiw2klt4pwyy1wdy6這樣的序列字母，與中文發音根本沒有任何關聯。

* 譯註：Chinese exclusion act，美國歷史上排斥華人所通過的真實法案。

這個問題的部分解答是：目前大多數中文電腦使用者，的確是使用「拼音」的輸入方式（至少在中國大陸如此）。然而在二〇一三年這場勝利中，黃振宇選擇使用的「五筆輸入法」，雖然在一九八〇到九〇年代曾經廣為流行，但在他這個年紀或時代裡已經很少人使用了。二十一世紀的中國大陸電腦使用者大多使用搜狗拼音、ＱＱ拼音、騰訊拼音、Google拼音等輸入法，以及其他各種以羅馬字拼音為基礎的拼音輸入系統。

有鑑於此，我們很自然的想問：如果二〇一三年的那一天，黃振宇使用的是拼音輸入系統，亦即輸入了更「肉眼可辨」的拼音字串，例如「gaojuzhongguotesesheuizhuyi……」（高舉中國特色社會主義），而非神祕的字串「ymiw2klt4pwy……」的話，也許中文和英文電腦之間的懸殊差別，看起來就不會如此僵化？畢竟拼音輸入的底層系統——中華人民共和國的官方羅馬化標準，也就是所謂的「漢語拼音」——其前提便是完整「拼出」每個中文字的發音，就像我們拼出英文單字一樣。

我們還可以更進一步問：既然拼音輸入是基於漢語拼音，而漢語拼音屬於羅馬拼音系統，這是否意味著使用QWERTY鍵盤輸入中文時，基於拼音的輸入系統是較有效率的「拼寫」方式呢？拼音輸入法的崛起，不就應該象徵著中文電腦領域的一種「歷史終結」，並將自己融入全球長期主導的人機互動模式嗎？換句話說，拼音輸入法難道不能算是中國版的「所打即所得」嗎？

答案是「不能」。我們將會在第六章檢視從一九九〇年代迄今，基於拼音的各種語音輸入法的崛起過程。然而儘管拼音輸入與傳統意義上的「拼字」有著驚人的相似之處，但它實際上仍然是一種「輸入」形式——我的意思是，它仍然屬於前面幾章探討過的，中文電腦半個世紀歷史軌跡裡的核心部分。從歷史上看，基於文字結構的輸入法已經占主導地位四十年，而拼音輸入開始流行也不過是最近的事情，一旦拼音輸入流行之後，實際上也已不再是一種單純以拉丁字母、透過拼音「讀出」中文字發音的技術。簡而言之，即使「拼音輸入」是建立在「漢語拼音」的基礎上，但兩者是完全不同的系統。

請看一下中國首都「北京」的漢語拼音羅馬化：「Beijing」或「Běijīng」（包含聲調標記）。除了上述兩種拼法之外，任何其他拼法（beij、bj、bjing）都可以說是錯字或拼寫錯誤，判斷起來一目瞭然。相較之下，在基於拼音的輸入系統中，這些拼法（以及其他衍生拼法）都是完全有效的選項；原因是這些拼音中的任何一種，都可以「實現目的」，亦即它們都可以從字庫中喚出二字詞語，再讓用戶從彈出式選單中選擇所需的「北京」。漢語拼音是羅馬化系統，「拼音輸入」則是基於我們到目前為止介紹過的所有原理的一種「電腦化」輸入方式，我們將深入探討以下議題：輸出同一中文字的多種輸入方式、「所打非所得」和更多內容等。事實上，與基於文字結構的輸入系統相比，拼音輸入嵌入了各種先進技術與技巧，造就了中文書寫歷史上的滔天變革：包括自動完成、預測文字、上下文分析，以及最近的人工智慧等。

超書寫時代

在本書我要講述的是中文在數位時代下的歷史，但我也超越中國的範疇，探索過去半個世紀中，一種新的寫作模式——亦即一種新的「知識技術」（technology of the intellect）如何形成。[22] 這種書寫模式與我們已知的文字書寫，有著深刻但往往難以察覺的距離。我把這種新的書寫模式稱為「**超書寫**」（hypography）——hypo的意思是「在……下面」或「在……下方」，而graphy的意思則是「書寫」。中文輸入便是一種超書寫形式，也就是在傳統書寫或文字之下運作的一種方式。[23]

「正字法」（orthography）亦即我們對傳統書寫或文字的稱呼，是指你在寫生日卡片、提交工作申請或在社群媒體上發表評論時用來產生文字的「書寫形式」，「正字元」（Orthographs）則是指出現在街道標誌、餐廳菜單、電腦螢幕或詩歌頁面上的「呈現」方式。它是一種自書寫本身出現以來就存在的形式：包括象形文字、甲骨文、楔形文字、版畫、手稿、銅版畫、活字印刷術等[24]。無論透過黏土或蠟的置換，石頭或木頭的刻畫，皮膚或紙張的染色等，都代表了表達概念的符號。

相較之下，「超書寫」則是一種新的特殊書寫形式，其唯一的作用就是協助你從字庫中搜尋和檢索正字字元。讓我們回顧前面提過的例子，diantmw是一個超書寫詞，kzvv、jnv、lwu、djfz、djjm和dian也是。這些超書寫詞的目的並非用來「代表」任何特定概念，亦即不是像「貓」一詞，可以表示或「代表」一種特定的四足哺乳動物。超書寫詞（字符，signifier）的唯一目的便是協助檢索其他正字（意符，signified），然後讓這些正字意符完成創造意義的符號學工作。換句話說：雖然印刷術從根本上改變了「書寫文字」的方式（用印的而不是用寫的），但印刷術並沒有（也不會）從根本上改變「書寫」（因為都是表達相同的意思）。

到底超書寫該算是一種什麼樣的文字呢？為了回答這個問題，我們可以先檢視一下它的一些核心特徵。對於中華人民共和國（PRC）九億電腦和網路用戶中的每一位，以及更廣泛的華語圈和中文電腦世界裡數以億計的其他用戶，體驗到的超書寫與特點如下：

—用戶實際操作的符號——無論透過按下鍵盤上的按鍵，或用手指或觸控筆點擊——永遠不會與螢幕上顯示的中文符號相同；

—理論上存在無數種方法（輸入法），可以對應輸入和輸出符號之間的轉換關係；

—書寫行為依賴於一個重複出現的遞歸過程，使用者在輸入的過程中不斷地、而且是一次又一次地持續呈現一組不斷變化的「候選字」；

—任何文字的成功完成（無論單一字元或更多字元），並不一定要依賴於跟輸入序列對應的完整「拼字」（不必拼完就會出現應選字）；

—每個人在輸入時直接操作的符號——「主要字元輸入」（例如你打的是bj），會在所需的「次要字元」（北京）被確認並添加到寫作視窗的瞬間，立刻破壞掉（輸入的主要字元bj在選完字後立刻消失）。[25]

這最後一個特性——超書寫的刻意短暫性——或許是最令人驚訝的特點。跟紙上的墨水、木頭上的雕刻或地鐵車廂的塗鴉不同的是，這些超書寫字元的存在時間，不會超過實現其目的所需的時間。它們只是協助檢索其他東西，然後就被遺忘了——這就是它們的命運。我們可以看看diantmvv、kzvv、jnv、lwu、djfz、djjm、dian、601、50716d、dqtk、rgd、7193、dm、2171、3567、b1、J47以及所有其他形成中文字「电」的輸入序列情況。一旦「电」（電）被添加到編輯螢幕上，這些超書寫符就不再需要保留，因為現在已經由「电」來完成表達意思的工作了。超書寫符只存在於輸入法編輯器跳出窗口的範圍內，而且只存在一瞬間，一旦它們成功協助用戶檢索到所需的字，就會迅速消失。因此，超書寫符並不是為了「代表」什麼，它們在完成檢索的目的後，注定要消失。

超書寫符的規模和節奏令人驚嘆。在二〇一三年的比賽中，黃振宇在他的QWERTY鍵盤上按下了大約四萬次按鍵。然而，他按下的這些字母和數字，完全沒出現在最終文本中。它們全部在完成原始目的：協助輸入法從記憶體中檢索到他想要的中文字元後便立刻消失了。

對於中華人民共和國各地估計約九億的電腦和網路用戶來說，這種現象都是相同的。每天都有幾十億甚至幾千億的按鍵和手指點擊，產生了一個龐大而短暫的超書寫符組，然後才出現他們要的中文文字。每一份數位中文文本都是這樣產生的——從學生的功課、微博的網誌、最近在阿里巴巴購物填寫的郵寄地址，到熱戀青少年之間所傳的文字訊息等。換句話說，每年都會有一個難以想像的巨大超書寫符庫，規模可能有幾千億個字母數字，在眨眼瞬間被一次又一次地創建和刪除。[26]

超書寫符刻意形成的短暫性，使其有別於乍看之下似乎相同的各式各樣書寫形式。考慮一下首字母縮寫（acronyms）、字首縮寫（initialisms）和一般縮寫（abbreviations）三種情況，例如NASA、PRC與congrats以及類似例子*。這三種書寫技巧都使用了縮寫；但縮寫並不是我們所說的超書寫符。假設PRC或NASA等縮寫只是超書寫符的話，它們就永遠不會出現在印刷頁面上，也不會出現在任何最終的作品中。這些縮寫將轉換為原先設計從記憶體檢索出來的正字，還原成「美國國家航空暨太空總署」或「中華人民共和國」，然後就會像diantmwv、kzwv、jnv、lwu、djfz、djjm和dian一樣被遺棄掉，再也不會出現。

超書寫的短暫性，也使其與俚語、駭客語言、表情符號、顏文字、人工語言（constructed language）、

* 譯註：三者都是縮寫，差別在於NASA為National Aeronautics and Space Administration的首字縮寫，其縮寫NASA可「合併發音」。PRC是People's Republic of China的字首縮寫，但縮寫字母「分開發音」。congrats是Congratulations的縮寫，用意在「簡化」該字。

輔助腳本（assistive script）、跨語言（translanguage）、語碼轉換（code-switching）、雙層語言（diglossia）、語碼混用（code-mixing）、中式英語（Chinglish）、跨語言雙關語（interlingual punning）、替換字母（tranſcripting）、簡訊拼寫、網路用語、文字遊戲和謎語等寫作形式區別開來。不過，我們很快就會看到，超書寫即使沒有全部用到這些形式，但也確實借用了許多書寫形式的技巧和訣竅。[27]

中文電腦雖然是這個新時代的重要起點，但並不是發源地。亦即超書寫並不是中文獨創的發明。英語速記和速記打字是十九世紀就已存在的超書寫形式。例如在美國的法庭和會議室裡，速記打字員所用的不是傳統打字機，而是依靠與中文輸入完全相同的非同字策略專業設備，以聲音來快速紀錄法庭證詞和證言[28]*。這種速記機有二十二個按鍵，但並不是每個按鍵都代表拉丁字母中的某個字母。舉例來說，這台機器上並沒有拉丁字母N，若要輸入N，速記打字員必須同時按下三個其他字母：T、P和H（鍵盤上有這三個字母）。同樣地，為了輸入字母B、C、G、J，速記員會按下字母組合P-W、K-R、T-K-P-W和S-K-W-R。速記員會在稍後查看這個神祕的原始文字紀錄，然後將T-P-H之類的字元組替換為對應的字母「N」之類。換句話說，就像中文輸入一樣，英語速記打字的「原始文本」從來不是書寫過程的最終目的。原始文本只是為了協助實現下一個文本：次級的自然語言文本。一旦獲得次級文本時，原始文本便會被丟棄，就像中文輸入的情況一樣（**圖0.4**）。[29]

雖然這些內容對某些讀者可能很複雜，但英語速記打字員通常只需高中教育的程度即可，而且可以在相對簡短的培訓計畫裡習得此項技能。然而他們能夠實現的打字速度，遠遠超過傳統打字機的最快速度。

* 譯註：類似臺灣法院書記員用的「追音輸入法」與「追音鍵盤」，可同時按下三個鍵。

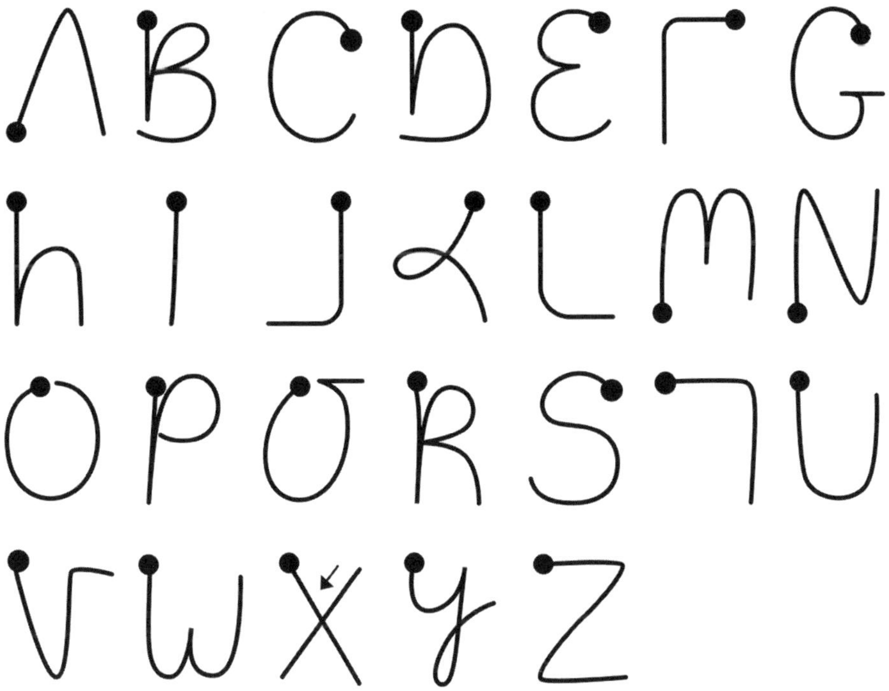

圖0.4　Palm Pilot的Graffiti輸入法代表的英文字母

簡而言之：無論英文打字員打字速度有多快，永遠不可能快過速記員。

此外，在電腦和新媒體時代，英語的超書寫符也後繼有人。「Graffiti」（原意為塗鴉）是一種在以前相當受歡迎的PalmPilot個人數位助理上所使用的專屬輸入系統，同樣也是一種超書寫的形式。Palm的每個塗鴉字母，會在成功辨識為記憶體中的某一個「真實」字元後立刻消失（見圖0.4）。T9輸入法也是類似的情況，它能讓用戶使用手機的十個數字進行打字。

因此，超書寫時代的特徵並不是新奇，而是規模和心態。在數位時代裡，每位中文電腦用戶都是超書寫者。事實上，在華語電腦世界中，每個人都像是速記員、PalmPilot用戶或是T9輸入者，而非「打字員」。更清楚的說，我的意思並

表0.2　英文字母及其對應的速記字母

英文字母		速記字母											
子音字首	*b*				P	W							
	c（soft）			K				R					
	ch			K			H						
	d		T	K									
	f		T		P								
	g		T	K	P	W							
	h						H						
	j	S		K		W		R					
	k			K									
	l						H	R					
	m				P		H						
	n		T		P		H						
	p				P								
	qu			K		W							
	r							R					
	s	S											
	t		T										
	v	S						R					
	w					W							
	y			K		W		R					
	z	S									*		
母音	Short *a*								A				
	Long *a*								A			E	U
	aw								A				U
	Short *e*	E											
	Long *e*								A	O		E	
	Short *i*											E	U
	Long *i*								A	O		E	U
	Short *o*									O			
	Long *o*									O		E	
	oi									O		E	U

母音	*oo*	A	O												
	ou		O		U										
	Short *u*				U										
	Long *u*	A	O		U										
子音結尾	*b*								B						
	ch					F		P							
	d													D	
	dz													D	Z
	f					F									
	g										G				
	j							P	B	L	G				
	k								B		G				
	l									L					
	m							P		L					
	mp					F	R	P							
	n							P	B						
	ng							P	B		G				
	nj							P	B		G				
	nk			*				P	B		G				
	p							P							
	r						R								
	rch					F	R	P	B						
	rf					F	R		B						
	rv					F	R		B						
	s												S		
	sh						R		B						
	sm					F		P		L					
	st					F						T			
	t											T			
	v			*		F									
	x								B		G		S		
	z														Z
	shun										G		S		
	kshun			*					B		G		S		

不是在說一般中文電腦用戶的打字速度都接近黃振宇，或英語世界的一般人打字速度都接近前面說過的布萊克班或羅納一樣。但我們可以說每個在電腦、智慧型手機或其他數位裝置上輸入中文字的人，都是透過本質上與黃振宇和其他參賽者相同的技術來實現。

當我們將視野擴展到範圍更廣的華語世界，以及會使用中文字元書寫的國家（例如日本和韓國）時，超書寫的規模便進一步擴大了。接著要談的就是非拉丁文電腦和新媒體裝置的更廣大世界，這些國家的使用方式在本書的結尾部分也會提到。例如當班加羅爾、利雅德和金邊的人們坐在筆記型電腦或智慧型手機前時，他們使用這些設備時所做的相關事情，看起來會更像是上海、京都和首爾，而非紐約、倫敦和巴黎，因為他們輸入的字同樣不等於得到的字。總之，我們發現在中國形成的這種數位書寫模式，已經悄然且迅速地成為了全球的主要書寫模式。

雖然超書寫本身並非全新的想法，但它現在的運作規模是全新的。事實上，超書寫文字的實踐如此普遍，以至於我們必須在人類有歷史紀錄的生活裡，從楔形文字和甲骨文到銅版畫和打字機等，進行回溯式的時代命名——這是一個到目前為止我們從未需要給出名稱的時代，因為它直到現在都一直存在著。我會將其稱為「書寫建構」（writing as composing）時代，或者更簡單地稱為「正字術」時代；以便與一個正在出現的「書寫檢索」（writing as retrieving）時代，或者說「超書寫」時代作為對比。

回到一開始討論過的所謂的漢字危機。我將在本書中論證，有些人所談到的「提筆忘字」，既非書寫障礙，也不是文盲或健忘症。相反地，這是因為中國的書寫正在發生根本性的變化。世界上有許多地區的書寫也正在改變。但我們用來理解「何謂書寫，書寫應該是什麼」的理論框架並未改變。我們在二〇一三年黃振宇的表現中所看到的，或是從中國龐大且不斷增長的電腦用戶活動中所看到的，並不是關於「文盲」

的問題。我們正在見證一種全新的中文，甚至可以說是一種全新的書寫模式——這種模式仍處於萌芽階段，人們對它知之甚少。

本書所談的是中文電腦史。然而更重要的是，它是通往書寫歷史新時代的初步路線圖。

歡迎來到超書寫的時代。

Chapter

1

當輸入法是一位女性時：IBM、劉淑蓮，以及電子化中文的新紀元

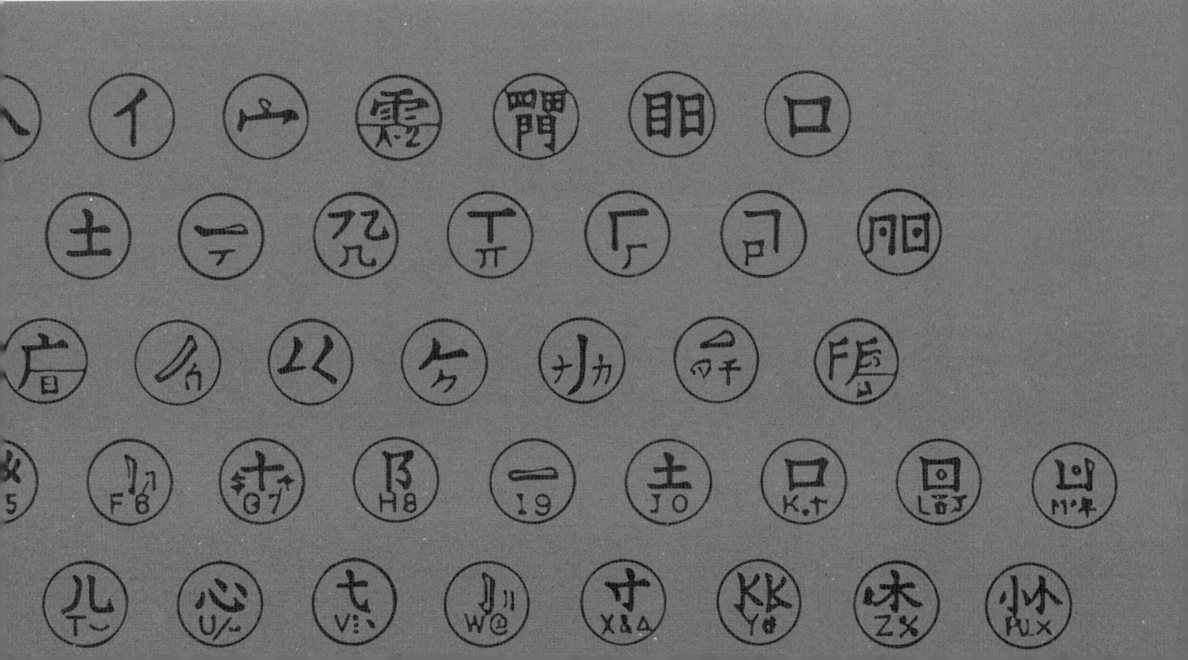

感謝你提起的回憶。我就是展示中文打字機的女士。

當我讀到這篇留言時，我的心跳加快了一倍。[1]

在二〇一〇年八月，我在自己的部落格貼上一部我發現的老黑白影片。這段影片展示了一台IBM電動中文打字機——這是一部在一九四七年向世界展示的迷人原型機。[2]

一位年輕女性坐在操作機器的位置，周圍是記者和一位中年華裔男子，也就是這台打字機的發明者高仲芹[3]。她從設備上抽起一張紙，對著攝影機微笑。高仲芹咬著嘴唇，眼睛在打字員和人群之間來回梭巡（見圖1.1）。他很緊張，而我知道為什麼，因為我當時已經花了好幾年時間，盡可能地多了解這個人：從他的專業聲譽到他的家產，一切都取決於這位年輕女性的表現。不過她到底是誰？我仍然對她幾乎一無所知。

我確定以前曾經看過她。於是我開始翻找文件：亦即蒐集自世界各地的成千上萬份歷史照片、技術手冊、專利文件、檔案文件、口述歷史、古董機器等。中文電腦的歷史並沒有現成檔案可循，所以我必須從頭開始彙編出來。無意之間，我在舊金山的辦公室、車庫和倉庫的資料，已經成為世界上關於「當代中文資訊技術」的最大資料收藏之一。[4]

果不其然，我在一九四七年一本華麗的IBM宣傳手冊中找到她，然後在一本中文雜誌的封面上再次看到她，接著一次又一次地看到。為何她在中文電子化的早期歷史中，扮演如此重要的角色呢？她又是如何學會那台IBM最後放棄了的無比棘手的機器呢？（見圖1.2）。高仲芹的打字機與歷史上的任何打字機都不一樣。在大多數打字機上，我們在鍵盤上輸入的內容就是我們在紙張上看到的內容。按下標有L、א或Д的按鍵，我們就會在紙張上看到L、א或Д的列印字。一字一按鍵，按下就出現，似乎是理所當然的事。

然而IBM的設備並非如此。雖然它在紙張上印出了中文字，但鍵盤上並沒有中文字，事實上，鍵盤上面甚至連英文字母都沒有。這台機器最奇怪之處就是上面只有阿拉伯數字——

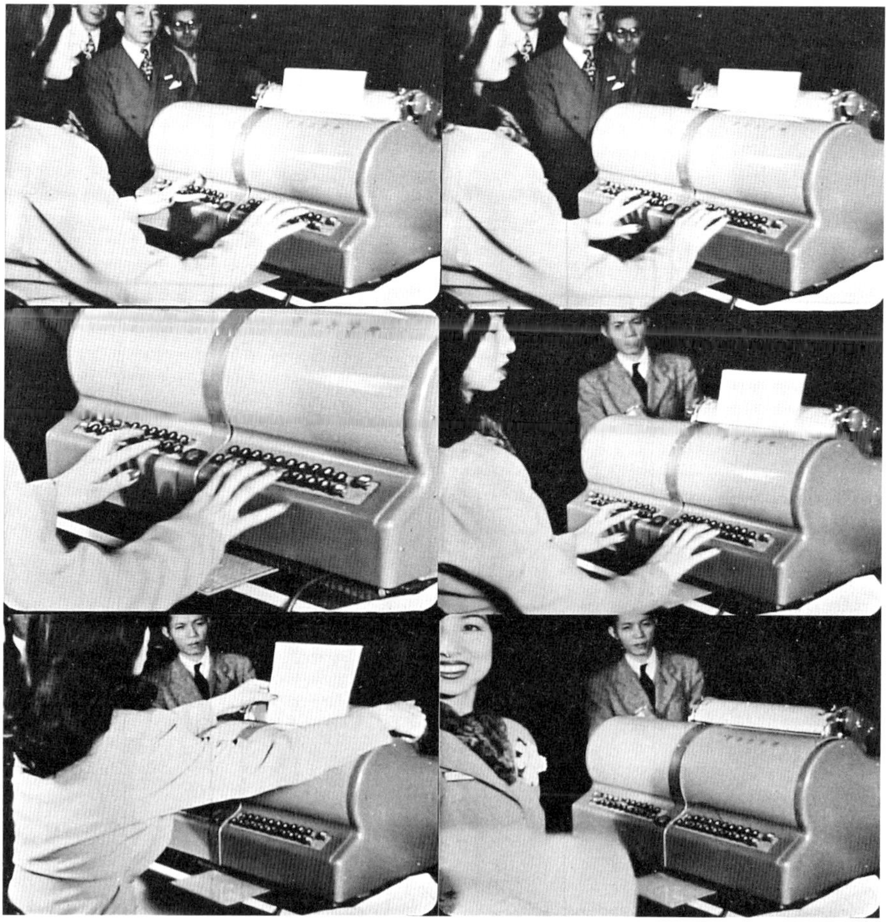

圖 1.1　取自IBM宣傳影片的照片，© IBM Corporation提供轉載

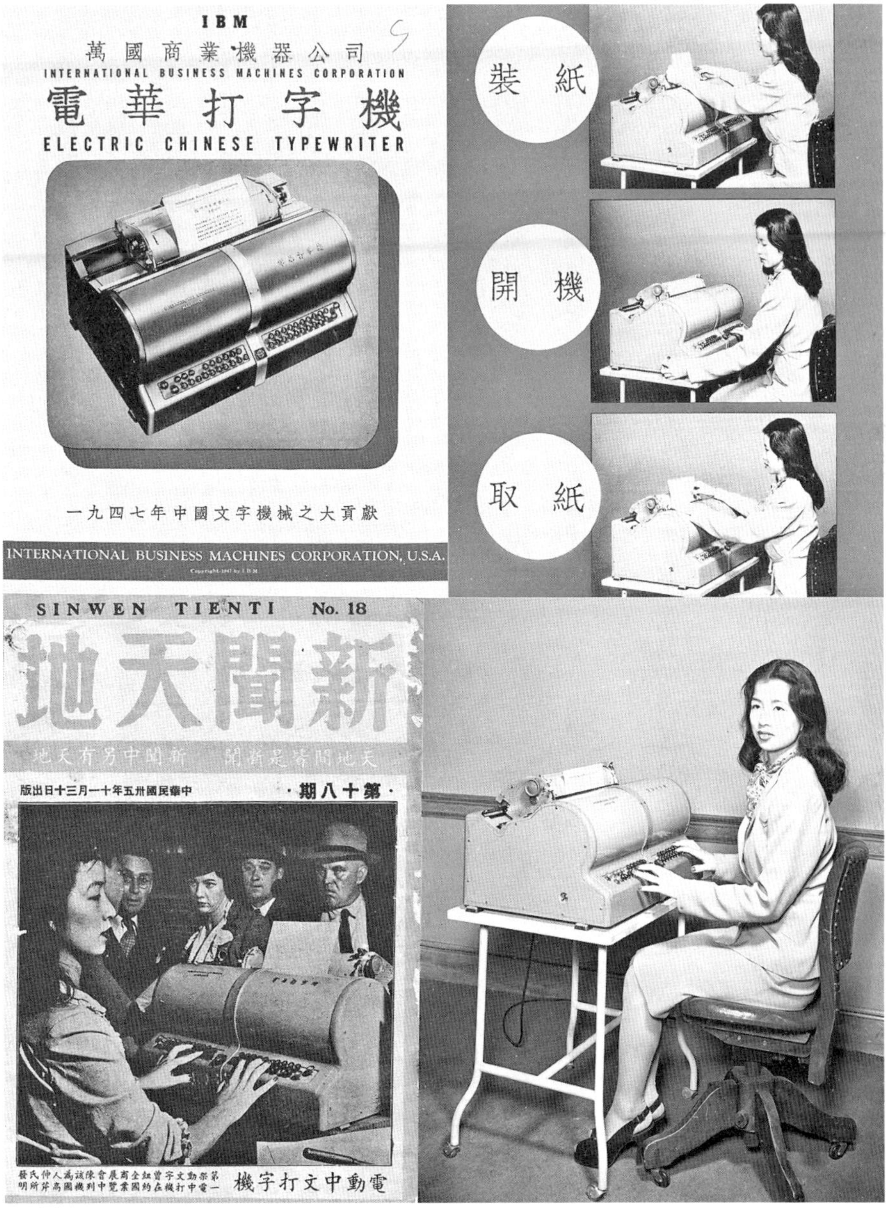

圖1.2 IBM 宣傳手冊、宣傳照片和《新聞天地》雜誌，皆以劉淑蓮為主角。IBM Corporation 提供轉載

分成四組的三十六個數字鍵：0到5、0到9、0到9、和0到9。就像變魔術一樣，這三十六個鍵就能讓這位年輕女士，變出五千四百個不同的中文字。

所以她所輸入的內容**並非得到的結果**。

這台機器也不是像輸入單字「cat」那樣，一個字母一個字母地「拼寫」出中文字。情況恰好相反，這些代碼數字被當成一種電子「位址」，打字員將數字輸入機器，機器依據鍵入數字，從記憶體中檢索對應的中文字：其記憶體是類似硬碟作用的一個圓筒，會不斷在金屬灰色的龐大機殼內旋轉[5]。舉例來說，如果你想要打的字是「田」，便需輸入四位數字：0-2-1-5、亦即同時按下四個按鈕，就像鋼琴家演奏和弦一樣。而要輸入「大、果或聽」等字，則需同時按下數字0-1-2-1、0-4-1-2或1-0-8-9。如此一來，打字機便會生成完整的中文字，靠著一鎚擊中旋轉圓筒上的某字，把刻在圓筒表面上的中文字轉印出來。

這台IBM中文打字機當然不是一部「電腦」——不必執行硬碟裡預先儲存的應用軟體，也不具備任何形式的記憶功能。然而它確實是後來中文電腦的重要前身，可以為我們在理解數位時代的中文和更廣泛的超書寫方面，具體呈現出我們必須面對的第一個關鍵問題：

人在實際操作代碼方面的能力，其最大的限制為何？更直接的說：一般人能記住多少代碼？

如果在二十一世紀，幾億中文電腦用戶輸入中文字都是靠著一長串數字代碼，而且是看似毫無意義的代碼，如同在前面介紹裡提過黃振宇按下的字串ymiw2klt4pwyy1wdy6，那麼在一九四七年這部七十年前的影片中，打字員所做的事情就非常類似了。因為她**完全是以代碼操作打字機**，而且還面帶微笑。[6]

她在一九四七年的工作內容，其實要比今日的中文電腦用戶難得多。她必須在沒有任何協助的情況下，像摸黑般的完成這些高難度的記憶偉業。畢竟當時並沒有像現代電腦中文輸入法編輯系統中的「彈出式選單」功能。在IBM機器上也沒有任何回饋循環，亦即用戶在墨水轉印到紙上之前，並沒有辦法「檢查」輸入的內容。而且這台機器也不包含任何類型的輸入法，因為她本身就是輸入法，一旦她記錯就會出現錯字。[7]

當然許多職業都涉及到代碼，例如密碼分析師和安全專家就是很好的例子。不過他們的代碼並非「即時性」的，通常都是經過一段很長的時間來創建或破解。針對「即時性」的代碼來說，更好的例子應該是電報操作員、急救人員、法庭速記員、訓練有素的音樂家、警察，甚至是雜貨店店員等。這些工作都需要人們記住特定代碼，並且能夠依代碼應變，就像「視奏」音樂（sight-reading music，對未曾學習過的曲譜，即時看譜並演奏）一樣，不容失誤。

然而這位女士工作的複雜程度，遠遠超過上述任何例子。例如熟練的電報員和業餘無線電操作員能夠熟練地接收和發送摩斯密碼，但如果摩斯密碼包含的不是只有幾十個，而是幾千個「點—劃」組合時，他們的表現會如何呢？又如果雜貨店排隊結帳時，要求員工記住一萬個產品代碼，這種結帳過程會花多久的時間呢？人類的記憶力在代碼和即時操作方面，一定存在著某個極限值，但這個極限到底在哪裡？我想這位女士——無論她是誰——似乎就站在那個極限邊緣。

關於高仲芹的四位數代碼問題——也就是一般打字員是否真的能夠用來打字的問題，多年來困擾著IBM的工程師和高級主管們（我們即將看到相關內容）。他們不僅在私人通訊裡進行了辯論，甚至還聘請中國研究方面的頂尖專家來協助他們解答這個問題。雖然他們迫切地想要進入中國市場，但他們無法壓抑住自己的懷疑：這真的是一種可行的人機互動模式嗎？

這就帶我們來到二〇一〇年八月某一天，我所收到的那則神祕訊息。

訊息上寫著：「謝謝你帶給我的回憶。我就是在最近你找到的那部演示中文打字機影片裡的那位女士。如果你想要更多訊息，請與我聯繫。」

這真的可能是她嗎？一位現年九十多歲的老婦人真的看到我的部落格？或者只是某個太閒的網友花時間想出來的奇怪惡作劇？我必須很小心的回應：

親愛的劉女士：

我叫湯姆．墨磊寧（Tom Mullaney），我寫這封信是為了回應你最近在我的中文打字機部落格上的留言。你的訊息讓我感到非常開心，我只是想確認一下：你就是與高仲芹一起展示IBM中文打字機的那個人嗎？

非常謝謝你聯繫我，我迫不及待地等待你的回覆。

湯姆．墨磊寧

p.s. 我可以請問你的中文名字是什麼嗎？

我留的附註等於是一個暗語：這個問題來自我多年的檔案研究，除了劉女士本人或她的親朋好友以外，應該沒人答得出來。

她回覆了——答案正確無誤。

疑慮消散後，我立即回覆並詢問了大量問題：她是如何參與IBM項目？她的背景是什麼？使用這台機器是什麼感覺？她到底如何記住那些四位數代碼？我迫不及待地想與她面對面交談。

隨之而來的卻是沉默。經過幾週、幾個月，我寄給劉女士的電子郵件並未得到回應。我禮貌地發送一封後續郵件，依舊無聲無息。最後，這條線索完全斷了，我從未得知原因。

又過了八年，多虧劉女士的一位朋友兼前員工的協助，我才重新聯繫到她。這位朋友看到我的另一篇部落格文章，決定像劉女士一樣主動聯繫我。我們透過電子郵件聊了起來，他答應重新幫我牽線，看看劉女士是否還有興趣聊天。也許是因為他的保證，這場對話終於發生了。

一切等待都是值得的。

「你已經找我十年了？」她在電話一開始就驚呼著。透過電話線聽到她的笑聲，讓我的思緒回到那部一九四七年的影片。

她說得沒錯。我第一次看到劉女士的照片時是二十九歲，而講這通電話時，我已經四十歲了。

不過她的人生旅程更長。在一九四七年的IBM宣傳影片中，她才二十二歲。而在這通電話裡，她已經九十五歲了。

難以置信我終於和她通上話了。

代碼覺醒：從中文電報到電動中文打字機

IBM是如何基於代碼鍵盤輸入的概念來建造電動中文打字機呢？要理解劉女士最終面對和克服的驚人挑戰——必須記住六千個任意四位數字代碼，並即時使用出來——我們就必須了解這個編碼系統的來源。因此，我們先來看看這台機器的發明者高仲芹，以及塑造了高仲芹的職業生涯和機器設計的時代——二十世紀中葉的中國資訊技術廣泛背景。正如我們即將看到，基於數字的中文打字機想法並非沒有先例，而且剛出現時也沒有那麼奇怪。

高仲芹於一九〇六年末出生於中國，並在中國電信業享有長期成功的職業生涯[8]。他在一九三六年前往英國的馬可尼學院攻讀電機工程學位，並於一九三八年繼續前往德國深造。由於第二次世界大戰爆發，他的計畫被迫中斷[9]。高仲芹設法在一九四二年遷居美國。

定居美國後，高仲芹成為中央通訊社的無線電部門主管，同時也是中國軍事事務委員會的無線電通訊研究官。在這些角色上，他所關注的主要技術並非中文打字，而是中文電報。

中文電報可以追溯到一八七一年，當時一條新律的電報電纜把上海和香港連接起來，將清朝（一六四四～一九一一）與由大英帝國[10]主導快速擴張的國際網路串連在一起。在這個時期，電報通訊的革命性技術，開始偏離拉丁字母的世界。從蘇伊士到亞丁和孟買，從馬德拉斯（清奈）到檳城、新加坡和巴達維亞

（雅加達）都鋪設了電報電纜。摩斯密碼也開始與它從未打算處理的語言、文字、字母和音節表產生關聯。

中國加入了由西方主導的全球電報網路後，引發了現代資訊史謎團中最具概念性困擾的問題之一：該如何使用摩斯密碼傳送中文字元的電報？因為中文書寫是一種非字母的文字系統，是唯一一種在字的形成中，既不使用字母也不使用音節的主要世界語言。該怎麼想辦法把一個有著成千上萬個字元的非字母文字系統，「融入」一個以字母為中心、只提供了幾十個代碼空間的字母文字系統中？

答案是中文無法被「融入」。更準確地說，最初發明中文電報代碼書的兩位歐洲人，選擇以快刀斬亂麻的快速方式來解決中文摩斯密碼的棘手問題。這兩個人就是丹麥天文學教授謝爾勒魯普（H. C. F. C. Schjellerup）和住在上海的法國港口管理員維吉耶（V. A. Viguier）。他們簡單選擇了一小部分常用中文字，然後為每個字指定一個獨特的四位數字代碼（範圍從0001到9999）[11]。至於中文詞彙裡成千上萬的其他字元，就被完全排除在代碼書和電報之外。

要使用四位數字代碼來傳輸一個中文字，例如「說」這個字，電報操作員必須先在摩斯密碼書中找到對應的代碼（5-3-5-6），然後把這些數字轉換為標準的摩斯密碼點和線，才能進行傳輸。在電報線的另一端，操作員接收這些用摩斯密碼傳來的點和線，然後進行相反的過程：從摩斯密碼轉換為數字，然後使用代碼書查出數字對應的中文字。最後，中文成了唯一一種在電報傳輸過程中，必須依賴「中介」步驟的主要語言。（圖1.3）

我們可以想像得到，這本一八七一年的代碼書對中國電報員帶來的麻煩。首先，編碼和解譯的步驟讓傳輸過程變慢，這使得中文與其他語言相比，處於不利的地位。此外，中文電報的發送成本也會更高，因為用摩斯密碼編碼「數字」會用到更多點和線[12]。儘管四位數字電報代碼存在這些問題，但它最後仍然成為中國新興電信基礎設施裡的一部分，一直持續到二十世紀晚期。在一九三〇到一九四〇年代，當高仲芹正值事業全盛期時，中國各地都設有電報站，每個電報站都有受過四位數字代碼訓練的操作員。13

在幾百個像這樣的站點，以及政府辦公室、報社印刷廠、海關、銀行、商業公司和其他經常使用電報的地方，每天都傳送和接收了成千上萬個中文字元，而且每個字元都會被編碼為一個又一個的

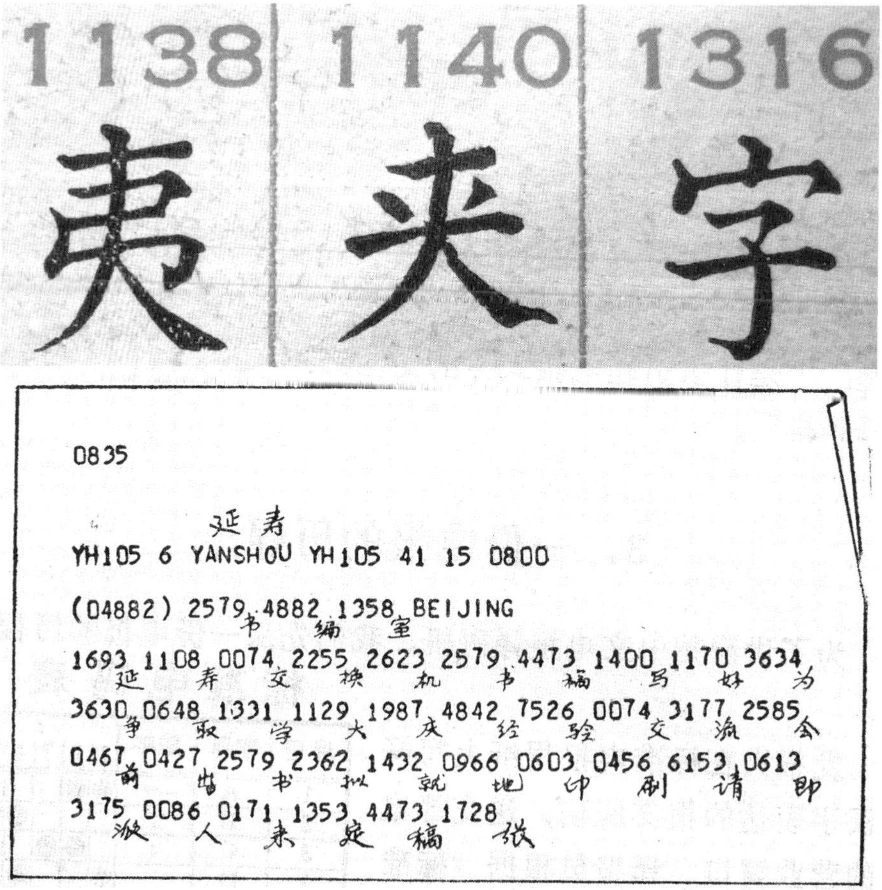

圖1.3　中文電報代碼四位數字與對應的中文字

四位數字代碼。在十九世紀到二十世紀初期的每個時刻裡，這些傳來傳去的無數中文字中，**從來沒有任何操作員是直接處理中文字**——他們處理的只有代碼而已。換句話說，在劉淑蓮坐在鏡頭前拍照的一九四七年之前，中國的幾代電報員、郵政工作人員和前述其他相關人士，已經學會完全以代碼來處理中文。他們都算是劉淑蓮的前輩。

他們也是高仲芹的靈感來源。在一九四〇年代初，他便開始構想一個和紐約市一樣廣闊的宏偉計畫：透過使用中國的四位數電報代碼來改變中文資訊界。亦即不光是用於電信而已，還要用於**中文書寫**（印刷）。如果四位數字代碼在中國已經有大規模的「執行者」（電報員），這些代碼不僅已經成為他們的第二天性，也讓他們成為中國電報的「符號學支柱」長達半世紀之久，那麼或許，這些數字代碼也可以作為範圍更廣大的「中文電子化書寫」指導原則。

這類技術融合在全球許多地區都已經相當普遍。例如在英語系國家中，印刷電報、電動打字機、股票報價機、由電報控制的時鐘和其他通信設備等，都已印證了早期技術的融合與改造。這些被融合的技術在過去都曾經是獨立的存在，例如電報、打字、無線電和計時裝置[14]等。高仲芹判斷電子化的中文電報，也可作為控制各種相互連接的設備和裝置的系統：包括電動中文打字機、排版系統、鑄字系統等。因此，高仲芹的最終目標不光是建造一台電動中文打字機而已，他的目標是將中文全面電子化和資訊化[15]。

高仲芹把時間分配在東三十七街的工作室與東四十二街的《每日新聞》（*Daily News*）大樓二三〇八室上，並制定一個三階段的計畫。第一階段：設計一台電動中文打字機，由IBM進行原型機製作與後續的大規模製造。這台原型機可以作為四位數字代碼法的概念驗證，也可以作為具有銷售價值的產品。第二階段：設計世界上第一台中文熱鉛排版系統，由位於布魯克林的印刷巨頭默根瑟勒鑄排公司（Mergenthaler

Linotype。）*製造和銷售。第三階段：征服所有使用中文字的地區，推出基於四位數字代碼，可用於文本刻寫、複製、傳輸的電動化系統。

高仲芹與IBM和默根瑟勒的關係始於一九四〇年代初，當時他是在一九四三年十二月十七日與默根瑟勒的總裁麥基（J.T. Mackey）會面，討論一種中文自動鑄字機或者說「中文鉛字排版機」的想法。他先向該公司與會代表展示了電動中文打字機的初步草圖。同樣為了驗證概念，他說有信心讓該設備在中國市場上賣到五百美元的價格（按現在匯率相當於六千美元）。因為這台設備不僅是他對代碼鍵盤概念的試金石，也可能是IBM的一條潛在利潤產品線。[17]

而高仲芹在「電子自動鑄排系統」方面的野心更大。他向默根瑟勒提出了一筆三萬美元的高價授權費（按現在匯率相當於四十五萬美元），他極具信心認為這樣的機器，在中國的銷售價格可以達到三千美元（按現在匯率相當於三萬五千美元），一定可以成為相當受歡迎的替代產品，因為當時的中國印刷廠還依賴緩慢的手工排版[18]。他解釋說，就算他的機器每分鐘字數尚未超過十個字，仍然可以勝過現有的手動技術。

儘管高仲芹的主張如此有自信，突破廣大中文市場的想法也相當吸引人，但默根瑟勒和IBM都對此持強烈的保留態度。兩家公司都著手尋求在美國的中文專家建議，並幾乎動員了美國所有新興的亞洲研究智庫。其中一位重要學者掌握了解答諸多疑問的關鍵，這位學者就是當時耶魯大學的中文副教授喬治·甘迺迪（George Kennedy）。

從一九四三年十二月起，甘迺迪就成為這兩家公司在審查高仲芹項目方面的顧問，他也擔任這個角色相當多年。

默根瑟勒公司負責排版研發的副總裁喬恩西・格里菲斯（Chauncey Griffith）在給甘迺迪的第一封信中，表達了對於高仲芹的代碼以及該機器能產生的中文字元數量有所擔憂。因為高所提議的打字機，只能打出數以萬計中文字元中的五千四百字，格里菲斯相當懷疑這樣是否可以滿足廣大市場的需求？[19] 然後是關於高仲芹代碼的明顯問題——這種非傳統的繁瑣系統，是否真的適合一般操作者使用？格里菲斯非常依賴甘迺迪的專業判斷，不僅要協助消除他對高所用非傳統方法的擔憂，還要在這個唐吉軻德式的昂貴想法花掉公司大量金錢之前，制止這種可能荒謬的想法。[20]

甘迺迪至少在字數問題上讓格里菲斯放心了。他向格里菲斯保證，五千四百個中文字的字元集已經足夠。事實上，這位耶魯大學教授認為高仲芹對中文常用字頻率方面還低估了。高聲稱中文最常見的一千個字，佔了超過百分之七十的日常中文書信使用量，所以五千四百個字元集合便足敷使用。甘迺迪為默根瑟勒公司提供了更積極的字數估計，在他的研究中發現，從當時一直追溯到一九三〇年代，中文裡最常見的一千個字，可以在超過百分之九十的日常書信中使用。因此，在這種情況下，五千四百個字便已足夠使用。

然而對於高仲芹的代碼系統，甘迺迪並非完全支持。[22] 甘迺迪說：「我持懷疑態度」[23]。記住五千四百個數字代碼的任務「似乎相當艱鉅」，「在我們這些研究者當中，有些人對於將中文字母化較感興趣，」他繼續說「如果可以證明中文字元無法作為現代工業國家的有效溝通媒介，高的作法才能得到巨大的勝

---

* 譯註：Linotype排字機是當時的創新發明，可以在打字輸入後由熱鉛鑄模成整行文字，不再需要人工從大量預鑄鉛字中撿字排字的傳統排版方式。

利。」所以即使是甘迺迪也依舊猶豫不決，但他仍然讓樂觀的人們稍微敞開，他說：「只有真正的測試才能證明任何事情。」[24]

格里菲斯很難輕易拒絕高仲芹的想法，因為默根瑟勒在中國市場上的存在感，幾乎可說是微乎其微——甚至可以說相當可悲：亦即在公司征服全球的連續地圖上，出現了一塊巨大的空白。公司生產的鑄排機（Linotype）包括阿拉伯文、希伯來文、西里爾文（泛斯拉夫語，包括俄文）、緬甸文、印地文（印度語）等都有。這些機器遍布非洲、近東地區、拉丁美洲和歐洲。但在中文方面呢？什麼也沒有。[25]

同樣的情況也適用於IBM，也就是高仲芹鎖定的第二家公司。一九四〇年代的IBM，在中國市場上也只有微弱的存在感而已，跟他們在一九八〇年代及後來的全球聲譽大相逕庭。IBM最早的亞洲公司於一九二五年成立，專注於在菲律賓銷售鐘錶和肉販用秤。即使是在大約十年後的一九三七年左右，「華森商務機器公司」（Watson Business Machines，華森是IBM第一任執行長）也只是在前菲律賓國家銀行大樓的一個辦公室裡，由三位主要人員運作的一家小公司而已。[26]

高仲芹的發明會改變這一切嗎？這位才華橫溢、積極進取、並且有些古怪的工程師，是否已經找到機械化產生中文的新穎解決方案呢？是否對外行人來說，這種方案並非顯而易見？人們需要多久才能意識到奧特瑪・默根瑟勒的聰明之處呢？默根瑟勒是一位德裔美國發明家，他的名字就掛在格里菲斯的公司名稱上[27]。因為默根瑟勒發明了「熱金屬鑄字」——在當時也同樣難以置信的一項發明：這是一個不時叮噹響著、管風琴形狀的鍵盤控制裝置，在這個裝置中，熔化的熱金屬液被注入到可移動的模板中，金屬迅速冷卻形成固體的「活字行」（一行排版好的字模，所以才叫lin-e-type「一行字」），接著就可以作為印刷的模板。有誰會相信這種機器在短短幾十年間，讓無數的商業排版工廠關閉，印刷廠也不再需要購買和儲存大量的預鑄鉛字，完全終結了古騰堡和手工排字的時代？高仲芹是否可能成為中國的默根瑟勒呢？他自己顯然如此認為。

一九四四年初冬，高與IBM和默根瑟勒的溝通似乎太過虛張聲勢，顯得有些自信過頭，表現出一種出於真誠信念，或者想透過個人魅力來打消對方疑慮的自信心。高竭盡全力使他的幾位觀眾保持分隔，這是一種「分而治之」的技巧。例如高會假設他的對手彼此間並未直接聯繫，因而他會對一方或另一方傳達誇大（或完全錯誤的）的主張。甚至在某些情況下，他也會對同一家公司的同事做相同的事。在給默根瑟勒研發部副主任潘恩（A. P. Paine）的一封信中，高仲芹說默根瑟勒即將開始正式支持他的項目，他在信中說：「我很高興得知，你的公司很快就會準備好協助開發中文自動鑄字機。」[28]然而潘恩立刻把高的信轉交給總裁麥基，表達他的擔憂。潘恩說高仲芹似乎認為他與默根瑟勒公司的關係已成定局，「我不知道高仲芹是從哪裡得知的，因為他既沒有與格里菲斯先生聯絡，也沒有與我聯絡過。」[29]

到了一九四四年二月，高和默根瑟勒之間的關係開始出現裂痕。正如格里菲斯向馬基所解釋，高在合法控制問題和提前支付三萬美元版稅的要求上對他施壓。格里菲斯敦促馬基，不該在這種時候擬定這樣的協議。「直到他的開發計畫成功，可以獲得合理擔保之前，我不建議任何這類安排，也不建議簽訂任何法律合約。」[30]

格里菲斯和高之間的交流越來越緊張。格里菲斯堅持認為，只有當高仲芹與IBM的電動打字機項目取得了概念驗證階段的成功後，默根瑟勒才會考慮繼續進行成本更高的鑄字項目。畢竟，這兩台機器都依賴於同一個未經測試的原理：亦即讓操作者記住並控制一組五千四百個字元的四位數字代碼。此外，根據格里菲斯的大略估算，鑄字項目是「一項危險的事業，因為它可能要花上二十五萬美元的資金和六到八年的時間。」[31]因此必須相當謹慎。

高對此感到憤怒。「高先生對我們的作法表示強烈反對，」格里菲斯在與這位中國工程師溝通後報告說「他堅持這兩家有興趣的公司應該分開運作，」接著他繼續說這位中國工程師「暗示了除非我們答應他的要求，否則他將接觸蒙納（Monotype）打字機公司或其他印刷機械公司來接手。」[32]格里菲斯認為高在虛張聲勢。「我很明白地告訴他，我們不會受到這種施壓的影響，他完全可以按照自己的意願來決定。在這之後，他的態度似乎才變得比較可以溝通。」[33]

一九四四年四月底，一場高仲芹一直想要避免的會議展開了：這是一次由默根瑟勒和IBM的高層執行人員一起參與的直接對話，高並未在場。默根瑟勒的主管們公開批評對手IBM，認為華生和其他人進行電動中文打字機項目，似乎是出於「利他主義」（原話），而非出於利潤的考量[34]。格里菲斯重新回到了鍵盤系統上，他認為高仲芹的四位數字代碼技術「似乎是整個系統中唯一的脆弱環節。」[35]

高仲芹越來越清楚意識到，IBM和默根瑟勒對他的代碼系統抱持深度懷疑。在一九四四年四月二十九日的一封長信中，他再次試圖說服默根瑟勒的主管們，提到了中國已經有成千上萬的人，亦即那些接受過中文電報代碼培訓的人[36]，具備可立即轉換過來的技能。「經過多年服務後，」他解釋「已經有成千上萬的中國電報操作員，可以記住四千多個中文字的數字。高繼續說「除此之外，中國還有一個特殊的職業稱為「電報翻譯員」，他們在政府辦公室、銀行和其他商業組織從事這類翻譯工作。」他解釋了一九三〇年代早期，自己在中央通訊社的工作：

> 每天晚上六點到凌晨兩點，我們會以數字代碼形式傳遞和接收超過五萬個字。不僅數字必須被翻譯成

普通中文以供出版，同時也必須將中文字轉換成數字供通信使用。我的辦公室職員每分鐘可以翻譯大約十五個字的數字訊息，並不需要查閱電報字典。當然，偶爾會忘掉幾個字的數字代碼，但比例不到百分之一。[37]

高仲芹向默根瑟勒公司的格里菲斯保證「培訓操作員記住一千個中文字數字代碼的時間，不會超過兩個月。」[38]他聲稱，完全熟練最多只需要三個月。

他用一個比較私人的語氣作結：「我不知道我還能在這個國家待多久。因此，如果你能慷慨考慮在我和貴公司之間，而且是在貴公司所建議的條件下，安排一項初步協議，對我來說將會有很大的幫助。」[39]

然而，高花越多時間解釋，默根瑟勒的主管們就越感到不確定。無論高如何描述中國的電報業，也無論在他描繪下的中國，已經是幾千名從早到晚不斷發送幾百萬個四位數字代碼操作員的家園，他們就是無法確定。也許高的機器真的是打開中文市場的關鍵，但也許一切就只是件荒謬的事而已。這個問題不是歸結到高所提議的這台機器的機械設計，而是歸結到本章開始時所提出的問題：一個人到底能記住多少代碼？當成千上萬的代碼在運作時，即時編碼解碼是否真的可能辦到？這些問題無法透過工程設計圖、中國歷史課程或常春藤聯盟顧問的報告來回答。想要得到答案，只能透過一個「普通打字員」來測試這台機器——就像劉淑蓮（Lois Lew）這樣的打字員。

壓力下的優雅：首位中文打字員

《紐約客》飯店大廳擠滿了人，所有人的目光都集中在大廳前排的一位年輕女子身上。中國總領事在場，紐約時報和先驅論壇報也在場。高仲芹整個計畫的命運關鍵，都落在這位女士的肩上——因為他要說服這個多疑的世界，告訴他們四位數字代碼系統的可行性。[40]

然而這位女士並非劉淑蓮，而是葛瑞絲．湯（Grace Tong），她是高仲芹的第一個助手，也是歷史上第一位「電子化中文打字員」。

一九四六年一月完成的原型機令人驚嘆，這要歸功於高的堅持和IBM工程人員的巧思。[41]機器重六十五磅，使用一百一十伏特交流電，機殼內的滾筒以每秒一圈的速度連續運行。滾筒直徑七吋，長度十一吋，在

圖1.4　IBM電動中文打字機的原型完成品「電華打字機」，默根瑟勒鑄排公司檔案（以下簡稱MLCR），美國歷史國家博物館檔案中心，史密森尼學會

其表面刻有五千四百個中文字元、英文字母、標點符號、數字和少量的其他符號（圖1.4）。

鍵盤上的數字控制著滾筒的動作。在每個四位數的代碼中，第一位和第二位數字（0到6，以及0到9）控制了機箱內滾筒從左到右的橫向移動，這種橫向移動會把滾筒上的五千四百個字元中的一部分，帶到打字位置上。接著第三位和第四位數字（0到9，與0到9）進一步決定打字員所需的字元。當正確的字元快速進入打字位置時，在1/600秒內的一記錘擊，就會把這個字元紀錄在紙張上。

一九四六年二月二日，高仲芹用這台機器寫了一封信給IBM總裁：

親愛的華生先生：

由於你的遠見和慷慨支持，讓我有幸使用這台打字機，寫下有史以來第一封中文打字信件給你。[43]

這不僅是用IBM電動中文打字機寫的第一封信，也是歷史上首次使用電動自動裝置所製作的中文文本。

然而這也是高仲芹最後一次用這台機器寫信，至少在公開場合如此沒錯。面對IBM和默根瑟勒的持續懷疑，高仲芹知道讓發明者親自操作這台機器，並不能說服任何人——畢竟沒有人比他更了解這部設備，他必須向全世界證明任何人都能使用這台機器。所以早在一九四六年三月，高仲芹就展開一項培訓課程，其目的在建立一群能夠操作這些機器的女性勞動人才庫[44]。如果說中文電報員這個職業長期以來一直是由男性操作員主導，那麼電動中文打字機的世界，他說：將由「年輕的中國女孩」組成。[45]

高的培訓計畫核心就是他的代碼手冊，這本手冊提供了系統中的所有字元、字母、數字和符號的四位數字代碼。[46]從各種方面看，這本代碼手冊以及他的擴大培訓計畫，與當時幾十年來在中國電報領域所能找到的手冊，並沒什麼不同。面對成千上萬的四位數字代碼，每個代碼都連結到不同的字元、字母、數字或符號，這些「年輕女孩」的工作，將類似於那些接受過訓練的無數中國電報員的工作。

從關鍵點來看，電動中文打字機打字員的工作要困難得多。高仲芹的打字機代碼比原始的中文電報代碼更嚴格。因為在電報作業中，把中文訊息轉換為可傳輸的、基於摩斯密碼的數字代碼是一種「多個步驟」的過程，涉及到多位作業人員。沒人會指望操作員能夠一邊閱讀中文訊息，一邊從記憶中將其轉換為可傳輸的數字序列。通常都是一位「翻譯員」把中文訊息轉換為數字代碼，交給傳輸員後，再把這些數字轉換為點劃脈衝模式，發送到電報線路上。

然而，對於高仲芹的打字員的要求是「即時」的。雖然在極少數情況下，打字員被允許翻閱代碼手冊以查找罕見中文字元，但她們被期望可以立刻無誤地把大多數中文字元轉換為代碼。[47] 事實上，在原型機的示範現場——我們稍後將會看到——經常有觀眾大喊某個中文字，希望舞台上的「打字女孩」能夠即時想起相應代碼，並在機器上正確輸入。用現代的比喻來說，這些打字員被期望像一套「人類輸入法」般的運作：打字員這個「中介軟體」，必須在硬體（這部機器）和軟體（也就是僱主）之間進行即時翻譯，而不必一直參考代碼手冊。

此外，操作過程中還不能有任何錯誤。當打字員按下四鍵組合時，機器立即會立刻打出一個中文字——不是正確就是錯誤，完全沒有回饋循環，無法在打出字之前修正可能的錯誤。

讓高仲芹感到開心的是，他找到一個在各方面都符合要求的人：受過良好教育、有人脈關係，而且外表很有吸引力。這個人的名字就叫葛瑞絲・湯。

一九二〇年出生於中國山東省的葛瑞絲・郭（婚前姓氏），在一九三七年秋季抵達西雅圖，船上的旅客名單記載為一位十七歲的學生，精通中英雙語。[48]郭在一九四三年嫁給了湯楊虎（Yang-hu Tong音譯）這位年輕的中國工程師，他是高仲芹在中文鑄排機項目裡的合作對象。這場婚姻也讓葛瑞絲進入了一個擁有卓越背景的家庭中，因為湯楊虎是著名中國外交家兼記者湯霍林（Hollington Tong音譯）的兒子——他本人經常與當時國家元首蔣介石有所往來。因此聘請葛瑞絲不只是聘請了一位才華橫溢、受過良好教育的人，還強化了高仲芹整體人脈網路的重要價值。[50]

高仲芹很快就利用了這些人脈上的關聯性。默根瑟勒公司的一位主管米洛維奇（Eugene B. Mirovitch）寫信給公司總裁說：根據高仲芹的說法，「IBM公司製造的打字機，讓蔣介石總司令和中國政府教育當局，留下極為深刻的印象，他們對他給予很大的鼓舞和讚賞。」然而，「在機械化中文排版方面，更大、更重要的問題仍然存在，也就是設計和製造中文鑄排機。」[51]

這項策略取得了成果。米洛維奇顯然被高仲芹提到的「蔣介石」這個名字，以及他對IBM機器的官方中國反應報告所吸引，於是他問高仲芹是否能夠保證，中國政府將會購買一定數量的自動鑄排機。

高仲芹肯定地保證，中國可以「剛開始吸收大約三百台鑄排機，接著每年會逐漸增加銷量。而且中國政府甚至願意資助部分開發成本。」[52]還有一道曙光也出現了，因為默根瑟勒的某位執行官，讓公司開始改變了對於即時代碼及其限制的看法。佛羅蘭德（F. C. Frolander）寫了「人類心智通常被過度低估，尤其是在立即察覺和記住無限細節及其關聯的能力。例如在產生單字並透過喉舌吟出時，並沒有用到任何有意識的推理模式來彎曲聲帶。因為人類的心智是最奇妙的工具，只需要透過身體感官來運用。」[53]

雖然這些言論可能鼓勵了高仲芹，然而它們仍然屬於少數。佛羅蘭德有點自相矛盾地繼續說：「更令人震驚的是，高博士選擇把中文圖形模式在交流和表達所需的大量字元，轉化為使用阿拉伯數字0到9的

圖 1.5　葛瑞絲·湯示範操作IBM電動中文打字機，MLCR提供

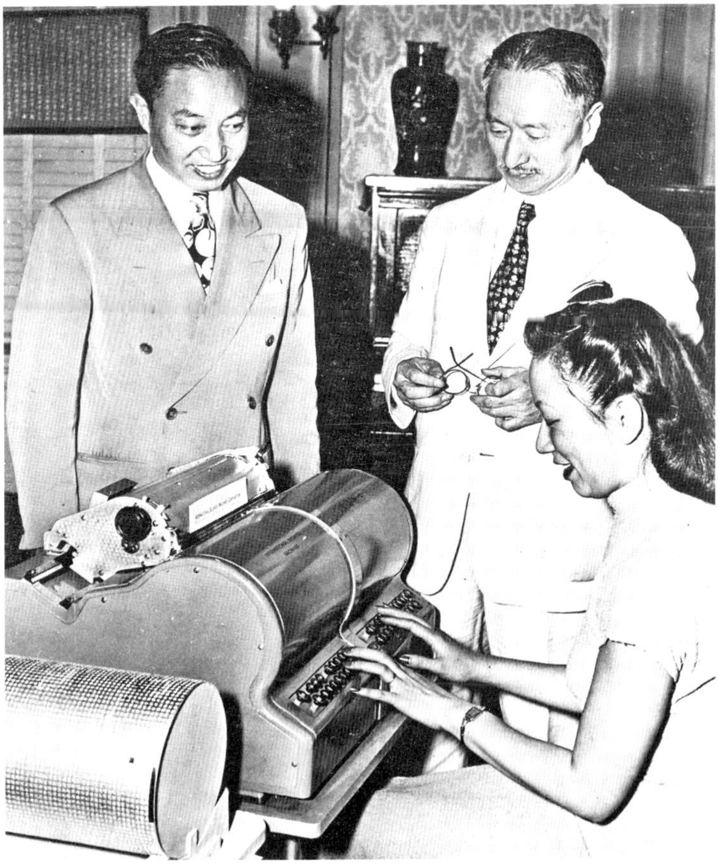

圖1.6　湯向中國駐美大使顧維鈞展示電動中文打字機，MLCR提供

組合。」米洛維奇也接著說出同一件事令人擔憂的部分，依據他同事所說，米洛維奇「坦率地承認他對使用這種系統所需的智慧，感到非常懷疑」，他最擔心的是人類的心智，是否真的能夠記住五千四百個中文字與符號及其對應的數字。[54]

不過，當葛瑞絲．湯嫻熟地操作這台機器時，似乎證明這種懷疑是錯誤的。「當我們在場時，」米洛維奇情不自禁地注意到，「這位年輕的女打字員，似乎毫不費力就能找到任何一個最常用的一千個中文字元之一，並順利操作了機器。」此外，也有證據表明，高仲芹之前對默根瑟勒所提供的「中國歷史課程」——亦即他對中國電報方面的解釋——正在產生一定的效果。他至少說服了一些主管，認為中國可能確實已

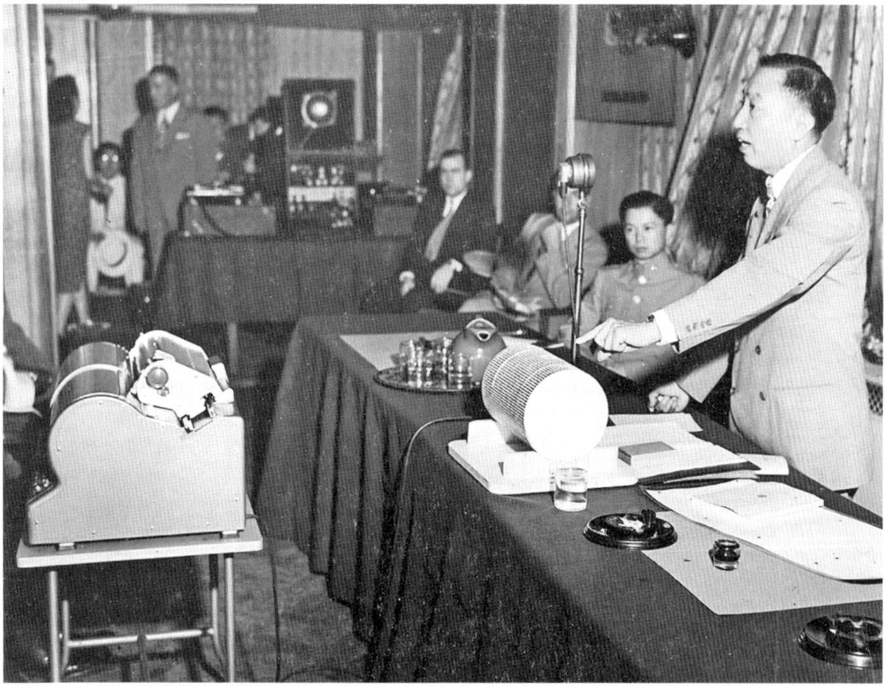

圖1.7　高仲芹在美國巡演期間的照片，再版照片由IBM公司提供授權使用

經有一支熟悉四位數字代碼的厚實人才庫。如同米洛維奇私下寫給麥基的信所說，「我曾經和IBM世界貿易部經理威爾森（J. T. Wilson）先生，談到高仲芹的實驗打字機。他對高仲芹的系統抱持好評，也對使用數字來識別高仲芹打字系統的五二七八個象形文字沒有異議。」米洛維奇接著寫道，「威爾森還補充說，在他多年的鐵路和通信經驗中，他發現有些員工完全可以記住幾千個代表著車站和其他詞語的代碼數字。」[56]

葛瑞絲．湯在高仲芹巡迴演示的早期階段，扮演重要的角色。有兩張照片生動捕捉了這些演示的情景。其中一張照片中，湯坐在機器旁，被高仲芹和一小群男人半圍繞著。第二張照片中，湯再次坐在機器旁，這是在七月二十三日的一場演示，中國駐美大使顧維鈞博士正看著她（見圖1.5和1.6）[57]。

儘管高仲芹努力讓華生等人留下深刻印象，但他的主要目標仍然是默根瑟勒鑄排機公司：他們才是關鍵人物，他們的支持或拒絕將決定高仲芹主要計畫的命運。高仲芹遂發起全面的魅力攻勢。他製作了一本相當迷人的精美相簿，送給位於布魯克林的麥基，相簿裡精選了美國巡演菁華，包括各大主要媒體的新聞剪報，以及高仲芹與IBM總裁湯瑪斯．J．華生、顧維鈞大使和其他觀眾的清晰照片（見圖1.7）[58]。

然而再次地，默根瑟勒並未做出回應。

一週之後，焦慮的高仲芹再次寫信給默根瑟勒的副總裁格里菲斯，他的語氣比以往更加絕望。他在這種罕見的脆弱時刻提醒格里菲斯，他與默根瑟勒之間已經有將近三年的往來溝通。在這三年間，這家位在布魯克林的公司表達了興趣，給予鼓勵，高層們的疑慮也大都屬於他們自己的判斷問題。高仲芹帶著幾分控訴的語氣寫道：「當我們在一九四三和一九四四年的會議中，你提到了中文鑄排機研究的第一步是成功完成中文打字機，我當時答應了。現在，在IBM公司的支持合作下，我終於完成了第一台商業形式的電動中文打字機。也已經在上個月公開了這台機器，生產和銷售計畫現在也已經在規劃中。」[59]

高仲芹強調《紐約時報》（*New York Times*）和《先鋒論壇報》（*Herald Tribune*）都讚譽他的機器為「造福中國」和「有史以來第一台」[60]。他的打字機，包括它所依賴的四位數字代碼，讓工程師和記者們印象深刻，並且得到中國政府高級官員的持續鼓勵，他們迫切希望看到高仲芹把他的工作拓展到中文鑄字機的開發。[61]

一九四六年九月底，高仲芹繼續向前，到波士頓參加成本會計師全國大會的年度會議，展示他的打字機。九月三十日至十月五日，高仲芹帶著機器回到紐約，在中央皇宮展覽館的國家商業展覽會上進行展示（同一場展會裡，恰好也是IBM推出其603電子乘法器的地方，後來被IBM譽為「第一台投入生產的電腦」）[63]。高仲芹送了四張門票給默根瑟勒公司的透納（R. H. Turner），邀請他們前來。

然而，默根瑟勒公司無人參加。

此外，並非所有的美國媒體都是讚美的報導，這點加劇了高仲芹的擔憂。例如《時代》雜誌在一九四六年七月十五日調侃「中國人相信一張圖片可以抵得上千言萬語，實際的原因是……他們寫字實在太慢了。」文章繼續寫道：

> 這台機器會讓美國的速記員感到毛骨悚然，因為它有五千四百個字元（八萬個中文字元中最常用到的）安裝在一個滾筒上。一位操作員需要花兩個月的時間，才能學會打出簡單的句子，需要四個月的時間

才能達到機器的最高速度——每分鐘四、五個中文字（相較之下，英語中打字快速的人：每分鐘一百二十個英文單字）[66]。

這些媒體報導對高仲芹的唯一幫助，或許就是某種懷疑的特質。這類文章大半都對這項發明，充斥著自鳴得意的嘲笑，因為這是事實。然而它們也等於對中文語言現有文字的再現實踐，保持著最尖銳的輕蔑。「這台機器必須依賴良好的記憶才能夠進行高效操作，而且可能會很昂貴，」一篇《紐約時報》的文章指出，「但中國的商業、政府和通訊機構，現在確實都是依賴繁瑣的手動操作來書寫出千上萬個複雜的表意文字。」換句話說：雖然高仲芹的打字機可能相當荒謬，但其他中文實踐技術甚至還更糟。

在這一切紛亂中，高仲芹的計畫遇到重大打擊：葛瑞絲．湯竟然退出了作為該機示範者的角色。劉在我們的通話中回憶起聽湯說她生病了，沒辦法繼續跟隨高仲芹參加巡迴活動，但也可能是湯的職業生涯逐漸被家庭的期望和責任而消蝕[68]。無論具體原因為何，事實擺在眼前：高仲芹現在急需找到一位替代者，就算不是更強，至少也要與湯一樣能幹，否則他在把中文電子化上的抱負將戛然而止。

生活在代碼中：劉淑蓮在中國

當IBM中文打字機首次向世界展示時，劉淑蓮（Lois Lew）還是隸屬於IBM紐約羅徹斯特辦公室第三廠第七十六部門的一名員工。[69]她於一九二四年十二月二十一日，出生在紐約特洛伊市。她的生活軌跡與葛瑞絲．湯幾乎完全不同。沒有人脈，也沒受過正規教育，她的早年生活充滿了掙扎、政治動盪和幾乎不斷的遷徙。在一九三七年日本開戰前幾年，當她出生後不久，她的家人就返回了中國。[70]戰爭爆發時，劉的家人南逃，主要是靠步行，也就是從中國北部逃到香港的一段危險旅程。劉告訴我，途中有時她必須背著兄弟或姐妹一起逃難。

到了香港，她的母親注意到附近有一個家庭的財務狀況很穩定。她找了媒人幫忙詢問該家庭是否有合適的兒子未婚。她提供了一張劉淑蓮的照片，過了一段時間後，收到了肯定的答覆。

劉淑蓮的母親靠這種方式嫁出了三個女兒，第一個女兒嫁給芝加哥的一個男人，第二個女兒嫁給舊金山的男人，第三個女兒劉淑蓮，許配給住在羅徹斯特的一個男人。母親向她們保證，這些男人全都經濟穩定，完全可以照顧好他們的未婚妻。[71]

於是年僅十六歲的劉淑蓮，獨自冒險踏上橫越太平洋的航程，在舊金山下船，登上開往芝加哥的火車。一位即將成為她姐夫的人，正在那裡等著接她，陪她走完剩下的旅程。她當時只會說和聽懂幾個英語單字而已。

抵達羅徹斯特後，劉淑蓮才知道她即將結婚的新丈夫劉源（Yuen Lew音譯）的財務狀況真相，完全和她或母親所期望的不同。劉淑蓮並沒能過上舒適的生活，她和她的新嫂子蓋伊，一起睡在這位年輕人開的洗衣店後屋裡。[72]由於劉淑蓮的年紀在紐約州還不能合法結婚，於是這對夫婦只好前往紐澤西州完成他們的婚姻。劉淑蓮就成為了露薏絲．劉。雖然她的嫂嫂可以繼續高中學業，但劉淑蓮被告知像她這樣的已婚女性不可能上學。

露薏絲和蓋伊是當時居住在羅徹斯特僅有的少數華裔女性，事實上這點可能有助於她們被附近的IBM

公司聘用。「在那個年代，你很少能看到華裔女孩，」劉在我們的談話中回憶「他們應該只想利用我們來做秀：華裔女孩使用一台美製打字機。」後來露薏絲和蓋伊都成了出色的打字員。後來，IBM中文打字機公開問世，引發了一連串事件，最終導致了葛瑞絲．湯被僱用，當然也包括她驟然決定停止工作。突然之間，IBM——尤其是高仲芹——迫切需要會說中文的打字員，以便協助在美國和中國展示原型機。

露薏絲和蓋伊被要求到曼哈頓與高親自會面。然而，命運（和疾病）的打擊再次襲來。蓋伊感染了肺結核必須住院治療，因此露薏絲必須獨自完成這趟旅程。當然這只是她年輕生活中，最新一次的獨自旅行而已。

露薏絲住在當地基督教女青年會（YWCA）租來的房間，隨後搭計程車前往位於麥迪遜大道五九〇號的IBM全球總部，這是一座擁有十萬平方英尺、二十層樓高的宏偉建築[73]。高仲芹看了露薏絲的簡歷，跟先前的湯那種令人印象深刻的教育背景完全不一樣。露薏絲回憶說，高似乎不太高興。

「你知道『百科全書』（encyclopedia）這個單字怎麼拼嗎？」[74]

這是個奇怪的問題——有點挑釁意味而且不合邏輯。露薏絲立刻明白了高的用意：他想測試她，因為對她的教育背景感到失望。露薏絲承認自己不會拼，她很想立刻下電梯跑回布朗克斯，回到她在YWCA的房間，甚至可能就一路跑回羅徹斯特，但她忍住即將迸出的淚水。

她問高仲芹：「你要我回家嗎？」。他看了她一眼，然後移開視線。

房間裡一片寂靜，他的決定似乎花了一輩子的時間。然而，露薏絲當時不可能知道的是，這次會議對於高的重要性遠勝過她，因為她是高唯一的機會，也許是最後的機會，能夠說服紐約的懷疑論者、新聞工作者以及整個市場。如果要說服世人相信他的系統可行性——特別是系統所依賴的四位數字代碼——他便需要露薏絲來說服他們。

露薏絲的履歷對高的需求來說可能有所欠缺，但從許多方面來看，她都會比葛瑞絲・湯更適合成為這台機器的代言人。湯的人生軌跡——受過大學教育、能說兩種語言、透過家庭關係與中國菁英的最高階層有所關聯——這些都是高無法在露薏絲身上重現的。但如果從歷史角度來評斷的話，劉最接近高所尋求創建的兩種現有的勞動力人口——一種是中國電報員，另一種則是中國打字員（對於機械中文打字機來說）——兩者都是出鮮少有初、高中以上學歷的男性和女性組成[75]。因此露薏絲更符合「一般」中文打字員的形象。如果高仲芹真的要建立一隊可靠的人員來操作機器的話，這些操作員比較可能更像露薏絲・劉而非葛瑞絲・湯。

高在最後關頭說了：「你還有別的優點。」他停下來嘆了口氣：「我別無選擇，必須用你來試試。」高吩咐她「拿這張表回到你的旅館，記下一百個字的四位數字代碼。」

接下來的幾天裡，高的表格成了露薏絲的整個世界。在YWCA的「緩刑」期間，她埋首書中，努力記住第一組常用字的四位數字代碼。她真的成功了，於是展開了真正的培訓計畫。在三週的時間裡，劉必須記住一千個最常見中文字的四位數字代碼。她在從布朗克斯長途通勤的過程裡，也一直盯著代碼書看。[76]

劉成為了高仲芹的主要示範者，而旅行於波士頓、紐約和舊金山展示新機。她小心翼翼，全神貫注地努力操作這具複雜的機器，甚至連她自己也像被展示的陳列物一樣。例如當團隊沒有外出演示時，有時就會把她安排在IBM辦公室的窗戶旁，直接展示給過往路人，讓他們看到一位年輕中國女性正在使用中文打字機。露薏絲對我說「我塗著紅色指甲油，穿了尼龍絲襪。他們應該從沒見過這樣的畫面。」

接著就是前往中國的旅程。

上次搭船橫渡太平洋時，她還是個年輕女孩，離開香港去見一位只在照片上見過的未婚夫。現在的她已經是一位成年女性，身旁伴隨著兩位IBM工程師和一位中國發明家，而且伙食和新衣服的費用都由別人支付。一切就像劉所說，她過得像個「電影明星」。

對IBM來說，這趟中國行有雙重目的：希望透過成功展示來激起人們對該機器的興趣，更重要的是，確定機器的市場潛力。[77] 而對高仲芹來說，這次旅行更是意義非凡。說他的期望很高算是相當輕描淡寫——用「直上雲霄」來形容可能更合適。正如高仲芹的兒子告訴我，這位發明家把一筆鉅款換成中國圓，當時的貨幣*。雖然具體金額不詳，但這筆現金裝滿了一整個長四英尺，高兩英尺，深兩英尺的行李箱，重達數百磅。這是高的家族財產。[78]

憑藉著這筆巨額資金，高試圖獲得合約、做好大量製造的安排，或許還有需要在這個眾所周知已經被系統性腐敗和貪污困擾的國家中，稍微行賄一下。這是高的機會——很可能是他的最後機會——可以把這段漫長而艱苦

圖1.8　中文雜誌報導IBM電動中文打字機

的歲月，轉化為（至少在中國）讓他與奧特瑪．默根瑟勒、湯瑪士．華森二世、甚至約翰尼斯．古騰堡（鉛字印刷術的發明人）齊名的聲譽。因此，他的名字、名聲和一筆不小的財富，都將依賴這次旅行以及露薏絲．劉的表現。

在中國的反應果然十分熱烈。在上海時，市長正在碼頭等候他們，攝影師也已做好準備。劉和他的團隊享用了豐盛餐點，並入住該市最好的酒店之一。系列展示中的第一場，就在位於四川路二一八號的IBM中國總部舉行。第二天，也就是一九四七年十月二十日，高和劉在當時亞洲最高建築「公園酒店」[79]展示這台機器。在場參與的人有科學家、地方政府官員和新聞記者[80]。

到了南京，反應更為熱烈。整個團隊受到政府高級官員接見，中國媒體對他們的訪問也大幅報導。事實上在團隊抵達中國之前，當地媒體就已經隔海關注著他們在美國的演示活動[81]。連續幾個月，都報導了高仲芹在舊金山、哈佛大學以及在美國各地的演示活動，因此現場大約擠了三千名觀眾，聚在一起觀看劉的表演[82]。

劉在壓力之下毫無畏懼。在幾千位觀眾和極度緊張的高仲芹面前，劉接過一篇又一篇的報紙文章和商業備忘錄，她也當場就在中文打字機上逐字轉錄出來。

IBM演示的結果帶來了一面倒的正面報導。這些文章出現在《科學》、《時代徵兆》、《市政事務週刊》、《科學畫報》、《科學月刊》等多份刊物上（**圖1.8**）[83]。除了機器之外，出版商顯然也被劉的美貌所

＊　譯註：一九三五至一九四八年間，國民政府發行法定貨幣，單位為「圓」，一九四八年後才因通貨膨脹問題發行金圓券取代法幣，故此時貨幣應為法幣的圓。

吸引。她的臉很快就出現在《中美畫報》、IBM宣傳手冊，以及一九四七年那部影片等各種場合。「我很懂穿搭，」劉在電話裡說：「我看起來很性感，很美。」

〇二七五：你／〇一七五：他／〇三一四：我

溫斯頓．高和他的妹妹坐在位於臺灣家裡的公寓地板上，周圍散落著幾十萬面額的中國鈔票。孩子們像玩《大富翁》遊戲一樣玩著這些錢，堆疊、撒鈔票、整理成落再堆疊起來。高仲芹看到後責備他們——不是因為這些鈔票的價值，而是因為它們喚起的苦澀回憶。這些鈔票已經毫無價值，在一九四九年共產黨贏得國共內戰後，鈔票的價值急劇下降，連紙張回收業者都不願意接收它們。這筆鉅款曾經是高仲芹中文電子化宏圖的一部分，現在卻像廢紙一樣，散落在他家的客廳地板上。

一九四九年的中國共產革命，也把默根瑟勒和IBM的焦慮推向了崩潰的邊緣。經過這麼多年，高仲芹的四位數編碼系統仍然未能說服他們，地緣政治的變化更增添了不確定性。在美國陸軍將軍喬治．C．馬歇爾未能成功斡旋共產黨和國民黨停戰之後，戰爭的風向丕變、共產黨軍隊經過一系列勝利後，最終「解放」了南京、上海和北京——和談全面破裂。《IBM新聞》的一篇回顧文章解釋說：「當時中國共產黨正逐漸掌控中國，在惶然不安的中國市場下，打字機還來不及取得顯著的銷售量之前，共產黨已完成全面接管。」[85]

一九四九年也讓高仲芹的國家認同陷入動盪之中。事實上他成了一個無國籍的人，帶著美國特殊的外交「紅色」簽證。此外，他的家庭責任開始增加，這也限縮了高仲芹的跑道，讓他的事業幾乎不可能「起飛」。他的兒子溫斯頓於一九五二年八月出生，已經完全沒時間等待IBM和默根瑟勒改變想法了。[86]

幸好日本的OKI（沖電氣工業）公司為高仲芹帶來了一絲喘息機會。稍早之前，該公司就注意到高仲芹在電信方面的工作。或許是為了進一步鞏固該公司在日本電傳設備製造方面的領先地位，OKI公司邀請高仲芹於一九五三年前往日本，共同開發一款中日電傳機。OKI公司後來生產了這台機器。該機器基於他的電動中文打字機，進行了某些關鍵修改[88]。中華民國交通部購買了兩台機器，而且在一九五八年元旦，於台北和台南之間進行了首次傳輸。高仲芹將這一時刻稱為「中國電信新時代的起點」。[89]不過這場成功是有限的，因為並不是在大陸地區取得的進展。

此時，高仲芹和他的家人已經遷移到臺灣，正如他的兒子溫斯頓所回憶，他們過著一種流浪般的生活，經常搬家，有時甚至每半年就搬一次家。高仲芹的火熱個性和對發明家生活的熱愛，從未消退。靈感來襲時，他的父親會在凌晨兩點下床，把大幅的四乘六英尺紙張，擺滿整個房間，記下大量想法。等到家人在大約七、八點起床時，高仲芹已經把他正在進行的工作精煉出來，濃縮在一張紙上，準備進行圖解。

高仲芹於一九八六年在台北去世。

雖然他後來取得了一些成功，但這些成就遠不及他過去的偉大願景。這就帶出了一個問題：為什麼他在與IBM和默根瑟勒的努力上失敗了？為什麼高仲芹無法說服他們的工程師和高管使用四位數代碼系統？撇開我們身為二十一世紀讀者對高仲芹代碼系統的直覺感受，從經驗上顯示，或許會讓大家感到驚訝的是：它確實可能是可行的，至少在某個時刻如此。畢竟，高仲芹說的是實話：真的有成千上萬的中文電報操作員，對處理中文字訊息處理的方法相當熟悉。正如高仲芹嘗試過卻未能說服IBM和默根瑟勒的那樣，中國已經存在一個培訓體系，理論上可以從電報業的領域轉移到打字業。而且，正如葛瑞絲．湯和最重要的露薏絲．劉的表現清楚證明的，打字員不僅可以記住高仲芹的代碼，而且可以在無法想像的壓力下即時運用（畢竟，大部分打字員並不會被要求在幾千名觀眾的注視下工作）。

回到本章的核心問題：**「一個人到底能承受多少代碼？」**答案似乎有兩種：**比人們想像的要多得多；但也比現代訊息科技的這些高管守門員們願意接受的範圍要多得多**。然而，這並不是簡單的指責或盲點的問題。像華生、葛瑞菲斯、甘迺迪以及其他相關人士，是被要求考慮一種在當時的西方世界沒有類似先例的人機交流模式。他們被要求想像在某個世界裡，人們不是用「誠摯的祝福你」或「給你最佳問候」之類的結尾祝語來寫信，而是用一長串神祕阿拉伯數字加以替代。不論高仲芹的演示多麼強大，而且是建立在中國電報業的歷史上，以及像湯和劉這樣的真實打字員的表現案例上。那些以「字母排序」領域操作的工程師和高管們，都無法遏止自己的懷疑。[91]

離開IBM之後，露薏絲．劉的生活便走上一條截然不同的道路。她和丈夫開了一家自己的自助洗衣店，靠著營業收入加上來自IBM的積蓄，於一九六八年在羅徹斯特投資開設了一家新的中餐廳。地址在東大街四八八號的亞當．布朗大樓，餐廳名稱叫做「國泰寶塔」（Cathay Pagoda）[92]。距離著名的兩千四百座席伊斯曼劇院僅兩分鐘路程，這家餐廳吸引了學生及年輕人等穩定客源，甚至偶爾也有明星光顧，包括凱薩琳．赫本（Katherine Hepburn），可能還有奧茲．奧斯本（Ozzy Osbourne）。這家餐廳經營了幾十年，成為該市的熱點之一，一直到二〇〇七年才結束了將近四十年的經營。

露薏絲．劉在九十多歲的時候，每週還在YMCA游泳三小時。她跟來自她餐廳的前員工保持著密切的友誼（其中一位叫史蒂夫，她說是她「最好的朋友」）。回顧她在IBM的那段時光，她說只有一個遺憾：「我本可以買IBM股票，結果我買了戰爭債券，真是笨！」

她順便補充說：「我還記得那些數字」，也就是IBM中文打字機用的四位數代碼，接著她開始在電話裡說給我聽：「你，0-2-7-5。他，0-1-7-8。我，0-3-1-4。」

我情不自禁地笑了起來，她旺盛的活力和精力相當具有感染性。在將近兩個小時的交談後，我們該說再見了。我向她表達感謝，我們也討論了在紐約市見面的計畫，我策劃了一場關於中國資訊科技史的博物館展覽，裡面也展示了一九四七年的電影，讓劉淑蓮的放大影像投影到牆上。[93]

我掛掉電話。

在匆忙地記下腦海中湧現的各種想法時，我的思緒回到她向我背誦的那些數字。這會是真的嗎？她真的在七十年後還記得高的代碼嗎？劉在電話裡快速背出這些代碼，沒有停頓，所以我相信她是即時脫口而出的。接著我翻閱我的檔案紀錄，找出我自己的一份高仲芹的代碼手冊。

查到這三個字後，我幾乎不敢相信自己的眼睛：

0275：你

0178：他

0314：我

Chapter

2

打破魔咒：中文打字機與自動完成的發明經過

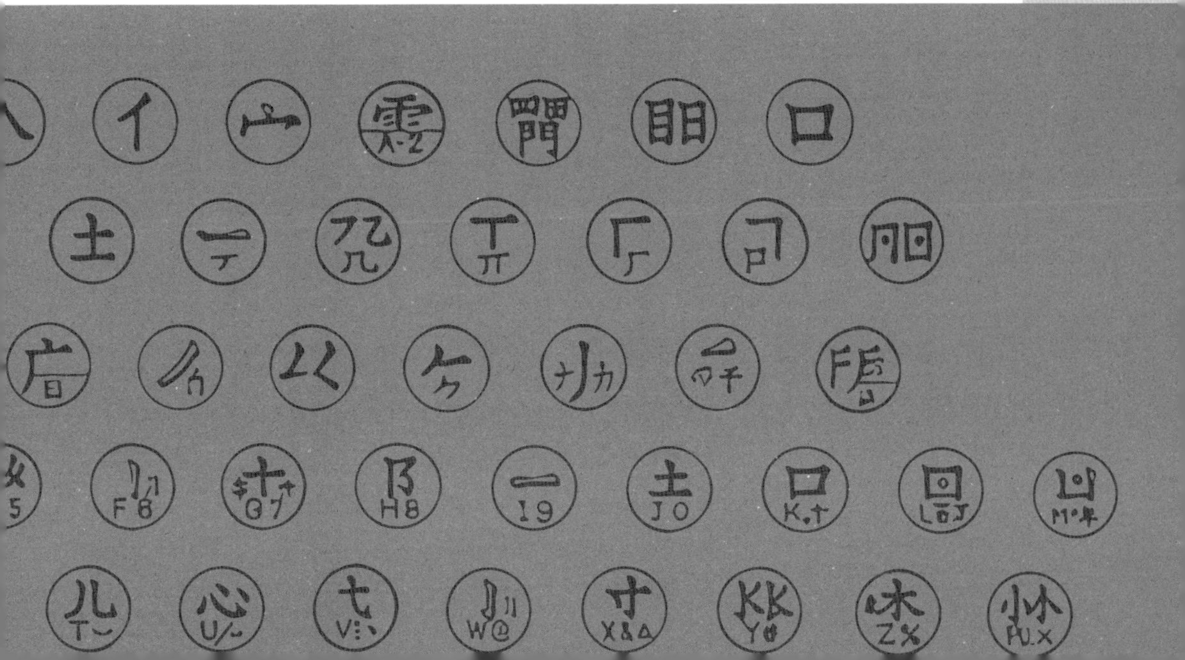

一九五九年夏天，美國急需在冷戰中取得一場勝利。自從十年前毛主席在北京向全世界宣布成立中華人民共和國以來，這個事件就在華盛頓特區的許多人口中稱為「輸掉了中國」。在此期間，共產主義集團連續取得一系列重大勝利。蘇聯加入了核武俱樂部，並在太空競賽中，發射「史波尼克一號」（Sputnik 1）衛星，一舉躍升至領先地位。隨後是古巴革命，以及在距離美國海岸不到一百英里的地方建立共產主義前哨基地。如果有合適時機能展示資本主義仍掌控著世界事務的話，現在應該就是最佳時機。

因此在五角大廈的三B七四七房間中，醞釀了一個新計畫：美國打算推出世界上第一台中文電腦，而且這項帶有重大突破的新聞，將會由艾森豪總統（Dwight D. Eisenhower）親自宣布。資本主義將把「電腦」技術給予中國——這是一種已在美國、英國及部分歐洲地區改變著社會、政治、軍事、文化和經濟日常生活的新科技。西方可藉此取得所謂「自由世界」在科技和文化上的勝利，更不用說，這是一種嶄新的全球中文材料傳播和翻譯的基礎設備[1]。擁有這種機器的人，可以用前所未見的速度，向整個世界傳播中文資料。這對冷戰時期的宣傳家和心理作戰專家來說，就像美夢成真一樣[2]。

在這場地緣政治的中心，是由麻省理工學院教授山繆・霍克斯・考德威爾（Samuel Hawks Caldwell）發明、並由圖形藝術研究基金會製造原型機的中文打字機「Sinotype」——一種電腦中文照相排版系統。圖形藝術研究基金會位於美國電腦科學的重要中心——麻薩諸塞州的劍橋。該基金會是一個專注於推動新型照相排版技術發展的非營利研究團體，被當代同行譽為開創了「印刷的原子時代」。這項技術最初由法國工程師雷內・希貢內（René Higonnet）和路易斯・穆魯德（Louis Moyroud）於一九四〇年代末發明，它是一種把高速攝影、保持文字左右齊行（避免文字行末參差不齊）的打字排版機、電話撥號電路以及電腦科技整合為一體的技術，能透過攝影而非金屬字模來印出文字。[3]

一九〇四年出生的考德威爾是位多才多藝的人，他在麻省理工學院師從範尼瓦．布許（Vannevar Bush），成為了邏輯電路領域的先驅者[4]。後來考德威爾加入麻省理工學院，成為電機工程系教授，指導過資訊理論家大衛．霍夫曼（David Huffman）等著名學者，並與老師布許合作設計建造了史上最早的大型類比電腦——微分分析器（Differential Analyzer）。他也協助推動「電腦協會」（ACM）的成立，這是世界上最早和最具影響力的電腦學術團體之一。[5]在指導學生的空檔時，他喜歡演奏風琴，偶爾還會與波士頓大眾管絃樂團（Boston Pops）一起演出，這是他的孫媳安．韋爾奇（Ann Welch）在我們的對話中回憶時所說。[6]

不過，中文並非考德威爾擅長的才能。他對這門語言的了解，始於與海外中國留學生的非正式晚餐聊天。山繆的第二任妻子貝蒂．考德威爾有時會邀請學生來家中，並以她從家庭的親密好友，也是中國美食大師喬伊斯．陳[7]那裡學來的菜色，讓客人們都感到賓至如歸。（「山繆．考德威爾夫人」是暢銷書《喬伊斯．陳烹飪書》[8]中，少數幾位被點名感謝的人之一。）

在享用炒菜的美食之間，考德威爾和學生們討論到了中文字。其中一位學生——李凡（Francis Fan Lee，一九二七年——）讓他留下深刻的印象。考德威爾後來表示是李凡率先探索了中文書寫的基本原理。李凡的解釋是，中文手寫有一套標準、實用的「基本筆畫」（筆順），不同的人手寫相同的中文字時，他們使用的基本筆畫都是相同的，只有極少數的例外。[9]考德威爾後來總結說：「如果把這些筆畫當成『字』的『字母』，那麼中國人每次書寫同一個字時，總是用同樣的方式「拼」出來。」[10]

「中文有拼字法！」這概念「拼字」震撼了考德威爾，讓這位在邏輯電路設計位居領先地位的專家，得到頓悟。

若是中文字的書寫受到某種不變的「邏輯」控制的話，那麼考德威爾理所當然可以構建一個邏輯電路來控制此一過程。如果考德威爾成功了，便能解決一個可以追溯到十九世紀末的難題：如何讓中文字可以「適配」到標準的QWERTY鍵盤上。當然，他還將成為第一位讓中文可以電腦化的人。

幾乎在一夜之間，考德威爾的論述瞬即充滿全新的詞彙：像「筆畫」、「部首」和「字元」這樣的詞彙都開始出現，跟他在邏輯電路上的技術工作有著天壤之別。他決定承擔起一直到他英年早逝時都還在擔任的角色：圖形藝術研究基金會的研究總監。

感謝這次命中注定的晚餐，一個完全不懂中文字的人，現在要開始著手打造世界上第一台中文電腦了。

你如何拼出中文字

如果中文有拼字，中文的字母究竟是什麼？有多少「基本筆畫」，而且到底長什麼樣子？此外，平均「拼寫」出一個中文字需要多少筆畫？某些「筆畫字母」會比其他的更常出現嗎？如果考德威爾打算根據這種方法來建立一台中文電腦，這些都是他必須找到答案的各種問題。

不過，考德威爾很快就了解他不能把「拼寫」中文的比喻範圍用得太廣。正如考德威爾後來說的，「用於西歐語言的常規排版機結構和操作模式，無法只透過改變某些範圍就能有效適應中文或類似語言的組成。」因為中文不僅是非字母的語言；更重要的是，李凡所說的「筆畫」，並不像拉丁字母的用法。構成中文字的筆畫會改變形狀、大小和位置，而印刷的拉丁字母並不會。

因此，他的目標也完全不一樣。與其建造一台能夠像英語一樣「打字」的機器，他即將打造的機器，更是「適用於透過多鍵操作，選擇完整的排版字元，而不是像傳統的排版一樣，透過單鍵操作來選擇字母組成。」[12]因為對於中文機器來說，「拼寫」行為勢必有所不同。

考德威爾總結說，Sinotype的首要目標，在技術上的說法是「為交換電路（switching circuits，利用開與關來完成邏輯電路）提供所需的輸入和輸出數據，該電路將字元的拼寫，轉換為該字元在照片儲存矩陣中的位置座標。」[13]白話一點的解釋是，「拼寫」任何給定的中文字元，便是輸入該字元在Sinotype記憶中的一個「位址」，以便讓機器可以從記憶中檢索出字元。所以，Sinotype會作為一台**檢索**機器，只有在成功檢索後，對該字的刻寫才會發生（見圖2.1）。[14]

跟IBM和默根瑟勒鑄排公司一樣，考德威爾和他的圖形藝術研究基金會同事們，同樣也著手建立他們自己的中文研究智囊團。除了李凡（Francis Fan Lee）之外，考德威爾還尋求哈佛大學遠東語言系的著名教授、首位全職中國歷史學家楊聯陞（Lien-Sheng Yang）的幫助。

楊協助考德威爾確定了中文正字的四個關鍵特徵：基本筆畫的數量和類型、中文書寫系統中每個筆畫的相對出現頻率、哪些筆畫傾向於出現在字元的開頭和結尾、哪些筆畫傾向於彼此前後順序寫。跟第一個問題有關的基本筆畫數量，楊和李靠的是他們對中文書寫的第一手知識，而不是靠正式的實驗。在中國書

圖2.1　Sinotype「拼寫」中文字的方式

寫史上，有著各式各樣的書法理論用來解釋中文字的「基本」結構。從漢代開始，中國出現了大量專門分類中文字的論著。[15]晉代書法家王羲之（三〇三—三六一），被譽為「書聖」，提出了可能最廣為人知的理論，稱為「永字八法」。根據這個理論，所有中文字都由八種筆畫組成（**圖2.2**）。[16]

然而，這八個筆畫對於Sinotype計畫來說實在太少了，畢竟考德威爾打算使用的是標準的QWERTY樣式鍵盤，作為Sinotype的輸入介面。如果把「基本筆畫」的數量減少到這麼少，就會把鍵盤介面的可用空間浪費掉了。因此，楊、李和考德威爾進一步深入研究中國書寫歷史，發現了其他可能更適合這個計畫的理論。例如，王羲之的八種筆畫分類，後來被李溥光（Li Fuguang）*擴展，延伸為總共包括三

* 編按：李溥光，元代高僧與書法家。受趙孟頫賞識並推薦給朝廷，擅長真行草書，著有著有《雪庵永字八法》等書。

圖2.2 「永」字的八種基本筆畫

十二種筆畫[17]。還有一位中國書法理論家，東晉的衛夫人（二六五—四二〇，王羲之的老師）*，提出過一個包含七十二種基本筆畫的分類法[18]。於是楊、李和考德威爾便擁有了最終確定「基本筆畫」的靈活選擇。

Sinotype團隊最終確定了二十四個基本筆畫。然而，當他們在初步階段繼續探索時，決定把這個數字減少到二十一（把其中三個筆畫與鍵盤上的其他筆畫合併）[19]。筆畫從二十四減少到二十一與第二個核心研究領域「基本筆畫的相對出現頻率」有關。他們想知道的是所有中文字元中，長直筆畫「豎」的出現頻率？水平筆畫「橫」呢？「點」、「勾」等筆畫呢？由於考德威爾打算為這些中文筆畫分配唯一的二進制代碼，因此他需要準確知道每個「中文字母」（筆畫）出現的頻率，以便他可以把最常見的筆畫分配給最短的二進制值（就像摩斯密

* 編按：衛鑠（二七二年—三四九年），東晉女書法家，師事鍾繇。據說王羲之年少時曾向她學書法。其留下的碑帖《筆陣圖》中詳解了七種書寫筆法，橫、點、撇、折、豎、捺、橫折彎鉤等，是為永字八法的前身。

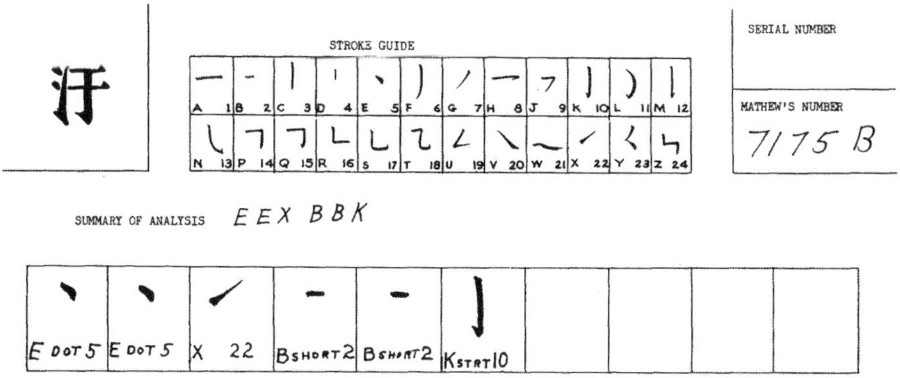

圖2.3　「考德威爾—楊式」中文筆畫分析的資料收集卡

碼也是把最常見的字母，分配了最短的點劃模式一樣）。

考德威爾依靠楊對大約兩千三百個中文字元的結構組成，進行全面分析，他打算把這些字儲存在機器的照片資料庫中。楊和自己的助手創建了一種索引卡，把每個字寫在左上角，下方寫上該字的拼寫筆畫順序（圖2.3）。[20]

雖然考德威爾在中文筆畫分析上的努力，對熟悉中文書寫的人來說，可能不會感到驚訝，但這項分析的結果是過去從未有過的精確方式或類似方法做成的紀錄。舉例來說，中文筆畫的使用頻率變化相當大，「這項事實對於鍵盤安排和用來表示筆畫的二進制代碼設計上，具有深遠的意義」。根據考德威爾統計，水平筆畫（橫）佔了樣本中所有中文字母的百分之三十三，而垂直筆畫佔了額外的百分之十八——兩者相加已經超過一半以上的正字組成筆畫。相較之下，其他筆畫類型的出現頻率，「差異懸殊到百分之九十的中文書寫，都是由二十一種基本筆畫中的九種所組成」（圖2.4）。[21]

基本筆畫的使用頻率，對考德威爾邏輯電路設計的效率影響至鉅，但這只是最基本的發現之一。由於操作員必須按順序輸入中文筆畫，所以考德威爾還必須從時間的角度來想像「中文拼寫」

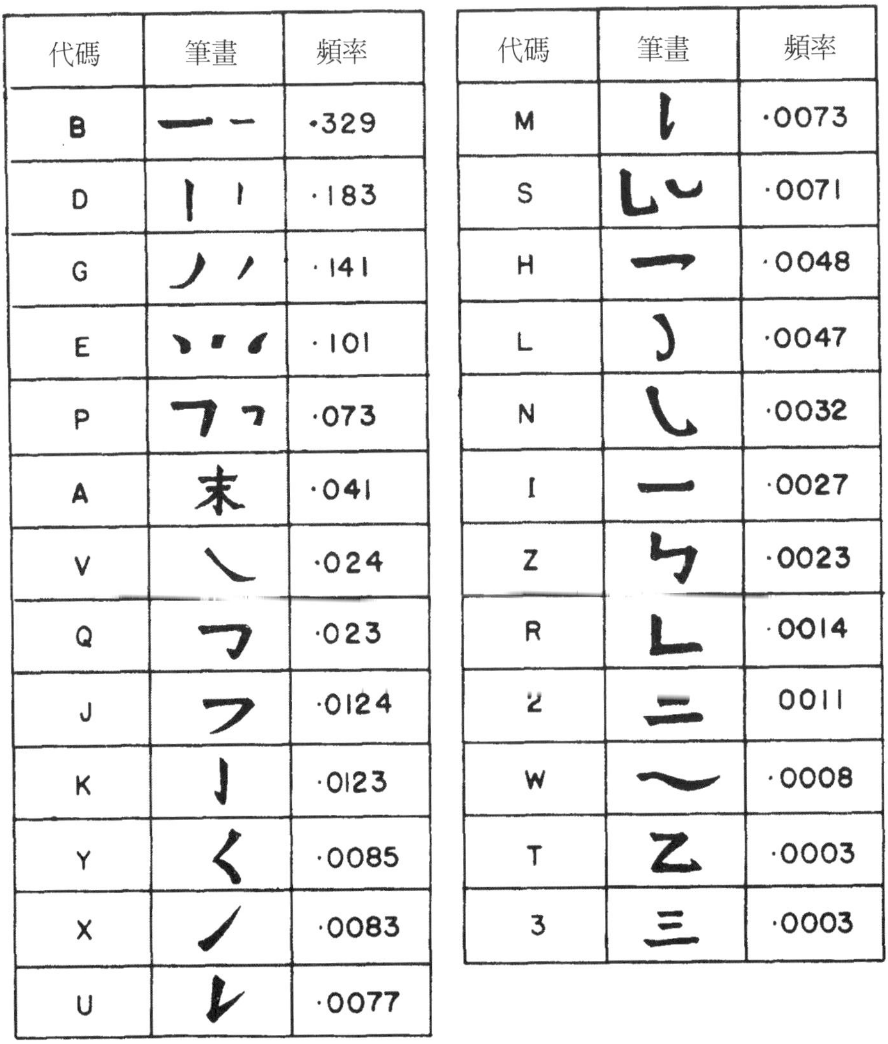

代碼	筆畫	頻率
B		·329
D		·183
G		·141
E		·101
P		·073
A	末	·041
V		·024
Q		·023
J		·0124
K		·0123
Y		·0085
X		·0083
U		·0077

代碼	筆畫	頻率
M		·0073
S		·0071
H		·0048
L		·0047
N		·0032
I		·0027
Z		·0023
R		·0014
2		0011
W		·0008
T		·0003
3		·0003

圖2.4　考德威爾和楊聯陞對中文筆畫使用頻率的分析

的情況，安排中文字拼寫時的第一、第二和第三個按鍵順序。因此考德威爾、楊和李進行了筆畫頻率的第二層分析，這次的重點是哪些「基本筆畫」更常出現在中文字「拼寫」的開頭，哪些更常出現在結尾。

結果令人震驚。只有十五種基本筆畫，曾經出現在中文字書寫的第一筆。考德威爾和他的團隊確定了這個特點，可以讓他們排除一些在現實生活中從未出現過的正字筆畫形式，得以簡化機器邏輯電路的架構。此外，在這十五種筆畫中，有些在字元開頭出現的頻率相當高，其他字元則較少。例如在他們測試的二千一百二十一個字中，超過一半的字元以兩種筆畫之一開頭：筆畫「B」（橫）或筆畫「G」（考德威爾分配給「撇」的字）[22]。然而，在天秤另一端，以筆畫「R」（橫折）、「T」（乙）、「H」（橫鈎）和「M」（豎提）開頭的字，在整個兩千一百多個字中，分別僅佔三、二、一、和一個字而已。[23]

像這樣的分析結論在設計邏輯電路時非常珍貴。了解中文正字的「不平均性」，亦即某些筆畫比其他筆畫更頻繁出現，讓考德威爾可以微調Sinotype，使其盡可能成為高效率的檢索系統。

和平作戰：將Sinotype作為武器

考德威爾和圖形藝術研究基金會的初步研究結果顯示，中文電腦是可行的。所以現在他和同事們需要資金。一九五三年，圖形藝術研究基金會開始尋求支持，並將目標先設定在卡內基學會和福特基金會。他們的申請要求是三萬美元，大約相當於現在的二十八萬美元。[24]

他們的提案野心勃勃，規模甚至是全球性的，案名為「導向中文和梵文經濟構成設備規格研究的建議書」。此名稱表示考德威爾對Sinotype的期望不僅限於中文本身，而是幾乎包括整個非西方世界。考德威爾和他的同事們似乎相信，Sinotype不僅是將中文電腦化的關鍵，也適用於許多從十九世紀開始，被西方設計的資訊科技給「系統化遺忘」的非拉丁文字的關鍵。[25]

考德威爾在他的Sinotype專利申請中寫道「幾乎所有在印刷技藝的機械化進步方面，都是為了方便具有相對較少獨特印刷字元的語言中進行排版，相對較多字元數的表意文字語言（如中文），在機械化進步方面幾乎可以忽略不計。」他繼續說，「用於西歐語言的常規排版機的結構和操作方式，無法僅透過改變機器規模來有效地適應中文或類似語言的排版。例如為每個印刷字元提供一個按鍵，顯然完全不切實際。」[27]

考德威爾認為，Sinotype解方正克服了所有非拉丁文字正字法面臨的挑戰，這是因為它「能夠儲存大量字元，並且能從儲存中選擇任何所需字元」，以及因為新的照相排版技術，亦即「透過多重曝光來形成字元或字元組合的能力，」讓對於傳統排版來說過於複雜的事情變得可能。考德威爾在此所指的排版技術能力，就是在理論上，能夠透過將多個形狀疊加在一起，構建出許多南亞和東南亞文字中出現的各種複合字，這在金屬活字的技術上難以辦到。「我們相信，」圖形藝術研究基金會的專利提案宣稱，「我們選擇了中文和印度梵文作為兩種經典類型，以便獲得所有語言形式「經濟組合」的基本規範。因為看起來解決中文字元組合的原則，同樣適用於所有形意文字形式，只在細節上有所不同。而且適用於梵文，就可以廣泛適用於所有梵文根源和希伯來—阿拉伯文字。[28]

考德威爾這種橫跨半個地球範圍的雄心大志，在一九五四年遭遇了阻礙。卡內基和福特都拒絕了圖形藝術研究基金會的資金申請。[29]他們的審查委員會都對圖形藝術研究基金會把重點放在明顯的國際慈善行為上，表示反對。「他們無法花錢支持美國以外地區的利益，」范尼瓦・布許（Vannevar Bush）如此解釋。因為身為卡內基總裁，布許在給加思（Garth Jr.）的一封信中指出，該機構的章程禁止支持對外國和中文、梵文等主題的研究。「顯然，」布許推測卡內基和福特的拒絕原因是，「他們都把這個問題看作是我們正在開發的機器，將會在遙遠的地區被利用，可能也會被複製。」[30]

布許提了一個建議：為何不將這個提案重新調整為「冷戰」時期的關注重點呢？也就是說，何不重新向卡內基和福特提出申請，但這次要強調該項目對美國軍方有重大的潛在利益。畢竟，加思已經與中央情報局有了初步接觸，在一九五三年十二月，中央情報局已經派過一名代表訪問圖形藝術研究基金會的辦公室。雖然這次會議只是初步接觸，但加思提到圖形藝術研究基金會對所謂「複雜語言」的研究工作，強調如果可以用較具經濟效益的方式產出中文、梵文、希伯來文、阿拉伯文等文字文本，便可增加在地緣戰略上的重要性。加思在一九五三年寫給布許的一封信中認為，這樣的複雜語言機器應該可以產生重大影響，「是否可能，如果這件事與美國政府有所關聯的話？……在這個計畫中，似乎存在著一種可能，可以在美國需要朋友的那些國家裡，為美國贏得許多朋友。」[31]

> 把這樣的設備放在友好的手中，可以增加這些國家的友善訊息和宣傳的數量，如果把設備放在錯誤的手中，則可能產生相反的效果。[32]

考德威爾本人也有與軍方合作的豐富經驗。在第二次世界大戰期間，他任職於國防研究委員會，致力於交換電路和邏輯設計方面的研究，例如著名的差分分析器計畫。事實上，在那個時期裡，他與美國軍方的許多不同部門都經常保持聯繫，也經常直接為它們服務。[33]所以，重新利用軍事和情報界的豐富資源也相當合理。[34]

考德威爾和加思採取了布許的建議，因此他們的新申請書，讓美國空軍、心理戰部門和中央情報局等，都對Sinotype的心理戰用途表達了興趣。經過這樣的新框架設定後，Sinotype不再被認為是一個目的在造福外國的項目，而是變成一個增強美國在全球舞台聲譽的項目。

這項策略果然立刻奏效，卡內基為圖形藝術研究基金會撥款三萬美元——這是完整的申請金額。然後，美國陸軍和空軍又分別提供了合計十五萬美元的資助[35]，按照今天匯率相當於超過一百五十萬美元。所以，Sinotype計畫現在已經得到了至少五年的全額經費。

加思和考德威爾雖然感到非常高興，但他們也對外界將如何看待軍方資金來源有所警惕。考德威爾在為《富蘭克林學院學報》（*Journal of the Franklin Institute*）撰寫的一篇有關Sinotype計畫的報告中，提到他預期可能出現的問題，「許多人會想知道為什麼要進行這項工作，或者我們的軍事機構為何會投注大量資金並關注這項計畫……這個問題的答案似乎簡單明瞭，」他向讀者保證：「因為在向軍方當局推銷這個想法時，作者只有一個真正的論點。當然在表象上看，這是一個很吸引人的項目，但光是吸引人並不足以支持它。更重要的論點是，一台用於排版中文的機器，將可改善人與人之間的溝通。改善溝通，從來不曾危害到人與人之間的和平。因此作者認為美國軍方支持這台機器的目的在推動和平的計畫，無論是以資金投資或熱情關注，都該感到無比自豪。」[36]

美國軍方也對形象方面的問題很在意。「這台機器是根據與陸軍和空軍的合約開發，用以滿足心理戰需求的事實，」一份機密備忘錄指出，「應該透過其在文化、教育和經濟領域的潛在價值，來取代合約公開時的說法。」[37]雖然從他們的角度來看，Sinotype可能屬於一種心理戰的武器，但他們並不想公開讓大眾知道這件事。

在一九五〇年代中期和晚期，五角大廈一次又一次開會討論Sinotype，亦即大家所知的中文字元排版機（Chinese Ideographic Composing Machine）。一九五八年五月二十九日，特種作戰局辦公室（Office of Special Warfare）和美國新聞署（US Information Agency）的代表在劍橋會面，一起審查機器的進展。[38] 在一九五九年初，也就是艾森豪總統可能公開宣布的時機點，特種作戰局、國防部、國務院、美國新聞署和行動協調委員會（OCB）的代表們，定期聚會討論，為即將到來的總統演講做好準備。[39]

一位高級官員在一九五九年寫道，這部設備的「突破意義以及機器的目前狀態，已經證明足以讓總統宣布，使這項成就的心理價值，能夠為美國的最佳利益做出貢獻。」他們想像的是，艾森豪總統的演講將有中國和日本大使參加，以及聯合國代表出席。當總統宣布後，將在次日由五角大廈向媒體和工程界進行更全面和技術性的介紹。一份備忘錄宣稱，「這項發表是一次性的行動，因此機器本身應盡早完成，以避免心理衝擊方面的可能妥協」。[40] 委員會解釋這是因為擔心「被共產黨竊取的風險，因為他們無法隱瞞對於這項發明的相關知識。」[41]

感謝這筆充足的新資金，考德威爾和他的團隊現在可以全心全時間投入Sinotype計畫了，在他們的初步發現基礎上，努力完善機器的邏輯電路設計。考德威爾現在可以一路綠燈地走向完善中文的「拼寫」之路。

分割畫面：回饋迴路、消除歧義和「彈出式選單」的起源

透過拼寫中文字然後從記憶中檢索，而非用拼寫直接組成中文字時，出現了意想不到的問題。例如，當兩個或更多中文字具有相同「拼寫」時，Sinotype操作員應該怎麼辦呢？舉例來說，「牛」和常用詞「下午」中的「午」，這兩個字根據考德威爾的系統，拼寫都是「GBBD」。此外，「BDB」不僅會找到「工」，還代表了「士」與「土」。機器該如何區分這些字以及其他「同形異義字」（或考德威爾所稱的「拼寫相似但意思不同的字」）呢？

還有那些拼寫包含了其他中文字代碼的中文字呢？例如「吃」這個字的圖形部分之一，本身就是一個獨立的中文字「口」，可以單獨出現，意思是「嘴」，但它也可以作為其他中文字組成的一部分（例如「哭」和「唱」，還有許多其他字也都是）。中文字存在許多這類結構，就像英語中有「字根」一樣。因此，接收到按鍵指示為「D—P—B」時，Sinotype該如何知道是印出「口」，或等待進一步按鍵指示以檢索像「吃」、「吹」、「喝」等這些字呢？

在傳統英文打字中，這樣的問題並不存在。例如「bass」（低音、低音吉他）和「bass」（鱸魚）是同形異義字，即使前者指的是低音樂器，而後者指的是一種魚，也不會讓西式打字機感到「困惑」。而且「bass」既是一個獨立的單字，也可以是像「bassinet」（搖籃推車）這樣的較長字詞的一部分，但同樣也不會有影響。然而對Sinotype來說，這些都是考德威爾必須解決的難題。

為了幫助解決中文的「同形異義字」問題，考德威爾決定將鍵盤上的一些珍貴空間，專門用來消除歧義。他特別添加了三個鍵——1、2和3——用於區分具有相同拼寫的字。因此，「工」的完整拼寫將是「BDB1」，可以跟「士」和「土」的「BDB2」和「BDB3」做出區隔。

而為了解決這種「嵌套」類型（例如「口」和「吃」）的拼寫問題，考德威爾在鍵盤上配置了第四個消歧義鍵，標記為「未」，這個中文字的意思是「結束」。所以如果確實想要輸入字元「口」，便可輸入拼寫為「DPB」，然後按「結束」鍵。這樣Sinotype就會知道要生成單獨的「口」這個字，不必等待下一個按鍵指令。

即使有了這些改進，仍然還要面對一個更大的問題。如果操作員必須記得並盲打輸入如此冗長的拼寫順序，那他們應該如何使用Sinotype呢？考德威爾面對這個問題時，就像第一章中的高仲芹、IBM和電子中文打字機遇到的相同挑戰一樣：亦即一位普通操作員，是否能夠承擔「即時」代碼輸入的負擔，以一種「全有或全無」、「不是成功就是成仁」的方式，讓每個輸入序列都能成功生成所需的中文字，一旦錯了就是失敗呢？

此外，考德威爾的代碼系統讓這個問題變得比高仲芹的還更複雜。高仲芹的代碼有固定長度，每個字元對應的都是四位數代碼；Sinotype的輸入代碼長度則為可變，因而可能為操作員帶來更多出錯的機會（甚至還有同形異字和嵌套序列的問題）。而且Sinotype上的代碼元素也更多：共有二十一個潛在的按鍵（加上消歧義鍵），兩相比較，高仲芹的輸入方式只有十個數字鍵。儘管考德威爾的筆畫順序系統，依附於中文字組合的悠久歷史——亦即筆畫和筆順的概念，所以對任何識字的中文操作員來說，都會更直觀或更「自然」。然而Sinotype技術所本的額外記憶挑戰，確實增加了在「盲打、不是全對就是全錯」方面的輸入限制。

考德威爾為打字員們找到很好的解決方案：一個附加的小螢幕，或者他所稱的「回看視窗」（flashback window），讓使用者可以在將字印出之前，看到顯示視窗上的中文「候選字」，藉以檢查輸入序列是否正確。如**圖2.5**所示，光束穿過一個聚光鏡，然後穿過照相矩陣中的某個中文字。接著，光束會分成兩部分行進：一道光束是把中文字的影像透過「回看稜鏡矩陣」折射到「回看視窗」，另一道光束則可通過快門，經過一系列透鏡和稜鏡的折射反射後，進入膠卷相機感光列印。把光束分割，讓中文字可以同時出現在兩個位置，打字員便可在將該字提交照相紀錄之前，預覽所選字是否正確。

換句話說，第一台中文電腦Sinotype，已經配備了某種形式的「彈出式選單」，這是一種機械式的早期選單，類似目前所有中文輸入法編輯器中出現的選單，只是當時還是機械形式的物理組件，而非中介應用程式的選單。[42]自從中文電腦出現以來，彈出式選單一直是中文電腦的一部分。

中文書寫的多餘：「最小拼寫」和自動完成的發明

當考德威爾越深入探索這個新奇的檢索書寫世界後，他就越發意識到：雖然這種方法會遇到許多在常規拼寫組合中「找不到字」的複雜問題所困擾，但這種檢索書寫在某些方面，也會具有獨特的優勢。讓我們回想一下嵌套字的問題，例如前面提過的「吃」這個字，代表某些中文字筆畫組合的規律性，可以提供額外的「節約」可能性。因為像「口」和其他某些形狀在中文字中頻繁出現，或許反而是可以利用的資源，而非該被厭惡的障礙。

仔細回顧拼寫資料後，考德威爾注意到其他常見的三、四、甚至五個字母序列的字。除了「口」（在Sinotype的輸入代碼中為「DPB」）之外，還有「日」（DPBB）、「禾」（GBDGE）、「糸」（VUE）和「言」（BBBDPB），以及其他許多字。考德威爾解釋這些「多字母組合」的方式，有些類似於英語音節如-ing、-tion或-ous的方式。因此他開始簡單地稱這類組合字為「實體」（entities），並研究如何利用它們讓Sinotype

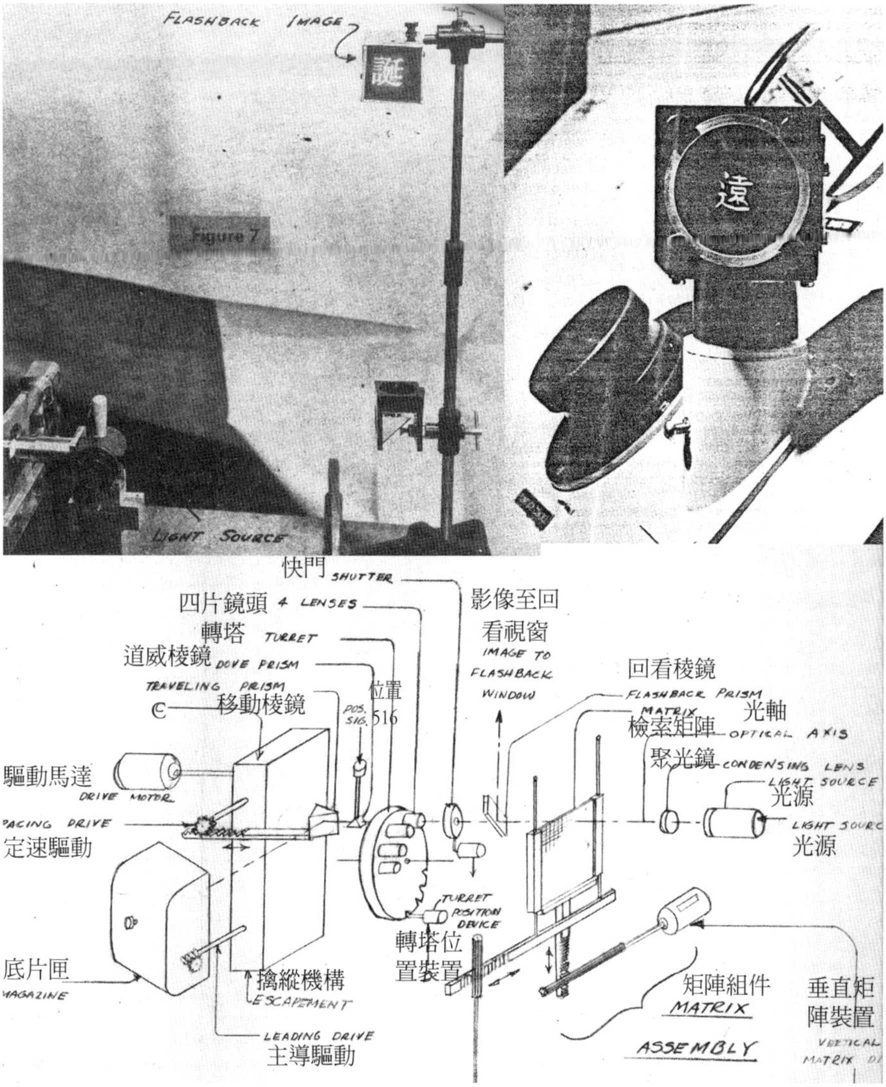

圖2.5　Sinotype的照片和構造，包含回看棱鏡矩陣和「回看視窗」

加速運行。

考德威爾嘗試創建特殊的「實體」按鍵：當按下這些按鍵時，便會向Sinotype的邏輯電路輸入不止一個「筆畫的字母」，如此便能減少從記憶體中檢索某些字所需的按鍵總數。

這項實驗成功了，證明「實體」非常有用。事實上，考德威爾和他的團隊很快就把實體的數量從六個擴展到二十個，如鍵盤最終設計的頂部那一行所示（見圖2.6和2.7）。因此在接下來的工作中，Sinotype將有十個按鍵專門用於「實體」上，其中十個實體用「小寫」直接按，還有十個則分配給「大寫」（要按「Shift」鍵）。安裝實體鍵之後，由考德威爾及其團隊進行的分析顯示，中文字平均按下約四．七次按鍵即可完成。考德威爾強調，這個數字具有特殊意義，因為它「近似於普遍接受的英文單字平均字母數量。」[43]

進一步測試的結果更令人振奮。在考德威爾的鍵盤上練習了二十小時後，這些受測學生的平均打字速度達到每秒四．三個字元。[44]換句話說，考德威爾發現中文輸入的速度，理論上已經可以接近英文打字的速度。不過考德威爾最重要的突破還在後面。

在研究中文同形異義字、實體、回看視窗等方面，考德威爾發現一件既重要但又很簡單的事：「中文字元在拼寫上是高度冗餘的。」[45]考德威爾發現，用戶幾乎從來不需要輸入完整的中文字元拼寫，就能讓Sinotype成功選字。考德威爾總結道，「選擇特定中文字所需的筆畫，比起寫出該字所需的筆畫要少得多」。

這種情況的英文類比應該是像「crocodile」（鱷魚）和「xylophone」（木琴）的情況。如果目標是完整構成這些單字，那就只有一種正確的拼方：c-r-o-c-o-d-i-l-e和x-y-l-o-p-h-o-n-e。任何其他方式都將是拼錯或縮寫。然而，檢索這些單字又是另一種情況。由於英語中很少以「croco」或「xylop」開頭的詞，因此用戶在建立明確的單字匹配後，繼續拼完選擇過程是完全沒必要的。亦即傳統的字母拼寫時所用的九個字母，

圖2.6　考德威爾開發的「實體」

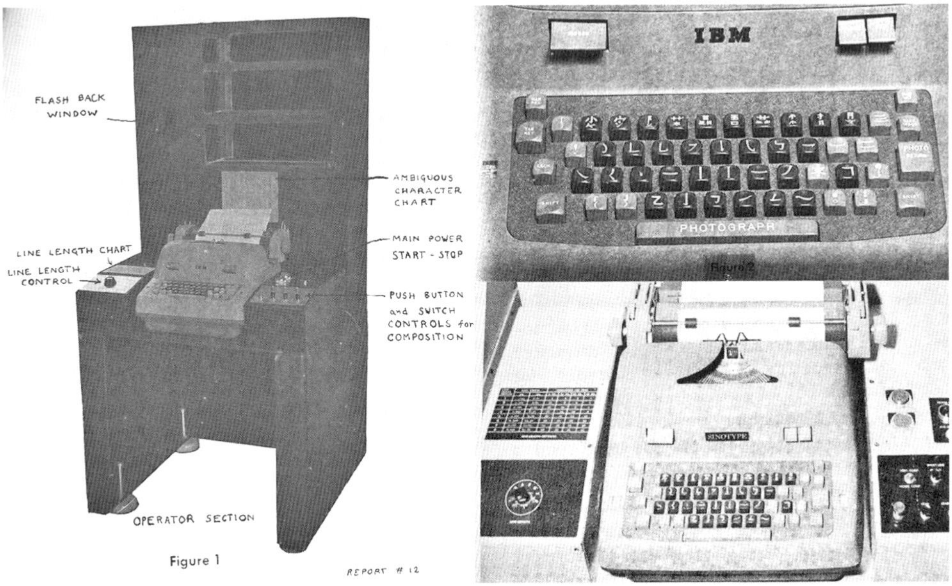

圖2.7　Sinotype鍵盤

在檢索時可能只需要前五個字母即可檢索到該單字。

考德威爾及其同事提出了一套新術語，用來整合他們的研究成果：

「最小拼寫」（minimum spelling）或「最小長度」（minimum length），定義為操作者用機器在字元數據庫中產生明確匹配字之前，所需輸入的最少按鍵次數；而「最大拼寫」（maximum spelling），也被稱為「最大長度」和「完整拼寫」，則是指給出該字元原本完整拼寫的總筆畫數。

考德威爾發現中文字的「完整拼寫」和「最小拼寫」之間的差異相當驚人。例如，對於一個包含十五個筆畫的字，操作者可能只需輸入五到六個筆畫即可出現正確的字。還有一個案例是一個包含了二十個「字母」的字，可能只需四個筆畫就能確定匹配的字。[46] 檢索方式讓書寫的「冗餘」，成為可供利用的龐大資源，而這種資源在傳統打字的技術語言框架中，並不存在。

考德威爾將這些觀察往前推進。他對兩千多個中文字的完整拼寫和最小拼寫進行比較，確定了中文字的筆畫中位數：「最小拼寫」在五到六筆畫之間，而「完整拼寫」的中位數則為十筆畫。此外，從光譜的另一端來看，並沒有一個中文字的最小拼寫超過十九筆畫（許多中文字的完整拼寫超過二十筆畫以上）。因此，除了開發出歷史上第一台中文電腦之外，考德威爾和他的同事們在無意間，也發明了我們現在所知的「自動完成」（autocompletion）功能（**表2.1**）[47]。

在發現這種檢索式組成的新特點後，考德威爾和他的團隊決定進一步利用這些便利條件。事實上，這些特點成為了Sinotype的基礎。正如一九五八年提交給麻薩諸塞州 蒂克（Natick）的軍需研究和開發部門的進度報告中所述：只要明顯存在「最小拼寫」時，便確定不使用「最大拼寫」。「在實際操作中，」圖形藝術研究基金會團隊成員克羅克特（Robert G. Crockett）說明「只要達到最低要求的拼寫時，鍵盤便會自動鎖定，以防止進一步輸入最大拼寫。」[48]換句話說，並沒有理由讓用戶過度沉迷於完整「拼寫」出某個中文字的幻想中。回到我們之前的英語類比，一旦機器為「crocodile」或「xylophone」等單字檢索出正確單字後，便沒有理由讓操作員繼續按下單字後續的字母，亦即「d-i-l-e」或「h-o-n-e」等按鍵。

SINOTYPE之死

一九五九年的夏天來了又走了，但艾森豪對於中文電腦這專案依舊保持沉默。沒有舉行新聞發表會，沒有宣布任何消息，也沒有享受一場冷戰勝利下的慶功宴。儘管Sinotype計畫最初的勢頭強勁，但軍方規劃者的熱情卻逐漸消退。這是否真的就像早期的報告所說，是「中國人自十一世紀發明活字印刷以來，表意文字印刷上的最大進步？」是否真的是「對中文來說，就像鑄排機的發明對拉丁語言印刷的重要性？」[49]或是像更早之前的IBM和默根瑟勒的公司高層，對於高仲芹四位數代碼系統的猶豫不前一樣，亦即軍方代表和總統顧問們，都無法遏止自己對於Sinotype的懷疑。它對一般中國用戶是否可行？是否具有潛在的變革能力，就像設計者們所相信的？因為，雖然推出一款好用的中文電腦，將為美國工程和資本主義陣營帶來難以估量的聲望，然而一旦公開失敗，不僅會帶來羞辱，還會幫共產主義陣營帶來公關上的勝利。難以答覆的問題實在太多了。

一九五九年五月十八日，事情出現了轉折點。國防部、國務院、美國新聞署、行動協調委員會和國家科學基金會的代表們，再度集結在五角大廈討論Sinotype，但是他們的態度已經明顯改變。[50]審查委員會開始對「現有機器的運行能力，以及它在此刻所代表的突破程度」感到猶豫。他們擔心一台完全「優化後的機器」可能還

表2.1　完整拼寫字母數與最小拼寫字母數的比較

麥氏漢英大辭典編號	最大拼寫	最小拼寫
851（檢）	BDG EGV BDP BDP BGE GE	BDG EGV B
680（槍）	BDG EGV EPB BGD PB	BDG EGV E
4899A*（攀）	BDG EGV GVB DGE BGV GBB K	BDG EGV G
5552（松）	BDG EGV UE	BDG EGV U
3201（概）	BDG EPB BME BRG S	BDG EPB BME
3328（根）	BDG EPB BMG V	BDG EPB BMG
87（札）	BDG ES	BDG ES
411A*（機）	BDG EYU EYU EBG ENG E	BDG EY
5890（述）	BDG SEE EPW	BDG S
4593（木）	BDG VA	BDG VA

需要兩到三年的時間，以及多達三十萬美元的額外研究經費支持。臨時委員會指出：「目前還沒有任何政府機構準備贊助此項計畫的後續工作，來得到一台更有用的機器。」[51]

提前宣布的風險實在太大了，他們決定。五月二十日，委員會發表了一份備忘錄，標題為「中文表意排版機——委員會考慮推遲的簡報紀錄」。[52]對於中文表意排版機，這份後續摘要直截了當地表示：「委員會的這份報告現在決定無限期推遲了。」[53]

一九六〇年初，計畫遭受重大打擊。山謬．考德威爾的健康狀況在前一年開始下滑，年僅五十六歲就去世了。他的同事路易斯．羅森布盧姆（Louis Rosenblum）在一封寫給《麻省理工技術評論》編輯的信中說：「麻省理工學院不僅失去了一位傑出的教職員工、一位極具智慧且受尊敬的老師、一位傑出的工程師，而且教育界也失去了一位在其事業和能力巔峰上的偉大先驅。」[54]由於沒有了這個項目的奠基人物，也沒有明顯的接班人後續承接，Sinotype便被束之高閣了。[55]

然而即使這個計畫中止，Sinotype仍然持續對中文電腦的發展軌跡產生影響——無論是在實體上或概念上都是。從實體上看，機器本身仍然存在，只是被其他單位接管了，並且一直被重新命名：先是改為Sinowriter（中文打字機），然後是Chicoder（中文編碼機），再來是Ideographic Encoder（表意編碼器），最後是Sinotype II和Sinotype III（後面的章節會討論到這些機器）。而在概念上，Sinotype的影響更為重要。無論在最小拼寫或對於人機互動的遞迴性、雙螢幕的作法等，考德威爾的設備，等於為今日的中文電腦設計，奠定了基礎。

最重要的是，Sinotype為「超書寫」這項最意外的特徵提供了證明。如果沒有超書寫，我們便無法理解黃振宇如何能在二十一世紀的今天，實現如此驚人的打字速度：因為在超書寫中，增加打字步驟（非所打即所得）卻縮短輸入時間，被證明是完全可能的。在第一章中，我們看到了高仲芹採用的中介層系統，在中文輸入過程裡增加了時間和距離，必須靠像劉淑蓮這樣的打字員，在中文字和四位數代碼之間進行多步驟的翻譯過程。由於多了這些額外步驟，即使是像劉淑蓮這樣才華洋溢的打字員，也無法讓中文打字與英文打字的速度相提並論。基於IBM電動打字機的例子上嚴格的說，超書寫的這種「中介」形式，在定義上似乎就是在輸入到輸出之間，應該會增加距離和時間的東西。

然而，Sinotype的設計顛覆了這種假設，挑戰了有關「中介」概念的一些最深層次的假設。「中介」（media）源自拉丁語，用來描述介於其他事物之間的東西，所描述的是像窗戶、籬笆、大門和絕緣層等物體。把中介加入任何配置中，都會形成增加距離的中介層或障礙層。如果這種說法正確，那麼在文字輸入領域所加入的每個額外步驟，應該都會帶來更大的阻礙才對。然而，考德威爾的Sinotype描繪出一幅不同的畫面。即使擁有精心設計的檢索協議、消歧義鍵和彈出式選單，這種超媒介的檢索書寫系統，仍舊導引出一種龐大、未被開發的資源，而且是傳統打字領域的工程師無法察覺到的：亦即藉由書寫內在的「冗餘性」，開發出讓人類操作員可以利用的「最小拼寫」技術。[56]

因此，儘管最理想的人機互動操作是「所打即所得」，Sinotype卻證明了依賴更多層次中介的超書寫系統，可以在「即時」操作中，實現表面上看起來不可能達成的驚人速度和效率。雖然Sinotype計畫本身失敗了，但考德威爾和他的圖形藝術研究基金會同事們，已經「打破魔咒」並「分割了畫面」（劃分了時代）。

Chapter

3

告別QWERTY：尋找中文鍵盤之路

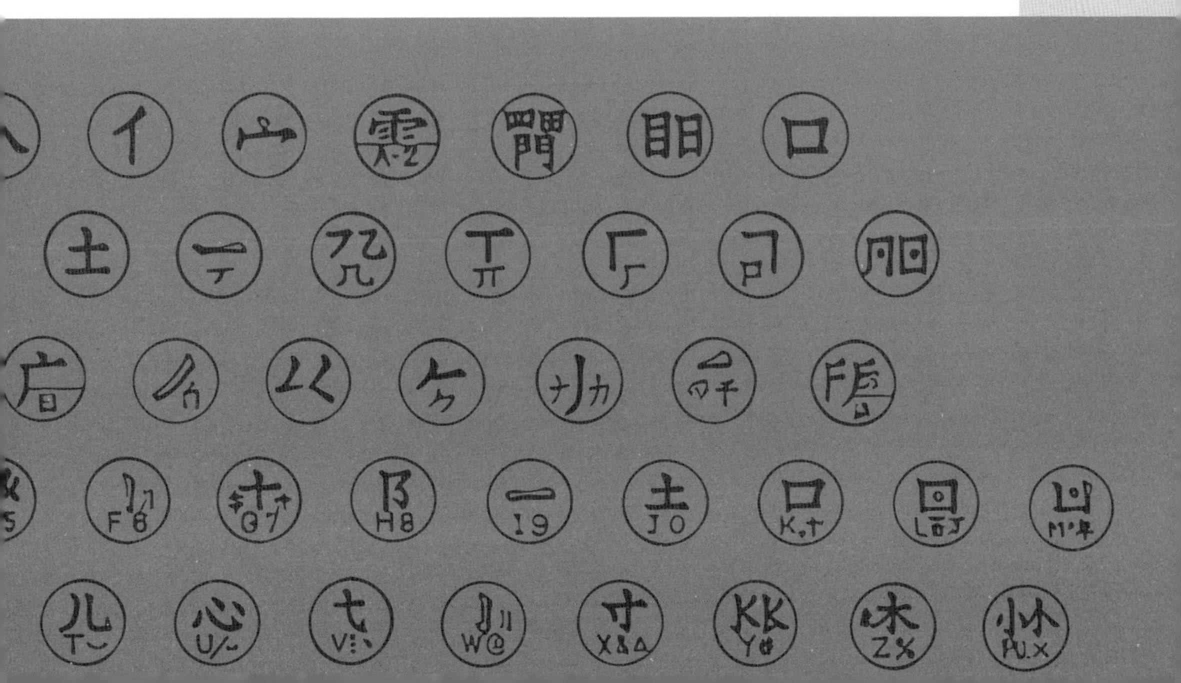

一位年輕的臺灣軍校生在心裡想著「這件事將永遠毀掉中國，」他全神貫注地坐在台下聽著這場演講，[1]著名的歷史學家阿諾德．湯恩比（Arnold Toynbee）則站在台上，發表他一九五八年在華盛頓與李大學（Washington and Lee University）駐校期間的最後一場演講。演講主題是「從歷史的角度看變化中的世界」，目的在探討這位教授最喜歡的研究領域：人類文明的起源、成長、消亡和解體，這些主題在他的代表作《歷史研究》（*A Study of History*，1934-1961）[2]中被永遠紀錄下來，而且當晚的演講主題就是中國。

中國對湯恩比來說是個特例：它是一個像埃及一樣古老，卻挺過時間摧殘的文明。讓中國持續下來的祕密到底是什麼？湯恩比認為，基於文字的中文書寫系統是解開這個謎團的關鍵。他的論點是，這種基於字元的書寫系統就像一種「導軌」，抵抗了那些原本可能撕裂這個宏偉且多元文明的各種離心力。在一個粵語、閩南語和其他所謂的方言，都像無法彼此互通的廣大地域裡，中國基於字元的書寫系統——一套與各地口語中文並無一定直接關聯的系統——充當一種共同的黏合劑，把中國人民內部巨大的多樣性團結起來，並在經歷入侵、叛亂和分裂後，得以重新團結起來。[3]

湯恩比認為這種延續千年的完整性，正受到一個新的威脅：共產主義。毛澤東呼籲廢除漢字，這與早期的反傳統者例如知名作家魯迅的主張相互呼應，因為魯迅曾經說過著名的「漢字不滅，中國必亡。」[4]情況也確實如此，湯恩比發表演講時，北京的新政府正忙於推行「漢語拼音」，這是一種基於拉丁字母的拼音系統；雖然主要目的是幫助中國讀者學習「標準」的中文發音，但有些人視其為最後將完全取代中文字的一套系統。[5]湯恩比強調，如果這種與過去徹底決裂的事情真的發生時，支撐中國文明的黏合劑，可能會就此破裂崩解。

當時那位坐在台下的軍校生就是葉晨暉*，他是在附近維吉尼亞軍事學院（VMI）學習電機工程的學生。見到阿諾德．湯恩比的那個演說會場，徹底改變了他的人生道路，同時也改變了中文電腦的發展軌跡，觸發了一連串事件。而在幾十年後，也催生了可能是中國歷史上第一家成功的IT公司：Ideographix, Inc.，這家公司是由葉晨暉在聽完湯恩比演講十多年後所創立。

在一九六〇年代後期到一九七〇年代初期，中文電腦經歷了三次重大變革，一次是規模上的變革，兩次是設計上的變革。中文電腦的挑戰不再侷限於小型實驗室和個人發明家，許多工程師、語言學家和企業家們，在亞洲、美國和歐洲（包括葉晨暉所居住的矽谷，當時還處於早期開發階段）紛紛投入其中。[6]這是中文電腦領域爆發的時代，有時在不同的地點也可能彼此直接競爭。

中文電腦在設計上也發生了重大變化。在看過第 、二章中介紹的高仲芹和考德威爾之後，各位可能認為在本章中，我們將看到基於QWERTY鍵盤的中國輸入法持續地改進，例如考德威爾「最小拼寫」技術的精煉，或者對於高仲芹四位數字代碼輸入系統的改進。然而情況恰巧相反，在一九六〇到七〇年代的諸多中文電腦實驗，幾乎完全脫離之前所見過的一切。在本章中，我們將不會看到QWERTY鍵盤，或任何在形狀、大小上類似的東西。取而代之的是當時最成功和最受推崇的系統之一——葉晨暉設計的IPX系統——有著一百二十級「Shift」切換，在一個僅比QWERTY介面稍大的空間內，容納了近兩萬個中文字和其他符號。那個時代裡的其他系統，例如在中國大陸、香港和其他地方開發的系統，配備了從二五六到兩千鍵不等的鍵盤。還有一些系統完全捨棄了鍵盤，採用觸控筆和觸控平板，或將中文字包裹在旋轉的圓柱形滾筒介面上。彷彿除了QWERTY鍵盤之外，所有可以想像到的介面都曾被探索過。

這場第三代變革涉及到當時的許多發明家（事實上，幾乎所有人），都探索了新的設計靈感。簡而言之，工程師們決定放棄QWERTY鍵盤，轉而關注現代中文資訊科技的更深層紀錄——尤其是機械中文打字機的世界。正如我們將看到的，雖然一九六〇到七〇年代的中文電腦介面，乍看之下可能顯得怪異且前所未見，但實際上，其中有許多是模仿自可以追溯到一九一〇年代的機械中文打字機。無論有意或無意，這個時期的工程師們，實際上是在透過把中文打字機電腦化，來將中文電腦化。

為何突然會有這種轉變？尤其在考慮到QWERTY鍵盤及其類似鍵盤的全球普及度時，工程師們為何還會放棄這種最為通用的介面？為何要另外打造出在地球上其他地方從未見過的專屬設備？此外，如果考慮的是輸入法的潛力——考德威爾已經在Sinotype上開始揭露出這點了——那為何工程師們還想繞過「超書寫」，建造全新介面呢？

要回答這些問題，我們必須回到「直接」的英語式人機互動介面的長久威望和吸引力上，以及輸入法作為本質上是用來「補償」電腦使用的方式上，其唯一目的是努力在困難的情形下做到最好。例如高仲芹和考德威爾雖然都相信自己的四位數代碼和Sinotype系統，但他們從未暗示這些輸入系統優於傳統的文字輸入方式。畢竟，如果有機會出現讓超書寫的這種「補償」，變成不必要的輸入方式時，誰還會想繼續推動這種在本質上只是「輔助性」的技術呢？

一九六〇年代末到一九七〇年代初，正是這種機會出現的時期。受到小型電腦革命的啟發，包括處理器速度、記憶體容量、圖形介面等方面的進步，世界各地的工程師幾乎都想到了同一個點子：利用小型電

* 編按：葉晨暉曾在維吉尼亞軍校就讀，後來到康乃爾大學深造。一九七二年他創辦了Ideographix公司，開發出簡化中文排版印刷的技術，二〇一五年八月於美國加州辭世。

腦的成套工具，試圖繞過基於QWERTY鍵盤的低位輸寫方式。[7]因為他們終於能把數以萬計的中文字（或大部分的中文字），安裝到一個對使用者友善的桌面設備上。然而諷刺的是，為了讓中文的人機互動介面能像英語世界那種「同步」打字的方式，這些發明家決定讓中文介面盡量與QWERTY鍵盤不同，斷開與全球IT趨勢上的聯繫，轉而追求一種可以稱為「自給自足介面」的方向。

葉晨暉、IPX和一百二十級超變鍵盤

臺灣出生的葉晨暉，經過韓戰期間為盟軍擔任翻譯的經歷後，踏上前往美國之路。他帶著成為飛行員的夢想來到美國，在父親鼓勵申請進入維吉尼亞軍事學院之前，航空飛行一直都是他的最愛，但歷史是緊隨其後的第二愛好（所以他參加了湯恩比的講座）。[8]

葉晨暉在一九六〇年從維吉尼亞軍事學院畢業，獲得了電機工程學士學位，專攻軍事科學。隨後他到康乃爾大學攻讀研究生學位，於一九六三年獲得核子工程碩士學位，並在一九六五年獲得電機工程博士學位。[9]葉晨暉在畢業後加入了IBM，但他並不像之前的高仲芹是為了開發中文文字技術，他是用自己在自動控制方面的背景，協助開發紙廠、石化廠、煉鋼廠和糖廠的電腦系統。他被派駐在IBM相對較新的聖荷西辦公室，從事大型製造廠模擬系統的開發。[10]

然而，湯恩比的演講在葉的心中縈繞不已，正如二〇一〇年春天，他在我們兩人的談話中所說：「我認為，憑藉著我在科技上包括機械、電機、電子方面的知識，以及作為中國人對中文字本身的理解，我必

須做點什麼來保存這種文化。」在IBM工作期間，他利用閒暇時間探索電子處理中文字的方法。他堅信中文數位化是完全可能的；中文書寫可以進入電腦時代。他認為這麼做可以保護中文字免受像毛澤東這類人影響，因為他們似乎把中國的現代化等同於中文的拉丁字母化。由於保護中文的信念如此強烈，葉晨暉終於辭去IBM的高薪工作，試圖透過電腦技術來拯救中文。

葉晨暉從中文詞彙中最複雜的部分開始，並以此為起點。他特別著迷戀一個字：「鷹」，這個筆畫複雜的字需要二十四畫才能完成。他的思考是如果能為如此複雜的字找到合適的資料結構——一種在經濟性和美學之間取得平衡的結構——應該就能大功告成。經過仔細分析後，他確定一個由二十四個垂直點和二十個水平點所組成的點陣圖（bitmap）應該相當適合：不包括「描述資料」（metadata、用來描述資料的資料）的話，這個字需要六十位元組的記憶體（見圖3.1）。到了一九六八年，葉晨暉覺得已有足夠信心來邁出下一個大步：亦即為他的計畫申請專利並成立一家公司，他將這個計畫暱稱為「鐵鷹」（Iron Eagle）。[11]

然而，葉的最終目標並非印刷——這只是多階段計畫中的第一步而已（讓人聯想到之前高仲芹的雄心壯志）[12]。「我這套系統的初衷，」他向我解釋「是自動化電報操作。」他繼續說：「一旦你能傳輸，你就能與電腦溝通，然後就能進行資料處理，接著一切都變得可能了。」[13]就像高仲芹一樣，葉的目標不僅是中文的全面資訊化而已。

跟Sinotype一樣，葉晨暉的「鐵鷹」計畫很快就引起軍方的興趣，不過這次是臺灣軍方，他們在一九六八年左右找上葉晨暉。[14]「當我申請專利時，他們立即通知了軍方，」葉解釋道，「因為這在軍事操作上具有重大意義。」[15]隨著政府資金的承諾，葉在一九七二年，於加州的桑尼維爾市創立了Ideographix公司，今日矽谷的聲譽和地位，在當時才剛萌芽而已。[16]葉擔任總裁兼首席工程師，他的弟弟葉晨鐘（CJ）

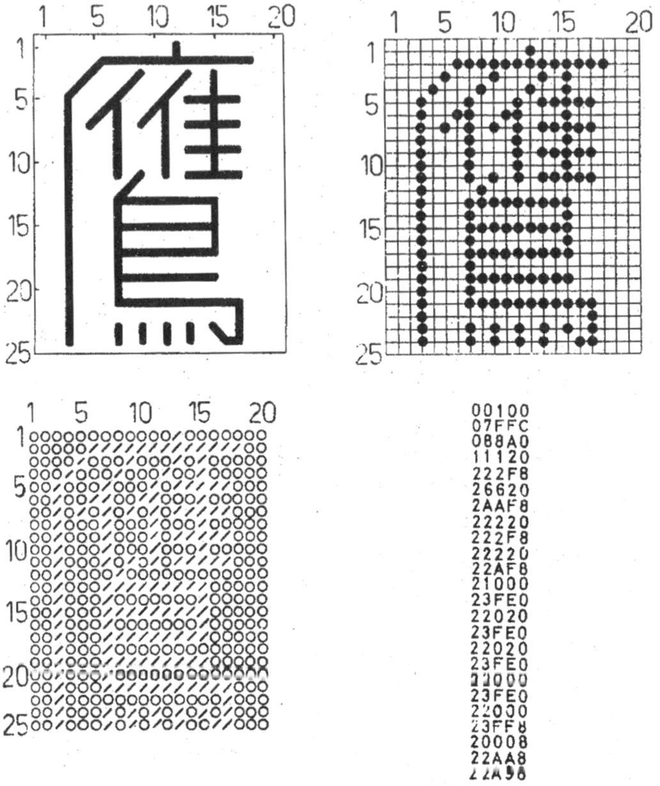

圖3.1　中文字「鷹」的點陣圖

則擔任副總裁。

Ideographix公司的旗艦產品稱為IPX，這是一套基於多個「子系統」複雜協作的中文電腦排版和傳輸系統。「掃描」子系統在IPX文獻中被稱為「取之不盡的字元生成器」，可以把操作員的手繪字元數位化，並將其轉換為點陣圖。而「排版」子系統則讓操作員得以排版和編輯中文文本，並具有刪除、插入、退位、分頁等常見的文字處理功能。「照相排版」子系統則將中文字元文本輸出到相紙上，然後將其轉換成印刷版。

為了開發IPX系統，葉晨暉尋求位於舊金山的Systems Concepts公司協助。這家公司是由史都華・尼爾森（Stewart Nelson）和麥克・拉維特（Mike Levitt）所創立，他們以「Mars」系列PDP-10相容電腦的開創性而聞名。尼爾森與在一九七〇年加入公司的彼得・山姆森（Peter Samson）一起與Ideographix合作，將葉的鍵盤與「資料通用新星」（Data General Nova）系列小型電腦和ABDick公司的印表機整合在一起。一九七三年春天，葉晨暉、尼爾森、山姆森以及一小群技術人員，經由東京飛往台北，向臺灣當局的高層軍事和政治人士，以及當時的臺灣行政院長蔣經國，展示他們的IPX原型機。根據山姆森的回憶，這場展示是在臺灣的一個軍事辦公室裡舉行，軍官們在現場放了許多摺疊椅。[17]

IPX系統的奇特之處當然就在它的「鍵盤」子系統，可以讓操作員輸入理論上最多高達一萬九千二百個中文字，而且它的體積不大，桌上機型的大小僅為二十三吋寬、十四・五吋深和四・五吋高。[18] 為了實現此一驚人壯舉，葉晨暉及同事決定把這個鍵盤視為一部完整的電腦，而非僅是一個電子週邊設備：必須視作一個由微處理器控制的「智慧型終端設備」，完全不同於傳統QWERTY鍵盤樣式的設備。[19]

操作員坐在IPX鍵盤前，看到的是一百六十個按鍵，排列成十六乘十的網格。每個按鍵上不只有一個中文字，而是由十五個中文字組成的小型三乘五陣列。這一百六十個按鍵，每個按鍵上有十五個字，總數便達到了兩千四百個中文字。

這些中文字並不像標準QWERTY鍵盤或其他QWERTY類設備上的字母和數字，也就是那種直接印刷在按鍵表面上的方式。相反的是，這兩千四百個中文字印刷在一張張層壓紙上，這些層壓紙被裝訂成像多頁的螺旋裝訂手冊一樣，操作者會將其平放在IPX鍵盤表面上。當你移除這份裝訂手冊時，一百六十個按鍵本身是空白的（見**圖3.2**）。IPX的按鍵不是QWERTY裝置上那種機械按鍵，而是壓力感應墊。操作者只需施加三盎司的壓力，並推動〇・〇〇七吋的距離，就可以透過這份薄薄的裝訂手冊，壓下其正下方的感應

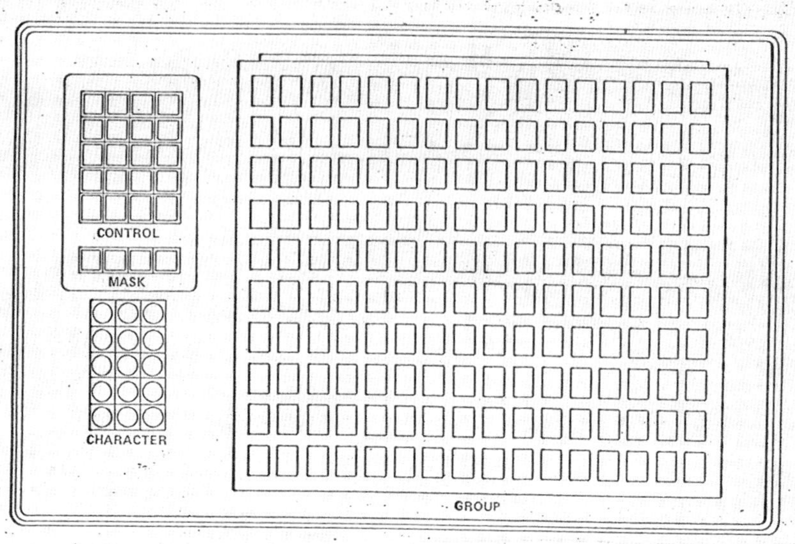

Figure 3-2 KEYBOARD ARRANGEMENT

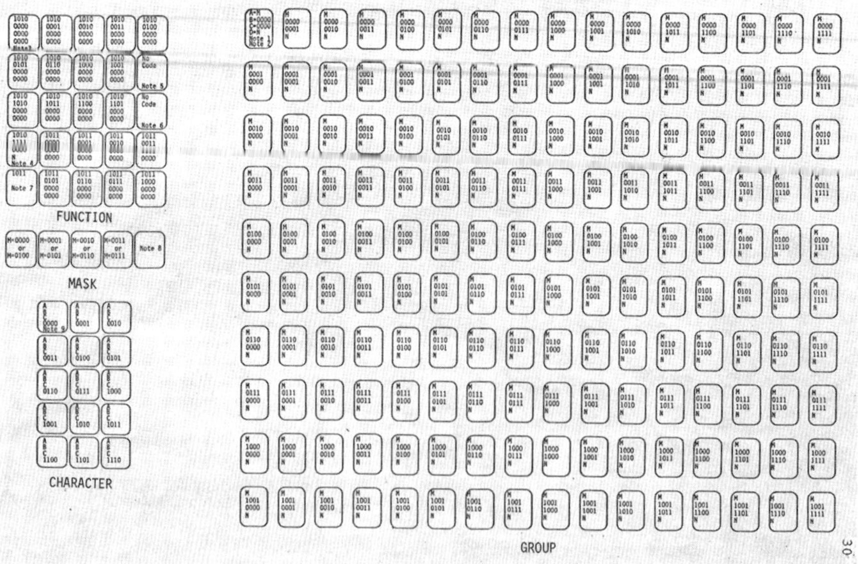

圖 3.2 IPX鍵盤圖示

薄膜按鍵。

若要打出後續二四〇一至一九二〇〇的字元，操作者只需將這本裝訂手冊翻到包含所需字元的頁面即可。整份小冊子共有四到八頁（依不同需求），每頁包含兩千四百個字元，因此可打出的字元總數接近兩萬個字。[20]

操作員如何打字呢？以「中」（「中央」之意，也是「中國」二字的第一個字）為例。如圖3.3所示，這個字元位於該按鍵的三乘五網格最上一行的中間列。因此，要輸入此字時，操作員首先按下鍵盤左下角那組十五個數字鍵裡的某個按鍵，在本例中即為數字「2」，也就是操作員讓IPX知道，在他們即將按下那個按鍵時，想要輸入的是這十五個字中的哪個位置（位置2）上的字元。接著操作員便按下該鍵，完成該字的輸入。[21]

圖3.3　IPX鍵盤特寫，包含字元「中」字的按鍵

輸入其他一萬六千八百個字（即位於裝訂手冊其他頁面上的字元）時，操作員遵循相同的兩個按鍵的過程，不過這次必須先按額外的一或兩個鍵，讓IPX知道鍵盤手冊已翻頁：亦即先將手冊翻到包含所需字元的頁面，

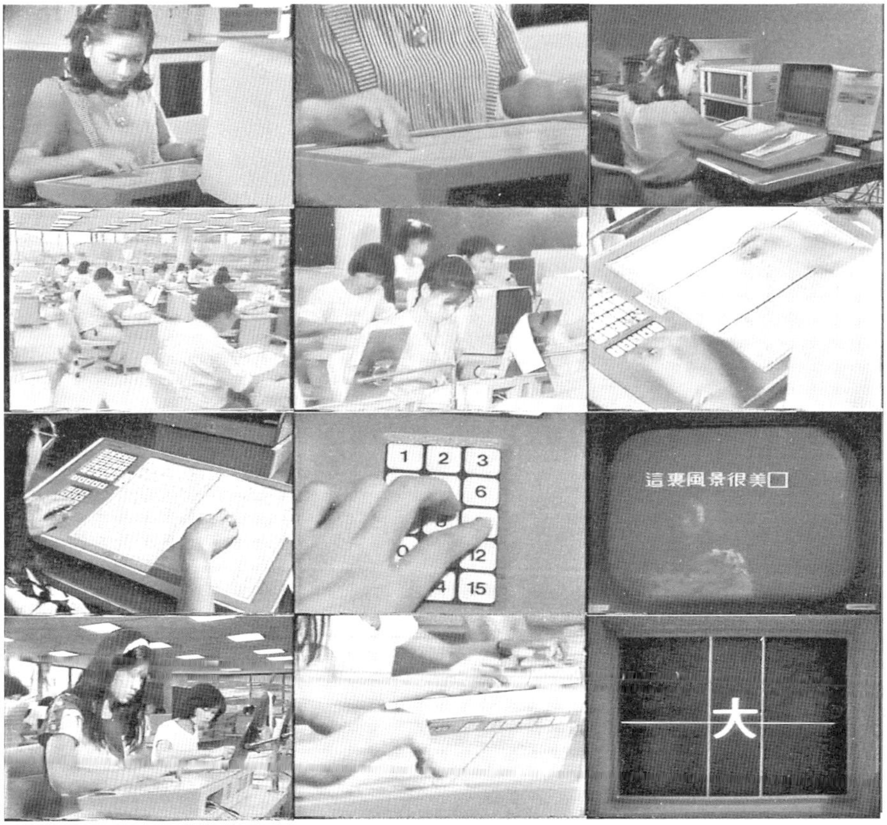

圖3.4　IPX 宣傳影片、照片

然後按下另一組按鍵中的額外的數字鍵（按鍵1至4）；讓IPX了解操作員正在使用手冊上的哪一頁，也就是讓IPX知道該把哪一組兩千四百個中文字元載入記憶體，準備好產出字元。

從基於QWERTY輸入法的電腦輸入方式來看，IPX介面似乎史無前例甚至異乎尋常，但只要把它放在現代中文資訊科技的大背景下觀察，就會顯露出許多「家族相似性」。尤其葉是從現代中文技術語言學的分類中汲取靈感，這在機械式中文打字機的形狀和設計方面並不算過於突兀。葉的鍵盤佈局就是如此繼承下的一個例子。如果我們只關注壓力感應鍵的數量和分佈（亦即十六乘十的按鍵網格），IPX鍵盤似乎與機械式中文打字機的檢字盤及其二四五〇個字元部位截然不同。然而當我們想到每個IPX按鍵都分配了十五個字元，每個字元都呈三乘五網格排列時，我們就會發現它與二十世紀中後期，機械式中文打字機的佈局方式 幾乎相同。例如，在「雙鴿」牌中文打字機上，檢字盤高為三十五個字，寬為七十個字，總共可以容納二四五〇個字元。IPX鍵盤的字元網格高五十個字，寬四十八個字，總共容納兩千四百個字元，差別只在排列方式呈方形或矩形而已。換句話說，與當時最普遍的機械式中文打字機相比，IPX鍵盤與它只有五十個字元的差距（**圖3.5**）。

IPX鍵盤與機械式中文打字機字盤的相似度，不光是巧合而已。中文打字機是葉晨暉早期思考與發展過程中的重要環節。例如在一九七六年的專利申請中，他提出了一種改良的機械式中文打字機，其中每個金屬鍵座都配有一個可供機器讀取（machine-readable）的二進位代碼，該代碼將與正常人可辨的中文字元一起出現（**圖3.6**）。正如葉晨暉所想的，在特殊的七線程式碼中，可以編碼十四位元的資料。

雖然葉晨暉沒有持續發展機器讀取的中文打字機的這個概念（至少在關於Ideographix公司相當豐富的歷史資料中，並未提到這件事），不過這份專利本身，可以說明他在創造出中文小型電腦這種前所未有的進步時，也相當程度地借鑑了早期的中文資訊科技寶庫。[22]

在「鐵鷹」（現更名為IPX）出現的最初七年裡，僅限於臺灣軍方使用。而隨著時間推移，這種獨佔的限制也逐漸鬆綁，葉晨暉開始在私人和公共部門尋找客戶。[23]他的第一批非軍事領域重要客戶，包括臺灣電信管理局和台北市國稅局。就前者而言，Ideographix公司協助處理和傳送了幾百萬張電話費帳單，並大幅減少了製作電話簿所需的時間。對於後者，IPX讓報稅表格的製作，能以前所未有的速度和規模進

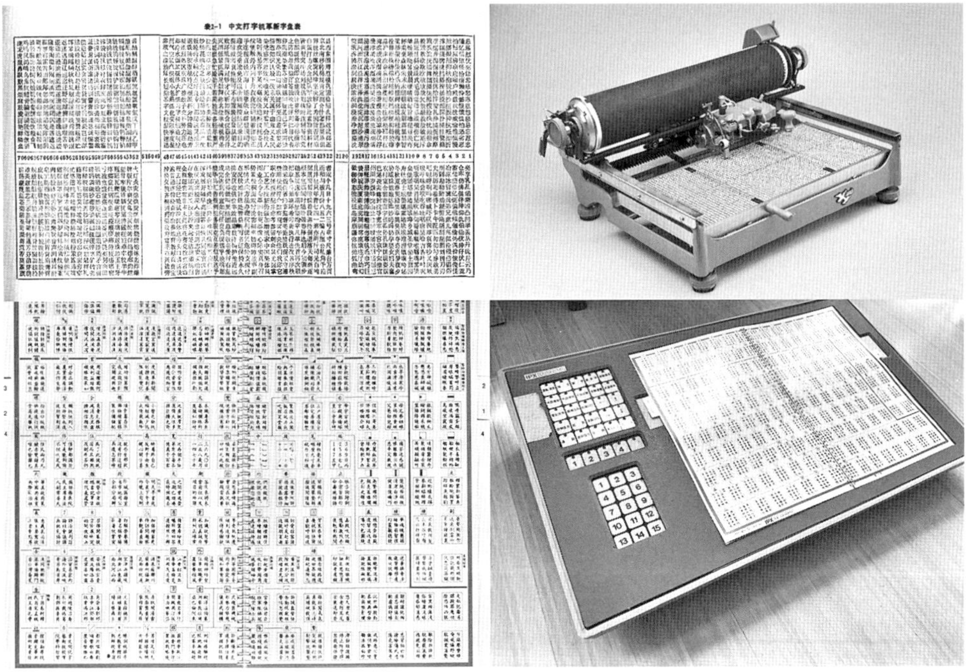

圖3.5　「雙鴿」牌機械式中文打字機字盤與Ideographix公司IPX鍵盤的對比圖

行。[24]

由於捷報頻傳，葉晨暉和Ideographix公司的名聲也開始水漲船高。他回憶道「這就像我們國家也出現了蘋果電腦或IBM電腦一樣，」他更是興奮地說「轟動一時！……整整一年都是重大新聞。」[25]媒體業很快就開始找上葉晨暉，其中包括臺灣發行量最大的日報之一《聯合報》。這份報紙擁有龐大的勞動人力，有多達四百名排字工人，每天晚上都在為第二天出版的報紙排版。IPX系統引入後，讓這支勞動力隊伍的人數減少到僅需五十人，同時也縮短排版工作所需的時間。[26]

速度加快後，《聯合報》便能延後印刷時間，也就是說，他們可以把新聞流程裡的截稿時間，延到凌晨兩點，而他們的競爭對手都是在傍晚就必須結束新聞流程。這也使得該報能比競爭對手「搶到」

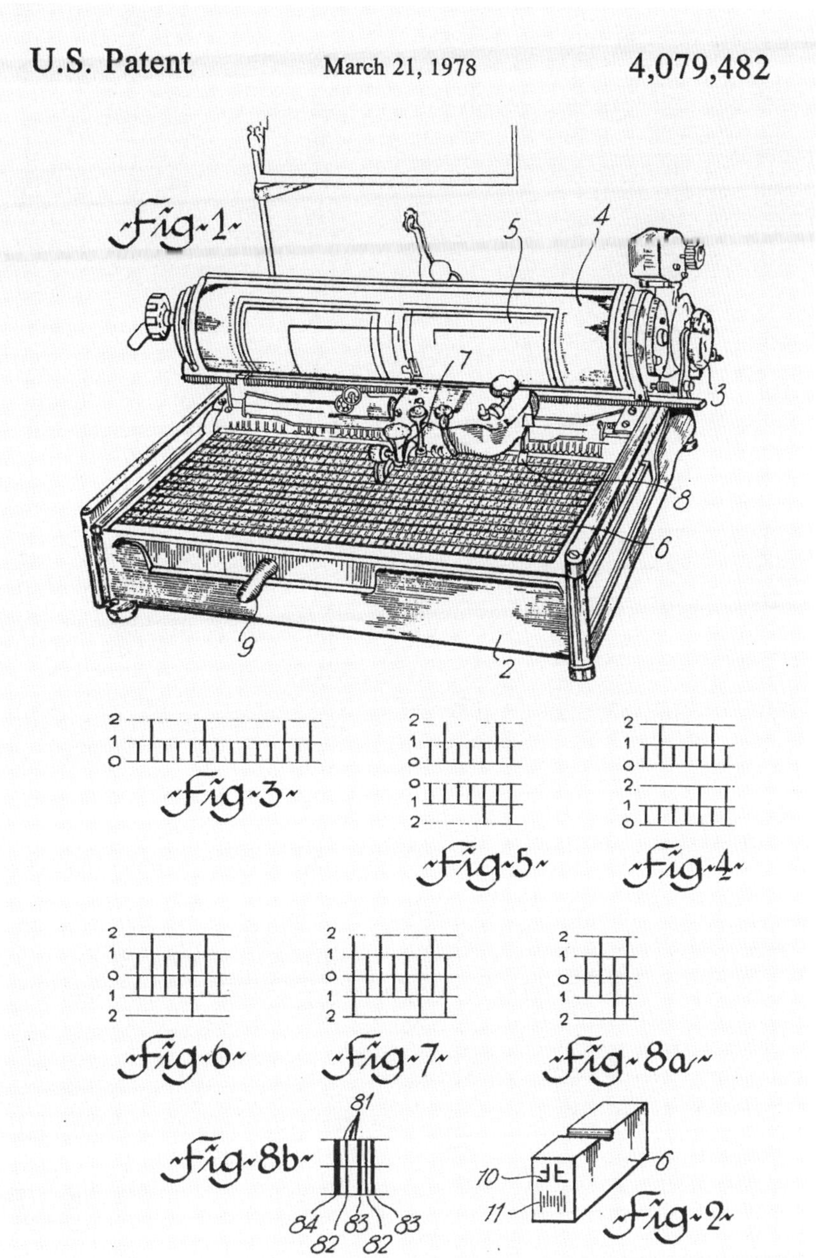

圖3.6　展示機械式中文打字機專利的文字檔

更新的新聞，在隔天的聯合報上，刊登其他報業來不及報導的最新消息。IPX系統甚至還讓聯合報擴大了印刷發行量，既可增加額外的版面，甚至還能發行另一份全新的報紙。[27]的確，這個新系統的影響如此巨大，讓《聯合報》在一九八二年九月十六日（該報三十一周年紀念日）當天，把整個頭版都用來慶祝IPX及其在報業實施的貢獻。[28]事實上，當天的報紙內容，完整呈現了「當天報紙」是如何從頭到尾印刷出來的「後設式報導」。

一個按鍵多種用途：中國大陸及其他地區的「中型」鍵盤

到一九七〇年代中期，中華人民共和國在發展大型電腦領域的進展上，比起大多數外部人士意識到的還要進步得多。在一九七二年美國總統尼克森著名的訪問過後幾個月，一群美國電腦科學家組成的代表團訪問了中華人民共和國，發現該國在數學和電腦科學方面的成就讓他們震驚不已。這群重量級人物所組成的代表團於七月抵達中國，其中包括諾貝爾獎得主赫伯特．西蒙（Herbert Simon）、圖靈獎得主艾倫．佩利斯（Alan Perlis）和其他幾位傑出人物。在為期三週的訪問裡，代表團參觀了中國當時主要的電腦科學中心，包括上海計算技術研究所和北京計算技術研究所。當他們在了解到中美交惡多年期間這些中國同行的成就之後，代表團成員感到相當震驚。[29]

代表團了解到中國大陸的電腦計畫正式啟動於一九五六年，當時「十二年科技發展規劃」啟動，隸屬中國科學院的北京計算技術研究所成立。到了一九五八年，工程師們完成了中國第一台採用三十二位元架構、四K核心記憶體和每秒一百八十次運算速度的真空管電腦。同年，清華大學自動控制系的研究人員開始製作非線性類比電子電腦。這項工作是基於兩年來，對更先進的蘇聯電腦系統進行仔細研究後的成果。[30]

蘇聯在這些早期發展中，扮演了中國的科技生命線。然而，一九六〇年中蘇交惡後，切斷了這條生命線。這是一次中蘇雙邊關係的急劇惡化，最終導致莫斯科迅速撤回其顧問和技術專家，之後甚至出現了潛在的「軍事衝突」言論。[31]然而研究依舊繼續，清華大學因應中國國家統計局和大規模統計分析的需求，繼續開發「DJS」大型電腦。[32]兩年後，中國擁有了第一台基於真空管電路設計的電腦，當然也是發展自蘇聯型號的延伸。[33]中蘇分裂後的時期，也是持續建設研究機構的時期，其中最著名的就是一九六三年成立的北京電子學研究所。[34]中國科學院在一九六四年，首次推出該國自主研發的第一台大型數位電腦——一一九型，其計算速度為每秒五萬次運算。同年，這台電腦在中國首次成功的核武試爆中，扮演了重要的核心角色。

即使在文化大革命（一九六六—一九七六）期間，高等教育中斷、專家受到政治迫害，但電腦工程因為軍事上的重要性而逃過一劫，避開了當時激進的政治影響。事實上，就在文化大革命開始那年，中國完成了從真空管電腦到全晶體電腦的轉換，這個領域是由清華大學的研究人員率先開拓的。[35]當一九七二年夏天美國代表團抵達中國時，正值文化大革命中期，中國卻已經發展出能夠生產第三代電腦的電腦工業：亦即更小、更快速，基於積體電路的新型電腦。更令人驚訝的是，中華人民共和國正在國內生產這些積體電路，一切歸功於可以追溯到一九六〇年代中後期的一項半導體計畫。[36]事實上，在文化大革命期間，一家原本生產窗戶把手的上海工廠，被改造成可以生產積體電路數位電腦。這家工廠仍然被稱為「長江把手

圖3.7　1972年美國電腦科學家代表團照片。奧恩斯坦（Severo Ornstein）提供

廠」，並且繼續僱用了許多以前在那裡工作過的婦女（圖3.7）。[37]

不過代表團當時並未看到電腦領域中的一個關鍵領域：用電腦處理中文字元。這可能因為當時中國政府執著於數學和科學計算，也可能是因為當時正處在持續將中文全面拉丁字母化的浪潮中。直到一九七四年，中國工程師才開始認真研究中文字資訊處理的問題。[38]該年十月，中華人民共和國正式啟動「七四八計畫」，重點關注中文字的資訊處理問題，尤其專注於中文字介面的研發設計。該計畫由國防科工委和中國科學院帶頭，促進了中國大陸實驗輸入設備和介面的各項研發激增。[39]此外，就像在Ideographix公司的同行一樣，中國大陸工程師也專注於開發客製化的非QWERTY介面。他們當然很熟悉QWERTY介面，但他們認為這是最沒有前景的研發途徑。

北京大學是當時研究中文字介面最早也最重要的中心之一。一九七五年，新成立的「漢字訊息處理技術研究室」開始著手建立「漢字訊息處理輸入系統」和「漢字鍵盤」。[40]該團隊研究了十幾種可能的中文鍵盤設計方案，有些方案的按鍵有四十幾個，有些則有幾百個按鍵。[41]他們評估出三種主要的鍵盤設計方向：「大鍵盤」作法，力求為每個常用中文字提供一個專用鍵；「小鍵盤」作法，即類似QWERTY樣式的鍵盤；以及介於兩者之間的「中型鍵盤」作法。

團隊對QWERTY樣式的「小鍵盤」作法提出兩大批評。首先是鍵盤數量實在太少，依賴「小鍵盤」作法的中文字輸入序列，往往會受到重複代碼的困擾，他們特別強調有太多中文字會被分配到相同的輸入序列。其次，該團隊還認為QWERTY鍵盤無法充分利用鍵盤。因為在QWERTY鍵盤上，每個按鍵通常只分配兩個符號，其中一個符號還需要操作員按住「Shift」鍵才能使用。他們認為更好的作法便是「一鍵多用」技術，亦即為每個按鍵分配更多符號，以便能夠盡量利用介面空間（圖3.8）。[42]

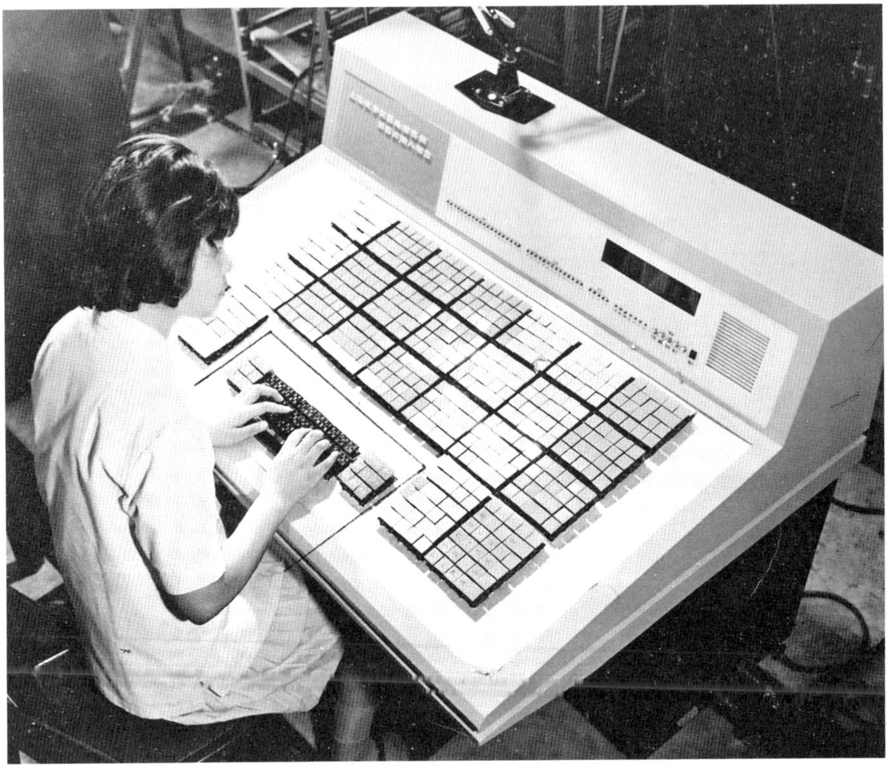

圖3.8　中文鍵盤介面的「大鍵盤」範例

團隊也研究了「大型鍵盤」的中文文字輸入方法，這種方法是將兩千多個常用的中文字，分配到一個大型的桌式介面上。而在另一個早期漢字介面研究中心「南京七三四廠」，工程師則在研發兩種大型鍵盤的原型：RPH-2型感壓式漢字鍵盤和RPH-3型靜電式漢字鍵盤。[43]武漢外接設備研究所和瀋陽計算機*辦公室，也正合作開發一種採用導電橡膠的大型鍵盤。[44]在此同時，燕山計算機應用研究中心正在開發ZD-2000大型鍵盤。[45]其他大型鍵盤設計研究中心還包括新華社等。

然而，北京大學的工程師認為「大型鍵盤」作法過於龐大且笨重。他們一致同意目標應該放在對於鍵盤上的每個按鍵作最大程度的應用，同時盡量減少按鍵數量。[46]經過多年研究，北京大學的團隊最終決定採用一種擁有二五六個按鍵的鍵盤，並將其命名為「中型鍵盤」。[47]在這二五六個鍵中，有二十九個作為輸入鍵、空白鍵等各種功能鍵用途，其餘二二七個則用來輸入文字。這個鍵盤提供兩種「字集」（「上」和「下」），但它們並不是為了轉換大小寫（因為中文沒有大小寫之分）。「上字集」用於外語文字，例如希臘語、拉丁語和西里爾字母，以及標點符號和數學符號；而「下字集」則用於中文字。每次按下按鍵都會產生八位數代碼，儲存在打孔紙帶上（因此選擇二五六個按鍵，即二的八次方）。然後將這些八位元代碼，轉換成電腦檢索過程所使用的十四位元內部代碼。[48]

北京大學將多個字分配到單一按鍵的這種設計，讓人聯想到葉晨暉在Ideographix公司的IPX系統。然而兩者有一個很大的區別。北京大學團隊並非在每個按鍵上只分配完整的獨立中文字，他們為每個按鍵混合分配了中文字和中文字部件（亦即部首）。具體來說，每個按鍵最多可容納四個符號，分成三類（圖3.9）：

完整中文字（每個按鍵最多分配二個）

部分中文字結構或部首（每個按鍵最多分配三個）

前面提到的外語字母與符號（每個按鍵最多分配一個）[49]

最後總共有四二三個完整中文字和二六四個中文字部件（有些是「部首」），被分配在這個鍵盤上。[50]在把二六四個中文字部件排列在鍵盤上時，北京大學團隊想出一個巧妙而有效的方法，可以幫助操

* 譯註：大陸早期稱電腦為計算機，因此以下凡遇大陸名稱用語皆依原文稱「計算機」，其餘則改為「電腦」。

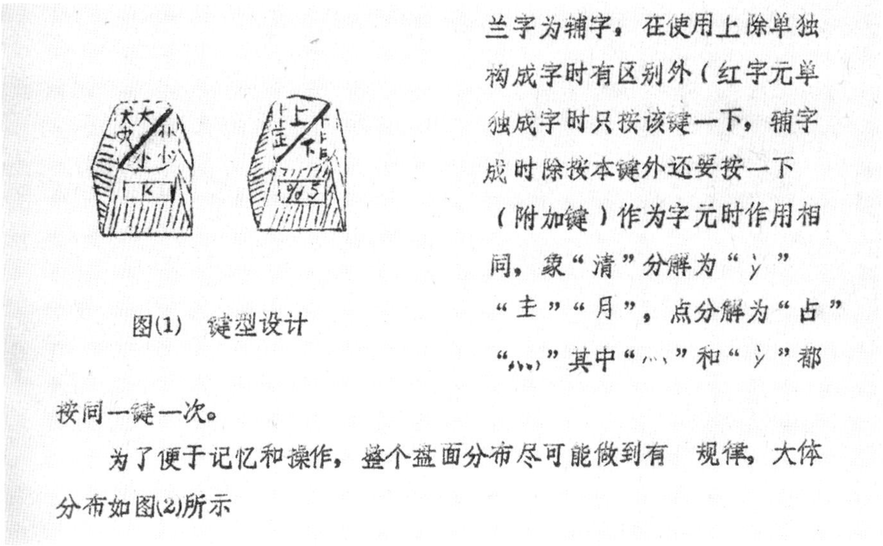

兰字为辅字，在使用上除单独构成字时有区别外（红字元单独成字时只按该键一下，辅字成时除按本键外还要按一下（附加键）作为字元时作用相同，象"清"分解为"氵""主""月"，点分解为"占""灬"其中"灬"和"氵"都按同一键一次。

图(1) 键型设计

为了便于记忆和操作，整个盘面分布尽可能做到有 规律，大体分布如图(2)所示

圖3.9 北京大學「中型鍵盤」按鍵範例

作員記住每個部件的位置：他們把整個鍵盤本身當成一個中文字來看，讓這二六四個部件在鍵盤上的分佈，跟在實際中文字中出現的位置可以相互對應。例如草字頭（艸或艹）被分配到鍵盤上方的某個按鍵上，因為草字頭在中文字的結構中，通常出現在上面的位置；而水字旁（氵）通常出現在中文字的左側，因此基於同樣理由，被分配到最左側的一個按鍵上（圖3.10）。51

當我們檢視北京大學在鍵盤上的卓越設計時，應該會和檢視葉晨暉的IPX系統有同樣的疑問：這種非傳統的人機互動方式，到底想法來自何處？如同IPX一樣，答案會把我們帶回現代中國資訊技術的分支之一，具體的說，這是一種稱為「拆字法」（譯註：Divisible type，亦有譯為合字法）的中文印刷和打字法，可以追溯到十九世紀中後期的一系列實驗性的可分合的中文字體活字，以及後來一九一〇到四〇年代一系列的實驗性機械中文打字機。

「拆字法」的中文印刷術起源於一八三〇年代的

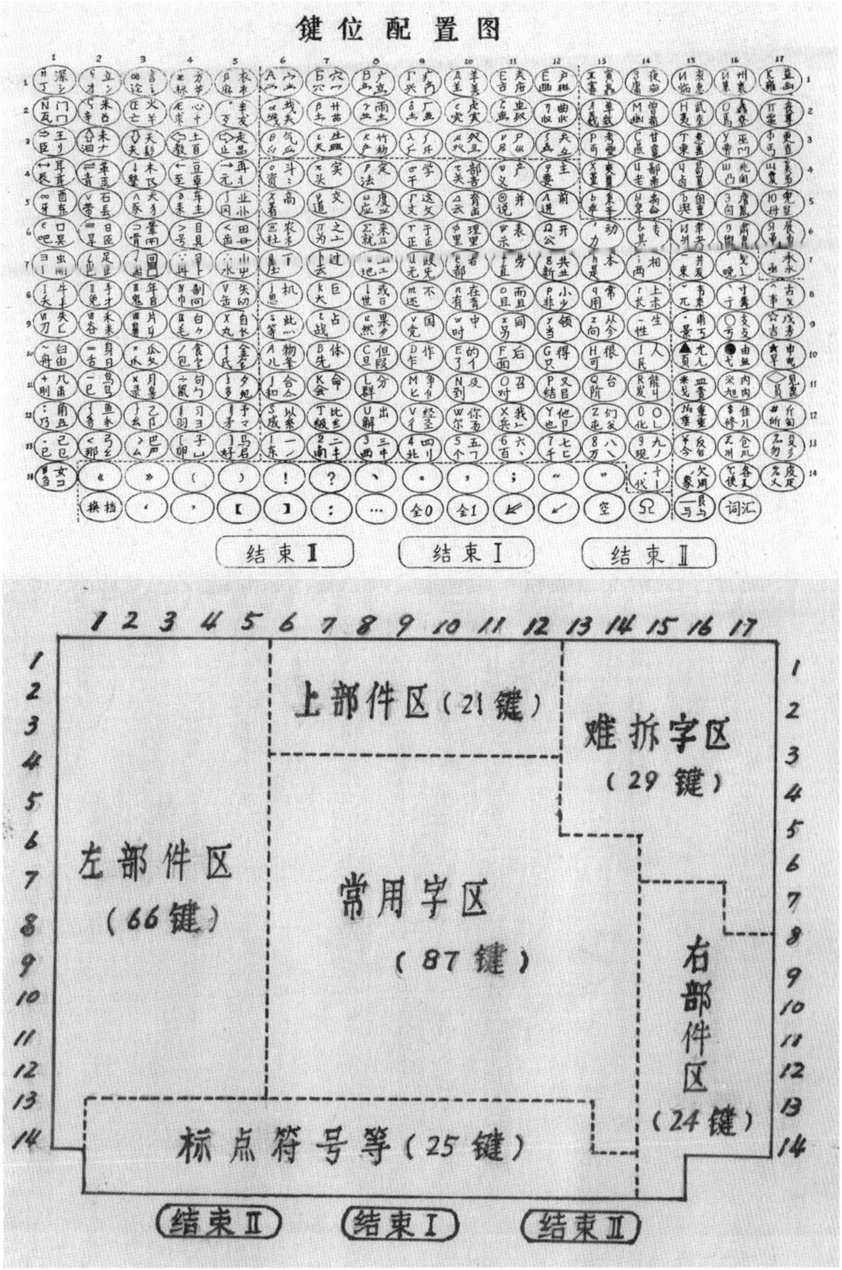

圖3.10　北京大學鍵盤及說明圖，1975年

歐美地區。該技術主要是由台約爾（Samuel Dyer，一八〇四—一八四三）、鮑梯（Guillaume Pauthier，一八〇一—一八七三）和勒格朗（Marcellin Legrand，一八二〇—一八六〇）開發，其核心思想是將中文字分解成可重複出現的模組化形狀（康熙字典部首的變體）。例如，要列印單一中文字「海」，便要設定兩個金屬部件：一個包含左側的部份「氵」（水字旁），另一個包含右側的部份「每」。同樣地，要印出「池」，操作員可以重複使用左側的「水字旁」，但用包含「也」的金屬替換掉「每」。一旦將這些模組化零件鑄造成可分合活動的活字字體，操作員就可以使用大約兩千個零件，列印出幾萬個中文字元（圖3.11）。[52]

使用「拆字法」的中文印刷術，在一九一〇年代再次出現在中文打字機領域。歷史上最早的實驗性中文打字機之一，是由一位名叫祁暄的年輕華僑留學生在紐約大學就讀期間製造，同樣是基於將中文字分解成組成部件的相同理念。[53] 跟北京大學的鍵盤一樣，祁暄的打字機也包含一組最常使用的完整中文字，而且也是基於這些常用中文字出現頻率最高的考量，而把它們「放在」機器上。祁暄的第二套字元則是中文字部件，也就是類似北京大學採用的相同策略。操作員可以使用這套字元零件，逐一拼字，然後將中文字「碼」列印到頁面上。例如，印出中文字「芋」或「莒」（某個歷史地名），必須先輸入「草字頭」（艹），然後分別輸入「于」或「呂」來構成「芋」與「莒」字。若要印出中文字「宇」或「宮」時，只要用「屋頂」（宀）來取代「草字頭」（艹）即可。換句話說，只要把中文字拆解成部件，然後將這些部件分配給不同的按鍵，便可混搭創建出幾千個中文字。更具體地說，祁暄的打字機擁有四千兩百個完整中文字和一三二七個模組化部件，可以用來產生幾萬個中文字元（圖3.11）。

這種策略在一九三〇和一九四〇年代再次出現，林語堂和他的「明快」（快速清晰之意）實驗性中文打字機，也就是第一款帶鍵盤的中文打字機，再次採用了這種方式。同樣地，該機器也包含兩套中文字

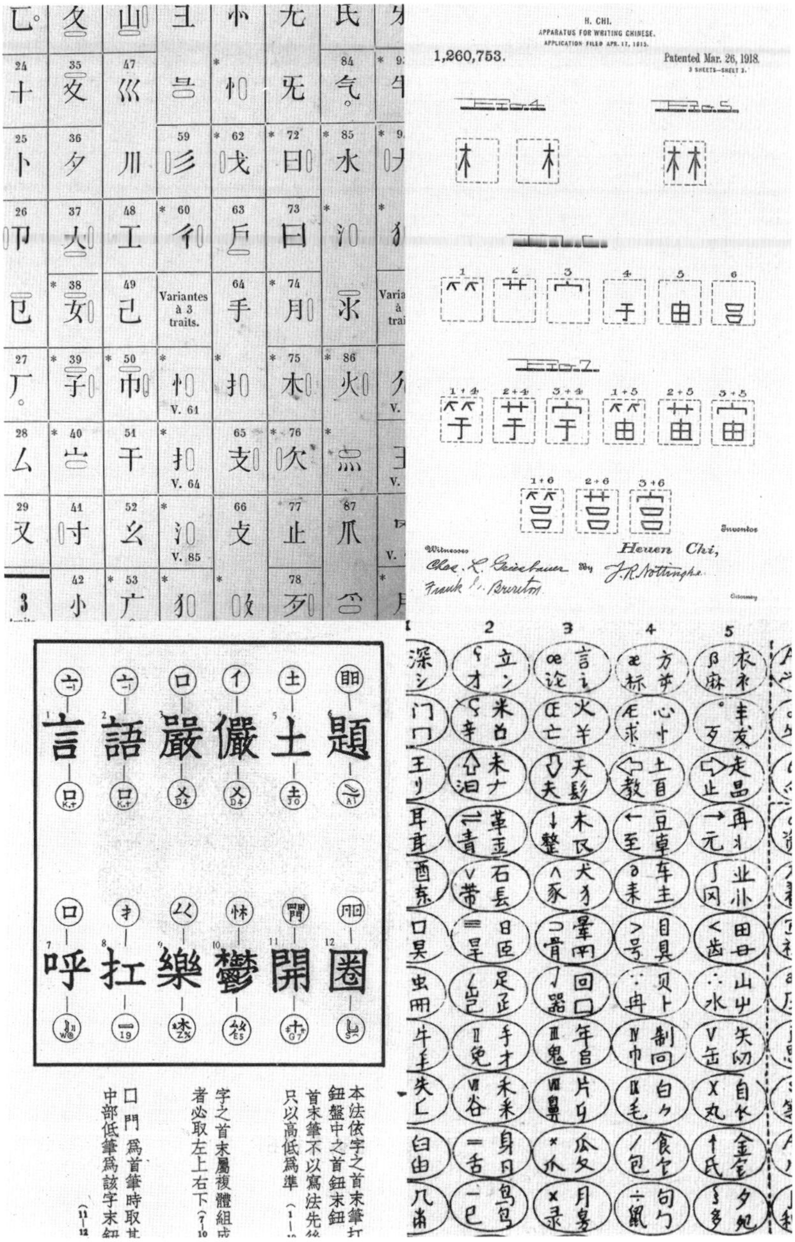

圖3.11　勒格朗「拆字法」中文印刷、祁暄的中文打字機原型機、林語堂的明快中文打字機、北大「中型鍵盤」等四種鍵盤的比較

元：一套是常見的完整中文字；另一套則是中文字部件，操作員可以用這些部件，在頁面上「組成」想要的（較不常用的）中文字（圖3.11）。

無論是否刻意如此，建造北京大學機器的工程師們，直接借鏡了中國科技語言學裡的這項傳統。不過他們所做的主要調整，是將中文字部件，當作控制資訊檢索電腦系統的手段，而不是機械拼字的過程。在十九世紀後期的勒格朗「拆字法」字體、一九一〇年代的祁暄實驗打字機和一九四〇年代林語堂的明快打字機中，操作員必須將每個部件一一在頁面上組合成中文字。但在一九七〇年代的「中型鍵盤」實驗中，則是使用中文字部件從儲存庫中檢索想打出的中文字。一旦某字被檢索並顯示在螢幕上時，就會是「完整」的字。[54]

在最終版的設計裡，北京大學的中型鍵盤總共能輸入七二八二個中文字，根據團隊估計，已經足以應付日常生活中百分之九十以上的中文字。在這種字元集內，使用一個按鍵可以輸入四二三個最常用的中文字；使用兩個按鍵可以輸入二九三〇個中文字；使用三個按鍵可以輸入另外三一〇六個中文字。只有八二三個中文字需要四個或五個按鍵的點擊序列。[55]

就打字速度而言，北京大學的中型鍵盤平均每個中文字只需點擊二．六次按鍵，速度可以與英文打字相媲美（因為英語單字的平均長度約為四．五個字母）。[56]

北京大學的中型鍵盤只是當時許多鍵盤設計之一，例如IBM也為中文和日文創建了二五六鍵鍵盤。這款七〇年代的鍵盤設計，也會讓人聯想到IPX系統。該設計另外包含一個十二位數字鍵盤，操作員可以透過該鍵盤，在每個按鍵上配置的十二個完整中文字之間「切換」（因此共有三〇七二個中文字）。[57] 一九八〇年，香港中文大學的樂秀章教授，也開發了所謂的「樂氏鍵盤」，同樣採用二五六個鍵位（圖3.12）。[58]

意碼六六

一九七六年的一個冬日裡，英格蘭劍橋地區的一個小男孩，在家裡四處尋找他心愛的麥卡諾（Meccano）組合玩具，亦即美國伊雷克特（Erector）組合玩具的前身，這在英國是相當受歡迎的益智玩具，可以讓孩子們盡情發揮想像力，進行各種模組化搭建。安德魯最近一直在玩這些齒輪、輪軸和金屬板件，但今天他到處都找不到這些玩具。[59]

走進廚房後，他當場抓到這位「偷竊」現行犯：也就是他的父親，劍橋大學研究人員、前英國皇家空軍聯隊長羅伯．史洛斯（Robert Sloss）。他花了整整三天三夜的時間，霸佔兒子的玩具和家裡的餐桌，全神貫注地製作一個奇怪的小東西，呈圓柱形且可旋轉。這個小東西吸引了小男孩的注意力，也引起了《每日電訊報》的注意，該報派了記者前來一探究竟。最終，它也

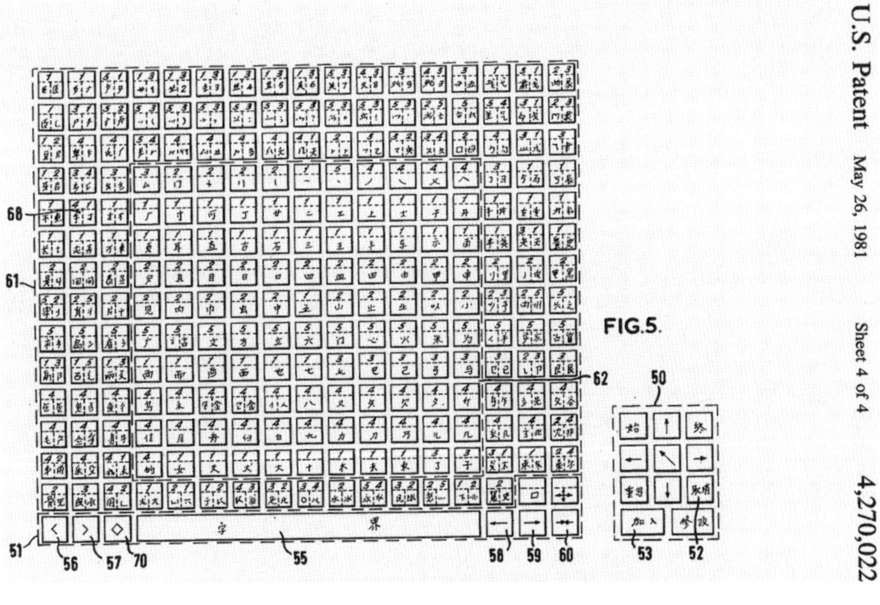

圖3.12　樂秀章開發的「樂氏鍵盤」

吸引了英國最重要的電信公司之一：大東電報局（Cable and Wireless）的注意與資助。[60]

羅伯特．史洛斯製作的小東西，就是一部中文電腦。[61]

老史洛斯在一九二七年出生於蘇格蘭的鄧巴頓鎮。由於該鎮擁有飛機製造廠、船塢和煤氣廠，因此在二戰期間是德國轟炸機的首要目標之一。[62]史洛斯在加入海軍時，曾經接受過一系列的智力測驗，結果顯示他擅長外語。所以一九四六年至一九四七年，他被派駐香港。工作之餘，他還為《南華早報》撰寫電影評論，並在香港九龍電台主持廣播節目《遠東英國廣播之聲》。[63]

史洛斯後來加入公民服務擔任教師，然後在空軍擔任無職銜軍官。[64]憑藉教學經驗、語言天賦以及亞洲背景，他受邀到劍橋大學教授中文，並於一九七二年被任命為講師，也成了劍橋大學中文語言計畫的負責人。[65]

史洛斯在劍橋遇見了被《紐約時報》形容為「神童」的彼得．南卡羅（Peter Nancarrow）。南卡羅比史洛斯年輕十二歲，最初學習物理，後來成為專利經紀人。「三十八歲、留著落腮鬍」的南卡羅在著手進行中文電腦翻譯的研究之前，是個把學習挪威語和俄語當成「嗜好」的人。[66]

中文－英文間的機械翻譯，成為南卡羅和史洛斯在劍橋語言計畫[67]合作的核心內容。他們將精力集中在自動生成中文字索引和用語索引，以及將中文科技文獻自動翻譯成英文的研究上。這些努力也引起了劍橋同事的注意。傑出的漢學家、科學史學家兼生物化學家李約瑟（Joseph Needham，李約瑟為其中文名），在他寫給另一位著名漢學家麥可．洛維（Michael Loewe）的私人信件中強調：「南卡羅和史洛斯所努力的工作，應該是這些年來最重要的研究。」。

> 在很長一段時間以來，人們一直期盼著電腦化、周邊設備、數位化、掃描技術和電視螢幕顯示等，能與表意文字和音節文字結合在一起。這在未來將會是人類交流領域上的一項重大進步，對於彼此相互理解和世界和平的意義不言而喻。[68]

該計畫是否能成功，取決於他們所創建的數位化中文詞典：亦即把幾萬張紙本的中文詞彙索引卡片，轉換成機器可讀格式，並能進行數位化儲存的作法。[69]然而，其主要瓶頸在於字元輸入：也就是如何準確且有效率地把所有這些手寫的中文字、定義和句法資料，輸入電腦中。

因此，在接下來的兩年裡，史洛斯和南卡羅致力於設計一個客製化的中文電腦介面。[70]正是這個計畫讓史洛斯短暫地成為「小偷」，他在從兒子處偷來的玩具幫助下，進行原型階段的製作。[71]到了一九七六年，史洛斯的製作取得成果：設計出的工作原型，取名為「將中文字元編碼成機器相容形式的二進位訊號產生器」，也稱為「意碼編碼器」（Ideo-Matic Encoder）或「**意碼六六**」（Ideo-Matic 66），也就是以機器的六六乘六六字元網格命名。[72]

該機器網格中的每個單元格，都分配了一個與X軸列值和Y軸行值對應的二進位代碼。[73]每個單元格的面積為七平方公分，在四三五六個單元格中，有三五〇〇個用於中文字元，其餘則用於日文假名或留空。[74]史洛斯和南卡羅介面的獨特之處並不在網格本身，而是在於它的「圓柱形」設計。他們並不像矽谷、北京、香港和其他地方，把單元格排列在矩形介面上，他們是把四三五六個網格環繞在一個旋轉的管狀結構上。用一隻手旋轉圓柱形網格，另一隻手左右移動遊標，機器便可指定是四三五六個單元格中的哪一個字。接著按下按鈕後，便會產生一個二進位訊號，對應於選定的中文字或其他符號（圖3.13）。

意碼六六的核心設計元素看起來雖然新穎，但仍舊標示著與幾十年前的機器中文打字的直接延續。事實上，在本章討論到的所有機器中，史洛斯和南卡羅的裝置，可以說在有意或無意間，回溯到了中文打字史上最深遠的角落。早在一九一〇年代中期，麻省理工學院的華僑學生周厚坤，就曾經製作過一台基於同樣的字元滾筒設計的原型機，把大約三千個中文字元環繞在一個旋轉滾筒上，與史洛斯和南卡羅的設計如出一轍。劍橋大學的這台機器，與一九三〇年代和一九四〇年代的早期日文中文字打字機更加相似。這些機器就像意碼六六一樣，操作員直接操作一個旋轉的字元滾筒，一旦找到所需的中文字元，就可打出該字（圖3.14）。

圖3.13　意碼編碼器（意碼六六）

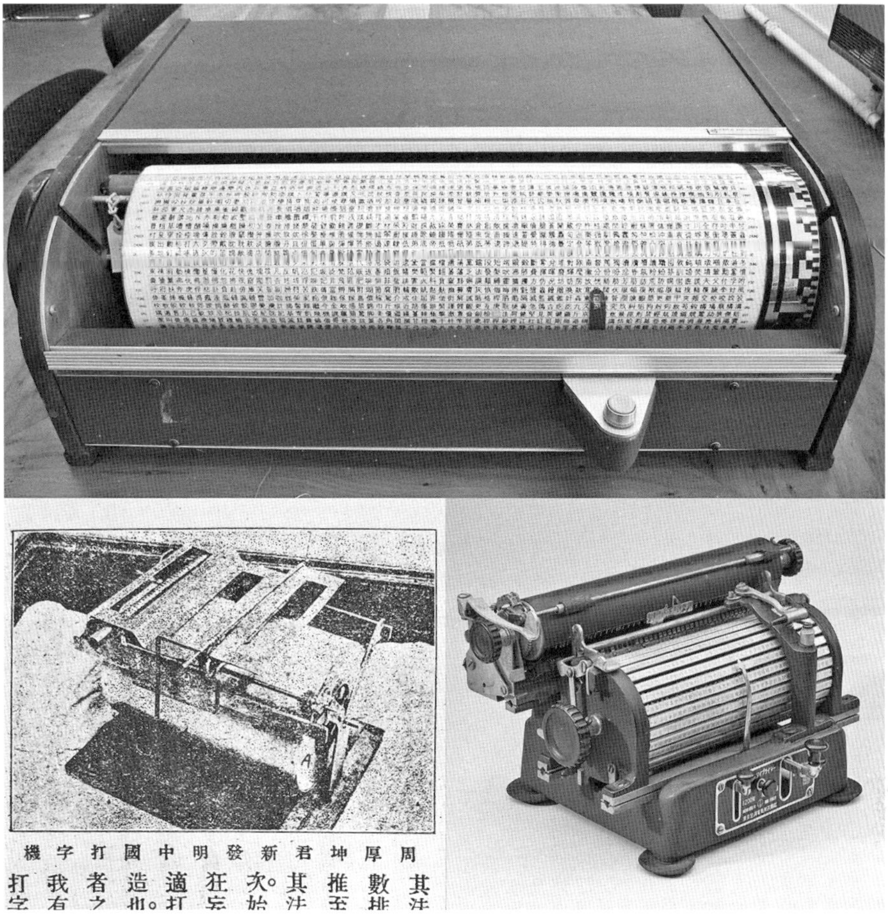

圖3.14　周厚坤的第一部中文打字機原型、東芝日文打字機以及史洛斯和南卡羅設計的意碼六六，三者的比較圖，舊金山機場博物館（SFO Museum）圖片提供

意碼編碼器在一九七〇年代末期完成後，交付給大東電報局（Cable and Wireless）。[75]機器重七公斤，寬約六十八公分，高二十二．六公分，深約五十七公分，而且很快就引起業界和媒體的關注。[76]英國電信巨頭大東電報局購買了該機器的商業權利，希望大量生產用於東亞市場。《泰晤士報》和《紐約時報》都報導了這個消息，前者報導這是由「看起來不太可能的組合：劍橋的兩位詞典編纂學家和兒子的麥卡諾組合玩具、封蠟和繩子，現在已經破解了中文之謎」。這篇文章還寫道：「這台機器非常簡單，但其影響卻非常深遠。他們打算明年就能出版辭典，而不是等到下個世紀才出。」[77]

輸入的回歸

在劍橋大學李約瑟研究所（Needham Research Institute）收藏的信件中，很少有像裝在標籤為「中Computerisation戰」的馬尼拉紙文件夾中的信件那樣，語氣充滿了憤怒。這個文件夾的標籤是李約瑟獨特的速記方式，可以翻譯成「中文電腦化戰爭」。

「我寫這封信是為了與貴刊對葉晨暉博士、史洛斯先生、南卡羅先生和我本人，有關中文電腦化的報導內容完全撇清關係。」[78]、「你們說我『評論了這兩台電腦』，完全是虛構的內容。」這是他寫給香港《工商晚報》編輯的信，「如果這篇反駁信件未被刊登，或沒有傳送副本給我們的話，我們將考慮對此篇文章採取法律行動。」

這位年逾古稀的漢學巨頭到底為何如此憤怒，以至於在一九七八年幾乎要對香港的報紙採取法律行動？[79]「中文電腦化戰爭」到底是怎麼回事，誰又是最後的贏家呢（如果有的話）？

整個事件的開端可以追溯到葉晨暉博士，以及一九七八年一月二十五日《紐約時報》上一篇標題為「兩個英國人設計出能用中文溝通的電腦」的文章。[80]文章講述了史洛斯和南卡羅，如何設計了一台能夠處理總共四千三百五十六個中文字元的「中文電腦」。該報記者稱其為「十年來最巧妙的小機器之一」，並說這項發明將使「懂中文的電腦操作員，可以直接用中文與電腦互動。」

然而文章中的某些內容激怒了葉博士。也許是因為史洛斯和南卡羅談到他們的發明時，那種傲慢的語氣。正如記者所說：「他們對這項業餘愛好者式的成就，感到一種平靜的喜悅」。史洛斯和南卡羅告訴他，「我們認為一定有人解決過這個問題了，只是我們太孤陋寡聞不知道而已。因為如果沒人能搞定這個問題，真的會是一件很荒謬的事。」也許是因為這篇文章報導該團隊解決中文電腦難題的速度，令人難以置信：文章裡說他們宣稱只花了幾天的時間（而葉博士花了幾年的時間）；又或許是因為史洛斯在形容來劍橋參觀新發明的中國貿易代表團時，所使用的輕蔑語氣：「中國人來參觀時的反應，就像是看到一條會說話的電子狗一樣。」

有一件事是肯定的：葉博士必須親自會見史洛斯和南卡羅，並檢查這台意碼六六。他必須親自去一趟劍橋大學。

接下來的故事變得越來越撲朔迷離。例如在《工商晚報》一篇標題為「中國電腦：葉晨暉博士在倫敦取得勝利」的報導，讀起來就像英雄歷險記一樣，追溯了葉博士前往英國的旅程以及促使他此行的崇高目標：「比較並決定是由兩位英國科學家發明的中文電腦，或是他自己發明的中文電腦，何者更勝一籌。」《工商晚報》的記者繼續寫道，葉博士的機器如此耀眼，以至於「史洛斯和南卡羅立即道歉，並表示這一切都只是一場誤會。他們承認自己不是電腦專家，也不知道葉博士之前已經在英國註冊了他的電腦專利。最能判斷勝利與否的人，就是《中國科學技術史》的作者李約瑟博士，該記者強調「最後結果：中國科學家擊敗了英國人，贏得了勝利」、「李約瑟博士甚至說：葉的發明也許會改變中國歷史的進程。」[81]

在這篇報導發表三十多年後，葉晨暉也用大致相同的角度描述了當時情景。葉在訪談中對我解釋，當時，李約瑟努力扮演一位友好的主人。他「甚至爬上樓梯——當時他已經七十五歲了——拿了茶壺為我泡茶」。[82]葉還回憶說，他和李約瑟聊了很久，從上午茶歇時間 直延續到下午，然後又聊到傍晚。在充分了解葉的系統之後，李約瑟叫來了史洛斯和南卡羅，讓他們也一起了解。「很顯然地，你們的研究落後許多」，李約瑟對這兩人說，他對葉這種更先進的系統，印象深刻。[83]

然而，李約瑟本人對整起事件的回憶（保存在劍橋大學的一個馬尼拉紙資料夾中）卻截然不同。李約瑟承認喝茶討論確實有過，但並不是專為葉安排的茶聚——葉博士的加入純粹出於方便，是「為了節省時間」，李約瑟在寫給香港報紙的信中說道，「當我們的所有成員在平常聚會的時刻，他跑過來一起喝茶。」[84]李約瑟在信中還說甚至當葉晨暉、史洛斯和南卡羅見面時，他並不在場。他用抬頭印有「中國科學與文明史計畫」的信箋，逐條反駁那篇報導，並斥責其「濫用不正確的專有名詞」。李約瑟強調「史洛斯和南卡羅並不是劍橋大學的『教授』或『中文系主任』，而是教學和研究人員；我也不是『皇家科學院院士』。」

一九七八年八月，在劍橋大學裡，葉晨暉、李約瑟、史洛斯和南卡羅四人的會晤中，到底發生了什麼事？李約瑟是否真的對IPX系統肅然起敬，宣稱它優於意碼六六？而這位臺灣工程師是否真的取得勝利，讓他的英國對手羞愧地夾著尾巴逃走了？還是整個會議其實只是一個倉促碰面時的禮貌寒暄而已？檔案紀錄無法回答這件事。

或許那天唯一不可否認的真相，就是當時參與的各方人士都無法預料到一件事：亦即IPX、意碼六六以及本章中討論到的所有其他研制設備，很快都將面臨同樣的「被遺忘」的命運。正如我們即將在第五章看到，北京大學的中型鍵盤，也很快就會從我們的故事中消失，其他所有的「大型」設備也都是如此。更重要的是，這些大型設備都沒被保存在目前的任何大型博物館收藏中（雖然大家都很希望它們被保存在某處）[85]。就史洛斯和南卡羅的機器而言，應該只有少數幾部意碼編碼器得以倖存：一部位於可以說是「世界盡頭」（蘭德角，英國本土最南端的風口處）的遙遠博物館裡；另一部則藏在劍橋大學諸多圖書館的某一間裡，放在密集堆疊的儲存架最頂層。葉晨暉博士的IPX也遭遇同樣的命運，葉博士說：「我們自己把公司經營到破產。」[86]他繼續告訴我的是，從Ideographix公開成為公司的那一刻起，立刻就取得了成功，實際上根本不需要投資在產品行銷上，至少一開始是如此。幾乎在一夜之間，臺灣市場就已經飽和了，Ideographix向聯合報、稅務局和其他客戶提供了如此節省人力的高效率技術，讓這些客戶幾乎沒有必要繼續尋求進步。為了維持這種快速的成長步調，Ideographix迫切需要打入中國大陸市場，然而中國政府始終頑固不化。葉博士解釋說，他們花了四、五年的時間向《人民日報》推銷機器，卻未成功。葉博士說，「他們一直在拖延」，因為他們不僅擔心葉博士是臺灣人這件事，他們也想自己建立系統，他相信這是因為中國政府不想失去對於宣傳機器的控制權。當然在其他方面也發生了變化。客製化設計的中文文字處理系統時代即將結束，一個新時代正在形成，這是葉晨暉、Ideographix以及許多其他大型公司、企業家和發明家，都沒預料到的一個新時代。這個新時代有許多不同的名字：有些人稱之為軟體革命，有些人稱之為個人電腦革命，還有些人不太樂觀地，稱之為硬體之死。

在一個軟體成為主要商品的時代裡，Ideographix的軟體卻是免費的；而在硬體成本暴跌不見底的時代裡，Ideographix的客戶卻要為硬體支付大量費用（他們當然也曾開始質疑為什麼要花這麼多錢）。接著，新設備也不斷出現在市場上，讓葉晨暉這樣的發明家措手不及。例如一套只需幾百美元的日本製傳真機，以及小型組裝電腦的功能，甚至強大到過去只有大型電腦才具備的能力。在此同時，葉晨暉的系統仍然保持原樣：與消費者導向的電視機相比，它更像是一台電話交換機系統而已。[87]

二〇一〇年三月某天，葉博士帶我參觀了他位於桑尼維爾的IPX公司舊辦公室，這裡生動地呈現了「被遺忘」的狀態。他向我解釋：「我們以前有兩萬平方英尺的辦公空間」，我們一邊走，腳步聲一邊迴響著。[88]整個空間看起來就像：幾十位工作人員突然在某一天，很簡單的停止了手頭上的工作，接著所有人一起走出了辦公室——就像一座「反龐貝古城」。龐貝古城的不幸居民被岩漿包覆，這裡的Ideographix辦公室，則像是員工們突然憑空消失了。許多辦公桌上仍然堆滿了技術公告和產品文件夾，有些翻開著，彷彿閱讀者隨時會拿端著一杯咖啡回來一樣。[89]

不過，這一切絲毫沒有減少葉博士的熱情，也沒有傷害到他健康的自尊心。跟我們在第一章見到的劉淑蓮不同的是，當我找到葉博士時，他一點也不感到驚訝。事實上，他一直在等我——或者說在等像我這樣的人。的確，當我們第一次交談時，他在電話裡開宗明義地說，Ideographix是「矽谷裡保存的最完好的祕密」、「我一直都知道早晚會有人打電話來問這件事。」

Chapter

4

輸入法之戰：支秉彝與超書寫的回歸

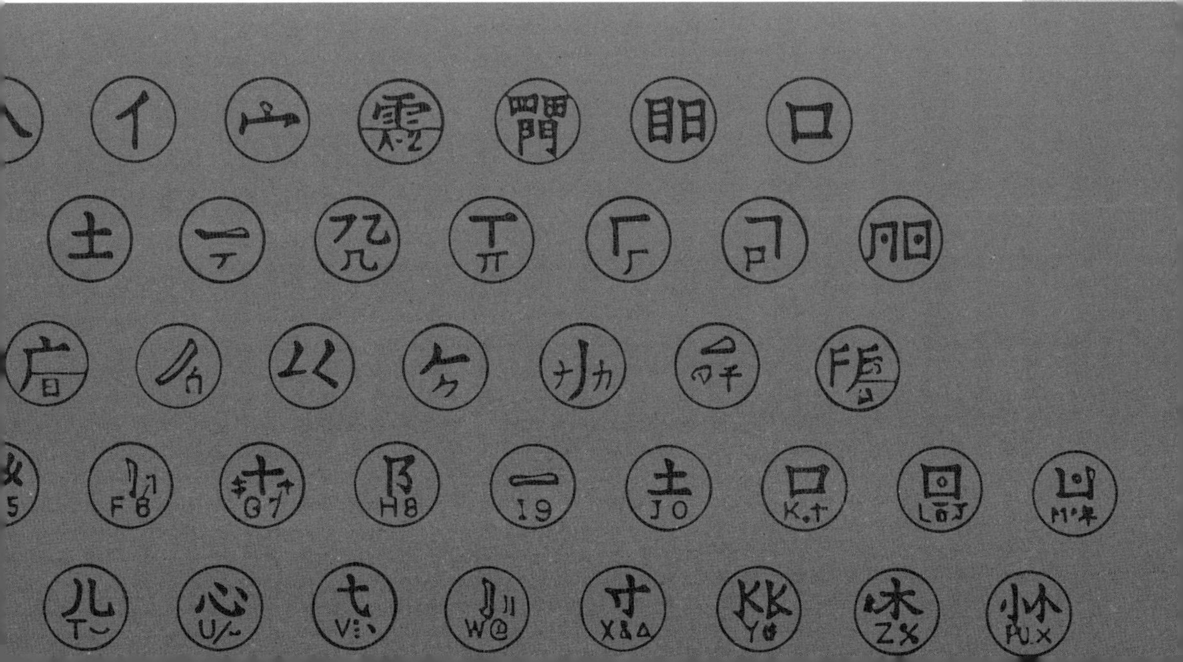

一九七九年，支秉彝站在錦江飯店的豪華宴會廳裡，距離七年前周恩來和尼克森發表《上海公報》的地方只有幾步之遙。在他左邊的是哈佛大學「費正清中國研究中心」（Fairbank Center）主任小羅伊・霍夫海因斯（Roy Hofheinz Jr.），他帶領著這所世界上首屈一指的亞洲研究機構。坐在他面前的是上海儀器儀表研究所所長陳志遠（Chen Zhiyuan音譯）和圖形藝術研究基金會主席威廉・加思四世（William Garth IV）——二一年前正是在這個機構，考德威爾發明了中文打字機Sinotype。現在輪到支秉彝創造歷史了，也就是引領中國進入小型電腦時代。

時代真是瞬息萬變（圖4.1）。很難相信在十年前的一九六九年，支秉彝才剛從監獄獲釋，他被紅衛兵單獨監禁了將近三年。在中國陷入文化大革命的混亂中，他家鄉上海的這些激進分子們，誓死效忠毛澤東，在城市裡四處巡邏，進行「掃蕩破壞」式的突襲，一心想要清除所有「舊中國」的餘害。[1] 儘管這段經歷充滿創傷，但文革時期在「牛棚」度過的那些焦慮和恐怖的日子，在支秉彝的新成功中扮演了核心角色。當他在監獄裡無法確定是否還能見到妻子，也沒有任何工作佔據思緒的情況下，支秉彝用一種近乎痴迷的執著，填滿了六平方公尺牢房裡的那些漫長時光，他自己和妻子後來都認為就是這種痴迷，維持住了他的理智。他開始嘗試使用拉丁字母來編碼漢字，在腦海中喚出漢字的圖像，一遍遍地將它們分解成碎片，試圖找到可以用來設計編碼系統的模式。他把自己的思想變成了粒子加速器，猛烈撞擊漢字宇宙的構成元素，希望能辨別出其更細微的、亞原子般的規律。

讓這整件事情變得更複雜的原因，就是支秉彝沒有紙（除了被迫一次次地寫下政治自我批評和供詞之外，看守人員並不允許他用紙）。不過他還是設法偷到了一支筆，用它祕密地在茶杯蓋上寫字，因為這是看守人員允許他擁有的少數物品之一。支秉彝發現當杯蓋翻過來時，足以容納幾十個拉丁字母。所以他不僅可以用茶杯蓋將作品保密，還可以擦掉字母重新書寫，就像古希臘的學生一樣。他把這個臨時代用品放在手邊，經年累月不停地寫、擦掉、再寫。

支秉彝的痴迷幻覺，正好為一種新的中文輸入法奠定基礎，這種輸入法被稱為「見字識碼」、「OSCO」或簡稱為「支碼」。[2]正如我們將看到，支秉彝發明的這種代碼，引起了中國工程師和技術人員以及兩個國外組織的注意，包括德國的奧林匹亞公司（Olympia Werke）和美國的圖形藝術研究基金會。也就是有許多人認為支秉彝的代碼，很可能讓中文的書寫系統，在全球電腦時代裡站

圖4.1　支秉彝的照片

穩腳跟。[3]

支秉彝的故事包含了在一九七〇到八〇年代間，中國電腦領域最重要的兩個轉變。第一個轉變是在這個時期裡，QWERTY鍵盤在中文電腦上的重新崛起。也就是說，人機互動再次由西方製造的鍵盤和拉丁字母控制，而非我們在第三章研究過的大型鍵盤等多種特製設備。不過，儘管QWERTY鍵盤和拉丁字母的使用日益普及，但在這段期間的中文輸入，並非使用拉丁字母來「拼寫」出中文語詞的拼音。支秉彝的輸入法是使用拉丁字母來描述漢字的**形狀**和**結構**，而非它們的拼音。這點與現代其他地方發生過的（或曾經嘗試過）的將文字拉丁化或羅馬化的歷史背道而馳。在傳統上，如果把一種文字拉丁化或羅馬化，都是指用拉丁字母來表示該文字的發音，例如土耳其語或越南語的羅馬化（以及許多針對阿拉伯語、孟加拉語、希伯來語、波斯語、烏茲別克語等語言的失敗嘗試都是如此）。因此，從一九七〇年代中期到一九八〇年代的中文電腦，似乎是一種「去音節化的羅馬化」的特殊案例：亦即是用拉丁字母（有時也用阿拉伯數字）來呈現漢字，但**並不是採用音標式的**。[4]

然而在這些努力當中，支秉彝絕非孤軍奮戰。支碼只是在一九七〇年代和一九八〇年代發明的眾多輸入法之一，因為當時的輸入法數量，很快就增加到幾百種，而且每種輸入法幾乎都提出了一種新穎的方法，可以用拉丁字母和阿拉伯數字，把漢字訊息透過QWERTY鍵盤輸入電腦中。而且跟支碼一樣，此時的大部分輸入法都是基於字形結構而非拼音，也就是說，都是非音標式的。可見當時基於拼音的輸入法確實不受歡迎，以至於當時有人猜測中文電腦的進一步發展，可能會導致拼音系統完全消失。「從開始就未曾流行過」，這是當時的一份報告所強調的，「各種拼音系統，很可能會被電腦革命淘汰而消失。」[5]

另一個同樣重要的轉變，就是從只能處理單一輸入法的電腦和文字處理器，轉變為能夠處理多種輸入法的電腦。這種轉變明顯地與考德威爾的中文打字機（Sinotype）或更早的IBM打字機完全不同。迷你電腦和個人電腦的興起，開啟了電腦能夠處理各種不同輸入法引擎（IME）的可能性，要選擇使用何種輸入法，全憑使用者的個人喜好而定。正如我們所將看到的，支秉彝是少數幾位在這種轉變中倖存下來的人之一（至少存活了一段時間）。他最初研發的是一個只能使用專屬編碼的電腦系統，後來他又轉向另一個項目，亦即讓支碼只是電腦裡可供選擇使用的眾多輸入法系統之一。因此，「一台機器一種輸入法」的時代即將結束。

QWERTY的回歸：支秉彝——從字元檢索到字元輸入的旅程

一九六六年文化大革命爆發時，支秉彝成了被打上記號的人。他被冠上「反動學術權威」的稱號，也就是那個時代用來譴責「革命敵人」眾多綽號之一，隨後他被捕並關押在惡名昭彰的「牛棚」[6]裡。在牢房牆壁上的一句八字標語，對支秉彝和任何不幸看到的人，做出了令人毛骨悚然的保證：

「坦白从宽，抗拒从严」（坦白從寬，抗拒從嚴）

這句話的訊息很明確：如果你坦白交代，監獄生活會較容易忍受；而如果你反抗，我們有權摧毀你的生活。

失去了家人與工作的舒適環境後，這幅令人恐懼的標語，就是支秉彝消磨時間的一切。當他一遍又一遍地讀著，日復一日，週復一週，月復一月後，有件事情發生了，那就是他重新看到了語言本身的「陌生感」。

無論你的母語為何，在你熟練該語言或其書寫文字的過程裡，都意味著忘記了語言和文字本身其實是一種任意的「編碼」形式。例如，漢字「坦」本身並沒有任何「坦率、坦白、公開」的內在意義，漢字「白」也沒有「白色、空白、清楚」的內在意義。就像任何小孩一樣，小時候的支秉彝可能會將這些文字符號，視為筆畫的隨機組合，而且是來自一套複雜的約定俗成，其起源我們無法完全考證。但經過無數次重複後，我們便能有一些改變：語言的聲音和代表景象開始接近，達到一種看不見的、理所當然的狀態：「白」不再是經過努力學習和記憶來「代表」白色，而是毫不費力地與白色融為一體。這種融合可以說是每個孩子學習說話、閱讀和寫作奮鬥的成果：亦即努力進入家庭和社群的符號宇宙，把這些文字從無法解譯的代碼，轉變成為表達的媒介。也就是說，「流利使用」在某種程度上就是：不會意識到文字的「代碼」感。

雖然大多數人會把這種轉變視為單向的過程，但在某些情況下是可能逆轉的。例如一個習以為常的聲音或符號，可以被**去自然化**，也就是去熟悉化和加以怪異化。也許無法回到最初的無知狀態，但至少可以達到一種「雙焦點」的視角。在這種視角中，即使我們仍然可以流暢地聽、看和說著母語，但卻能以某種方式挖掘出母語原始的那種不帶意義的情況。

這就是發生在支秉彝身上的事。當他在獄中消磨時光，反覆思考這八個字（如果扣掉重複的字，就是七個字）時，這種重複的行為讓文字恢復了內在的任意性。當他反覆讀了一百次時（或許是一千次，我們不得而知），支秉彝開始在腦海中把字拆解成各種元素和組合。例如第一個字「坦」，很容易可以分成兩個不同部分：土和旦，然後還可以進一步分解成十和一（土的組成部分）以及日和一（旦的組成部分）。第二個字「白」也能拆解，也許可以分解成日，上面加一小撇筆畫。然後是「从」（從），兩個「人」字連接而組成，類似這樣可以一直拆解下去。即使只有短短八個字，分解的可能性也相當多。

支秉彝把這種分析延伸到整個漢字系統上。在將近三年的時間裡，他把漢字分解成基本元素，再把這些基本元素與某個拉丁字母配對（除了牢房牆上的八個字之外，支秉彝手邊沒有字典或參考材料。他所分析的成千上萬個漢字，必須完全依靠記憶來運作）。他的目標是為每個漢字發展出拉丁字母的編碼或拼法。[7]

早期階段時，支秉彝對拉丁文字母編碼的興趣與電腦無關。他在這段被監禁期間的目標（除了能夠保持自己的理智和尊嚴之外），就是開發出一種更有效、更理性和更科學的方法，可以用來管理中文字典、電話簿、卡片目錄櫃、姓名列表以及其他原先使用漢字編碼的資料。支秉彝想要找出可以讓漢字能夠以「字母排序」的方法。[8]

一九六九年九月，支秉彝終於獲釋出獄，回到上海烏魯木齊南路的家與妻子家人團聚，接受長期限制住居。[9]支秉彝的妻子希望他的獲釋，能夠讓他們回到某種程度的正常生活，也就是一個重建新生活的機會。然而事與願違，[10]支秉彝持續著迷於他的代碼，這些監禁時期的記憶從未被忘記。

有一次他生病了，體溫高得危險。然而他沒有休息，還在絞盡腦汁地思考代碼中懸而未決的某個問題：如何區分在代碼系統下具有「相同拼法」的字（例如，「吉」、「台」和「古」）。他的妻子相當擔心。她納悶，他為何要這麼努力？為什麼不試著放鬆一下，好好休養呢？「我不累，」支秉彝試著向她保證。「編碼讓我很開心。」還有一次，支秉彝在公車上坐了幾個小時，完全沉浸在白日夢中，直到司機在終點站叫醒他。就像在牛棚裡的那些日子一樣，他陷入一種清醒的幻覺中，一遍又一遍地修改他的漢字編碼。然而，支秉彝的妻子幾乎無法表示抗議。因為她必須承認這種編碼的過程，不但拯救了她丈夫的理智，也許還救了他一命。[11]

支秉彝被釋放後不久，中國與世界的關係開始發生巨大變化。一九七一年，聯合國承認北京為中國的官方代表，將安理會席次授予了中華人民共和國。一九七二年，尼克森震驚了全世界，因為他率領美國總統代表團，首次訪問共產中國。

這些重大的地緣政治轉變，還伴隨著電腦和資訊處理領域同樣戲劇性的轉變。中國剛完成的DJS-6電腦擁有每秒十萬次運算（OPS）的速度，記憶體容量高達三萬二千字組（word，1 word = 2 bytes = 16 bits）。[12] 而由北京電腦技術研究所研發的一一一型電腦，運作速度為每秒十八萬次，核心記憶體容量為六萬四千字組。[13] 一九七四年八月，清華大學也仿照Data General的Nova 1200小型多功能電腦，完成了DJS 130小型多功能電腦的研發。[14] 全球電腦產業在當時也呈現爆炸性的成長，加上個人電腦市場的崛起，都使得基於QWERTY鍵盤的高速生產系統，大量湧入全球市場。雖然這些公司都把中國市場視為目標，然而在毛澤東主義極端狂熱的日子裡，中國一直是令人沮喪、遙不可及的市場。

此時的支秉彝，開始用一種全新的眼光看待他的編碼。他的注意力也從字典和電話簿，轉移到電腦上，也就是轉移到漢字輸入方面。支秉彝心裡想的是，比起成為一種重組中文圖書館卡片目錄系統之類的工具，他的編碼能產生的真正影響力，應該是為基於QWERTY鍵盤的中文電腦新時代提供架構。畢竟，雖然這些西方製造的各種電腦在中國越來越常見，但對於任何想輸入和輸出漢字的人來說，幾乎毫無用處。一般用戶能坐下來使用IBM電腦（或後來的蘋果電腦）處理中文資訊的日子，似乎尚未來臨。

在一九七四到七五年間，這位上海工程師開始將支碼重新鑄造為一種專門用於電腦輸入的方法，並前往北京向「第一機械工業部」介紹了支碼。第二年，他分享了對中國資訊的更廣闊願景，當中將以支碼為核心。[15]事實上，支秉彝的眼光已經超越個人電腦的範疇，開始想像中國的「資訊」本身。「假設你想知道魯迅的哪些散文曾經討論到漢字的改革，」他認為，「你只需要打電話給圖書館。幾分鐘之後，電腦就會快速準確地把你需要的資料，顯示在你的電視螢幕上。」[16]

一九七六年，地緣政治和科技上的變革步伐開始加快。毛澤東的去世，引發了一系列影響深遠的政治、經濟和社會的變革。一九七九年的中美關係正常化，突然開啟了中國的大門，將美國公司主導生產的個人電腦，大量引入中國市場，這些電腦當然也都配備了某種版本的QWERTY鍵盤。中國的發明家們，並未試圖抵制QWERTY設備的浪潮，因為這會迫使中國陷入必須重新研發電腦的情況。因此這些發明家，一個個的開始將QWERTY鍵盤作為「起點」，很實際的自問著：有什麼方法可以讓QWERTY鍵盤用於漢字輸入？

大量生產的低成本QWERTY系統湧入中國後，我們在第三章討論過的各種客製化中文介面，便面臨被時代終結的命運。起初相當緩慢，後來逐漸加速，樂秀章鍵盤、北京大學等地建造的中型鍵盤、Ideographix的IPX和意碼六六等機器都消失了。新一代機器以QWERTY鍵盤為開發起點，以輸入法作為基礎進行設計。到一九八〇年代初期，中文世界裡已不再有其他非QWERTY標準鍵盤或非鍵盤的輸入方式，能與QWERTY鍵盤一爭高下了。

超書寫符號學：何謂不拼寫的字母？

當支秉彝首次公開展示他的中文輸入法時，這個領域已經變得非常擁擠。例如在青島市舉行的一九七八年全國漢字編碼學術會議上，有超過三十多位輸入法設計者參與會議。[17]除了「支碼」外，其他競爭對手的系統還包括「漢字部件分解輸入法」、「聲形四位浮點編碼輸入法」、「三鍵輸入法」、「三字母輸入法」、「SYX漢字編碼系統」以及「漢字字形字母編碼法」等等，這些只是當時諸多輸入法提案中的幾款而已。[18]

如果放眼整個中文電腦界，同場競爭的中文輸入法數量還會更多。一九七三年八月在臺灣舉辦的「第一屆國際計算機科學會議」上，展示了大約十幾種中文輸入法，其中包括「交大部首系統」（Chiao-Tung Radical System）、「右上角檢索系統」（Upper-Right Corner Indexing System）、「中文表意新字母碼」（New Alphameric Code for Chinese Ideographs）以及「中文拼字綜合索引命名法」（SINCO）系統等。[19]

許多輸入法設計者和支秉彝一樣，原先的目的並非著眼於電腦，而是針對字典、文件檔案分類和電話簿等。換句話說，他們的工作側重於字元檢索的方法，而非字元輸入的方法。這段歷史可以追溯到一九二〇到三〇年代的「字元檢索危機」，當時的中國語言學家、出版商、教育工作者和企業家，彼此爭論著組織中文字元資訊環境的最佳方式。他們試圖找到能讓中文等同於拉丁字母順序拼字的方法，[20]這些辯論也一直延續到共產黨執政時期。一九六一年，中華人民共和國文化部成立了「字元檢索工作小組」，目標是調查和判斷中國現有的字元檢索方法。他們一共統計出三一五種不同的檢索方法，數量比一九三〇年代多了三倍。[21]

隨著一九七〇年代小型電腦的興起，讓中國長期存在的「字元檢索」問題，迅速演變成「字元編碼」問題和「字元輸入」問題。對支秉彝和他的競爭對手來說，關鍵問題突然演變成「我們應該如何從電腦記憶體中檢索漢字」而不是在文件櫃或電話簿中檢索。幾乎就在一夜之間，半世紀以來的字典組織系統，例如「四角號碼檢字法」和「五筆檢字法」，都被復活並重新成為「四角輸入法」和「五筆輸入法」。[22]

這些輸入法之間的輸入方式差異相當大。例如，使用「支碼」輸入漢字「電」的輸入序列是「DDDD」。但是，如果使用「鄭碼」（Zheng Code）輸入法，輸入序列則是「KZVV」；「太極碼」（Taiji Code）為「NY」；「五筆」（Wubi）為「JNV」；「易碼」（Y）為「RGD」；「形義三字母碼」為「BL」等。還有一些輸入法只使用數字。例如用「筆形碼」（Stroke-Shape Code）打出「電」的輸入序列是「6-0-1」；「電報碼」（Telegraph Code）為「7-1-9-3」；「漢字筆形查詢編碼法」（Chinese Character Stroke-Shape Look-Up Encoding Method）則為「60」等。[23]

但是，拉丁字母「NY」究竟如何對應漢字「電」呢？更重要的是，使用者為何能透過「KZVV」、「JNV」、「RGD」、「BL」、「601」等拉丁字母或數字序列輸入漢字「電」呢？既然這些輸入法並未使用拉丁字母來「拼寫」漢字（因為這些輸入序列都非基於漢字發音的拼音序列），所以我們到底該如何理解它們的作用呢？[24]字母和數字的選擇是隨機決定的嗎？或者說，輸入法設計者在嘗試將拉丁字母或數字序列與他們想要檢索的某個漢字相互關聯時，是否遵循了任何指導原則或慣例？換句話說，是否存在著一種基於結構的「超書寫」符號學？

在一九七〇、八〇年代，主要有三種字母數字的中文輸入法。第一種使用了拉丁字母（和阿拉伯數字）作為替代符號或「變量」（譯註：性質或數量上可變），用來代表漢字的某個結構特徵。第二種則把字母和數字當作一種測量工具，用來取樣漢字的特定特徵，這種方法雖然與前述的變量法相關，但它並不是以描述漢字的整體結構為前提，而是對其進行「讀取」（取某塊測量區域），然後用字母和數字紀錄測量結果（稍後會解釋）。最後也是最不常用的第三種方法，字母被用作「同形體」：亦即根據特定拉丁字母與中文字的某特定部件在「**視覺上的相似性**」，用該拉丁字母對該漢字結構特徵進行編碼（試想一下英文中的迴轉「U-turn」，只不過這裡的「U」被用來代表漢字結構部件中的類似形狀例如「廿」字的結構部件，而非代表「意義」上的車輛轉彎軌跡。）

支秉彝的「支碼」系統正是第三種方法的典型範例。使用「支碼」輸入漢字「幅」時，會輸入四字母序列：J-I-T-K。該序列中的第一個字母「J」並不對應字元的任何音標屬性，而是對應字元最左側的結構部件「巾」，而該部件的中文發音為「jīn」。換句話說，此代碼符號「J」是來自該單獨部件讀音的漢語拼音第一個字母。

序列中剩下的字母I、T和K也遵循相同邏輯，每個字母都代表字元中的一個結構部件。根據分離後該結構部件的拼音發音，指定一個特定的字母：「I」等於部件/字元「一」；「K」等於「口」；「T」等於「田」（tián）。[25]其他支碼範例包括：

D＝結構部件是「刀」（「D」來自該字單獨發音時的拼音「dao」）

L＝力（基於拼音的讀音「li」）

R＝人（基於拼音讀音「ren」）

X＝夕（基於拼音讀音「xi」）[26]

採用變量方式的輸入法設計者們，可以擁有相當大的自由度。首先，他們可以選擇將漢字分解成模組化的部件。就支碼而言，支秉彝借鑒了一個已經有幾個世紀甚至幾千年歷史的分類系統。具體而言，這是基於英語中稱為「部件」（radicals）的結構成分，亦即中文所稱的「部首」。這是一種將中文字分解成「模組」的技巧，最早可以追溯到漢朝的《說文解字》，該書被某些人認為是中國的第一部字典。更準確地說，支碼是依據「康熙部首檢字法」（以清朝的康熙字典命名），將中文字根據二一四個部首加以分類。

雖然支秉彝選擇使用中國傳統的部首，但這並不會妨礙其他輸入法設計者探索更多分解漢字的選擇。這些發明者可能會把字元分解成「基本筆畫」而非部首，也有些人基於自己設計的一些虛構部件，發明他們自己專有的漢字分解系統。[27]雖然前有慣例，但對於變量方法來說，確實沒有任何嚴格的限制。

輸入法設計者在將拉丁字母（或許還有阿拉伯數字）分配給每個基本單位方面，也擁有自由裁量權。支秉彝選擇利用漢語拼音來為每個實體命名，亦即這些結構部件在單獨出現時的拼音讀音，然而其他方法也同樣可行。例如臺灣工程師朱邦復一九七六年開發的倉頡輸入法中，雖然某些字元的部件與「支碼」中的部件相同，但他將這些基本單位分配給拉丁字母的方式（亦即哪些組件分配給「A」鍵，哪些分配給「B」鍵、「C」鍵等），遵循著不同模式。[28]總而言之，在一九七〇到八〇年代，有幾百位輸入法設計者都使用了「變量」法，他們做的每個決定都會導致一些明顯或細微的差異。因此，在變量法中，其可能性是無窮盡的。

第二種方法「文字取樣」，最好是使用「過篩」的比喻來理解。請想像一張紙上被剪出了三個洞，再把這張紙覆蓋在中文字上，該字除了這三個挖洞區域之外的所有部分都會被遮住。現在請想像有一張圖表，上面概述了我們在這三個「取樣」區域可能遇到的所有特徵，包括筆畫的形狀、角度等。每一種特徵都會被分配一個獨特的字母、數字或字母＋數字代碼。只要關注這三個區域，就可以把每個字取樣的特徵與代碼配對，為每個中文字分配一組特定代碼。[29]

由袁偉昌、胡立仁和黃繼棟在臺灣開發的三角輸入法（Three-Corner Coding），就是一種測量方法的典型範例。[30]正如此輸入法名稱所示，操作員必須分析漢字的三個角，並根據使用者已經記住的查閱表，把這些區域的結構特徵，轉換為唯一的兩位數字代碼。只要輸入六位數字（即判斷三個區域的結構特徵，每個區域兩位代碼數字），三角輸入法便能從記憶體中，檢索出使用者想要的字（若對應多個可能字時，便呈現出待選的「候選字」，**圖4.2**）。例如對於字元「鄭」，「三個角」是指字元的左上角、左下角和右上角區域。根據編碼系統，其六位數字代碼為801542，其中80、15和42分別代表這些位置對應的結構特徵。[31]

而且跟變量法一樣，取樣法也讓輸入法設計者擁有幾乎無限的自由度，不必局限於將中文字分成三個部分或區域。設計者可以根據自己的需求，輕鬆選擇專注於兩個、四個、五個或其他數量的區域。而且這些區域的確切位置，亦即輸入法使用者應該進行測量取樣的位置，同樣可以靈活定義。有些人專注於字元的「角」，有些人則專注於字元的「頂部和底部」。這些輸入法設計者還可以決定使用者應該識別哪些特徵，以建立自己專有的方案，替代掉圖4.2中的查找表。不論筆畫大小、形狀、方向等，都可能是設計者希望使用者關注的特徵。最後是編碼系統本身：只要把特定特徵與特定字母、數字代碼相互配對，甚至可以完全根據需求來自行解釋。因此取樣法和變量法一樣，理論上也可擁有無限多種的輸入系統。

同形法（isomorphic）是最奇特，但也是最不常被使用的技巧。讓我們先熟悉一下網路上所謂「同形

三角編號法規則

漢字係方塊形，通常共有四個角，此編號方法取其三個角的基本筆形，按照基本符號（99個主符號201 個副符號）編碼，每個基本符號的代碼係二位數，全字號碼共計六位。

本編號法係根據取角和取形二原則，兩相配合處理。取角原則注重順序和地位，取形原則在選取基本符號，以確定號碼。

［I］ 取角原則

取角原則的基本順序，是從左到右，由上而下，圖示如下：

1. 左上角
2. 右上角
3. 左下角
4. 右下角

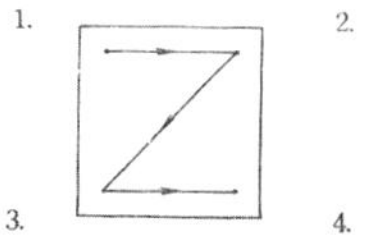

因爲漢字結構繁複，在取角規則中應按字形不同，加以變動，以求得簡單而達到高度的編號效果。舉例如下：

(1) 若一字的四角均屬各個基本符號，只取前三角，最後一角略而不用。

字	符號			代碼		
矮	𠂉	禾	大	87	29	42
麗	一	一	广	10	10	02

(2) 若一字可由一個或二個基本符號組成，最後四位或二位號碼，應用 00　00 或 00 補足（因每字號碼必須爲六位）。

字	符號			代碼		
馬	馬			35	00	00
公	八	厶		80	74	00
什	亻	十		22	40	00
旭	九	日		99	61	00

(3) 若一字中相鄰二角屬於一個基本符號，這二角應併作成一個角，即該字只有三個角，因此恰合三角編號法原則，其編號取角有下列各種形狀：

字	符號			代碼		
法	氵	土	厶	33	41	74
茄	艹	力	口	44	47	60
郝	土	阝	小	41	15	91
想	木	目	心	49	62	93
淞	氵	八	厶	33	80	74
箭	⺮	月	刂	82	26	20

(4) 若二個基本符號，完全佔去一個字的四個角（這四角可稱外角），最後二位號碼，應取字中剩餘的最左上方的基本符號編號，這是第三角（這角可稱爲內一角）。

字	符號			代碼		
蔓	艹	又	日	44	88	61
樹	木	十	土	49	54	41
褒	亠	𧘇	亻	01	09	22
原	厂	小	丿	02	90	30
厭	厂	大	口	02	43	61
氛	气	丿	夕	87	30	77

(5) 若一個基本符號，完全佔去了一字的四個外角，如口、匚、門等，最後四位號碼應取剩餘內部的基本符號作爲其他二角，這二個內角的編號順序，仍須按基本取角原則和下述取形原則，繼續依次編號。

字	符號			代碼		
國	口	戈	一	63	53	10
匱	匚	士	貝	76	41	68
闕	門	䒑	欠	79	80	28

圖 4.2　三角編號法（輸入法）代碼查找表與取角原則

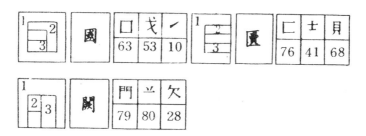

異義字攻擊」（horrograph attack）會較有幫助。這是指惡意行為者利用不同語言字母之間的相似性，實現某種惡意目標的做法。例如，在同形異義字攻擊中，電腦使用者可能會被誘騙點擊標有「HM.com」或「HBO.com」的網址連結，最後發現自己點進了惡意的第三方網站，而非知名服裝品牌官網或有線電視公司的網站。在這種同形異義字攻擊中，網址連結中的「H」，並不是拉丁字母中的「H」（唸/h/），而是看起來一模一樣的西里爾字母「H」（唸/n/），這可以讓攻擊者把用戶導引到完全不同的網址。其他同形異義字（也稱為「混淆體」）包括0（數字）和O（大寫字母），B（西里爾字母唸/v/）和B（拉丁字母唸/b/），P（西里爾字母唸/r/）和P（拉丁字母唸/p/）等，還有其他幾十個例子。[32]

此現象也稱為「轉寫」（Transletteration），並非都是惡意行為。當人們遇到想用的文字系統發生技術上的問題時（例如某些特殊字元打不出來），或系統功能允許使用者「玩耍」語言時，也可能會用到「轉寫」。例如仿西里爾字母、世界語編碼、阿拉伯聊天字母（在聊天室用英文或數字代替阿拉伯字母以方便聊天的一種轉寫文字），或其他各種偶發改作，例如使用拉丁字母「x」代替希伯來字母「א」[33]（aleph）。其他範例有些來自數位「反文化」（counterculture），例如俗稱駭客語的leetspeak（寫成外形類似的13375p34k），便是一種基於「視覺相似性」而替換字母和數字的寫作方式。還有「計算機暗號」（calculator spelling），也就是利用液晶計算機的數字，輸出生成簡短的訊息（例如，在計算機輸入「77345663」，然後將計算機的顯示器倒過來看，就會看到近似單字「eggshell」）。

在一九七〇到八〇年代，許多發明家利用轉寫原理，創造出可正常使用的漢字輸入法，確實令人驚訝。重要範例之一便是H. C. Tien（H. C. 田，音譯）的作法，他創造了一個系統，被稱為「中文轉字母」

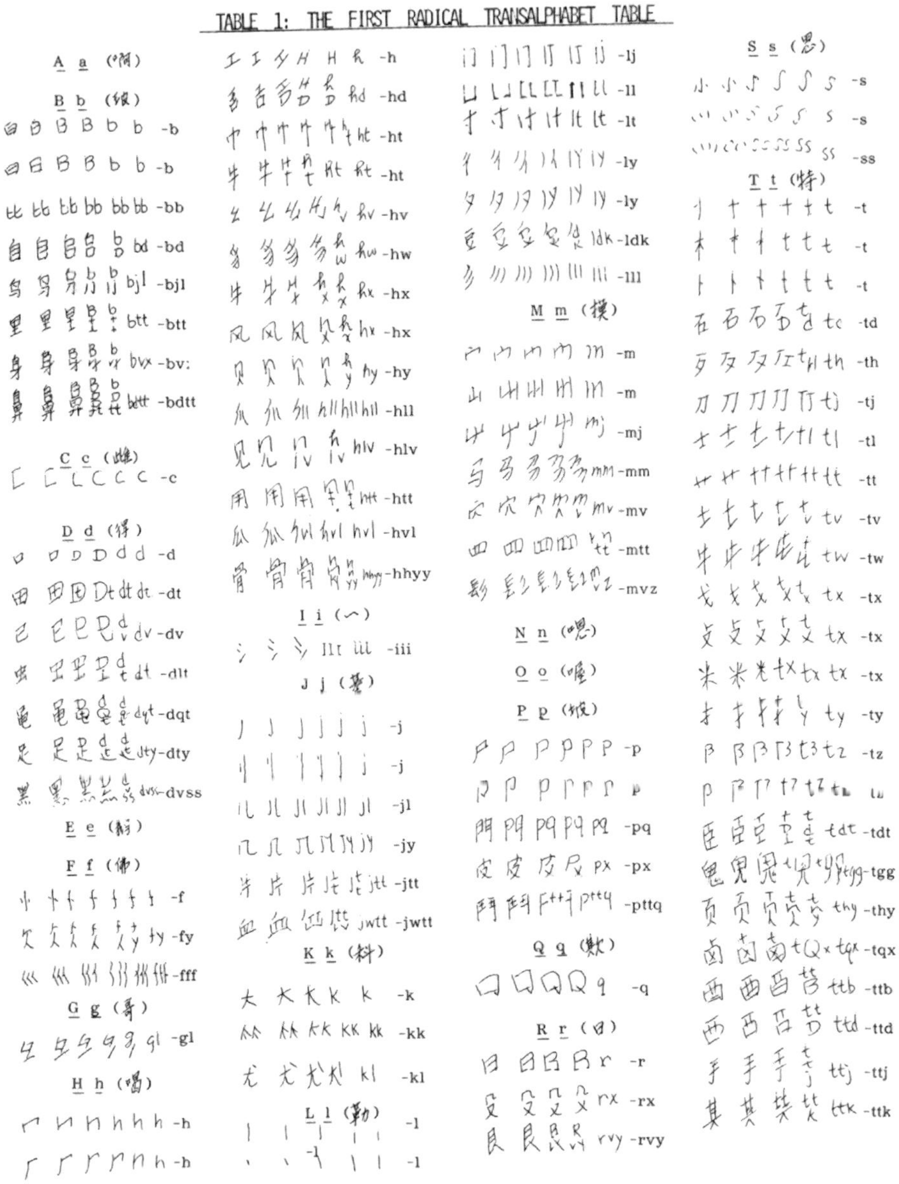

圖4.3　H.C.田的第一部首轉寫表範例

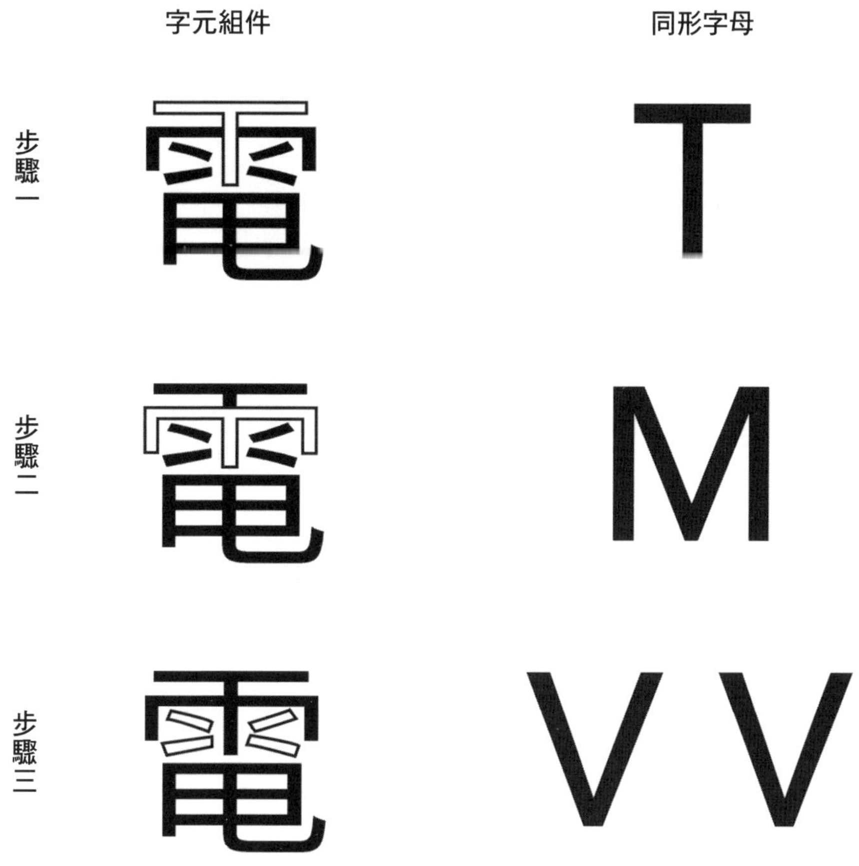

圖 4.4　使用H.C.田的中文轉寫「電」的代碼

（Chinese Transalphabet）或「部首轉寫」（radical transalphabet）[34]。田為每個中文部首都創建了同形的等價物，亦即使用一個或多個拉丁字母字母來代替特定的中文字元組件。例如為表示「草字頭」「艹」，田的系統使用了字母序列「tt」，因為它們彼此相似。其他的同形等價配對還包括「b」和白，「p」和屍，「pq」和門，「ptq」和鬥，「bb」和比，「mm」和馬，以及「bv」和身等幾十個例子（圖4.3）。

為了理解田的中文轉

字母如何運作，我們可以回到「電」的例子，不過這次我們要使用繁體的「電」字。田在轉寫代碼上的第一部分是D-I-A-N，這點跟當時一些大量使用漢語拼音的系統相同。然而，田在「電」字代碼的後半部分，則使用他自己的轉寫系統（基於結構），因為田必須用轉寫來消除相同讀音的歧義性，例如點（dian）、典（dian）、滇（dian）等同音字之間的情況。

田為「電」設計的代碼序列的後半部是T-M-V-V（圖4.4），這些字母的含義來自三個步驟的過程。首先，在字元「電」頂部的結構組件（即「雨」字）中，田將其水平和垂直線分離出來，並將形狀比喻為大寫字母「T」。第二個字母選擇大寫字母「M」，則是因為它類似於雨字中間的筆畫。最後，一對「V」字母被等同於位於這個M形結構內的較小的點的筆畫。因此，「雨」的完整「轉寫字母」代碼是T-M-V-V。然後再與代碼的第一部分結合，因此，田的「電」字的完整轉寫輸入序列為D-I-A-N-T-M-V-V。

儘管田的系統看起來很不尋常，但這種策略在一九七〇、八〇年代甚至更久之後，都還被多位發明家採用。[35]例如在「中文字元形狀字母編碼法」（Chinese Character Shape-Letter Encoding Method）中，每個拉丁字母也是與一個或多個漢字部首、筆畫或其他具有同形相似性的結構部件配對。[36]另一種在一九七九年開發的「三鍵」（Three-Key）輸入法，使用字母「A」來代表漢字/部首的「人」，因為該字向下拉細的兩個筆畫與大寫「A」的兩個對角線筆畫相似。從同樣的邏輯延伸，三鍵輸入法中的大寫「B」代表類似形狀的中文字偏旁「阝」和「卩」；小寫「b」代表字元「五」中間的部分；大寫「C」代表「匚」和「匸」；大寫「D」同時代表「力」和「刀」；大寫「E」代表「習」，大寫「F」代表「下」……等。[37]

隨著輸入法數量達到幾十種（而且很快就增加到幾百種）後，避免陷入「細節」的困境中就顯得相當重要。正如範圍更廣的文字歷史一樣，仔細研究字母、音節文字、母音附標文字（譯註：以子音字母為主體、母音以附加符號形式標出的表音文字）等，可以輕鬆佔據幾代人的研究時間。同樣地，超書寫也是一個巨大的可能領域，其符號學意義與文字本身一樣廣闊無邊。

超書寫市場

為何支秉彝的輸入法可以引起電腦製造商注意，但其他許多輸入法卻失敗了呢？跟一九七八年青島會議上與支秉彝同場演講的人相比，他做的是繼續與歐洲首屈一指的精密工程公司之一——西德奧林匹亞公司（Olympia Werke）建立製造上的合作夥伴關係，該公司在其新型中文字處理器一〇一一上，安裝了支秉彝的支碼輸入系統。然而為什麼他們會選擇支碼，而非「漢字字形層次分解輸入法」（Chinese Character Hierarchical Decomposition Input Method）、「聲形四位浮點編碼法」（Sound-Shape Four-Bit Floating Encoding Method）、「三鍵編碼法」或其他輸入法呢？更全面地說，到底是什麼因素決定了各種輸入法的成敗？

特定輸入系統的優點只是故事的一部分。同樣重要，甚至還更重要的是「偶然性」因素，讓某些輸入法得以進入知名公司和企業的視野中，當然還要包括某些發明家為宣傳他們的系統所投入的無窮盡創業能量。因此，偶然性與不懈的自我推銷，與輸入法的優點幾乎同樣重要。

然而在一九七八年左右，並沒有任何跡象可以看出支秉彝會與大型外國企業，簽訂引人注目的製造合約。畢竟他在中國電腦界算是相對低調的工程師，至少在某段期間內，外國人對他完全不了解。「他是一位老人，」哈佛大學的羅伊．霍夫海因茲後來寫到他與支秉彝的第一次會面，「北京幾乎沒人認識他。」

霍夫海因茲補充說，「我離開上海之前曾經向科學院的幾個人打聽過他，得到的回應都是一無所知。[39]然而，就是來自上海這位相對無名，幾乎到了屆退年齡的工程師，跟奧林匹亞公司確定合作，以及在幾年後與圖形藝術研究基金會建立了合作關係。

為了理解這種意外的結果，我們必須更深入研究這位工程師的早期經歷，尤其是他非比尋常的全球化人生軌跡。

支秉彝出生於江蘇省東部沿海城市泰州，一九一一年十月，也就是他出生後一個月，距離此地僅幾百公里遠的武漢市，爆發了一場叛亂（武昌起義），最終推翻了清朝的統治。

而支秉彝這一代中國學生的目標（甚至可以說是使命），就是透過學習各種實用學科，為中國現代化作出貢獻。[40]支秉彝在一九三五年完成學業，獲得浙江大學電機工程學位的同時，也獲得了當時非常難得的機會，可以到歐洲留學深造。[41]一九三六年，他前往德國攻讀物理學博士學位，並在一九四四年獲得萊比錫大學博士學位。[42]支秉彝在德國待了將近十一年，除了精熟德語，也與一位德國女性結婚。這位女士在中國度過了成年生活的大部分時光，後來也以中文名字支愛娣為人所知（擔任上海外語大學教授）[43]。

支秉彝在一九四六年偕妻回國後，擔任了多項重要職務，包括國立工業研究所電子實驗室主任以及浙江大學、同濟大學的教職，以及成為中國科學院院士。[44]然而他在海外的長期經歷，尤其是在納粹控制下的德國生活，讓他在一九四九年革命後新成立的中共政權眼中，成為出身不良的可疑分子，最終也讓支秉彝付出了遭受「單獨監禁」的代價。

從監獄獲釋後，支秉彝原先令人覺得可疑，亦即與德國之間的關聯，開始為他敞開了大門。不知是人脈引介或他在萊比錫的舊時關係所致，第一家意識到他工作價值的外國公司，就是德國的奧林匹亞公司，這家公司在德國精密工程史上佔有舉足輕重的地位。

對支秉彝來說，這個時機再好不過了。因為在一九七〇年代後期，奧林匹亞公司決心重返中國市場。令人驚訝的是，該公司在中國市場已經擁有悠久歷史，甚至可以追溯到中文機械打字機的時代。早在一九五〇年代，在他們遇到支秉彝之前，該公司的高級主管和工程師們，就曾經與中國製造商合作開發了一系列中文機械打字機：Optima（*Eputima*，俄普替馬友誼打字機）[45]。隨著一九七〇年代文字處理應用的出現，奧林匹亞希望再次進入這個市場，不過這次他們把希望寄託在基於QWERTY鍵盤的電腦系統上。然而要做到這一點，就需要某種中文輸入法，就是這個原因讓他們找到了支秉彝。

支秉彝和奧林匹亞成立了一家合夥公司，取名為中文系統公司（Sinotype Systems，雖然同名，但並非前面談過的考德威爾Sinotype中文打字系統，或是本章稍後會提到的新版Sinotype）。[46]雙方商定這項計畫將以最初在德國生產的五千台機器作為開端，零售價格為七千五百美元（這對於普通中國消費者來說是遙不可及的價格，但對於政府辦公機構或其他大型機構來說則可接受）。這台機器將被稱為奧林匹亞一〇一一漢字自動打字機（Olympia 1011），最終目標則是把製造中心從德國轉移到支秉彝的上海儀器儀表研究所。[47]這種原本不太可能的合作，象徵著一種雙重的重逢：不僅是支秉彝與德國工程界的重逢，也是奧林匹亞公司與中國資訊科技領域的重逢（**圖4.5**）。

這種偶然的相遇，比我們想像的更常出現。這個時代裡另一個罕見的成功案例，也就是前面說過的三角輸入系統，引起了美國王安電腦公司（Wang Laboratories）的興趣。[48]一九七八年五月，公司總裁王安成立了一個新的「表意文字產品」（ideographic product）開發部門，專注於開發表意文字處理器。才華洋溢的台裔工程師莊珍妮（Jenny Chuang音譯）被任命為部門負責人，並迅速組建她的團隊。[49]莊把招募重

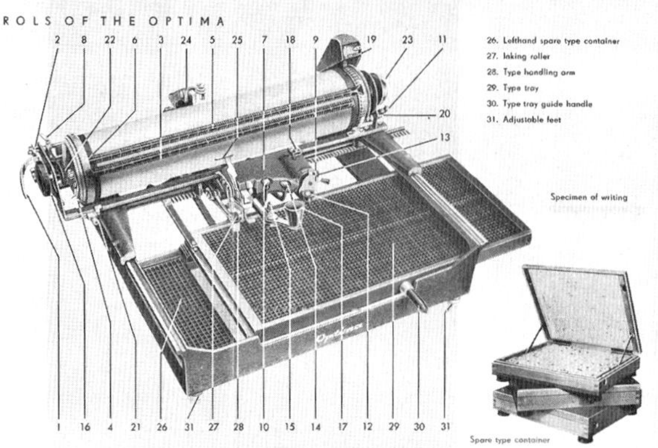

俄普替馬友誼打字機文子的樣子

The typing of Chinese with the aid of modern technology – Olympia 1011

Olympia 1011 – a bi-lingual electronic memory typewriter with an astonishing range of features and versatile applications in the fields of science and technology, industry and commerce as well as culture and education.

A single keyboard with bi-lingual capabilities
The Olympia 1011 shows itself as a stand-alone desktop unit, about the same size as an electronic typewriter. It has a standard keyboard with 48 typing keys (including those of 26 Latin letters, 10 numerals and punctuation marks), 28 function keys and 8 switches.

One may wonder why no keys of the elements of Chinese characters are found in the keyboard as in other Chinese electronic typewriters. The answer is one of the unique features of the Olympia 1011 – a Chinese character generator (CCG), which can generate Chinese characters in a simplified or traditional form.

A unique encoding method accessible to both Chinese and foreigners
Everyone may know the typing of Latin letters well by operating the keys, but how are Chinese characters printed out by using the Latin letter keys?

Modern-day technology has solved this problem by using a novel encoding method, by which the proper code for each Chinese character consists of 2, 3 or 4 Latin letters. This encoding method, developed by the Chinese scientist Dr. Zhi Bingyi of Shanghai, divides a character into 2, 3 or 4 segments

圖4.5　奧林匹亞公司生產的奧林匹亞1011

點放在當地，尤其是透過大波士頓華人聖經教會認識的人才。[50]當專案團隊組成後，幾乎所有高層人員都擁有臺灣血統：臺灣出生的程式設計師陳慶吾（Ching-Wu Chen音譯），這是莊從數位設備公司（DEC）挖來的人才；還有同樣來自臺灣的朱克傑（Ke-Chieh Chu音譯）；以及喬治・莊（George Chuang，莊珍妮的姐夫，在印表機部門工作）等人。[51]

表意文字處理器成員們的臺灣淵源，對他們選擇的輸入法產生了一定的影響。簡而言之，三角輸入法在當時臺灣的圖書館界非常流行，因此團隊決定採用。[52]莊向我解釋，無論是她的團隊或王安電腦公司，都未曾進行過任何系統性的輸入法市場調查，或是對潛在候選輸入法進行嚴格壓力測試的活動。因此整個決策過程，更像是一種比較人性化、非正統且充滿偶然性的事件。[53]

當然一種輸入法系統的成功，並非完全是偶然的。孜孜不倦的自我推銷和創業頭腦，同樣也發揮了作用。由王永民發明，後來被數位設備公司（DEC）採用的「五筆」輸入法（Wubi）的崛起，就是一個很好的例子。這套輸入法的成功，主要得益於努力不懈的推銷。王從未天真地認為他的系統優點會贏得勝利，因此他自費出版了兩本刊物：《王碼電腦》（*Wangma diannao*）和《中文電腦》（*Zhongwen diannao*）。[54]這兩本刊物在表面上雖然專注於整個中文電腦領域，然而《中文電腦》實際上是一份長篇幅的軟性置入廣告，偽裝成電腦行業刊物（例如創刊號的五篇主要文章中，有三篇明確談論五筆輸入法）。[55]王永民也巧妙地利用了國際組織，隨著中國與美國的國家關係正常化，大陸發明家已經可以利用新的智慧財產權制度，為他的輸入法提供專利。五筆輸入法不僅在中國獲得專利，也在美國（一九八六年）和英國（一九八七年）獲得專利。[56]

王永民另一項重要手法就是針對中華人民共和國的政府機構、部會和國營企業，進行大膽的促銷活動。除了一九八四年三月二十九日在首都鋼鐵公司首次推出他的輸入法之外，王永民還成功遊說了國家郵電部，讓五筆輸入法與標準的四位漢字電報碼合併實施。[57]這種不懈的自我推銷取得了重大成果。根據估計，五筆輸入法在一九八〇年代成為了中國大陸最主要的輸入法，用戶數量可能占中國所有電腦用戶總數的百分之八十五，甚至更多[58]（我們很難知道這些統計數據是否可信，因為它們很可能是來自王永民本人的說法）。

支碼、三角和五筆輸入法，並非當時唯一普及的輸入法，例如朱邦復發明的倉頡輸入法，就被IBM應用於他們的Multistation 5550系列電腦上。然而大體而言，多數輸入法的命運最後都是默默無聞。每一百種輸入法當中，可能只有一、兩個獲得市場份額或引起軟硬體廠商的注意。[59]儘管在商業上成功的機率很低，但輸入法的發明從未停止過，甚至從未放緩過。例如在一九八五年的一項調查顯示，當時約有四百種不同的輸入法；而到了一九八六年，這個數字提高到四百五十種。[60]

一種電腦，多種輸入法

在與奧林匹亞一〇一一計畫合作正酣之時，支秉彝於一九七八年十一月收到了一封意料之外的信。這封信來自圖形藝術研究基金會，也就是二十年前，中文打字系統（Sinotype）的誕生地。[61]

圖形藝術研究基金會和奧林匹亞公司一樣，多年來一直沒機會在中文電腦領域上發展，現在他們想要再次嘗試。考德威爾於一九五九年的不幸離世，在實質上終結了該基金會與Sinotype的合作，但美國軍方對這部機器的興趣並未稍減。泰德・S・邦奇克（Ted S. Bonczyk）是當年與考德威爾合作的軍需研發中心（Quartermaster Research and Development Facility）的原始成員之一，他繼續與軍方同事一起研發中文打字機。最後，美國陸軍與美國無線電公司（RCA）建立了新的合作關係，簽訂了一份由位於麻塞諸塞州內蒂克鎮的美國陸軍研究發展與工程指揮部（US Army Research and Development Engineering Command）所負責的價值六十五萬六千美元的合約。[62]

佛瑞德・沙舒瓦（Fred Shashoua）在RCA（美國無線電公司）領導了一個Sinotype改良團隊。沙舒瓦是位才華洋溢的工程師，同時也是語言天才，精通波斯語、阿拉伯語、法語和英語。[63]在RCA對考德威爾中文打字系統的改良中，保留了原始鍵盤和取景器，不過他們放棄了考德威爾機電式的設計，改採基於光纖和電視的技術。然而，最終目標仍然完全相同，也就是一個由QWERTY鍵盤控制的系統，目的在從記憶體中檢索漢字，對其進行拍照式紀錄，最後則是製作出可用於當時流行的膠印（offset printing）平版印刷模板上（圖4.6）。[64]

即使經過RCA的改良，Sinotype仍然面臨許多棘手問題，就像當初在艾森豪執政期間，備受矚目的首次亮相所面臨的問題一樣。[65]從一九六七年七月到一九六九年二月，美國陸軍空降部隊的電子和特種作戰委員會（Electronics and Special Warfare Board of the US Army Airborne）對該機器進行了一系列測試。[66]為了讓機器可以用於軍事目的，Sinotype必須「能夠製作報紙和手冊排版中所使用到的約六千個中文字」；[67]必須可以在華氏四十到九十度（攝氏四・四到三二・二度）、相對濕度高達百分之七十的範圍內運行；必須不靠其他備用零件就能裝載、運輸和卸載。

機器的測試報告喜憂參半。這台重達兩千三百磅的設備，敏捷得令人吃驚，只要一支機組人員在短短

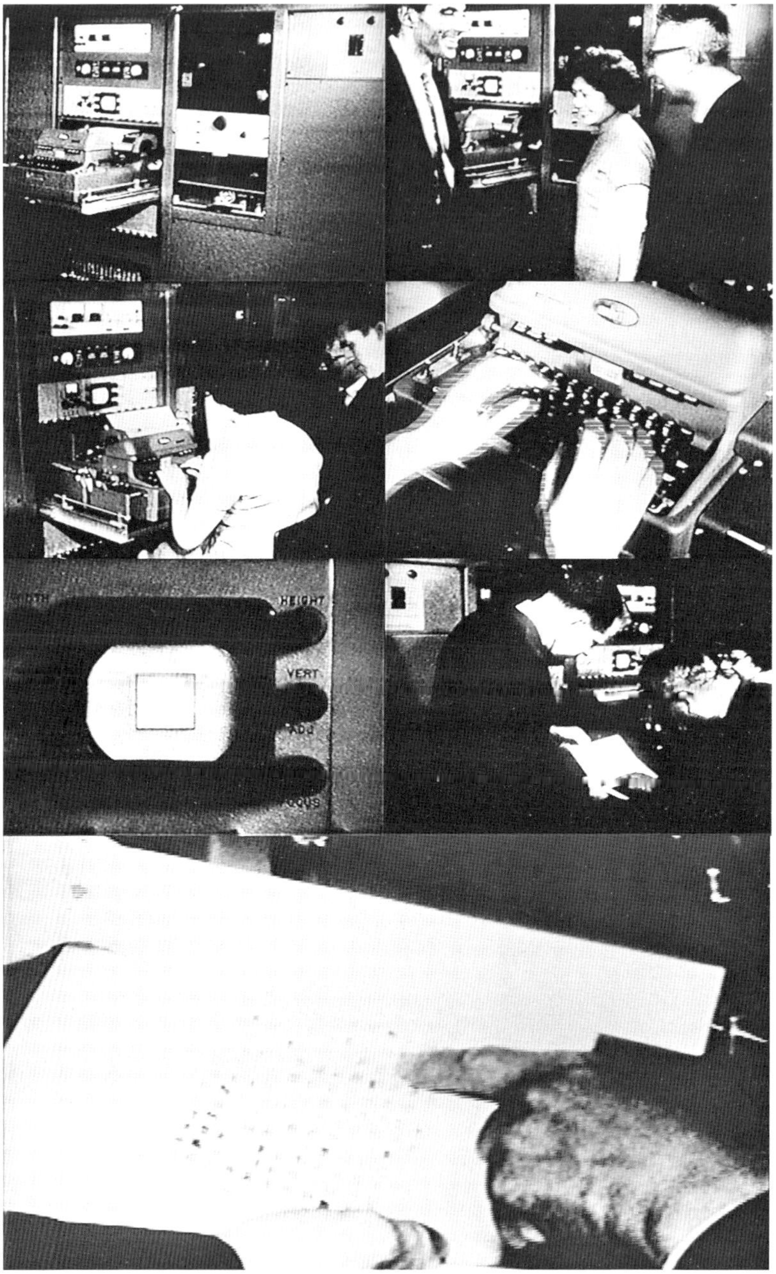

圖 4.6　RCA的佛瑞德·沙舒瓦，以及改良後的Sinotype機器

兩個半小時內，就能用一架美國空軍 C-130 運輸機將它裝卸完畢，甚至不需要用到平台拖車。它可以在一個半小時內立刻投入運作，無需其他備用零件，這些都是它的優點。[68]

不過，這部原型機在其他方面卻有所不足。例如它無法像期望中的長時間運行而不需維護，其文字輸出也難以讓人滿意（因為中文字的行和列會稍微錯位），甚至還經常發生電氣方面的故障。[69]美國陸軍少校沃特・N・莫特（Walter N. Mott）寫道：「這部測試用的中文字元排版機，並不適合陸軍使用。」他補充說，「如果列出的缺陷得到改正，它可能就會適合陸軍使用。」這似乎代表美國陸軍再次對該設備的實戰能力感到懷疑。

最終，Sinotype在RCA和美國軍方手中輾轉一圈之後，又回到了圖形藝術研究基金會。[70]這次回歸大部分要歸功於路易斯・羅森布魯姆（Louis Rosenblum），他就是在一九七八年十一月寫信給支秉彝的人。羅森布魯姆於一九二一年出生於紐約市，是我們故事裡談到的另一位麻省理工學院成員，他在一九四二年獲得了應用數學學士學位。羅森布魯姆畢業後立刻進入了寶麗來（Polaroid）公司，參與二戰時期的軍事項目，師從哈洛德・埃傑頓（Harold Edgerton）這位世界著名的電機工程教授（他就是三十年代著名的「牛奶滴水皇冠」照片的攝影師），後來又跟隨愛德溫・蘭德（Edwin Land）開發即時攝影技術。一九五四年，他離開寶麗來加入光子公司（Photon），專注於非拉丁文字系統的照相排版。接著他到Itek公司工作，這是考德威爾去世後短暫繼承Sinotype專案的公司之一。[71]羅森布魯姆非常熟悉考德威爾開創性的Sinotype工作內容，當他在七〇年代中期加入圖形藝術研究基金會擔任顧問後，便接手該項目讓它起死回生。

同一時期，羅森布魯姆開始更認真地思考Sinotype計畫。在與平面藝術研究基金會重新取得聯繫後（自考德威爾時代以來，基金會加入了一些新的成員），羅森布魯姆協助組建了一個核心團隊。[72]其中最主要的是之前提過的小羅伊．霍夫海因斯，他以研究中國共產黨政治和農村行政的學者，以及擔任哈佛大學費正清中心的主任而聞名於漢學界。[73]霍夫海因斯本人也精通電腦，讓他成為羅森布魯姆計畫的理想人選。在霍夫海因斯指導下，圖形藝術研究基金會開始研發新一代中文打字機，並命名為「Sinotype II」。[74]改良後的系統將會用在一部擁有三十二K核心記憶體的Data General Nova 1200電腦。整個系統主要由約翰．福斯特（John Forster）設計，他是以「顧問工程師」的名義參與該專案。[75]Sinotype II配備一個Diablo 33F移動式硬碟，其碟片裝置仿自IBM 2315 的設計，可以容納二．五MB的資料。在顯示器方面，團隊使用了工業級的十五千赫頻寬監視器，透過Lexidata 200D 視訊影像處理器介面連接到主系統上。螢幕可顯示一個五一二乘五一二的矩陣，而每個中文字會佔據十六乘十六的網格。[76]使用者介面將會採用標準的四十四鍵雙切換的QWERTY鍵盤，霍夫海因斯則協助開發軟體。

若是Sinotype II 想要成功，光靠先進的硬體並不夠，還需要一種輸入法。但羅森布魯姆和霍夫海因斯知道，自考德威爾去世以來，中文輸入法領域已經發生了翻天覆地的變化。彼此競爭的輸入法數量爆增，現在已經有幾百種選擇，而一九五九年當時，還只有少少的一兩種而已。現在硬體和軟體上的進步，也讓考德威爾過去無法企及的新方法成為可能。

尤其是「一台機器，一種輸入法」的時代即將結束——高仲芹和IBM、考德威爾和Sinotype、三角輸入法和王安電腦、倉頡輸入法和IBM 5550，甚至支秉彝和奧林匹亞一〇一一等，都屬於那個時代。然而新的小型電腦功能越來越強大、價格越來越便宜，在一台電腦上安裝多種輸入法也成為可能。用戶可以根據自己的喜好，切換不同的輸入法。[77]

對於製造商來說，這種「一台電腦，多種輸入法」的框架，可以提供顯而易見的優勢。畢竟把所有賭注押在單一輸入法上，會讓公司置身於脆弱、不穩定的處境，使其容易受到像之前看過的高仲芹和他的四位數代碼的那種風險。在單機單一輸入法的架構下，每個商業專案都會變成非贏即輸的情況：亦即市場採用並接受你的輸入法或是完全不接受。即使你有最先進的電腦工程技術，也無法改變這個事實。

輸入法設計者也從這種「多樣化」的安排中看到好處。隨著製造商不再追求輸入法的獨家協議，這些輸入法設計者變成了「自由代理」，他們的系統不再被任何單一公司綁定，而是可以嘗試與更多廠商簽訂許可協議。

為了尋找一種新的輸入法，羅森布魯姆、霍夫海因斯和圖形藝術研究基金會，完全偶然地與支秉彝取得聯繫。這個巧合起因於支秉彝的一篇短文，被翻譯成英文並發表在中華人民共和國新華社英文報導上。這篇一九七八年八月十三日的報導，提到了支秉彝與奧林匹亞公司的合作，並分享了這種輸入法的一些細節。幾經輾轉，這份英文報導引起了羅森布魯姆的注意，他覺得這種輸入法相當有意思，值得進一步研究。當月稍晚時，羅森布魯姆又拿到一篇關於支秉彝的更長文章，這篇文章是由霍夫海因斯本人（想必是應羅森布魯姆的要求）從中文翻譯成英文。這篇標題為「字元的《即時編碼》簡介」的文章，發表在一九七九年十月的《自然雜誌》上。[78]

看過文章之後，霍夫海因斯顯然對「支碼」輸入法很感興趣。雖然他未妄加斷論，但他還是向羅森布魯姆指出「利用一般口語來描述書寫語言的基本概念，是個相當巧妙的作法。」[79]

羅森布魯姆對此表示同意，於是支秉彝便進入了平面藝術研究基金會的視野範圍內。[80] 一九七九年，支秉彝、霍夫海因斯和羅森布魯姆開始定期交流，他們的討論很快集中在一個令人振奮的想法上：一個圖形藝術研究基金會代表團，帶著 Sinotype II前往中國，向中國相關方面展示這部機器。其中最吸引支秉彝的是，圖形藝術研究基金會提議他們可以重新設計機器的程式，讓它除了處理考德威爾最初的輸入法和標準電報碼輸入之外，還能處理「支碼」輸入法。[81]

經過幾個月的籌劃後，圖形藝術研究基金會於一九七九年九月十三日收到來自中國的正式邀請函。該邀請函是由儀器儀表總局、第一機械工業部和《人民日報》三方聯合發出。邀請函希望霍夫海因斯和他的團隊在十一月五日左右抵達。[82]

圖形藝術研究基金會的代表團由八人組成，包括理查・迪克・所羅門（Richard Dick Solomon），漢學家、蘭德公司僱員，曾在乒乓外交期間擔任季辛吉的助理；普雷斯克特・洛（G. Prescott Low），麻薩諸塞州昆西市《愛國者論壇報》的發行人，圖形藝術研究基金會董事會主席；威廉・加思四世（William Garth IV），圖形藝術研究基金會會長；路易斯・羅森布魯姆（Louis Rosenblum）；威廉・肖恩伯格（William Shoenenberger），光電公司（Optronics Corporation）銷售副總裁；約翰・福斯特（John Forster）；圖形藝術研究基金會的行政助理蘇珊娜・姆羅澤克（Susanne Mroczek）；以及霍夫海因斯。他們計畫於十一月三日抵達中國，停留至十一月十日，而且可能會延長停留期間。[83]

然而，支秉彝也試圖讓霍夫海因斯對中國的期望不要太高。中國的情況瞬息萬變，不僅因為外國電腦公司在中國取得進展，還因為國內新的電腦中心不斷出現。支秉彝似乎不光是為霍夫海因斯和Sinotype II擔心，同時也為他自己感到擔憂。「我必須提到，最近在印刷系統的競爭越演越烈，」支秉彝強調。「英國的蒙納公司（Monotype）很快就會在中國展示產品，北京大學也開發了一套新系統。儘管如此，我還是希望圖形藝術研究基金會的演示可以取得成功，並能達成令人滿意的合作協議。」[84]

Sinotype II最初是用來驅動類似光電公司過去製造的那種照片排版機。[85]系統程式裡預先裝載了八千多個中文字的字集，這些字元都根據中文電報碼（也稱為「電碼」或「標準電報碼」）編號，被分配了四位數代碼。在這八千多個字元裡的一〇二四個最常用字元，也根據支秉彝的設定，指定了「支碼輸入法」的子集代碼。在出發之前，圖形藝術研究基金會還製作了十六乘十六位元的字元點陣圖，以便能在電視顯示器上秀出這些字元。[86]訪問一開始就取得了好兆頭。十一月三日星期六晚上，一小組人員在支秉彝和他的助手面前打開Sinotype II的箱子。拆箱完畢，連上電源線，在不到一．五小時內便已啟動並運行整套系統，一切都很順利。霍夫海因斯興奮地說，這是一次「計畫之外的展示，相當有效的展示了該系統的耐用性和易用性」。從十一月三日到九日在北京，然後十一月十日到十三日在上海，Sinotype II自拆箱後幾乎沒有停止運行。霍夫海因斯繼續說道「這也進一步證明了生產子系統的可製造性和可靠性」。[87]

這部機器在展示時更是令人印象深刻。支秉彝和他的團隊做了充分準備，打字員的打字速度達到了驚人的每小時二千字左右，亦即每分鐘五十個字元左右。[88]此外，團隊還加入了標準電報碼輸入（繼承自高仲芹在一九四〇年代的四位數代碼），這點更是取得了意想不到的公關勝利，因為大家發現現場有一位《人民日報》的編輯安文義（An Wenyi音譯），他對於電報碼「非常熟練」。在十一月七日的演示裡，面對人民日報會議廳的一百多人時，安文義坐到機器的控制台前，使用電報碼輸入法連續輸入了一連串中文字元。「安先生多年前曾是一名無線電／電報操作員，」後來的一份圖形藝術研究基金會報告中寫道，「並且可以相當熟練地『盲打』中文字」。他在解放戰爭時期還是一名年輕士兵時，就已經記住了八千多個電報碼。[89]他很高興看到自己輸入的四位數代碼，可以讓文字立即出現在終端機的顯示幕上，該畫面也出現在這次巡迴展示的彩色照片紀錄中（圖4.7）。

十一月中旬，代表團帶著積極樂觀的情緒啟程回國，他們在十一月十三日於上海簽署了聯合協議，[90]這項協議也被他們當成「十天訪問裡的最高成就」，因為該協議達成的是「用於漢字排版的現代電腦設備和系統的共同開發」。代表團留下了八百多份中文文字樣本，這是在出發之前由比爾・肖恩伯格（Bill Shoenenberger）的光電國際公司，使用Pagitron（編輯系統）預先準備的。此外，另一項更大膽的計畫也已開始成形，其中包括一項「五年計畫」，計畫核心是打算在美國波士頓地區設立一個「中美聯合研究中心」。[91]

真實幻夢

一九八〇年十月下旬，圖形藝術研究基金會的成員們第二次踏上中國大陸的土地。[92] 一九七九年聯合協議的記憶猶新，所以他們有很高的期待。這種樂觀情緒在過去幾個月裡不斷

圖 4.7　《人民日報》副祕書長安文義，使用標準電報碼（STC）在Sinotype II上輸入中文字

升溫。一九七九年訪問的照片來回傳遞，感謝和祝福的信件也交織往返，彼此顯然已經形成一種連結。霍夫海因斯甚至有機會提前拜訪了支秉彝，兩人在一九八〇年七月會面，共同敲定了野心勃勃的十五萬美元合作細節。一切似乎都預示著即將發生重大事件。

然而他們發現，一九八〇年的中國已經令人驚訝地是個不同的地方了。支秉彝和中國方面對於圖形藝術研究基金會的五年計畫，明顯失去興趣。他們現在希望有更靈活的方式，類似「單點」菜色一樣，而非拘泥於圖形藝術研究基金會的傳統「十二道菜式」餐宴。事實上，早在代表團抵達中國之前，這種轉變的跡象就已相當明顯，圖形藝術研究基金會裡的任何一個人只要細心觀察都可以發現。例如一封在一九八〇年三月三日致羅森布魯姆的信件中，支秉彝便已開始淡化五年計畫的想法，轉而談論一個「小規模電子排版系統提案」，可以有更直接的回報。中國方面也不再把Sinotype視為控制更廣泛系統的「智慧終端」的一部分（這原是圖形藝術研究基金會在一九七九年訪問期間所提出的關鍵願景），而是由支秉彝概述了他描繪出來的「簡單電子照相排版機的專案構想」。這種想法對圖形藝術研究基金會的代表而言，就像是現有的Pagitron排版系統一樣：一台輸入終端設備、一個雷射照相排版元件、軟碟輸出、一部印表機、一部CRT顯示器和一套三十二乘三十二點陣字體。[93]

中國似乎變得更有自信，部分原因可能是新發現的議價能力。因為從一九八〇年代初開始，世界各地的電腦製造商都爭先恐後地試圖在中國站穩腳步（我們會在下一章更深入探討這個問題）。所以中國方面沒必要把自己鎖死在與圖形藝術研究基金會的五年關係中，他們只是該領域相對小的玩家而已，有更多世界級的選擇已經觸手可及了。

其他方面的變化，也進一步削弱了圖形藝術研究基金會的成功機會，尤其是在電腦硬體領域。中國方面突然認為平面藝術研究基金會選擇的後台——十六位元的Data General Nova 1200迷你電腦——完全不可行，因為當時的中國高級部長們已經決定投資複製DEC PDP-11電腦。更重要的是，隨著更靈活的微型電腦（microcomputer）的迅速崛起，迷你電腦（minicomputer）的整體命運也開始受到質疑。[94]短短幾年內，中國大陸最受歡迎的進口產品便包括Apple II、Cromemco CS-1和Cromemco CS-2（以創始人在史丹佛大學就學時所住的宿舍克羅瑟斯紀念館命名）。[95]當時的一張照片捕捉到了中國在電腦貿易上的熱絡，Cromemco的創始人哈利．加蘭德（Harry Garland）和羅傑．梅倫（Roger Melen）笑容滿面地站在一輛卡車前，車上裝滿了即將運往中國大陸的個人電腦（圖4.8）。[96]

此外，隨著越來越多的資金湧入中國電腦領域，更專業化、標準化和官僚化的程度也

圖4.8　哈利．加蘭德（Harry Garland）和羅傑．梅倫（Roger Melen）在即將運往中國大陸的個人電腦前合照

隨之加劇。在過去資金規模為五、六位數的合作協議時代，像支秉彝、朱邦復、王永明等個人創業者，還有相當大的空間，可以與製造商建立多少帶有人情味的關係聯繫，即使是像IBM、奧林匹亞公司、DEC等，規模和影響力都屬大型的公司也能接觸到。然而隨著中國電腦產業規模和潛力的成長，總體資金規模達到七位數、八位數甚至到九位數時，電腦科技便逐漸納入中國各局處和部會的管理範疇，例如機電產品進出口局、電子工業部、國家電腦工業局等。舉例來說，支秉彝在一九七九年的美國圖形藝術研究基金會訪問中，還能扮演相對核心人物的角色，到了一九八〇年就變成了邊緣人物（當時支秉彝甚至在一九八〇年榮膺中國科學院院士，並已升任上海儀器研究所總工程師）。他的轉變，最能說明這種變化的過程。[97]因此，儘管支秉彝和霍夫海因斯在一九八〇年七月的對話中，達成了口頭協議，但隨後的一場後續會議裡，支秉彝並未出席。會議僅限中國部委官員參加，在實質上控制了與圖形藝術研究基金會的討論，並改變了臨時協議中的許多條款。[98]

最後，圖形藝術研究基金會的代表團，兩手空空地登上回程飛機。談判完全破裂，團隊忙著為這個曾經前途光明的合作關係收拾殘局。他們接待了訪美的中國代表團，探討為Sinotype II配備更多中文輸入系統的可能性，也跟上海的合作對象密切聯繫，希望有機會挽救聯合協議。[99]

然而事與願違。一九八〇年代目睹的電腦界動態並非異常現象，而是新的常態。「在過去兩個月裡，」羅森布魯姆在一九八二年寫給即將再訪中國的所羅門信中說，「我們又發現了三個基於微處理器的漢字系統。這些系統或我們所知的任何早期系統，都沒有把容量和速度結合起來，而這些是Sinotype的優勢。」雖然羅森布魯姆向所羅門保證，但這只是空洞的安慰。所羅門對情勢的預測非常嚴峻，「我對中文文字處理的現狀，以及中國方面有可能對圖形藝術研究基金會感興趣的結論如下：中國正在積極開發自己的系統，不太可能把他們自己的資源投入到『外國』系統中，除非該系統擁有他們認為自己無法在五年之內複製的獨特功能。」[100]

所羅門在一九八三年從中國返回後，為圖形藝術研究基金會帶來了更多壞消息。他轉達了中國即將在一九八三年八月召開的會議消息，屆時會展示二百多種不同的漢字輸入系統，其中甚至有二十種已經安裝在各種機器上。所羅門在中國的聯絡人繼續向他解釋，到目前為止，「某些效率最高的中文輸入系統，大約只需要一周的學習時間即可入門，經驗豐富的鍵盤操作員可以用每分鐘大約八十個字元的速度輸入。」當所羅門分享Sinotype中文印出的樣本給兩位在中文輸入方面的專業編輯時（可能是想展現該系統的相對優勢），對方的反應只是很禮貌的說了「哦，現在我們已經可以在三十二乘三十二點陣中生成這種字元了。」[101]於是圖形藝術研究基金會的Sinotype II以失敗告終。[102]「我相當遺憾與圖形藝術研究基金會長期以來的合作，會以這樣的方式結束。」支秉彝在給圖形藝術研究基金會董事會主席威廉·加思四世的信中如此總結著。[103]這份情感顯然相當真誠，因為支秉彝的希望和平面藝術研究基金會的希望，破滅在同一塊礁石上。[104]

這次合作的失敗對支秉彝來說肯定相當失望，但這位上海工程師很難不驚嘆中國電腦界在這短短幾年間的成就。十年前，他坐在漆黑牢房裡，漫長的無聊時間常被恐懼的時刻打斷，他只能在茶杯底部，短暫描繪字母代碼，幻想著一個完全成熟的中文語言資訊環境。而現在，他的幻想似乎正在變成現實。

一九八四年，支秉彝提出了一個曾經被認為是誇人甚至荒謬的觀點：用電腦輸入中文字，在技術上不僅可能追上英語輸入的速度、準確性和效率，甚至還能大幅超越。[105]支秉彝斷言，在不久的將來，中文很可能成為數位時代裡最快的書寫系統。

Chapter

5

尋找中國式的改裝：印表機、螢幕與周邊設備的政治

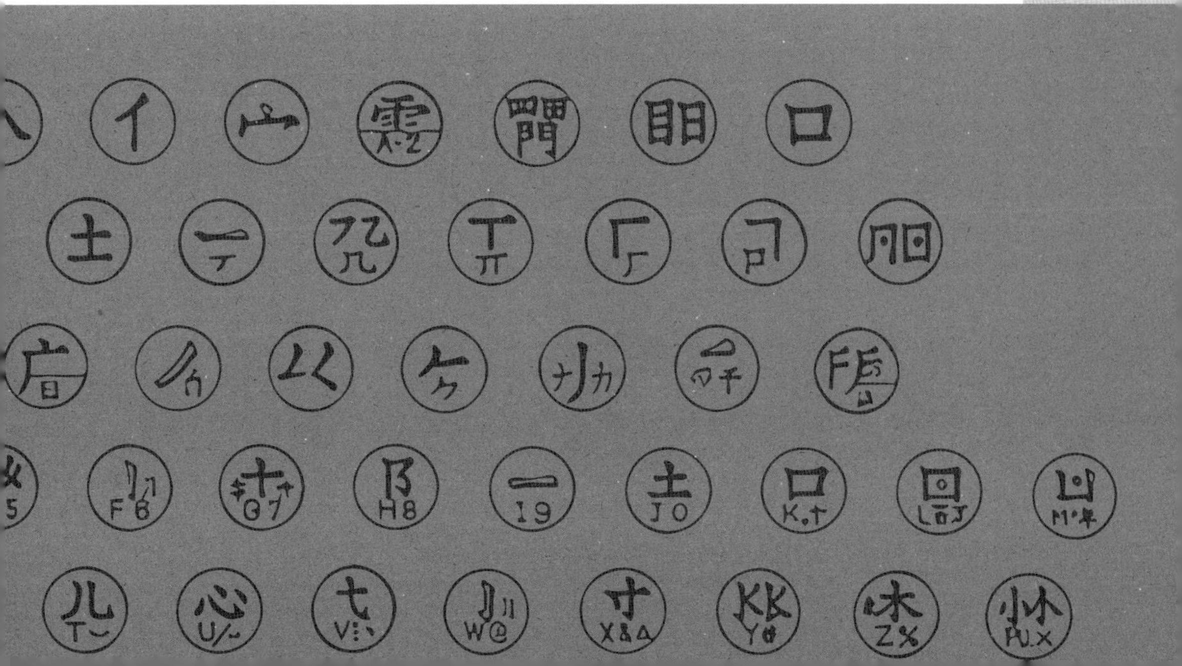

當四二六號房的房客在早上外出時，長城飯店的客房清潔人員開始打掃房間。然而，他們並不是在幫時差中的外交官倒菸灰缸，也不是幫觀光客重新裝滿熱水瓶。今天的四二六號房，變成了IBM在中國的臨時辦公室，因為IBM也是渴望參與中國個人電腦「搶購熱潮」的外國公司之一。[1]

時值一九八五年，北京個人電腦革命的震央「電子一條街」正沸沸揚揚。在中關村海淀路上，新開張的電腦商店裡擠滿了好奇的學生、老師、科學家，甚至還有傳統中藥業者，所有人都爭先恐後地想要試試最新的設備。[2]

外國公司紛紛搶搭這股淘金熱潮。北京飯店的五〇六三號房成為索尼公司（Sony Corporation）的臨時辦公室；民族飯店的二二〇一號房成為日本電氣（NEC）的臨時辦公室；友誼賓館的一三三九號房是珀金埃爾默（PerkinElmer）的臨時辦公室；西苑飯店的九二一號房和一〇二二號房則分別成為DEC和東芝（Toshiba）的臨時辦公室。根據估計，這些公司光是在客房費用上，每個月就要花掉五千美元，因為一次必須派駐幾十位公司代表。[3]

這種熱情背後的原因很容易理解。微型電腦的進口數量從一九八〇年微不足道的六百台，激增到一九八五年預估的十三萬台，而且沒人知道數字到底還會增加多少？更火上加油的是，改革開放時期的鄧小平政府公開承諾，會把嚴格管控的外匯儲備中的一大筆資金，用來購買電腦和其他先進技術——光是一九八四年一年，就超過一億美元。[4]

然而要實現大規模的全方位電腦化還存在著兩個巨大阻礙。第一個阻礙就是成本，例如理論上每個顧客都可以在上海的電腦商店裡，買到一台配備八K RAM的Apple II電腦，然而前提是他們得忍痛花費約三到四年的薪水。所以這類電腦真的售出時，通常都是賣給中國的工作單位，而非個人消費者。[5]

第二個阻礙是「相容性」，這是更大的問題。無論中國客戶多有錢，這些西方製造的電腦都沒有內建可處理中文輸入或輸出的功能。至少在八〇年代初期和中期如此，當然也沒有另外「隨機附贈」中文系統這種事。西方製造的印表機無法原生輸出中文字、西方製造的顯示器無法顯示中文，亦即西方設計的操作系統，無法處理中文輸入法的複雜性。簡而言之，對於任何想要在工作上使用中文的人來說，此時的個人電腦基本上是無法使用的。

在本章中，我們將把注意力從鍵盤和輸入系統，轉移到更廣泛的電腦周邊生態系統：例如顯示器、印表機等。儘管「周邊設備（peripherals）」這個名詞聽起來有些邊緣，但在早期中文個人電腦歷史上，它卻扮演著核心角色。就像個人電腦本身一樣，西方製造的顯示器、點陣印表機、顯示卡等，都是以拉丁字母為設計基礎。這是一種根深蒂固的偏見，正如我們將看到的，這種偏見有時甚至會被「蝕刻」到金屬層面上。就在工程師們開始克服基於「鍵盤」的中文輸入問題，砍下可以稱之為「QWERTY問題」（譯註：按鍵數量太少）的第一個可怕怪獸的頭顱時，「字母順序」這頭不死怪獸，立刻又帶來了各種全新挑戰，每個挑戰都可能再次把中文排除在快速發展的電腦革命之外。

本章也試圖區分從一九七〇年代末期到一九八〇年代這段中國電腦發展的關鍵時期裡，出現的「改裝（modding）」、「仿冒（copycatting）」和「盜版（piracy）」這幾個詞語。[6]當西方世界遇到諸如「中文DOS」之類的程式時，直覺反應往往是將它們視為「仿冒品」，與其他中國知識產權的山寨行為（從幽默的山寨肯德基OFC、NFC，到製作精良的仿冒Prada包等）相提並論。[7]毫無疑問，當時的盜版行為猖獗，同樣也蔓延到了電腦領域。不過我們在本章要研究的程式和設備的修改，其主要原因並非出於成本考量（如何以更低的價格獲得某個產品），而是為了克服相容問題（如何改造原先與中文不相容的電腦生態系統，使其能與超過十億人使用的文字互通）。[8] 換言之，本章將討論到的所有「破解（hacking）」和「改裝（modding）」行為，對於試圖在排外的全球資訊秩序中找到立足之地的中國工程師來說，非常重要。

記憶體的壯舉

我們首先要探討的是電腦記憶體，這是「拉丁字母中心主義」顯而易見之處。在拉丁字母計算和文字處理剛出現時，西方工程師和設計師們認為用一個五乘七的點陣網格，就足以構建一個解析度較低（幾乎無法辨認）的英數字字體，每個字元只需要五個位元組的記憶體。儘管這種網格並不美觀，但它提供了足夠的辨識度，讓拉丁字母表中的字母可以用在電腦終端顯示或紙質列印輸出上，清晰可辨，而且還可以顯示阿拉伯數字、標點符號和其他必要的符號。使用這種網格來儲存標準ASCII（美國標準資訊交換碼）中的一二八個字元時，只需要六四〇位元組（不到一K）的記憶體即可。舉個例子比較一下，這只佔當時Apple II電腦主機板記憶體四十八K的一小部分而已。中文字元若想達到類似的最低可辨識度，五乘七的網格就太小了。因此在中文上，工程師們別無選擇，只能成倍地增加網格的尺寸到十六乘十六像素或更大，亦即每個漢字至少需要三十二個位元組（譯註：十六乘十六等於三十二乘八）的記憶體。若僅儲存點陣圖，只能簡繁體擇一，無法同時儲存兩者，而且不能包含任何伴隨的後設資料（metadata*）[9]。具體而

* 譯註：用來描述某組資料的另一組資料）的總記憶體需求，就最常用的八千個漢字來說，記憶體大約需要二五六K，這個數字是八〇年代初期大多數現成個人電腦總容量的四倍（甚至還沒算上作業系統和應用程式對記憶體的需求）。

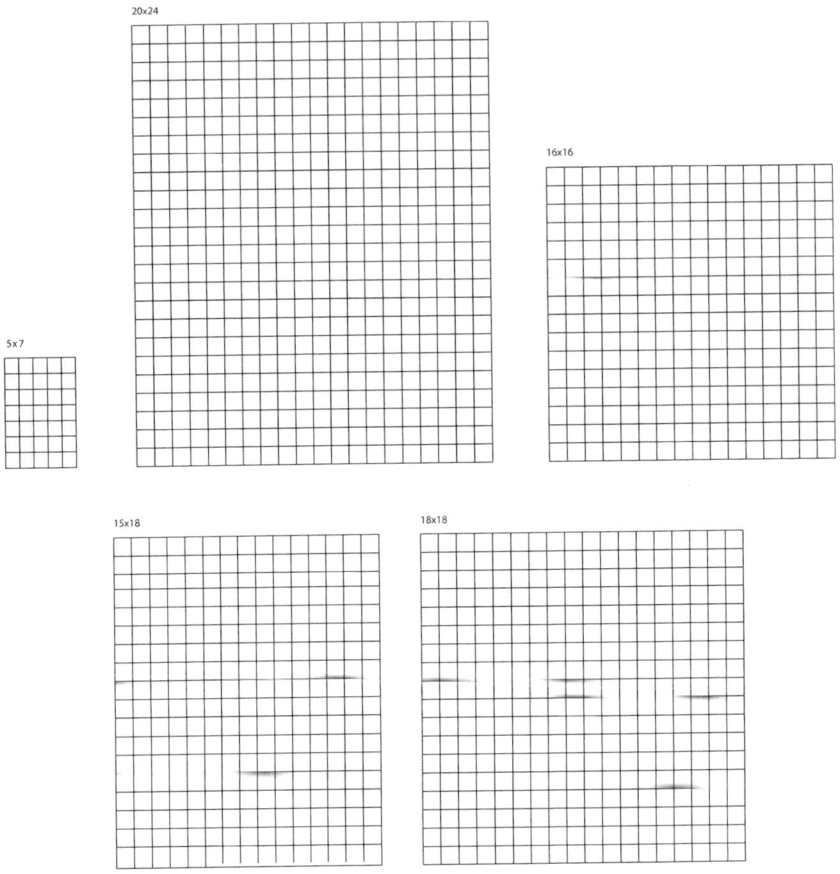

圖 5.1　拉丁字母與中文字體的點陣網格大小比較

言，這意味著儲存「二十個」低解析度中文字所需的記憶體，與一個「完整」的低解析度ASCII字元集相同（**圖5.1**）。

中文包含的字元數量顯然遠不止二十個。如果我們想像一套包含大約四千個常用中文字元的字體時，光是儲存點陣圖的總記憶體需求，大約就等於一二八K，這是八〇年代初期市售個人電腦容量的兩倍。[10]

隨著字體的解析度升高，記憶體問題變得更嚴苛。即使只將點陣網格稍微擴大一點，例如從最低限度的十六乘十六擴展到稍微好一點的二十四乘二十四，每個中文字相對的記憶體需求就會跳到七十二位元組，或者說整套四千個中文字集大約需要二八八K（表5.1）。[11]

這個問題對於矽谷或任何其他商業電腦中心來說，都是無解的問題。事實上，對許多人來說，這甚至不能算是必須解決的一個問題。

在八〇年代末和九〇年代初，相容中文磁碟操作系統裡面附帶的安裝磁碟數量，便可用來證明這個難題。[12]例如當顧客購買「聯想漢卡作業系統（UCDOS）九〇」時，盒子裡總共包含十張軟碟。其中只有兩張用於操作系統，第三和第四張磁碟用於單一低解析度的二十四乘二十四印表機字體，[13]剩下的六張軟碟則只裝了三套可選用字體。（圖5.2）[14]

有鑑於這些挑戰的困難度，早期中文個人電腦的開發人員努力探索了所有可用的選項，盡可能從系統中榨出更多記憶體。我們將探討其中兩種策略，有時會單獨使用，但經常是協同使用的策略：自適記憶體（Adaptive Memory）和中文卡（Chinese Character Cards，大陸稱漢卡）。

自適記憶體

為了檢視第一種策略，我們要再次回到圖形藝術研究基金會辦公室，以及其與工程師支秉彝合作開發Sinotype II的失敗嘗試。雖然屢遭挫折，圖形藝術研究基金會仍然繼續在八〇年代初期，致力於Sinotype計畫。此時的基金會諮詢委員迎來了另一批知名學者：哈佛大學語言學家久野暲（Susumo Kuno）；以及理

表5.1　不同解析度下英文和中文點陣字的記憶體需求，英文字元集為128個，中文字元集為四千個字

英文（5x7）	640B
中文（16x16）	約128K（或者說英文點陣字的200倍）
中文（24x24）	約288K（或者說英文點陣字的400倍）

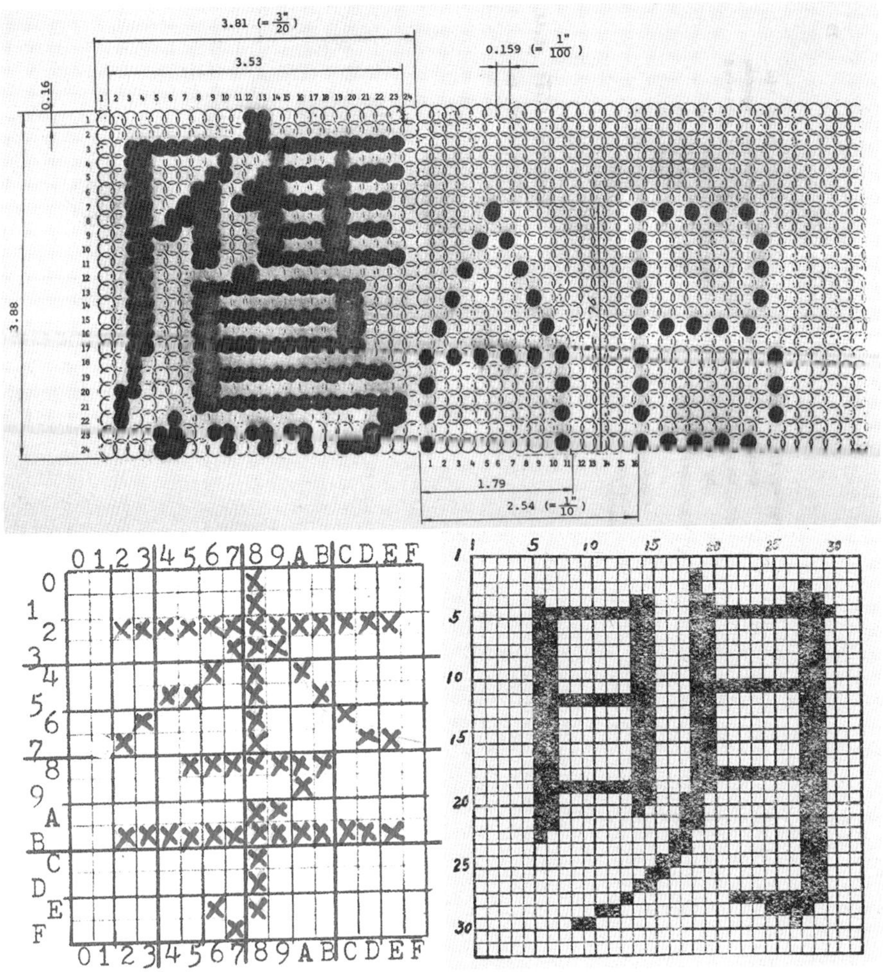

圖5.2　中文字點陣圖範例

查．所羅門（Richard Solomon），當時他是蘭德公司（RAND Corporation）的社會科學部門主任。不過，他最為人所知的，應該是在一九七二年尼克森總統訪問中國時所扮演的關鍵角色。[15]

儘管這群智囊團非常傑出，但圖形藝術研究基金會在Sinotype專案上的重大突破——也就是從基於小型電腦的系統（Sinotype II），躍升到基於微型電腦的系統（Sinotype III）——卻是來自一位大學生的功勞。一九七九年時，他在圖形藝術研究基金會的唯一經驗，就是為期兩週的短暫工作，他負責的是Sinotype II專案資料管理。這位大學生就是路易斯．羅森布魯姆的兒子，布魯斯．羅森布魯姆（Bruce Rosenblum）。

布魯斯身為賓州大學的學生，同時也是一位有抱負的攝影記者，他在課業和學生經營的報紙《每日賓州人報》（*Daily Pennsylvanian*）擔任照片編輯的角色之間取得平衡。負責這份報紙的學生，在操作設備以及相關知識方面都相當專業。在布魯斯大三的秋天，報紙的兩台 Compugraphic 排版機的使用壽命已盡。因此，布魯斯和報社三名學生同事一起研究潛在的替代品，所以團隊接觸到了最先進的電腦排版前端系統。最後他們選擇與兩家公司（堪薩斯州威奇托的Mycro-Tek和麻薩諸塞州威爾明頓的Compugraphic），簽訂了總額為十二．五萬美元的合約。

至於他跟Sinotype專案（也就是布魯斯從父親那裡得知的專案）的緣分，其關鍵時刻出現在一九八一年五月初。當時布魯斯剛考完期末考，順道去了趟報社。他的報社同事艾瑞克．傑可布斯（Eric Jacobs）正忙著使用Radio Shack公司的TRS-80 Model II個人電腦，因為傑可布斯正在思考如何利用微型電腦來進行報社業務的操作。布魯斯在離開之前，觀察了大約半小時。

這三十分鐘讓他留下深刻印象。「那是我第一次見到有人在微型電腦上工作，」布魯斯回憶著說，「那幾分鐘成為了啟發整個Sinotype III專案的靈感，最終也成為我的電腦事業開端。」[16]

當週稍晚布魯斯在與父親通話時，隨口聊到用來建造Sinotype II的Data General硬體的龐大成本，認為應該可以用微型電腦以更低成本，編寫出效能相近或甚至更好的程式，硬體也許只需花費一萬美元即可。比較一下圖形藝術研究基金會目前使用的設備，價格超過了十萬美元。

老羅森布魯姆被這種想法打動了，立即詢問布魯斯是否有能力編寫這樣的程式。雖然布魯斯本身並沒有正式的電腦科學訓練，但他在高中時期曾經密集地使用電腦，並且自學了PDP-8組合語言和BASIC語言。「當然可以，」布魯斯回答父親的問題時，確實帶著「一位剛畢業尚未找到工作的新人，看待前景時的勇氣」。

一九八一年六月，布魯斯穿著一套三件式西裝，向比爾．加斯（Bill Garth）、普雷斯克特．洛和他的父親，展示他的Sinotype III提案。[17] 他估算硬體成本和程式設計的總成本，只要一萬二千五百美元。在這樣的預算下，該提案可以保證在約四個月內，交付一個在Apple II上運行的中文文字處理器。如果他成功了，將會讓中文電腦的成本大幅降低。[18]

布魯斯獲得了這份工作。他在一九八一年六月至十一月期間編寫Sinotype III程式，而且是把自己的時間分攤在寫程式和在費城獨立國家歷史公園（Independence National Historic Park）的全職導遊工作上。在工作休息時，他會手寫組合程式碼，晚上再轉錄進電腦。布魯斯的導遊工作在一九八一年的勞動節前結束了，於是他花了兩個月的時間，完成剩下的程式碼，將其交付給圖形藝術研究基金會。[19]

Sinotype III系統包含五個組件：一台Sanyo DM5012CM十二吋顯示器、一台Epson MX-70印表機、一個Corvus 十ＭＢ「硬碟儲存裝置」，用來儲存中文字元點陣圖資料庫和對應的「描述碼」、一台Apple磁碟機用於儲存文字檔案，以及一台Apple II主機（圖5.3）。

圖5.3　Sinotype III系統的照片

布魯斯購買的Apple II電腦內建三十二K RAM，可擴展至四十八K。[20]「我們在買Apple II回來之前，就已經先把記憶體加到最大了，」布魯斯在給我的電子郵件中提到。然而，四十八K記憶體對他的需求來說仍然太少，因此布魯斯選擇了當時所謂的「資深用戶」常會用到的標準改裝：亦即在插槽0中插入一張額外的十六K記憶卡，將可用記憶體總量提高到六十四K。

即便如此，他依舊嫌少。「我需要更多記憶體來儲存完整的編碼系統，」他寫道，「還要放入最常見的一百個表意文字的十六乘十六點陣圖。」所以他開始探索一種幾乎沒人嘗試過的Apple II「改裝」。布魯斯回憶說：「我發現可以在Apple II的插槽二中，再插入一張十六K的板子，這樣總共就有八十K記憶體。雖然完全不是標準安裝方式，但它確實使用的是現成組件，而且運作良好。」

不過這種改裝超出了Apple II電腦本身的限制。Apple II上的六五〇二微處理器（CPU），一次只能存取六十四K的記憶體。也就是說，即使布魯斯可以在安裝第二塊記憶板後順利啟動系統，但額外的十六K記憶體也無法被Apple II電腦直接讀取。[21]

為了讓Apple II可以存取八十K記憶體，而非只有六十四K，布魯斯放棄了電腦原先的作業系統，並用組合語言編寫自己的作業系統。他編寫程式的重點放在讓「兩個重疊的十六K記憶體區可以選用」。[22]換句話說，雖然任何時刻都只能讀取最多六十四K記憶體，但他可以透過在兩個記憶體擴展卡之間快速切換。切換速度在實際上足以騙過電腦，但對用戶來說可以忽略不計，因此得以讀取這兩塊記憶體區。透過這種技巧，布魯斯便能從系統中擠出額外的百分之二十五記憶體，也可以讓內建記憶體多容納四百個漢字。這種改裝方法完全是「非標準」方式，以至於當布魯斯在某次交談告訴蘋果工程師時，讓那位工程師震驚不已，因為他從未聽說或想這樣做過。[23]於是在感恩節前一周，布魯斯將完成的代碼交給了圖形藝術研究基金會。

即使有了布魯斯的巧妙改裝，他和父親預估在板載的記憶體中，大約只能容納六百到一千個中文字。[24]考慮到Sinotype III作業系統的容量、應用程式以及每個漢字的記憶體需求（每個漢字大約需要四十位元組，包括點陣圖和輸入碼），機器詞庫中的絕大多數漢字，都必須存放在其他地方。布魯斯曾經考慮過使用PROM（Programmable Read-Only Memory，可程式化唯讀記憶體）晶片，但很快就證明行不通。因為在一九八一年到一九八二年左右，市場上最大的PROM晶片容量只有二K，只能容納大約二十八到五十一個漢字。[25]要以這種方式儲存七千個漢字，需要用到一三八到二五〇個PROM晶片。布魯斯評論道「那可是一大堆晶片」。[26]他認為軟碟也行不通，不僅因為需要的磁碟數量太多，從軟碟機儲存中取得字元點陣圖的存取和檢索速度也會太慢。

圖形藝術研究基金會選擇了第三種解決方案：為Sinotype III配備外接硬碟，這在當時幾乎是微型電腦前所未聞的配件。為了克服記憶體方面的重大限制，圖形藝術研究基金會把使用率較低的漢字，儲存到系統外部的硬碟中，這種「異地儲存」是使用容量為十MB的Corvus「邏輯硬碟儲存」，大量漢字都是以這種方式來儲存。

然而硬碟儲存仍為Sinotype III的運行速度帶來挑戰，因為硬碟使用的是剛性磁碟，也就是「盤式磁碟」。它會在裝置內部旋轉，利用磁頭來讀取不同「磁軌」的內容（有點像黑膠唱機上的唱針，讀取黑膠唱片上的凹槽）。因此，檢索資料的速度，取決於檢索請求發出時的磁頭位置。如果用戶幸運的話，磁頭可能正好在所需資料的磁軌位置處；但如果磁頭才剛經過這個位置，那就相當於走到公車站時卻看著公車開走的情況，還要等司機繞完整條路線回來。也就是說，儲存在硬碟上的漢字檢索時間，會比儲存在記憶體中的漢字檢索時間慢上十倍。正如路易斯．羅森布魯姆在一九八一年六月三十日，寫給圖形藝術研究基金會仍然維持定期聯繫的支秉彝信中所解釋，儲存在記憶體中的漢字檢索速度大約為每字一百毫秒，這是人類認知無法察覺的時間單位（立即存取）。然而，對於儲存在外部儲存裝置中的字元，則需長達整整一秒的時間來檢索和存取，這段時間剛好在人類可以感知到的邊界值內。

在一九八〇年代中期的個人電腦使用上，一秒鐘的輸入時間是非常慢的速度，因為當時英語使用者正快速習慣「即時輸入」的感覺。更重要的是，一秒鐘（顯然）比一百毫秒慢十倍，每當使用者想要輸入出現頻率較低的中文字元時，都會感受到這種差異。[27]

為了降低這個問題的影響，路易斯．羅森布魯姆提出一個他稱之為「自適臨時儲存」或「臨時自適記憶體」（temporary adaptive memory）的想法。讓Sinotype III可以根據使用者最近輸入的內容，調整儲存在記憶體中的字元集。在首次啟動時，Sinotype III的內建記憶體只會載入預先設定的一組高頻率字元。前面說過，輸入任何放在外接硬碟裡的低頻率字元，將會需要長達一秒的時間。然而路易斯羅森布魯姆解釋，「當每個較少見的字被輸入時，其代碼和點陣模式，就會被紀錄在隨機存取記憶體（random-access memory）中。」[28]換句話說，這些字元將會被暫時從硬碟複製到板載的記憶體快取中，讓後續輸入此字的檢索時間減少為一百毫秒。[29]

「自適記憶體」在模擬中文文字處理技術的歷史上，確實也有先例，而且圖形藝術研究基金會的工程師們對此是知情的（主要因為他們參觀過中文報紙印刷廠，詳見第四章對Sinotype II考察時的討論）。在清朝時的武英殿印刷廠的實體佈局中，印刷工人會在放置著成千上萬個漢字活字模的不同櫃子之間來回走動。不同漢字字元的使用頻率高低，會影響到它們在印刷廠的排列方式。常用字會盡量放在靠近印刷機的位置，使用頻率較低的字則放在較遠的地方——這跟Sinotype III將字元儲存在記憶體和外部硬碟中的方式非常相似。

當然從純數值來比較，Sinotype III的處理速度比從櫃子裡取出字模快得多。但檢索高頻和低頻字元之間存在著相對的差異——亦即Sinotype III的硬碟和內建記憶體之間的檢索速度為十比一，這點類似於印刷機旁邊的字元和房間另一端的櫃子裡的字元，因距離不同造成的速度差異。

自適記憶體的方式，同樣也是機械中文打字機的核心操作方式（儘管當時並沒有這樣的名稱）。對於機械中文打字員來說，最常使用的字元會集中在字元盤的正中央，不太常用的字元則位於左右兩側。最不常用的字元甚至儲存在「異地」，一個裝著備用字元的木盒裡，這點又與Corvus硬碟的使用方式類似。要鍵入此類不常用字元，打字員必須用鑷子從盒裡取出金屬字塊，放入字元盤的格子裡，然後才打字。因此，在機械中文打字和中文活字印刷中，高頻和低頻字元的打字速度約為十比一，仍算是合理的推估。

除此之外，中國印刷工人和打字員還會用一種與Sinotype III的自適記憶體非常類似的工作方式。為了減少在字模櫃之間移動所花費的時間，排字工人和打字員通常會出於方便之故，隨身攜帶一小套額外的漢字。這些漢字通常是雖然使用頻率低，但在當天準備的文本或印刷稿中，非常頻繁出現的字。亦即這些字可以用「臨時高頻」來形容，因此在完成這項特定工作之前，將它們放在手邊相當合理。完成以後，這些字元就可以歸還到它們原本的位置。儘管路易斯・羅森布魯姆和圖形藝術研究基金會沒有明確提及這些晚清時期到二十世紀早期的中國印刷先例，但事實上他們是以數位方式，複製了這種早期作法。[30]

晶片上的中文

快速切換和自適記憶體都很有用，不過仍然還有成千上萬的字元超出這些策略的範圍之外。雖然高頻漢字佔總使用率的一大部分，但任何技術或專業內容的創作，一定都會讓使用者必須經常進出放在異地的漢字儲存庫。若要讓中文輸入的體驗接近英文使用者享受到的即時感，就必須把更多的「低頻」字元變成「本地」字元。

一九八〇年代初和中期期間，工程師開始探索更複雜、更依賴工程技術的硬體解決方案，這些解決方案被稱為「漢卡」、「中文卡」、「漢字字元生成器」、「漢字模產生器」，以及最令人振奮的「中文晶片」。[31]事實上，這些獨立擴充卡代表了下一代的微處理器版本，類似於第三章討論過的Ideographix IPX和Olympia 1011系統上的微處理器。然而，目前這些卡並非直接焊接在主機板上，而是可以獨立購買並透過主機板擴充槽來安裝，類似於顯示卡和記憶卡的方式。使用者不再需要購買獨立的單台中文文字處理系統（例如Olympia 1011），就能存取幾千個漢字點陣圖和輸入編碼，因為這些中文晶片可以安裝在使用者選擇的任何機器上。[32]

清華大學是早期專注於漢卡的中文電腦中心之一，其研究人員開發了一種早期型號，能夠以三十二乘三十二點陣格式，儲存約六千個漢字點陣圖。[33]到了一九八〇年代中期和後期，已經有來自中國大陸、臺灣、香港、日本、美國等地的公司，製造和銷售幾十種不同的漢卡進入市場，例如方正漢卡、聯想漢卡、巨人漢卡等。[34]到一九八〇年代末，幾乎所有具有中文或日文功能的電腦，都配備了某種字元擴充卡。

因此，從一九五〇年代考德威爾的Sinotype到羅森布魯姆父子團隊（與圖形藝術研究基金會）在一九八〇年代的Sinotype III為止，解決與漢字相關的「記憶體問題」，就是打開中文電腦市場的關鍵。破解電腦以釋放更多記憶體、創建用於優先排序字元的自適記憶體演算法，以及建立專門針對中文輸入／輸出（I/O）特殊需求的專用硬體，都是在彌合問題並協助催生中國的個人電腦革命。

然而問題依舊存在：如何擴展在主機板本身之外，所有可能連接到它的東西呢？我們的討論將繼續深入研究「改裝」早期電腦印表機、顯示器和其他最初無法處理中文文字輸出的外部裝置，所將面臨的挑戰。[35]

點陣列印和字母順序的冶金工程難度

除了儲存和調用中文字體相關的記憶體問題之外，工程師們在使用西方製造的印表機相容中文文字輸出需求方面，還面臨著另一項挑戰。畢竟，我們看不見無法輸出的文字。

商用「點陣列印」是另一個中文字元I/O需求上，還沒被考慮到的領域。這在當時占主導地位的印字頭配置中最為明顯，因為一九七〇年代批量生產的點陣印表機使用的是九針列印頭。這些早期的點陣印表機使用九根針點，列印頭只需劃過一次，即可產生低解析度的拉丁字母點陣圖。換句話說，會選擇九針完全是「針對」拉丁字母的需求而訂定。

這些相同設計的印表機，必須使用至少兩次完整的印字頭劃過（一次在上一次之下），才能列印出低解析度的漢字點陣圖。然而兩次劃過的列印方式，會讓列印中文所需的時間，比起英文來說大幅增加，而且也可能讓列印圖形不夠準確，不準確的原因可能是捲紙前進的方向稍有歪斜，或是油墨套準不均勻（例如字的上半部和下半部的油墨濃度不同）所造成。

更糟的是，用這種方式印出來的中文字，高度會是英文單字的兩倍。這會造成滑稽扭曲的列印輸出，其中英文單字顯得精美嚴整，中文字看起來顯得笨拙地放大了。如此不僅浪費紙張，也會讓中文文件看起來像放大版的兒童讀物。而當中文—日文—韓文（CJK）世界的消費者開始進口西方製造的點陣印表機時，他們又面臨了拉丁字母偏見造成的另一個問題。

早期點陣印刷的「偏見」，亦即這種在電腦中嵌入式的拉丁字母中心主義，確實相當根深蒂固，如同我們在第三章所見，用一二〇級Shift移位的IPX設備開發人員葉晨暉，在早期工作中的發現一樣。當葉晨暉著手根據十八乘二十二的點陣網格，數位化和列印漢字時，一開始的想法很簡單：縮小現有列印針的尺寸，以便在列印頭上放置更多針。理論上，更多直徑較小的針，便能解決中文佔兩行的問題。不過他很快就發現，解決方案並沒那麼簡單就能成功。

葉晨暉發現擊打式列印的拉丁字母偏見，已經融入印表機組件本身的冶金特性中。簡單的說，用於製造列印針的金屬合金，已經「針對」九針拉丁字母的列印進行了「最佳化」；如果把針的直徑減小到所需尺寸，便會導致針的變形或斷裂。[36] 換另一種說法：用於製造列印針的金屬合金配方，已經經過精心調整，達到拉丁字母列印的標準。這種九針列印頭，每個針的直徑為〇．三四毫米。對那些完全沒有意識到額外狀況，只考慮「A到Z」的製造商來說，使用比這種配方更耐用的合金，將是不必要的成本支出。

為了改善這點，中國、臺灣和其他地方的工程師，設計了一系列解決方案。在某項改裝中，工程師想辦法騙過西方製造的印表機，讓多達十八個點（即九針印表機的兩次劃過的密度）擠入大致與九個常規間

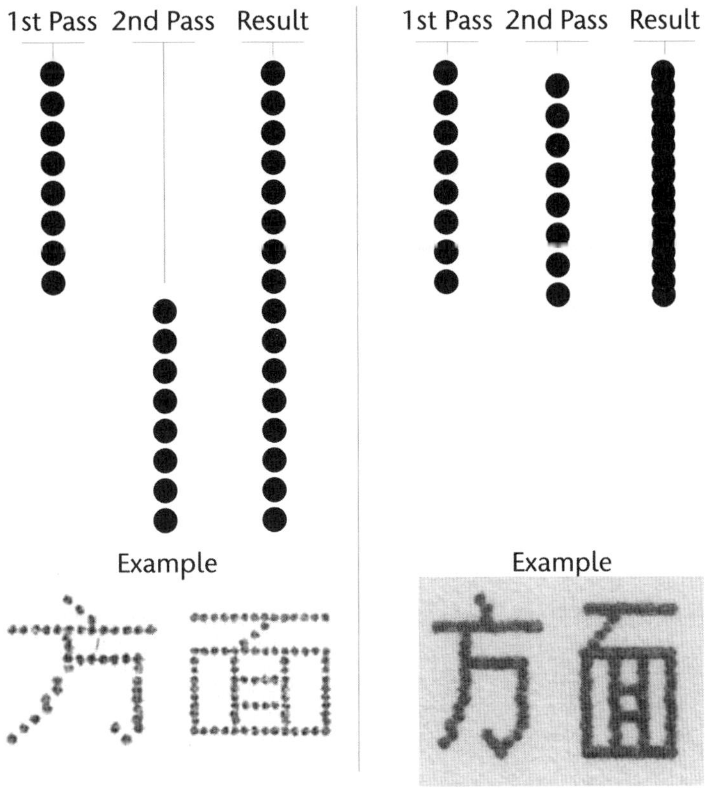

圖5.4　九針印表機的拉鍊式列印技巧

隔的針點相同的垂直空間內。如此中文字便不會比拉丁字母高一倍，而是高度相同，只是像素密度多了一倍。

這項技術既巧妙又簡單。首先，在印字頭的第一趟列印中，印下開始時的第一排點。接著他們並不是在第一個印字點陣「下方」放第二個印字點陣，而是重新編寫印表機程式碼，讓第二批九個點印在第一組點陣之間，就像拉鍊齒的方式，將它們連接在一起。明確地說，工程師重新編寫了印表機驅動程式，修改機器的進紙機構，改為使其以極小的間隔旋轉（進紙），以便將第二組九個點塞入第一組內（**圖5.4**）。[37]

上文所述的這類改裝，對於一九八〇年代初的中文電腦相當重要。事實上，它們構成了早期中文微型電腦經濟核心部分，甚至在某些情況下，還能得到被「破解」產品的外國公司認可。最重要的範例來自早期四通集團（英文名稱為Stone）的歷史，四通集團成立於一九八四年五月，迅速崛起成為中國早期電子打字機和文字處理器的最重要參與者之一。然而，很多人都忘記該公司最初的生產和營銷策略完全著重於「改裝」，更具體地說是改裝日本製造的Brother 2024印表機來適應中國市場。

正如四通員工王吉志的回憶，大約在一九八四年，中國大陸市場上只有一種二十四針印表機，也就是由第四機械工業部進口的東芝三〇七〇。由於這台機器的驚人成本（進口價格超過一千美元），讓王和其他四通人員看到了機會。王得知北京電腦科技研究所買到了一台Brother2024 二十四針印表機，也聽說這台機器雖然能列印日文漢字和假名，但中文輸出卻出現亂碼無法使用。[38]

四通的高層透過「山寨」Brother2024印表機，並改寫列印驅動程式使其相容於中文，成功創立了新公司。他們找了中國科學院的一位研究員崔鐵男（Cui Tienan音譯），聘請他及另外三位同事幫忙。崔及同事團隊只花了八小時（譯註：一九八八年十二月號《遠見雜誌》報導為花了八天）就重寫好列印驅動程式，為四通打開了大門。該公司從國外採購二十四針印表機，然後經過「一點電腦上的開啟工作」後，把它們投放到中國市場上。[39]這個計畫果然奏效，四通改裝的二十四針印表機，在當時規模較小但正在成長中的中國市場，取得巨大的成功（在此同時，崔及其同事一共只拿到二百人民幣的酬勞）。

第二年的情勢更好。如果說一九八四年是四通（重新修改驅動程式版）Brother2024印表機的一年，一九八五年就是ITOH-1570彩色印表機的一年。這款同樣是日本生產的印表機，帶有可以產生漢字的板載字元產生器（漢卡），不過其編碼系統依賴日文標準的JIS編碼，因此再次需要改裝。四通派了王輯志負責「仿造」日文漢字卡，將其修改成**中文**漢字卡。

然而這次跟四通重新編寫Brother2024印表機驅動程式的情況並不一樣，改裝日本製造的漢字卡，必須用到王吉志並不熟悉的硬體工程經驗。耐人尋味的是，王吉志設法弄到了漢字卡及其電路圖後，居然還意外地收到了**來自OKI公司提供的**韌體程式副本。換句話說，這家日本公司積極參與了整個「山寨」的過程，希望能夠幫助中國同行一起打開中文市場。

OKI公司的冒險舉動在商業上是合情合理的，因為到一九八五年五月十六日四通公司舉行一週年慶典（在民族文化宮舉辦，有許多當地政府要員出席的一場盛大活動）時，該公司的年度銷售額已經達到三千一百萬人民幣（是一九八四年的三倍）。因此，OKI公司與其跟山寨廠商四通對抗，不如選擇合作（並從中獲利）。[40]

直到一九八六年五月（也就是公司成立兩年後，並且透過改裝外國點陣印表機賺取了第一筆小財富之後），四通才發布了公司目前最為人知的一款產品：四通MS-2400中文電子打字機（**圖5.5**）。

彈出的現代性：中文字元顯示器

中文文字與拉丁字母壁壘相互碰撞的第三個領域，便是大量生產的電腦顯示器。在某些方面，顯示器和印表機的偏見問題類似，同樣涉及到字元變形的問題。不可避免地，即使解析度最低的中文字點陣圖，也必須佔據比拉丁字母的垂直和水平空間，多了一倍以上的空間，結果就是讓中文字的顯示大得很可笑。

圖5.5　四通中文打字機

然而關於這個問題，工程師並無法像列印那樣利用「拉鍊」技術來解決，因為顯示器的網格是完全固定且無法改變的。

這種情況會嚴重影響到使用者體驗。由於西方製造的電腦顯示器，只能容納比拉丁字母更少的中文字元，因此中文使用者每次只能看到文本裡的一小部分。舉例來說，Apple II的顯示器提供了一九二乘二八〇像素。而根據中文點陣圖的最低解析度十六乘十六網格來看，理論上每行最多只能容納十七個中文字，也就是整個螢幕只能顯示十行文字。[41]讓使用者就像透過鑰匙孔來觀看文件一樣，被迫必須記住螢幕上顯示的小段文字之前或之後的內容。

這些珍貴的螢幕空間，還必須被我們之前討論過的中文字輸入的一項獨特功能所佔用：彈出式選單。因為中文輸入本質上是一個持續選字的重複過程，使用者會不斷看到符合目前按下按鍵字串的中文字出現，所以中文電腦有一項相當重要功能就是選字「視窗」（軟體或硬體視窗均可），以便讓使用者可以看到這些候選字。[42]正如我們在第二章中提到考德威爾的Sinotype具有小型陰極射線管螢幕，閃爍顯示出匹配的中文字影像，讓打字員判斷是否匹配成功。在正式稱為Sinotype II的機器上（實際上是該系列的第三或第四代機型），輸入字串會與候選字元一起出現在螢幕底部邊緣（圖5.6）。

隨著個人電腦出現，類似Sinotype上的機械視窗，也被整合到電腦的顯示器上，變成了螢幕上的軟體控制「視窗」，而不是單獨的實體設備。雖然這為消費者提供了明顯的優勢，例如彈出式選單可以盡量靠近寫作視窗，也不需要額外的設備或週邊，然而這也帶來一個重要的權衡考量。因為彈出式選單佔據了螢幕上的更多空間，這便意味著可以容納在螢幕上的中文字會變少。

因此「彈出式選單設計」，成為當時在中文人機互動和個人運算領域內，一個非常重要的研究和創新

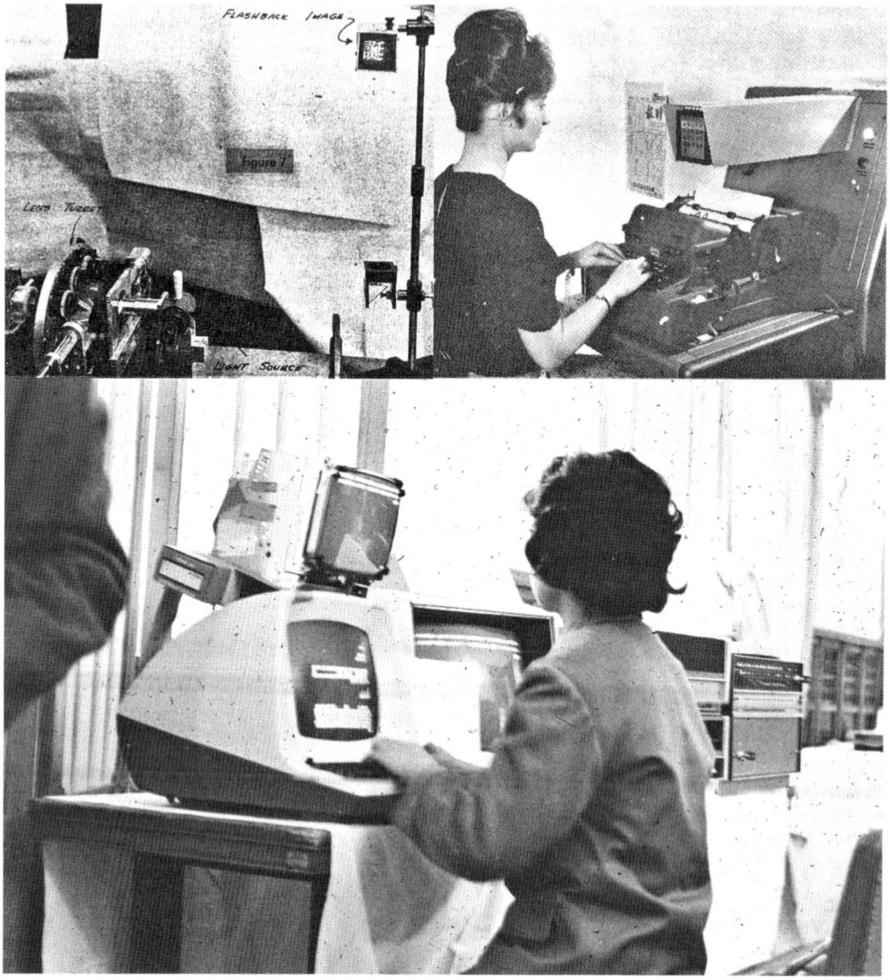

圖5.6　早期電腦時代「彈出式選單」的演變

領域。各家公司嘗試不同的選單樣式、型式和行為等，試圖在輸入需求、螢幕尺寸和使用者偏好之間取得平衡。方法之一是「提示行」，也就是在螢幕底部的一個矩形欄，讓選字過程、候選字以及確認選字的過程都能清楚看到。[43] 後來的開發者也嘗試了其他的彈出式選單形狀、位置和佈局，或是允許使用者從一組選單的選項中，選擇自己喜歡的彈出式選單型式。例如在UCDOS 90上，彈出式選單被稱為「漢字輸入提示採用窗口」，並有三種不同的形式：一種是短而寬的橫欄，一次最多可以顯示七十九個候選字；另一種是較窄的視窗，高度為兩行，可以同時顯示三十個候選字；還有一種是較小的縱向彈出式選單，高十二行，一次可以顯示六個候選字。[44]

這些選項各有優劣。例如一次顯示大量候選字，雖然可以更快找到想要的字，但比較佔用螢幕空間。而較小的視窗雖然佔用較少螢幕空間，但如果使用者想要找的字不在最上層的推薦字中，便需逐頁查看多個「頁面」的候選字。

當我們將顯示器所能容納的字數較少、彈出式選單功能的需求等所有問題匯總在一起時，就能體會為何中國工程師和各家公司，一直在努力尋找解析度更高的下一代顯示器。雖然一般消費者想要更高品質的顯示器是件很自然的事，他們渴望使用當時更先進的CGA、EGA或VGA顯示器，進行諸如LOTUS 1-2-3和AutoCAD等商業應用，甚至玩電腦遊戲等。然而在此時的中文電腦領域中，其主要動機則更為基本。簡單地說，從CGA顯示器升級到EGA顯示器，解析度便提升了（從六四〇乘二〇〇顯示器提升到六四〇乘三五〇），如此螢幕上便可同時顯示額外的九行中文字（從十二行增加到二十一行，這算很大的進步了）。升級到六四〇乘四八〇解析度的VGA顯示器後，還能更進一步擴展文字視窗，最多可以顯示出三十行的文字。[45] 這點跟西方世界的個人電腦所追求改進的圖形功能不同，他們希望的改進往往是跟電子遊戲領域或其他圖形密集型應用程式相關的部分。而在中文電腦背景下，此類改進必須滿足更基本的文字處理應用。

顛覆現代性

在將個人電腦改裝成中文相容的道路上，工程師所面臨的最後一個障礙，不論在哪一方面都是最具挑戰性的：到底如何讓這些經過改裝的印表機、顯示器、漢字卡和輸入系統，能與西方製造的機器內的中央處理器進行溝通？一般情況下，CPU、顯示器、印表機和鍵盤之間的溝通是透過名為BIOS（Basic Input-Output System，基本輸入輸出系統）的程式（軟體）來實現。這個程式對於個人電腦的功能相當重要，因為它是電腦啟動時最先載入的程式，甚至還比作業系統更早執行。除了進行重要的自我檢測，例如執行POST，Power-On Self-Test，開機自我測試，以確保系統正常運作之外，BIOS還負責啟動所有系統硬體，包括鍵盤、顯示器和其他週邊設備。沒有BIOS，一切功能都無法運作。

BIOS同樣也存在著偏見。和我們之前看過的顯示器和印表機一樣，西方設計的BIOS也無法滿足中文運算的需求。例如它們無法處理中文輸入的基礎部分，也無法處理基於反覆出現的「標準—候選—確認」字的過程，當然也無法處理彈出式選單的相關需求。所以BIOS也必須被破解和改裝。我們將在本章考察的最後一個也是影響最深遠的改裝，便是BIOS的「漢化」。

正常情況下，BIOS是一個對一般使用者來說不可見，而且從製造商的立場來看，使用者最好不要接觸到的程式。BIOS作為一種「韌體」的形式，被存放在自己專用的晶片中，並以唯讀記憶體（ROM）的方式嵌入主機板的架構中。只有最資深的使用者和電腦愛好者，才可能會去修改BIOS。多數使用者都不會動到BIOS，甚至除了電腦啟動過程最開始的幾秒鐘之外，都不會察覺到它的存在。然而，如果個人電腦想要打入中文市場，別無選擇地只能設計並建造一個BIOS的附加元件，也就是必須揭開BIOS的「神祕面紗」才行。對於西方設計的BIOS所做的早期改裝之一就是CCDOS，它是基於修改MS-DOS BIOS的改版MS-DOS。CCDOS是由南京大學電腦系畢業生錢培得（Qian Peide）編寫程式，後來他任職於蘇州大學。正是在此地，他開始與機器製造工業部第六研究所合作研發CCDOS。[46]

為了讓MS-DOS相容於中文字元的輸入和輸出，錢培得針對四個BIOS子程式，更準確地說是INT（中斷）：包括INT 5、INT 10、INT 16和INT 17。其中，控制印表機功能的INT 5和INT 17必須加以修改，以便允許輸出中文文字。控制顯示訊號生成的INT 10也必須重新設置，以便讓開箱即用的西方製造系統，能夠在電腦顯示器上顯示中文。最後，INT 16提供關於鍵盤的訊息，包括按下的鍵以及如何詮釋這些按鍵。[47]因此，要在量產的個人電腦上執行中文輸入法的話，INT 16也必須從頭開始重新編寫。[48]

而在BIOS中對顯示器和印表機的「控制」，也讓中國工程師遇到類似的問題。傳統上，控制顯示器顯示的中斷是以「符號模式」運行，也稱為文字模式、字元模式或字母數字模式。這種模式會先將螢幕劃分為預設的列和行網格，然後透過板卡上預載的字元產生器，生成字母數字的點陣圖。這種做法會比把字元作為圖像處理來得更快，因而可以提高顯示拉丁字母和數字的效率。[49]

然而這種符號模式，並不能用於中文的文字處理。若要在運行DOS的系統上顯示中文字元，工程師必須重新設計INT 10，將預設顯示器模式從符號模式更改為圖形模式，並且必須繞過板卡上的字元產生器，因為它們對創建中文點陣圖毫無用處。[50]在控制印表機功能的INT 5和INT 17上，也遇到同樣的問題。

ASCII列印輸出資料是以符號方式處理，然而中文字元點陣圖必須像向量影像一樣地處理。也就是說，必須將中文字視為圖片而非符號。

對於學習中文的人來說，這種諷刺意味顯而易見：雖然西方世界長期以來把中文字描繪成象形文字，但事實上絕大多數中文字並非象形文字。[51]不過為了使中文字能在早期西方製造的顯示器和點陣印表機上運作，工程師們別無選擇，只能把中文字元視為圖片，否則就無法在西方設計的系統和中文書寫系統之間建立相容性。就進入電腦領域而言，中文似乎必須入境隨俗、穿上戲服，演出一場西方人過去一直認為是中國文化「傳統」一部分的「數位東方主義」大戲。

破解BIOS的第二個階段就是「鍵盤操作」的部分。雖然DOS BIOS是透過兩個INT來處理QWERTY鍵盤，也就是INT 9和INT 16，不過中國工程師確定只需要更改第二個中斷，亦即INT 16即可。第一個中斷INT 9可以保持原貌，用來輸入英文。[52]首先需要改變的是暫存器或一般稱為「緩衝區」的架構。為了讓BIOS處理中文輸入所需的遞歸過程（譯註：選字過程），他們需要更多更大的記憶體緩衝區來儲存使用者輸入的字母與數字序列。因此工程師開發了三種新的緩衝區：「輸入碼緩衝區」，讓使用者鍵入的內容在此處被捕捉和分析。「漢字內碼緩衝區」以及「漢字重複碼緩衝區」，最多可儲存十個漢字內碼。[53]

接著，工程師必須指示BIOS如何處理這些輸入資料。為了將漢字輸入碼轉換為對應的漢字內碼，他們新增了兩個常式（routine）。對於數字式的漢字輸入碼，尤其是電報碼和五筆碼，整個過程是一種計算，透過標準計算過程運行輸入碼，得到相應的內碼。而對於所有其他輸入法（可說有幾百種），系統使用尋找表（lookup table）法，將每個輸入碼與其對應的內碼配對。這種類型下的每一個輸入法，都需擁有自己的專用的尋找表才能執行此過程。[54]

「重複碼緩衝區」尤其重要，因為大多數中文輸入法，都需要由任何給定的輸入碼，為用戶提供多個潛在的字元匹配選項。尤其是使用拼音輸入法時，拼音碼序列有時會對應到幾十個潛在的字元匹配選項（這個問題會在第六章進一步討論）。當一個輸入序列對應多個潛在的內碼時，這些潛在的內碼匹配選項（最多十個）會儲存在重複碼緩衝區中。接著，使用者可以按下數字鍵（從1到0），表示中斷應該返回重複碼緩衝區中佔據位置1、2、3到0等內碼值。換句話說，這就是用戶從彈出式選單裡選擇他們想要哪個候選字元的方式。[55]

在此同時，如果按下鍵盤上的另一個功能鍵：上一頁（page-up）或下一頁（page-down）鍵，修改後的INT 16會將此操作解釋為「清空重複碼緩衝區，並用下一組十個內碼重新填充」的指令。雖然這項操作聽起來很技術性，但此處描述的過程，其實就只是捲動彈出式選單（當欲選字不在顯示的候選清單上時）以查找所需字元的簡單過程。[56]

重新編寫這些中斷程式之後，最後階段便是要讓電腦在需要時可以存取它們。正如陳相文所解釋的，修改BIOS的最後一步是「將漢字處理模組保存在內部記憶體中，然後修改相應的中斷向量（Interrupt Vector，系統依據中斷向量表來對應變更），將其分配給儲存在記憶體中的漢字處理程式的入口位址」。[57]協助管理螢幕顯示的INT 1D指標，被重新定向到記憶體位置1888，即新的CRT「初始代參數存放處」。用於管理字元字庫的INT 1F指標被重新定向到記憶體位置2798，即新安裝的字元字庫的位址。同樣也是用於管理電腦顯示器的INT 10指標，被重新定向到記憶體位置1848，即「CCBIOS CRT控制程式」的入口位址。而用於管理鍵盤輸入的INT 16指標則被重新定向到記憶體位置98B3，即「CCBIOS鍵盤控制程式」的入口位址。[58]最後，程式更改了顯示器的預設解析度，將其設定為最大可用解析度六四〇乘二〇〇。然後它使用INT 27H來「終止並保持駐留」。[59]錢培得總結，「不再是ROM中的程式了」，每個經過修改的中斷，都將變成「RAM（隨機存取記憶體）中的對應程式」[60]、「透過這種方式進行修改和擴展後，BIOS就變成了CC-DOS的BIOS」[61]。

這句話代表了改裝過程的完成。錢培得現在可以宣告：「CC-DOS是PC-DOS的擴展」。[62]陳提供了更詳盡的總結：「只要鍵盤管理模組、顯示器管理模組和印表機管理模組，都被替換為能夠支援漢字處理的等效管理模組，IBM-PC的漢化就得以實現。」[63]

沒有出路

CCDOS只是眾多被掌握並修改西方設計BIOS的中文作業系統之一。[64]其他許多作業系統，也都成為重新修改程式的目標，包括CP/M作業系統、PDP-11 Unix、以及為Cromemco設計的CROMIX作業系統等。而高階程式語言也同樣被改裝，中國程式設計師開發了變通方法，讓中文字元能與ALGOL、FORTRAN、COBOL、PASCAL、PL/1等語言相容。[65]總而言之，早期個人電腦的幾乎所有領域，包括記憶體、印表機、顯示器、作業系統等，都無法逃脫中國工程師為使現成系統相容於中文字元輸入和輸出需求，所進行密集「改裝」工作的鎖定目標。[66]

儘管這些改裝很多都非常巧妙和成功，但說到底它們仍然只是改裝。雖然這些工程師設法利用了家用電腦前所未有的強大功能，造福了中國用戶，但在這些修改的時期裡，他們一直缺乏建立原創系統的自主性和權威性，亦即可以從頭開始建立滿足中國的資訊處理需求，無需複雜改裝的系統。畢竟這些改裝在本質上就是不穩定的。

這種不穩定性表現為多種形式。舉例來說，雖然這些改裝的實踐，協助開發出各式各樣的中文相容系統，但其代價卻是犧牲了電腦間的「互通性」。數量不斷增加的改裝操作系統、高級程式語言和應用程式等，每一種幾乎都出不同的機構或公司制定，往往彼此不相容。這也加速分裂了因大量中文輸入系統、各種編碼標準而破碎化的電腦生態。[67]

此外，這些「改裝」需要持續監控和維護，並沒有一勞永逸的「設定後不理」的解決方案。市場上每發布一個新的電腦程式，程式設計師都必須逐行除錯。例如一般程式本身通常包含設定電腦顯示器顯示參數的程式碼，因此無法顯示中文字元。許多英文文字處理程式都預設了二十五行八十列的顯示格式，但這種格式與中文字元顯示不相容，因此會要求中國工程師手動更改程式碼設定中的每一處二五乘八〇格式。這種程式修改非常技術化，需要工程師深入程式碼內部進行彙編。（例如在解決早期文書處理程式Wordstar的中文相容問題時，就被某些人認為它協助啟動了「軟體革命」，其主要問題出現在DS:0248和CS:369E等位址上。）[68]

此外，作業系統和應用程式也在不斷變化。例如發展了CCDOS和其他以 DOS為主的修改模組不久後，IBM就宣布轉向新的作業系統：OS/2。一九八七年的一篇文章寫道，「這讓中國和中文亂成一團，」因為當時無論臺灣或中國，現有的中文系統都還來不及適應這項改變。「為IBM的MS-DOS平台開發最佳配置的競賽正在進行中。」[69]因為「改裝者」總是最容易受到傷害的一群。

而且這些「改裝者」也很容易受到歷史的抹殺和誤解。在那個時代裡，他們很容易被貼上標籤，好一點的被認為只是一群缺乏創造力的逆向工程師，最糟糕的則是被當成小偷和盜版者。例如在一九八七年一月的《PC Magazine》電腦雜誌裡，一幅漫畫嘲諷了漢化作業系統，漫畫的標題寫著：「它運行在MSG-DOS上（MSG即味精）」。

歷史對待早期破解者的態度就更不友善了，讓他們的辛勤工作漸漸變得鮮為人知。隨著八〇年代末期和九〇年代初期的到來，記憶體稀缺、解析度低的電腦時代走向終點。製造和設計方面的進步，讓記憶體的成本不斷下降、點陣圖密度更高、列印輸出和螢幕顯示效果都更為清晰，處理速度也更快了。例如，在列印領域，一批新型的二十四針點陣式印表機，開始在商業市場上發布，其針頭直徑只有〇．二毫米（相較之下，過去九針印表機的針頭直徑為〇．三四毫米）。很明顯的，這些新型印表機的主要製造商大多是日本公司，例如松下、NEC、東芝、OKI等，它們都解決了漢字輸出的難題。[70]沒過多久，這些印表機又很快地被新一代更便宜、更高品質的噴墨和雷射印表機取代了，讓高解析度的中文列印，成為辦公室和家用電腦的主流。[71]此外，隨著我們進入目前的四K解析度、價格極低廉的雷射印表機和記憶體價格幾乎觸底的時代，要想像本章概述的問題曾經存在過，也變得愈加困難。[72]

不過在八〇年代後期和九〇年代初期，西方製造商卻逐漸開始將許多這類駭客破解手段，納入其系統的核心架構中。包括BIOS能夠處理中文輸入法編輯器，或是顯示器和印表機能夠處理中文字元輸出的能力。很快地，甚至連中文輸入法入門套裝，也直接包含在出廠機器的包裝內。隨著「國際化」和「在地化」的覺醒浪潮下，早期破解者的工作已被歷史抹除，可以說是被「覆寫」掉了。而且早期中文個人電腦的歷史，已經被回顧性地想像成：西方製造的電腦一直沒有語言的問題、一直是中立和友善的歷史。幾乎沒有人記得，其中大部分的改裝，並非因為由於西方個人電腦的共通性要求，而是來自西方電腦的根本限制

（偏見）所催生的。大部分問題的最初解決者並不是像IBM、微軟和蘋果這樣的公司，而是像工程師「破解者」這樣的一群人。正是由於這些破解者的辛勤努力，才讓西方製造的個人電腦變得可用，變得對佔全球六分之一的人口有用。

Chapter

6

關聯思考：中文進入預測文本的時代

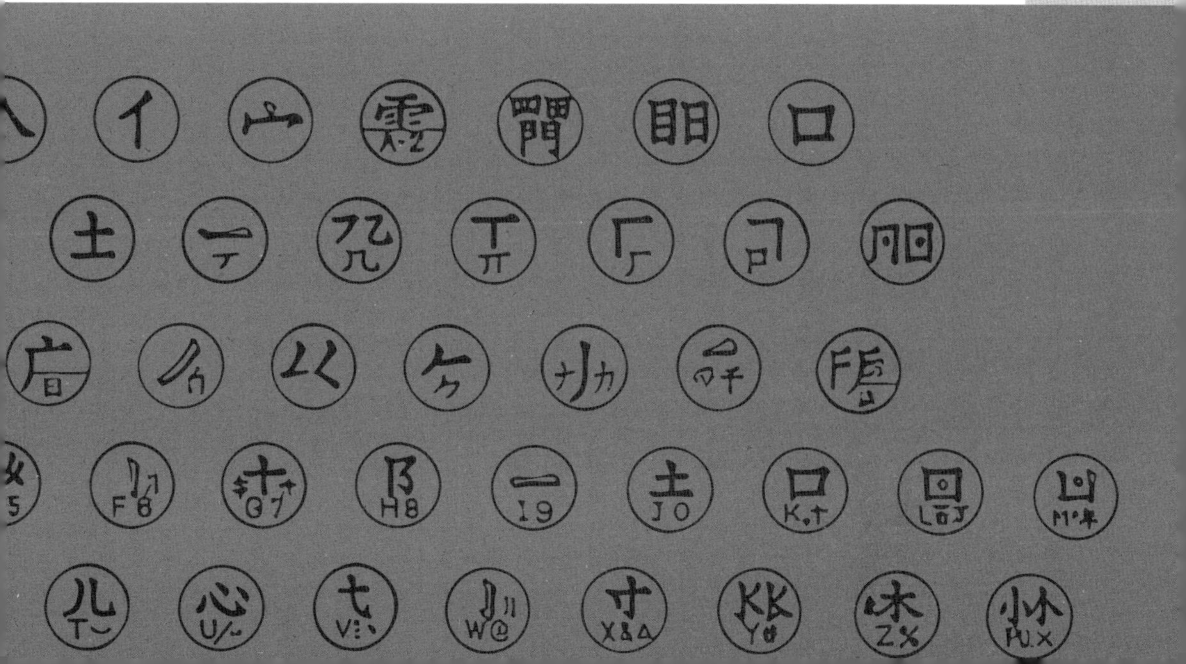

桌上堆疊的三十九張磁片，就是九〇年代初發布的最新版中文字元作業系統（CCDOS）。其中一張磁片包含主應用程式，還有兩張磁片用於輸入法和工具程式。其餘大部分磁片都用來儲存各種解析度的中文點陣字體。總而言之，這套中文作業系統片看起來與三十年前那些中文系統的版本非常類似。

輸入過程也大致相似。當使用者按下第一組標準鍵盤鍵時，輸入法會開始將使用者按下的按鍵檢索條件，並與系統裡儲存的內容進行比較。接著它會向使用者呈現可能的字元匹配選項以供確認，使用者選擇想要的字元後，便會顯示在螢幕上。這台機器預先安裝了三種輸入法，還有十幾種可供選用安裝。這也延續了八〇年代以來建立的新傳統，用戶可以在自己喜歡的輸入法之間切換。[1]到目前為止，故事似乎仍然沒什麼變化。

然而，有一張磁片把這個時代的中文作業系統與先前的版本區隔開來：這張磁片被標記為「聯想字庫」，更確切地說是「關聯思想的資料庫」（Library of Connected Thoughts）。[2]這張磁片對中文輸入法所實現的巧妙但巨大的改變，讓中文電腦走上了更強大的「預測輸入文本」之路。直到現在，中文文本輸入與人工智間的差距正在不斷縮小。

這種未來的跡象，已經在CCDOS 4.2的彈出式選單中初現端倪。當使用者鍵入第一個輸入序列（例如L-I-A-N）時，輸入法彈出式選單將（和以往一樣）開始提供可能的匹配字選項。但是，當使用者選好所需的字（例如「聯」）時，輸入法將不再像過去那樣停頓片刻。相反地，它會立即開始嘗試預測使用者接下來可能想要輸入的字。輸入法彈出式選單將繼續提供建議：例如「合」，選擇後會組成「聯合」；「邦」會組成「聯邦」；「想」會組成「聯想」；「絡」會組成「聯絡」等。如果輸入法猜測正確，使用者可以直接選擇某個字詞組合，無需從頭輸入新字的按鍵序列。只需輸入從1到9的某個選詞數字即可（圖6.1）。[3]

「聯想詞」不僅是預測下一個字，還會持續猜測後續的字。舉例來說，如果使用者選擇了「聯」然後選了「合」，下一個建議字則可能會包含「國」，最後可以組成三個字的詞組「聯合國」。而如果用戶選擇的是「聯邦」，下一個聯想建議詞則可能會是雙字的詞組「德國」，組成「聯邦德國」；或是「政府」，組成「聯邦政府」。因此從九〇年代開始，中文的「超書寫」輸入法，便克服了「短語

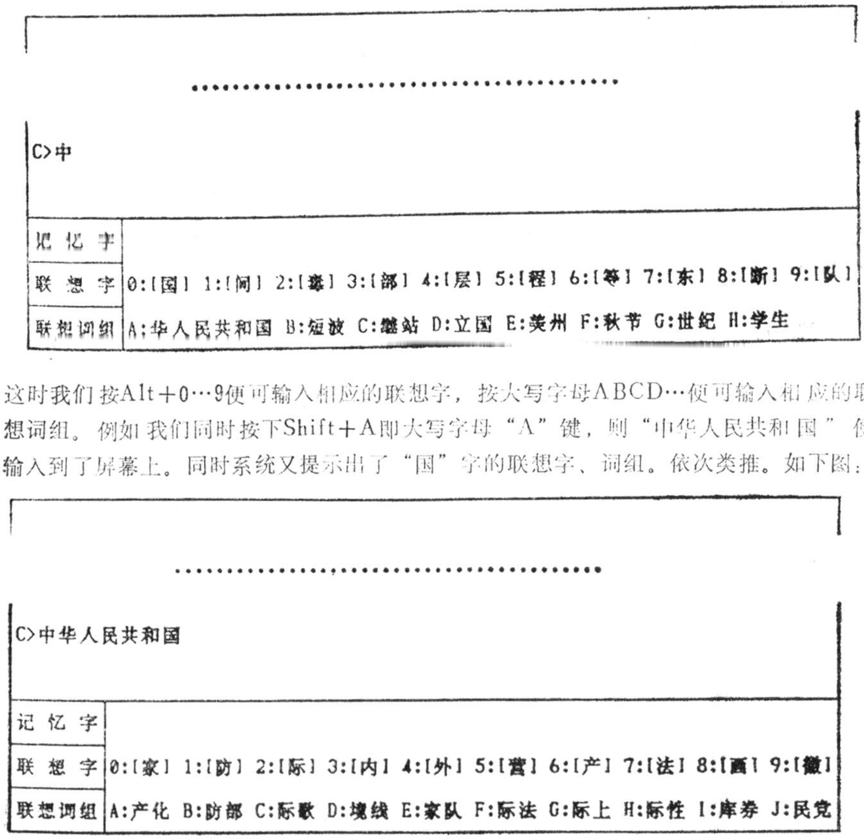

圖6.1　早期版本的聯想詞彈出式選單

預測」的難題，並開始致力於「長句預測」，試著預先加快更長詞語和段落的輸入速度。

本章將探討在二十世紀最後十年和二十一世紀最初十幾年間的中文電腦發展，我們的重點將擺在這段時期交織出現、緊密關聯的兩個發展趨勢。第一個趨勢是拼音輸入法的普及和最終主導地位的確立：拼音輸入法是使用拉丁字母來表示漢字的發音（而非結構）所進行的漢字輸入。這種現象與大多數人認為的並不相同，因為它比第一台中文電腦和漢語拼音本身的發明，晚了整整三十年。拼音輸入法的姍姍來遲並不是因為工程師、語言學家、政治領袖等缺乏興趣或不夠努力。真實情況恰好相反，推動著中文資訊科技的「拼音化」在當時存在巨大壓力。這種壓力既來自國外，包括無數外國傳教士嘗試為中文注音的努力，也來自中國內部，層級甚至上達毛澤東，因為他曾經呼籲廢除漢字，改用一套完整的「拼音文字」體系取而代之。

正如我們即將看到，拼音輸入法之所以長期未能成功，是因為拼音本身的根本問題：它不夠吸引人，而且有些人認為它並不適用於中文電腦。與基於字形結構的輸入方式（通常只需要幾個鍵就可以檢索到任何一個漢字）相比，用拼音字母完整拼寫漢字的發音，讓許多人覺得似乎像是退步。此外，拼音還面臨著大量「同音字」的問題：許多不同的漢字都有相同的發音，這為輸入時的「消歧義」（譯註：消除一音多字或一字多義）功能方面，帶來了巨大的挑戰。

拼音輸入法姍姍來遲的原因之一在於，它並不能算是利用拉丁字母從電腦記憶體中檢索漢字的最有效方式。

但是拼音輸入並非注定失敗，這便引出了我們要討論的第二個發展趨勢：預測文字和其他強大預測技術的日益複雜和廣泛應用。正如我們即將看到，這可以為早期拼音輸入法（當時結構輸入法仍占主導地位）

在克服拼音的同音字、字串長度等問題，提供一絲希望。不過還有一個問題：為了使漢語拼音成為中文輸入的有效基礎，它必須以「形碼輸入」（**超書寫**）的方式使用。也就是說，它是用來檢索字元，而非單純地「拼寫」字元。簡而言之，拼音輸入的成功，取決於它必須違背其所基於的漢語拼音系統的核心原則，轉而擁抱我們目前為止詳細探討過的**超書寫**輸入原則：亦即你輸入的序列並非你得到的字，按鍵與字元之間不存在本質或任何假定的關係，主要的輸入轉錄代碼都是短暫且可丟棄等這類內容。拼音輸入法和漢語拼音並不是同一件事（至今仍不是）。拼音輸入法是一種拼音碼的超書寫，它雖然跟漢語拼音（一種拼音正字法）不可分割，但在本質上並不相同。

藉由機率論和演算法設計中的技術，一群新的「輸入技術專家集團」，包括應用數學家、統計學家和電腦科學家們，開始設計基於漢語拼音的輸入法，這些輸入法大量依賴一套複雜的文字預測技術：自動完成、詞語縮寫、情境分析、自適記憶、字庫等。到了一九九〇年代，中文文字預測技術（與拼音輸入法結合使用）在實質上，已經掌握了預測用戶下一個字的技巧，而且新的目標也開始成形：預測出更長的詞組甚至段落。正如我們將看到的，在二十一世紀開始的這二十幾年裡，中文輸入法已經進入了雲端時代，文字的預測建議已經能夠利用龐大、動態且不斷成長的用戶生成文字資料庫，在彈出式選單中為用戶提供更長、更準確的「聯想詞」推薦。因此，拼音輸入不再只是一種超書寫式的輸入法，它也代表了在歷史上，人類與「超書寫原則」最密切也最廣泛的結合。由於「聯想」如此重要，最終也成為中國最具影響力的電腦公司之一的名稱：聯想電腦，西方更熟悉的名字是*Lenovo*——因為這家公司在二〇〇五年收購了IBM的個人電腦業務。[4]

拼音的問題

到了一九八〇年代，「漢語拼音」這個由中國大陸官方指定把漢語轉換為拉丁字母的系統，已經存在了將近三十年。儘管漢語拼音系統早在一九五九年就由中華人民共和國官方正式頒布，但由於「文化大革命」的動盪，該系統並未在中國大陸紮根。當時的環境實在太不穩定，無法讓中國學生耐心學習新系統。直到毛主義時期之後，把中文**拼音化**的真正工作才得以落實發展。[5]

後毛澤東時代，拼音逐漸成為日常生活的一部分，成為一種與漢字書寫並行的準文字系統。例如，當中國幼兒學習閱讀和書寫漢字時，通常都會先學習拼音，以幫助他們記住標準的、非方言的發音。同時，隨著人們日常生活的發展，拼音也變得更普及，經常出現在路牌、公車時刻表、書籍封面等處。

中國政府之所以推廣漢語拼音，跟中國長期以來的國家組成方式密不可分，尤其是針對漢語語言「多樣性」這個持續存在的現象（從國家的角度來看確實是個問題）。[6]漢語拼音是以中國的某種「標準方言」為基礎，從歷史上看，是在中國北方的北京周邊地區使用的方言，因此對於粵語、閩南語和其他非標準漢語方言的單語使用者來說，拼音其實是無法理解的。在中國的學校系統中推廣拼音教育，便意味著要求粵語、上海話和其他方言使用者學習「標準漢語」。

然而，光是對漢語拼音的日益熟悉，並不能使其成為中文輸入的有效基礎。以下有五個難以克服的問題，阻礙了它在電腦領域的應用。第一個問題就是輸入字串（譯註：按下的按鍵數量）的長度。如果嚴格遵守漢語拼音的拼法時，漢字的完整拼音字串平均會比結構式輸入法所需的輸入字串更長。在一九八五年左右的一項研究指出，每個漢字的平均拼音字母為三・五個：比我們之前見過的許多結構式輸入法的典型輸入字串長零・五個單位，亦即超過百分之十五。[7]例如我們之前提到的「電」字。這個字的漢語拼音包含四個字母——D-I-A-N，而當時許多最受歡迎的結構式輸入法只需要三個鍵。在五筆輸入法中，「電」可以用 J-N-V 這三個鍵輸入。倉頡輸入法（L-W-U）、鄭碼輸入法（R-G-D）等大約有幾十種輸入法所需的按鍵數量都比較少。

第二個問題是同音字，它比輸入長字串的問題更加複雜。如果我們重新檢視「電」的例子，說這個字的拼音輸入序列只有四個字母是不準確的。因為拼音為「dian」的漢字不只對應於「電」這個字，還對應著另外幾十個字。即使用戶輸入了拼音字串D-I-A-N，仍然還必須在彈出式選單中，找到並選擇所需的漢字，這些都需要額外的按鍵操作。相較之下，結構式輸入法的輸入序列往往對應較少的潛在候選漢字；在某些情況下，甚至只有一個符合的字。因此，即使對於可能需要四鍵甚至五鍵序列才能輸入「電」的結構式輸入來說，結構法的整個輸入過程仍然比拼音快。

第三個拼音涉及到的問題，我們可以稱之為「嵌套碼」：亦即有效的漢語拼音拼字裡，包含了其他有效的（但不同的）拼音拼字。[8]例如拼音為「ling」時，單獨來看，這個拼音序列對應著許多具有相同發音的漢字（即同音字問題）。然而除此之外，「ling」還包含另外兩個有效的漢語拼音拼寫：「li」和「lin」，它們都對應著其他許多漢字。（另外的例子包括「shang」包含了「sha」和「shan」；「geng」包含「ge」和「gen」等。）雖然結構輸入法裡面也會有嵌套、重疊的編碼（我們在第二章討論考德威爾的Sinotype中文打字機時談過），但是在拼音裡的這個問題規模要大得多。換句話說，這些嵌套碼會讓拼音的演算法上負擔過重，因為電腦必須執行更嚴格的消歧義過程，以判斷用戶是否已經完成了一個完整的輸入序列（例如「li」），或是用戶仍在「前往」另一個較長的序列（「lin」或「ling」）。而對結構輸入法來說，這種情況的發生要不是少得多，就是根本不存在。

第四個問題可以描述為「分類學」上的不均衡。對於結構式的輸入法，設計者可以自行決定將漢字的哪些結構元素分配到標準鍵盤的哪些按鍵上，甚至可以決定如何定義和分類這些結構元素。設計者會花時間調整和優化他們的輸入法（通常需要幾年的時間），創建出「分佈均勻」的分類系統，讓任何給定的字母數字輸入序列，都盡量對應較少的漢字。所以我們可以說結構式的輸入法在設計時，就已經內建了消歧義的功能。

而就漢語拼音來說，工程師們並沒有這樣的時間或空間可以進行優化，原因很明顯，因為中文字的發音是經過幾千年文化變遷和演化的產物，而非輸入法設計者發明的產物。我們舉三個字來看，最普遍的中文姓氏「李」（Li）、「陳」（Chen）和「王」（Wang）就跟幾十個其他漢字的發音相同，這絕非拼音輸入法開發者可以控制的。由於這個簡單的原因，某些拼音序列會對應到相對較少的漢字，另一些拼音序列則會對應到許多的漢字。拼音在輸入序列的層面上，並沒有（也做不到）「內建」消歧義的功能。

如果漢語拼音必須作為中文輸入的基礎，工程師便別無選擇，只能開發出複雜的消歧義技術，並且是在「事後」應用，也就是應用在用戶將按鍵字串輸入機器之後。例如在收到輸入按鍵序列為「LI」時，輸入法必須判斷使用者可能想要幾十個候選字元中的哪一個，方法可以透過向用戶呈現漢字候選字元進行確認，或是進行基於演算法的上下文分析呈現候選字詞。但是這些作法都會讓拼音輸入法對電腦的要求，比結構式輸入法來得更高。

漢語拼音也無法作為其自身字元編碼的「後端」（back-end），亦即記憶體中預先儲存和讀取任何給定字元用的「位址」（address）。例如在拉丁字母電腦的早期歷史中，美國標準資訊交換碼（ASCII）建立於一九六〇年代。它基於七位元架構，其一二八個位址，為所有拉丁字母、數字、標點符號和功能鍵等提供了足夠空間。這些代碼可以藉由跨平台標準化的優點，讓資訊在系統之間進行交換，確保使用ASCII的兩台電腦可以彼此成功傳送和接收文字。

中文內部字元儲存編碼，要一直等到一九八〇到九〇年代期間，才實現了某種程度的標準化，比起漢語拼音最初頒布的時間晚了幾十年。由於沒有穩定的慣例可以作為ASCII的中文對應物，工程師們只好開發了一系列臨時拼湊的措施：有些使用中文電報碼的四位數代碼；甚至有一些使用一九四四年版的《馬守真華英字典》（*Mathews' Chinese-English Dictionary*）做為參考，因為書中的每個條目，都分配了一個不重複的數字代碼（原著裡並未說明編碼的原因）。[9]在沒有標準字元編碼方案的情況下，許多結構式輸入法必須承擔「雙重任務」：既作為輸入法，又要想出把中文字元分配到電腦記憶體中非重複位址的方式。例如在標準電報碼輸入時，使用者在鍵盤上輸入的相同四位數代碼，也可以作為電腦字元資料庫中的後端位址系統。這種做法其實非常普遍，以至於許多結構輸入法在中文中既被稱為「輸入法」，也稱為「編碼」法。

不過，漢語拼音似乎永遠無法勝任這種雙重角色。由於同音字、嵌套碼等問題，拼音輸入需要一套單獨的、專用的字元編碼系統在背景運作。

儘管存在這麼多挑戰，人們對基於漢語拼音的輸入法仍然保持興趣。畢竟，拼音擁有一個巨大的優勢是所有基於結構的輸入法比不上的：它獲得了中國政府的全力支持並提供經費，中國政府正投入前所未有的資金、時間和人力在全中國推廣漢語拼音。事實上，中國教育部的支持，讓幾億中國人都能學習到拼音的基礎知識，而當時即使最成功的結構式輸入法發明者，大約也只希望能夠觸及幾千人，也許最多幾萬到幾十萬人吧。所以雖然漢語拼音確實存在許多問題，但同時也擁有巨大的技術和政治潛力。

從漢語拼音到拼音輸入：探索拼音輸入法的超書寫潛力

如果將拼音輸入與漢語拼音脫鉤，探索其超書寫潛力並放棄「拼字」的想法，會產生什麼結果？這會對輸入字串長度、同音字等問題產生什麼影響？在本節中，我們將檢視兩種我們稱之為「拼音超書寫」的早期探索：由陳建文發明的「雙拼」，以及由我們在第四章介紹的支秉彝開發的「支碼」。這兩種系統代表了透過將拼音作為超書寫系統而非正字法系統，用來解決拼音輸入關鍵問題（尤其是在字串長度和消歧義方面）的嘗試。

「雙拼」輸入法最早是由陳建文和薛士權等人於毛澤東時代晚期開始研發。和當時許多其他輸入法一樣，它起源於電腦領域之外，後來才應用到漢字處理領域（陳和薛當時都是在南京大學工作的圖書館員）。[10]正如「雙拼」這個名字所暗示的，這個系統的前提是同時使用拉丁字母的兩種不同方式：一種是傳統的，另一種是非傳統的。首先，字母可以像漢語拼音一樣，用來表示字元的音值（phonetic value，拼出該音的字母）；同時，拉丁字母也可以非拼音值（nonphonetically）地使用，以作為其他（通常更長）的漢語拼音值的替代。

讓我們以雙拼來編碼「拆」這個字做為範例。在陳建文的早期系統中，操作員並不輸入C-H-A-I，而是輸入I-L——字母「I」代表漢語拼音值「ch」，「L」代表漢語拼音值「ai」。而編碼「商」時，操作員並非輸入S-H-A-N-G，而是輸入U-H——「U」代表漢語拼音值「sh」，「H」代表「ang」。[11]在某些情況下，還可以用單個字母來表示字元的全部拼音值，例如「安」在雙拼中被簡寫為「J」。[12]「雙拼」雖然是一種拼音系統，但它使用了非常規的、壓縮拉丁字母字串的方法。

陳建文後來把他的系統，改造成一種可以用在電腦中處理漢字的系統。從一九七八年六月到一九七九年六月，陳建文完成了根據雙拼對字元進行編碼的計畫，並在八〇年代初期到中期，在薛士權和錢培得的協助下，共同開發了一套輸入法：雙拼編碼（圖6.2）。該輸入法將預先安裝在CCDOS作業系統上。[13]雙拼的字母配對如下：

A: ia

B:uan C: iao

D: ua, ia

E: ie

F: ong, iong

G: ian

H: eng, ng

I: y

J:an K: in

L: ui, üe

M: uang, iang

N: en

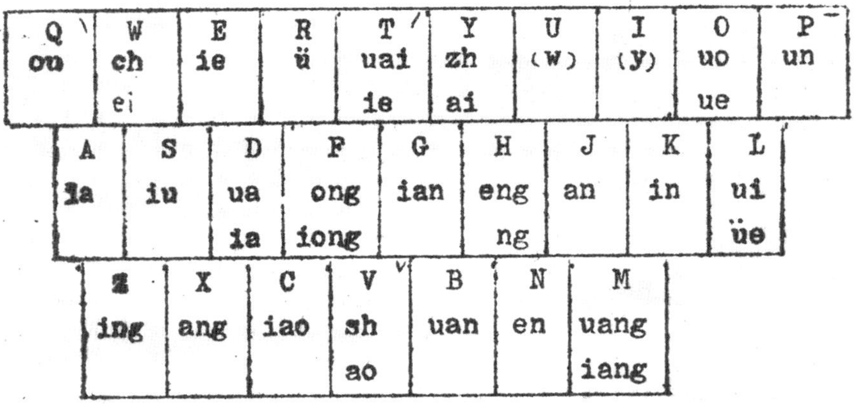

圖6.2　使用標準鍵盤的雙拼系統

O: uo, ue

P: un

Q:ou R: ü

S: iu

T: uai, ie

U: w

V:sh, ao W:ch, ei X: ang

Y: zh, ai

Z: ing

雙拼至少提供了解決漢語拼音主要問題的可能性：也就是輸入字串太長的問題。藉由使用超媒介技術，可以讓字串長度大幅縮短（例如從「JIANG」到「JM」，或從「NENG」到「NH」等），進而提高輸入速度。

從一九七〇年代後期到一九九〇年代，雙拼成為許多工程師進行密集試驗的焦點。例如大約在一九七八年，張廷華開發了一個名為「雙拼雙部」的系統，該系統結合了陳建文的雙拼技術與結構式輸入法的一些元素。[14]而在一九八〇年代，張國防的「五十字元」輸入法也遵循類似的思路，將雙拼編碼與另一種特有的結構式方法結合使用。[15]

雙拼是早期展現漢語拼音作為「電腦中文輸入」基礎潛力的技術之一，開拓了漢語拼音在電腦中文輸入領域的應用前景。然而其唯一的前提便是，拼音輸入必須作為一種超書寫的系統運作，以便利用漢語拼音的資源，**從電腦記憶體中檢索漢字**，而非完整地「拼寫」漢字。

大約在同一時期，出現了拼音超書寫的第二個、也更重要的實驗方向。此時的輸入法設計者，著手研究如何使用基於漢語拼音的輸入方式，輸入較長的中文術語、名字、表達和短語，而非只限單個字元。舉現在拼音輸入法的一些例子來看，例如輸入字母序列「ZG」或「JSJ」，前者是「中國」的常見拼音輸入縮寫，後者是「計算機」的拼音縮寫。輸入法設計人員開始嘗試創建類似於中文「首字母縮寫詞」的方法，即連續輸入兩個或多個漢字的聲母（就是前面說的把「中國」的拼音「zhong-guo」縮寫成「ZG」，「計算機」的拼音「Ji-suan-ji」縮寫成「JSJ」）。

拼音縮寫詞的早期實驗之一，也出現在支秉彝的輸入法中。我們在第四章談過支秉彝的「支碼」輸入法是結構化的，它使用拉丁字母（四個字母序列）來描述漢字的形狀而非發音。雖然這些結構化的字母輸入序列可以一次輸入一個漢字，不過支秉彝也把一小部分代碼用於他稱之為「詞組碼」（也稱為「快速碼」）的東西上。這些詞組碼屬於特殊用途的二字母序列，允許使用者一次輸入不止單一漢字，而是一系列常用的雙字詞組。例如要輸入表示「安全」（anquan）的雙字詞，支碼使用者可以鍵入「AQ」，A對應於an，Q對應於quan。

這種快速碼和支秉彝原先那些「只靠結構化字母序列、一次輸入一個漢字」的代碼不同，遇到快速碼時，支碼系統會從記憶體中檢索這個常見的雙字詞組，節省用戶的時間。例如要分別輸入表示「非常」（feichang）和「革命」（geming）的雙字詞組，其快速碼分別是「F-C」和「G-M」（**表6.1**）。

支秉彝快速碼的邏輯，反映了結構式輸入法和拼音輸入法之間的關鍵差異。雖然拼音在逐一輸入漢字時，並非最好的選擇，但是在成組輸入漢字時，卻具有巨大的優勢。畢竟在現代中文裡，對於許多英語使用者日常所說的「英文單字」，在中文都是由兩個以上的漢字組成，而非僅僅一個字（例如上面提到的「安全」、「非常和革命」都不只一個字）。此外，還有成千上萬的成語、術語和名稱，都是由三個或四個字所組成。面對這些多字元的序列，支秉彝意識到把一部分原本基於結構的支碼程式碼，改為拼音的概念來輸入，一定會更有效率。

我們在此必須強調，支秉彝的快速碼顯然並未遵循漢語拼音的語法規則。快速碼和雙拼一樣，是以超書寫的方式使用漢語拼音。也就是說，「AQ」、「FC」、「GM」並不是「**安全**、**非常和革命**」的有效或合法的漢語拼音拼字。然而，從**超書寫**的角度來看，這些縮寫詞完全是可行的，都是從記憶體中檢索這些雙字詞組的方法。事實上，這種方法不僅可行，而且還更有效率。由於GM、FC和AQ不可能被誤認為任何「真實」的漢語拼音值，因此輸入法編輯器，可以很確定地把它們視為目的在從記憶體中「檢索雙字詞組」的輸入字母序列。

這些由支秉彝、陳建文等人進行的早期實驗，提供了一個相當誘人的前景：藉由把拼音作為超書寫系統，便可逐步解決同音字、字串長度和嵌套序列等問題。原先這些問題可能會讓漢語拼音成為電腦中文輸入中，最無用處的輸入法之一。此外，這些早期研究的結果也支持了我們的樂觀看法。快速碼為使用者提供了更經濟快速的方式，用來輸入一些最常見的中文詞語。使用標準支碼輸入任何一個雙字詞組，通常需要八次按鍵，但使用快速碼時，則只需要兩次按鍵即可。在使用快速碼下，支秉彝預估每個漢字的平均擊鍵次數，可以從四次減少到大約二．六次。

或許，最重要的是，這些早期拼音的超書寫實驗充當了概念驗證，因而揭示出其更深層的潛力。回想一下我們前面提過考德威爾的Sinotype，以及隨後出現的許多結構式輸入法，它們多半經過人為調整，以

表6.1　部分二字詞語的OSCO快速碼

AP	安排	安排
AQ	安全	安全
BD	不但	不但
BF	部分	部分
BG	报告	報告
BH	不会	不會
BJ	北京	北京
BM	部门	部門
BN	不能	不能
BS	表示	表示
BY	必要	必要
BZ	帮助	幫助
DB	代表	代表
DS	但是	但是
DW	单位	單位
EQ	而且	而且
EY	意义	意義（註）
GB	干部	幹部
GM	革命	革命
KX	科学	科學
LS	历史	歷史
LX	路线	路線
MY	没有	沒有
MZ	民主	民主
RG	如果	如果
SM	什么	什麼
SX	思想	思想
TD	态度	態度
TG	提高	提高
TY	同意	同意
WT	问题	問題
ZX	主席	主席

註：我們要注意的是從理論上看，就此詞語的發音而言，其快速碼應該是「YY」才對。然而從整份清單裡並無快速碼是由兩個「相同字母」組成的情況來看，支秉彝和奧林匹亞公司應該是在必須遵循額外的參數或限制下，無法使用「AA、BB、CC……」等相同字母的快速碼。

便減少輸入單一漢字時的歧義性。要把這種消除歧義功能「嵌入」系統，輸入法設計者必須將漢字分解成基本部分，並將其分配給不同的拉丁字母。相較之下，拼音並不擅長用在單一漢字的無歧義輸入，於是反過來又必須在輸入序列之上，發明額外的消歧義技術，變成輸入序列本身之外的二級過程。

乍看之下，這點看起來似乎讓拼音輸入法比結構式輸入法更不適合中文輸入，但從長遠來看，像陳建文這樣的工程師，已經開始證明這些「事後」消歧義的做法，雖然會比基於結構的輸入法讓電腦的負擔更重，卻在可以一次輸入的漢字數量方面，提供更強大的能力。把考德威爾和他偶然發現的「最小拼寫」（即自動完成）技術納入考量時，我們可以說，拼音輸入法的開發者們，決定將中文電腦的核心公理，亦即「添加中間層可以讓系統變得更快更有效率」的這個發現，推向全新的境界。因此在這種奇特轉機下，拼音輸入最初的缺點——只能輸入單一字元，變成了一種推力，讓拼音出現**更強大**的功能，可以同時輸入兩個、三個或更多個字元的詞組。

但這些發現在一九七〇年代末到八〇年代初，仍然顯得遙不可及。例如支秉彝的每一個快速碼只對應了一個中文詞組，然而這些詞組在漢字語詞庫中，只是成千上萬對「兩字詞組」中的一小部分而已。即使給定的兩字母代碼在理論上可以用來對應多個詞組的情況，但支秉彝將他的快速碼「MZ」分配給了「**民主**」。從理論上看，他也可以分配給「**民族**」、「**名字**」、「**滿足**」以及其他十幾個兩字詞組。但是當時的機器記憶體和處理能力的侷限，阻止了這種發展。直到後來，程式設計師才有機會開發能夠處理拼音「快速碼」的輸入法，這些「快速碼」才得以指向多個可能的匹配字詞選項。

撇開這些早期的硬體限制之外，我們還會遇到一個很明顯的問題：對於任何一位一九八〇到九〇年代，努力想讓拼音輸入法得以與結構式輸入法相媲美的工程師來說，探索縮寫、超媒介以及預測性文字的技術（我們將在本章稍後看到），同樣都具有巨大的吸引力。因為只有解決輸入的「下一層」挑戰，亦即能夠輸入多字元段落，拼音輸入才有機會繼續堅持下去。

拼音與新的輸入技術官僚統治

從一九八〇年代開始，漢語拼音開始進入中國大陸的教育系統，因為中國政府終於貫徹實施近三十年前就已啟動的一項計畫。在逐漸開始穩定的學校系統中，讓學生從小就開始接受拼音訓練，甚至早於學習漢字。此外，無論是在報紙、路標或其他地方，拼音都逐漸出現在人們的日常生活中。

儘管人們越來越熟悉漢語拼音，應該就是拼音輸入法逐漸興起的重要因素，但光靠熟悉並不能解決前面概述過在電腦上的同音字、嵌套輸入序列等問題。字元的編碼也是其中一個例子，如前所述，拼音輸入法不像結構式輸入法那樣可以作為自己的字元編碼集來運作。因此長期以來，缺乏約定一致的漢字內碼（對應出現的字的編碼）標準，成為拼音輸入法可行性的主要障礙。

不過這種情況從一九八〇年代初開始發生變化。一九八一年，中國國家標準總局頒布了GB 2312-80標準，這項標準是由北方計算技術研究所為第四機械工業部起草（圖6.3）。[16] GB編碼（通常稱為「國標碼」）是基於雙位元組結構，一個位元組提供給定字元的「行」位址（中文稱為「區」），第二個位元組提供「列」位址（稱為「位」）。[17]

字元編碼的制定，為拼音輸入法設計者提供一個可以遵循的基礎。更重要的是，GB編碼的制定完全是為了拼音輸入法而設計。在代碼的第一層中，包含一套最常用的三七五五個字元，這些字元按照它們的漢語拼音音值排序，GB編碼中的第一個字元，亦即位址0176 0161（或十六進制B0A1）是字元「啊」，這個字在中文裡是表示驚訝或感嘆的擬聲詞。接下來是位址0176 0162的字元「阿」和位址 0176 0163的字元「埃」等。

按照這種方式來組織國標碼，可以為拼音輸入法提供兩種優勢。首先，它簡化了根據拼音字母順序對漢字字元庫進行排序的過程，例如當字元屬於第一層高頻率字元集，只需根據其代碼點的數值排序即可。這種組織邏輯也方便了拼音輸入法編輯器的工作，因為按下拼音音值的第一個字母（例如字母「c」）後，查找和字串匹配可以集中在單一連續區域內，該區域包含所有以拼音聲母「c」開頭的字元（從位址號碼0178 0193的「擦」（ca）到0180 0237的「錯」〈cuo〉）。再按下一個鍵時，比方說是「h」，讓整個序列變成「ch」，字串匹配演算法便可進一步縮小搜尋範圍，介於代碼0178 0229（「插」（cha））和0180 0194（「綽」（chuo））之間。[18]

字元編碼標準化只是整個故事的一部分。為了克服更明顯的同音字、嵌套代碼和輸入詞語長度的挑戰，拼音輸入還必須具備更複雜的消歧義和快捷鍵技術，而且遠超出支秉彝等人設計中所能看到的基本形式。不過這樣會遇到一個問題：一般的結構化輸入系統至少在理論上可以設計出來，設計者只需要語言學思維、充足的時間和（理想情況下）一本強大的漢語詞典即可。然而成功進行拼音輸入所需的技術，必須擴展到機率論和應用數學領域。想要開發一款成功的拼音輸入系統，必須熟悉一個特殊的領域，這個領域不再是「部首」和「筆畫」，而是「樹狀資料結構、節點陣列、馬可夫鏈、隨機演算法……」以及更多更廣泛的資訊理論。[10] 簡單地說，如果沒有統計學、機率論、演算法設計或程式設計的紮實基礎，任何個人

(1)

FIRST BYTE 第一字节							SECOND BYTE 第二字节	1	2	3	4	5	6	7	8	9	10	11	12	13	14	15	16	17	18	19	20	21	22	23
							b7	0	0	0	0	0	0	0	0	0	0	0	0	0	0	0	0	0	0	0	0	0	0	0
							b6	1	1	1	1	1	1	1	1	1	1	1	1	1	1	1	1	1	1	1	1	1	1	1
							b5	0	0	0	0	0	0	0	0	0	0	0	0	0	0	0	1	1	1	1	1	1	1	1
							b4	0	0	0	0	0	0	0	1	1	1	1	1	1	1	1	0	0	0	0	0	0	0	0
							b3	0	0	0	1	1	1	1	0	0	0	0	1	1	1	1	0	0	0	0	1	1	1	1
							b2	0	1	1	0	0	1	1	0	0	1	1	0	0	1	1	0	0	1	1	0	0	1	1
							b1	1	0	1	0	1	0	1	0	1	0	1	0	1	0	1	0	1	0	1	0	1	0	1
b7	b6	b5	b4	b3	b2	b1	区 \ 位	1	2	3	4	5	6	7	8	9	10	11	12	13	14	15	16	17	18	19	20	21	22	23
0	1	0	0	0	0	1	1	(SP)	、	。	·	ˉ	ˇ	¨	〃	々	—	～	‖	…	‘	’	“	”	〔	〕	〈	〉	《	》
0	1	0	0	0	1	0	2																	1.	2.	3.	4.	5.	6.	7.
0	1	0	0	0	1	1	3	!	"	#	¥	%	&	'	(	)	*	+	,	-	.	/	0	1	2	3	4	5	6	7
0	1	0	0	1	0	0	4	ぁ	あ	ぃ	い	ぅ	う	ぇ	え	ぉ	お	か	が	き	ぎ	く	ぐ	け	げ	こ	ご	さ	ざ	し
0	1	0	0	1	0	1	5	ァ	ア	ィ	イ	ゥ	ウ	ェ	エ	ォ	オ	カ	ガ	キ	ギ	ク	グ	ケ	ゲ	コ	ゴ	サ	ザ	シ
0	1	0	0	1	1	0	6	Α	Β	Γ	Δ	Ε	Ζ	Η	Θ	Ι	Κ	Λ	Μ	Ν	Ξ	Ο	Π	Ρ	Σ	Τ	Υ	Φ	Χ	Ψ
0	1	0	0	1	1	1	7	А	Б	В	Г	Д	Е	Ё	Ж	З	И	Й	К	Л	М	Н	О	П	Р	С	Т	У	Х	Ф
0	1	0	1	0	0	0	8	ā	á	ǎ	à	ē	é	ě	è	ī	í	ǐ	ì	ō	ó	ǒ	ò	ū	ú	ǔ	ù	ǖ	ǘ	ǚ
0	1	0	1	0	0	1	9				─	━	│	┃	┄	┅	┆	┇	┈	┉	┊	┋	┌	┍	┎	┏	┐	┑	┒	┓
0	1	0	1	0	1	0	10																							
0	1	0	1	0	1	1	11																							
0	1	0	1	1	0	0	12																							
0	1	0	1	1	0	1	13																							
0	1	0	1	1	1	0	14																							
0	1	0	1	1	1	1	15																							
0	1	1	0	0	0	0	16	啊	阿	埃	挨	哎	唉	哀	皑	癌	蔼	矮	艾	碍	爱	隘	鞍	氨	安	俺	按	暗	岸	胺
0	1	1	0	0	0	1	17	薄	雹	保	堡	饱	宝	抱	报	暴	豹	鲍	爆	杯	碑	悲	卑	北	辈	背	贝	钡	倍	狈
0	1	1	0	0	1	0	18	病	并	玻	菠	播	拨	钵	波	博	勃	搏	铂	箔	伯	帛	舶	脖	膊	渤	泊	驳	捕	卜
0	1	1	0	0	1	1	19	场	尝	常	长	偿	肠	厂	敞	畅	唱	倡	超	抄	钞	朝	嘲	潮	巢	吵	炒	车	扯	撤
0	1	1	0	1	0	0	20	础	储	矗	搐	触	处	揣	川	穿	椽	传	船	喘	串	疮	窗	幢	床	闯	创	吹	炊	捶
0	1	1	0	1	0	1	21	怠	耽	担	丹	单	郸	掸	胆	旦	氮	但	惮	淡	诞	弹	蛋	当	挡	党	荡	档	刀	捣
0	1	1	0	1	1	0	22	丁	盯	叮	钉	顶	鼎	锭	定	订	丢	东	冬	董	懂	动	栋	侗	恫	冻	洞	兜	抖	斗
0	1	1	0	1	1	1	23	贰	发	罚	筏	伐	乏	阀	法	珐	藩	帆	番	翻	樊	矾	钒	繁	凡	烦	反	返	范	贩
0	1	1	1	0	0	0	24	浮	涪	福	袱	弗	甫	抚	辅	俯	釜	斧	脯	腑	府	腐	赴	副	覆	赋	复	傅	付	阜
0	1	1	1	0	0	1	25	埂	耿	梗	工	攻	功	恭	龚	供	躬	公	宫	弓	巩	汞	拱	贡	共	钩	勾	沟	苟	狗
0	1	1	1	0	1	0	26	骸	孩	海	氦	亥	害	骇	酣	憨	邯	韩	含	涵	寒	函	喊	罕	翰	撼	捍	旱	憾	悍
0	1	1	1	0	1	1	27	弧	虎	唬	护	互	沪	户	花	哗	华	猾	滑	画	划	化	话	槐	徊	怀	淮	坏	欢	环
0	1	1	1	1	0	0	28	肌	饥	迹	激	讥	鸡	姬	绩	缉	吉	极	棘	辑	籍	集	及	急	疾	汲	即	嫉	级	挤
0	1	1	1	1	0	1	29	健	舰	剑	饯	渐	溅	涧	建	僵	姜	将	浆	江	疆	蒋	桨	奖	讲	匠	酱	降	蕉	椒
0	1	1	1	1	1	0	30	尽	劲	荆	兢	茎	睛	晶	鲸	京	惊	精	粳	经	井	警	景	颈	静	境	敬	镜	径	痉
0	1	1	1	1	1	1	31	俊	竣	浚	郡	骏	喀	咖	卡	咯	开	揩	楷	凯	慨	刊	堪	勘	坎	砍	看	康	慷	糠

圖6.3 GB碼範例

或團隊幾乎都沒有機會開發出像搜狗拼音、QQ拼音、谷歌拼音（或任何其他從一九八〇年代後期開始，在市面上可以看到的拼音輸入系統），那種複雜有效率的拼音輸入系統。[20]

幸運的是，對於拼音輸入研究領域來說，一九八〇年代是中國大陸快速機構化和專業化的時期，有許多明確聚焦於中文資訊處理的研究中心和計畫誕生。這些研究機構包括清華大學新成立的燕山計算機應用與研究中心、中國科學院計算技術研究所、上海印刷技術研究所、北京計算機研究所、中國科學技術信息研究所等。[21]一九八〇年代初期也見證了越來越多的研究協會和期刊的興起，這些協會和期刊致力於中文電腦和資訊處理。一九八一年，中國信息研究學會在天津成立，接著是中國中文信息學會、中文計算機學會、中國儀器與測量學會、中國計算機學會、中國計算機使用者學會等等。[22]雖然這段機構化的時期，讓中文電腦的所有領域（包括結構化輸入領域在內）普遍獲益，但拼音輸入研究領域的受益則更多。靠著一群數學家、統計學家和程式設計師的努力，改革開放時期下的中國新技術官僚精英，帶來了解決拼音超書寫所需「計算密集型領域」新技能。[23]

這是一個史無前例的「全球整合」時期，曾經與世界脫節的漢語電腦研究領域，終於跨越漢語世界和中文—日語—韓語（CJK），與整個世界連結在一起。雖然一九七〇年代CJK電腦領域具影響性的會議數量有限，但在一九八〇年代期間，集會、貿易展覽和代表團的數量激增。[24]舉例來說，光是在這十年間的前四年裡，對中文電腦感興趣的研究者，就可以選擇參加至少十個主要的行業會議。[25]國際貿易展和代表團的情況也是如此，電腦科學家和其他技術人員在漢語世界的不同地區，以及美國、日本和歐洲之間來回奔波。[26]

拼音輸入研究者在這個交流時代獲益良多。而在這段全球交流時期帶來的最持久影響之一，就是它讓研究人員接觸了CJK世界裡的另一個重要領域：日語拼音輸入。在拼音碼方面，尤其是上下文分析演算法的設計上，日本電腦工程師和語言學家，領先了他們的中國同行。[27] 因為就日語的電腦輸入來說，日語書寫系統既包括漢字（kanji）也包括假名（平假名和片假名，統稱為假名）。日語最棘手的挑戰之一就是必須開發能夠確定輸入的字串，應該被解析為單一漢字字元、假名音節序列或兩者相互組合的演算法。讓我們來看一個簡單的例句：「我讀了一本書」（hon wo yomimashita，本を読みました）。在這個短句中有兩個漢字（本<hon>，意思是「書」，讀<yo>是過去式動詞yomimashita的一部分，意思是「我讀」），以及五個平假名音節（を、み、ま、し和た）。雖然用文字解釋起來很簡單，但漢字和假名之間的差異對電腦輸入是非常具有挑戰性的難題。按下第一個音節「ho」時，輸入演算法必須從一開始就評估用戶是否打算輸入任何漢字，然後確定用戶可能輸入哪個漢字：也許是「保」（ho）、「帆」（ho）、「穗」（ho）、「堡」（ho，堡壘的ho）等。然而，也許使用者正準備輸入一個平假名短語，例如「ほとんど」（hotondo，幾乎）或「ほんとに」（hontoni，真的），這種情況下的音節就該維持原樣，而非轉換為漢字字元。[28]

在假名漢字轉換下能夠成功輸入日文的關鍵之一便是上下文分析：用演算法分析輸入字串，隨著每次按鍵按下，動態地重新檢查用戶輸入序列的上下文，以確定他們想要輸入的內容。雖然這跟我們到目前為止研究過的一些基於結構的中文輸入系統類似，但區分日語假名漢字轉換的難處，在於它必須區分各種潛在的漢字同音字，並確定給定按鍵序列的哪一個部分，應該解析為哪種類型的日語正字法（亦即到底是漢字或假名）。

假名漢字的轉換，無法直接套用在中文輸入上（因為中文沒有像假名那樣的音節文字），然而日本研究人員使用了基礎數學和統計模型，為研究拼音消歧義和上下文分析的研究人員，提供了很大的幫助。因為跟日文輸入的情況一樣的是，如果拼音輸入可以使用演算法，即時對輸入字串進行上下文分析，並提供使用者可能輸入的眾多漢字字元中，哪個字元的機率較高，拼音輸入的效率便可大幅提高。

這種上下文分析策略，很快就被大規模應用於拼音中文輸入，在解決輸入字串長度、嵌套序列和同音字問題方面，立即取得了重大進展。例如在華科電子研發的HKT-100H系統中，拼音音節「ge」的輸入（該音節對應了幾十個中文字的發音），可以用程式分析輸入序列詞彙的上下文來輔助分析。該程式使用「共現分析」（cooccurrence analysis），透過分析先前的文本來提供據說高達九十八%的準確率，然後讓用戶在彈出式選單中看到對於「ge」的特定建議字詞。[29]

這種上下文分析也具有「學習」功能。遇到特定名詞時，例如字元「瑭」（罕見的玉石）是相當少用的一個漢字，不太可能出現在彈出式選單的第一批字元建議中。然而如果剛好遇到交易稀有玉器的商人時，這個字元可能就會經常出現。因此當使用者用拼音輸入法首次「瑭」時，可能需要捲動彈出式選單頁面，才能找到「瑭」；但在第二次或第三次輸入時，這個字元將被輸入法編輯器動態「提升」位址，在該用戶後續又輸入「瑭」時，出現在彈出式選單頂部。雖然基於結構式的輸入法也可以使用這項功能，但相較之下，在拼音輸入法使用上會更有利（更快）。

拼音輸入不再只是漢語拼音

到了一九九〇年，從事中文資訊科技的工程師們，等於已經花了五十年時間集中研究各種不同的預測文字技術，其中一些在英語世界幾乎前所未聞。「自動完成功能」在一九五〇年代的第一台中文電腦系統

Sinotype便已醞釀（請參閱第二章）；「自適記憶」會根據使用者最近的輸入內容，動態更新儲存在板載電腦記憶體中的漢字字元庫，這是一九八〇年代早期實驗的重點（請參閱第五章Sinotype III的說明）。正是這些預測文字技術，以及從一九九〇年代開始開發的更強大技術，終於解決了拼音的長期問題，讓拼音輸入成為一種更可行的輸入方式。[30]

雖然這種對預測性拼音輸入的研究承諾，在一九八〇到九〇年代的許多不同研究領域都可以看到，但最清楚的衡量標準之一就是中文數位字元資料庫的創建和普及，一般稱為「漢字庫」或「詞庫」。這些資源庫通常包含成千上萬（很快就變成幾十萬）個多字元中文詞組、專有名詞、地名、技術術語、四字成語等數位檔案。其主要目的是增強預測文字和上下文分析，藉以提高中文輸入法編輯器的準確性和效率。

從一九八〇年代中期開始，中文輸入詞庫激增，許多研究所、公司、政府機構和普通用戶等，都致力於創建新詞庫和擴展現有詞庫。大約在一九八六年，北京航空航天大學開發出當時最大的數位詞庫之一。[31]同時，YYDOS中文作業系統預先安裝了超過十萬個中醫常用詞語庫。[32]即使在早期階段，此類輸入詞庫的規模和範圍，以及創建詞庫所付出的勞動努力，都確實令人震驚。在一九八〇年代中期和後期，張國防（一名受過培訓的醫生）花了幾年的時間，整理出包含約一千萬字的詞庫，涵蓋中小學教科書及其他材料。在此基礎上，他繼續製作了他所謂的四級「詞庫」。第一級包含五六三三個常用詞組，第二到第四級則包括九萬六千個詞組，借助的是承德醫學院和人民大學的研究成果。[33]

到一九八〇年代後半期，拼音輸入子領域日趨成熟，拼音碼在速度和準確性方面，也已接近結構式輸入法，甚至在潛在用戶數量方面也已遠遠超過它們。中國電腦科學家變得越來越自信，甚至有些人開始認為中文預測性文本的整體發展軌跡，會像是中文輸入預測領域的「摩爾定律」一樣地成長。

例如，在齊元（Qi Yuan音譯）一九八六年的一篇論文中，概述了他認為的中文文本處理四個基本階段，每個階段都根據中文輸入法編輯器能夠有效處理的不同大小的詞彙單位來定義：包括字、詞、句和語（段落）。根據齊元估計，一九八六年左右的中文電腦處於第二和第三階段之間，亦即介於多字元詞語的有效輸入和整個中文句子的輸入之間。[34]

到了一九八九年，有些人給出了更自信的評斷。張國防寫道：「目前，現代中文的輸入速度顯然已經超過了西方語言的輸入速度。」他繼續說：「展望未來，隨著字詞處理技術研究不斷深入，創建出質量更高、更理想的字元庫後，我們完全有理由希望用戶以悠閒的按鍵方式，就能達到或遠遠超過人類說話的速度。」[35]

相較之下，許多西方的研究人士抱持截然不同的看法，其中包括最著名的漢語語言學家之一約翰·德弗朗西斯（John DeFrancis）於一九八九年寫道：「在文字處理中，我們通常輸入字母數字符號，便秀出以相同符號代碼表示的文字。只要受過相關輸入訓練，就會是非常簡單且高效的系統。」德弗朗西斯總結說：

「目前還沒有、而且我相信永遠不可能有，具有如此效率的中文輸入和輸出系統。」[36]

儘管齊和張二人的預測如此大膽，儘管有些西方人表達了反對意見，但整體而言，他們的預測已經成真。到一九九〇年代時，預測性文本變得相當普遍，以至於中國地位最高的國家標準局，開始發布指導性文件，規定哪些二字詞、三字詞等詞組，必須包含在任何中文輸入系統、文字處理程式或電腦中。該標準稱為「漢字鍵盤輸入通用詞語集」，這份一百一十頁的標準文件內容包含四萬三千五百四十個條目，並依據使用頻率分成三個等級。[37] 這些分級和其他幾十種捷徑，可以讓用戶檢索電腦記憶體中，特別編碼的一組常用詞組。同樣在一九九〇年代初期，三個對中國資訊界有相當影響力的組織，聯合製作了「漢字鍵盤輸入常用詞語概要」。[38]

當時的中文字元作業系統，例如CCDOS、UCDOS等，開始預載大量中文字庫，並提供讓用戶根據需求擴展和自訂詞庫的功能。[39] 最引人關注的是圍繞著這些預測文本方法的術語，也逐漸穩定下來。中文術語「聯想」在CCDOS 4.2中，安裝磁碟裡包含三個詞語庫分別稱為「大規模聯想詞庫（LXCK.CZ1）」、「中規模聯想詞庫（LXCK.CZ2）」和「小規模聯想詞庫（LXCK.CZ3）」的中文詞語庫。[40]

中文字詞庫的激增，對拼音輸入法的好處遠多於結構式輸入法。如同我們先前討論過的，在結構式輸入系統的歷史上，曾經經歷過各種微調以加強單一漢字的輸入。許多消歧義的技術被納入輸入系統的語法和邏輯本身，目的是確保每個潛在的字母數字輸入字串，得以對應最少的潛在字元。因此，雖然結構式輸入法確實利用了文本預測，因而可以利用漢字詞庫。然而在結構式輸入法的一般情況下，「下一個最可能」的字或詞的建議，只會出現在成功輸入當前字元之後才會出現。

但如我們所見，拼音輸入由於同音異義的緣故，在其發展歷史上並不擅長輸入單一字元。因此拼音輸入系統往往傾向於更早利用預測文字的功能，甚至經常在單一字元完全輸入之前，就能利用這些預測功能。更具體地說，越來越強大的漢字詞庫的擴增，讓拼音輸入能夠像我們之前在討論支秉彝及其快速碼時，看到的基本形式那樣，運用到越來越多的（更長的）多字元縮寫。然而拼音輸入縮寫只有在存在強大的多字元詞組和短語詞庫的情況下，才能發揮最大效用。不僅可以把這些縮寫與此類詞庫進行比較，還能透過此類詞庫建議進行字詞匹配。因此，雖然基於結構和拼音的輸入系統，同樣可以從這些字詞庫中受益，但我們可以認為拼音的潛在收益「上限」更高。

由於預測文字、共現分析、中文輸入詞庫等技術如此普遍，以至於必須發明特殊術語，用來指稱不使用某種形式的預測縮寫或雙重中介的拼音輸入。其中兩個術語是「全拼」和「純拼」，其意義分別為「完整拼音」和「純拼音」。在這兩種形式中，「全」和「純」這兩個形容詞，代表「完全」和「純粹」基於拼音類的拼音輸入模式。例如，在UCDOS90中，預先載入了六種輸入系統：區位、五筆字形、五筆、快速拼音、純拼音和ASCII（英文輸入）。[41]這裡尤其要注意到「快速」和「純」兩種。

最早也是最受歡迎的拼音輸入法「天匯」拼音輸入法，就是很好的例子。系統說明書建議了五種不同方式來輸入雙字元名稱「天匯」（Tianhui）本身。使用者可以使用一種名為「全拼」的設置，輸入序列t-i-a-n-h-u-i。然而使用者也可以使用其他四種設定中的任何一種，這些設定都不涉及漢語詞組的「完整」拼字。如果使用「簡拼」設置，使用者只需輸入每個字元的拼音聲母，正確輸入序列是「th」。而使用「混拼」，這是一種允許使用者輸入字元的完整拼音值或僅輸入聲母的設定，其正確輸入序列可以是「t-h-u-i」或「t-i-a-n-h」。最後一種稱為「簡拼＋筆形」，使用者可以使用數字和拉丁字母來描述字元的拼音值，也可以用作代表所需漢字的某個結構特徵的變數，其正確輸入序列是「t-1-h-4」。換句話說，用戶可以用五種「拼音」方法之一，輸入「天匯」這個雙字元詞組，其中只有一種是嚴格基於漢語拼音的輸入方式（亦即完整的拼音拼寫），其他四種方法雖然都使用拼音作為它們的底層「平台」，但卻以表意符號的方式利用了拉丁字母（**表6.2**）。[42]

這些方法在二〇〇〇年代仍然存在並且不斷發展，例如在輸入相同的「打字機」這個中文單詞時，可以用四到五種不同的字母數字序列，而且用的都是拼音輸入法（**圖6.4**）。

表6.2 使用天匯拼音輸入法輸入「天匯」二字

拼音模式	用戶的輸入序列	螢幕顯示
全拼	tianhui	
簡拼	th	
混拼	thui	天匯*
混拼2	tianh	
拼音＋筆形	t1h4	

*亦即所有輸入序列都可以在螢幕上出現相同的兩個字

此外，就在過去幾年，新一代的中文預測文字技術「雲輸入法」（雲端輸入法）出現了。它們跟一九八〇年代到二〇〇〇年代的輸入法有所不同，因為當時整個輸入過程發生在電腦內部。後來搜狗（Sogou）、百度、QQ、微軟等公司的系統，開始利用龐大、分散式、用戶生成的中文文字語詞庫，並且加上日益複雜化的自然語言處理演算法。這些系統創建了巨大的用戶生成字元資料庫，可以即時成長與變化，類似於可以協助動態填充Google搜尋欄文字後面的詞庫一樣。二〇一三年，微軟的研究人員大力推銷其中文輸入法的強大功能，搜狗則誇耀其雲端輸入法的更高準確度和效能。[43]搜狗的報導宣稱：「長句準確率」（即輸入法將長而複雜的字母序列轉換為準確的中文多字元段落的能力）從輸入法利用本地儲存字詞庫的百分之六十二．五，提高到雲端輸入法的百分之八十四；「短句準確率」也從百分之九十一．五二提高到百分之九十六。[44]

開啟拼音輸入法，使用者可以輸入字串「zhrmghg」，並且看到它正確建議「中華人民共和國」等字。

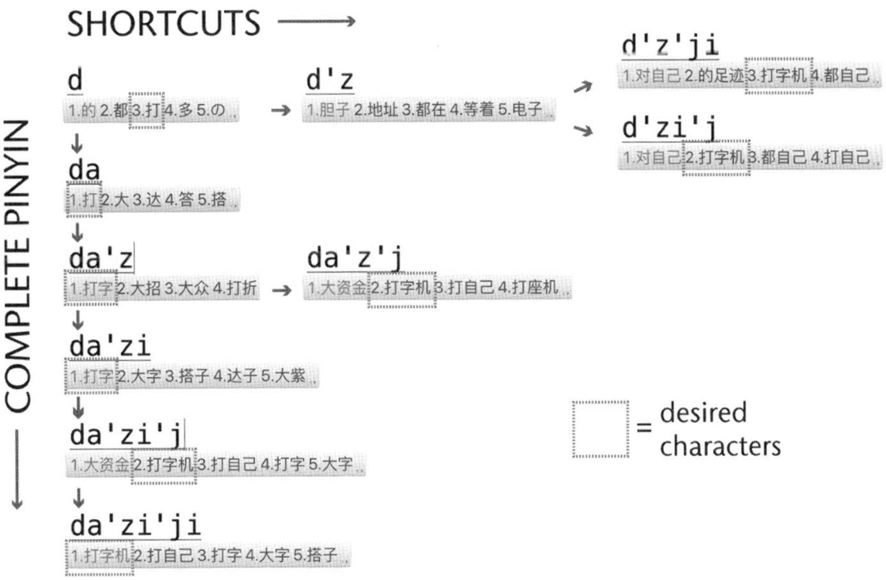

圖6.4　拼音輸入的各種快捷鍵

如果喜歡古典一些的例子可以輸入「xmyjj」，搜狗雲輸入法可能會推薦唐代詩人王維《送別》詩中的一句「下馬飲君酒」（xiama yin jun jiu「我下馬喝你的酒……」）（**圖6.5**）。雖然各位可能會說這首詩是最著名的唐詩之一，但如果你把電腦切換到英文輸入模式，接著輸入字串序列「sicttasdtamlamt」，你的電腦能辨識出這是莎士比亞的哪句名言嗎？可能性很小。*

拼音輸入改變了什麼

從一九九〇年代起，拼音輸入法編輯器已經取

* 譯註：sicttasdtamlamt出自《莎士比亞十四行詩集》第十八首：Shall I compare thee to a summer's day? Thou art more lovely and more temperate.（我是否該把你比喻為夏天呢？你比夏天更可愛更溫和。）

圖6.5　以搜狗拼音輸入王維的「送別」詩句

代了基於結構式的輸入法。拼音輸入的興起產生了什麼影響呢？這個問題跟速度和效率有關：拼音輸入是否比基於結構的輸入系統更快？是否至少一樣快呢？雖然很難確定這一點，但我們有理由懷疑答案是否定的。正如本書開頭所描述的那種中文輸入比賽，一次又一次地被使用某一種或另一種基於「結構」的輸入系統（而非拼音系統的）參賽者贏得勝利。因為基於結構的系統在輸入單一字元方面更有效；基於結構的系統也能夠利用預測文字等預測技術；所以答案非常明顯，整體看來，拼音輸入在中文輸入的「速度」方面，確實是退了一步。

雖然拼音輸入法在速度上可能較弱，但它能夠以「易用性」來彌補。這就把我們帶到第二個主要論點：拼音輸入法的發展，造就了中文超書寫方式的空前大眾化，讓更多中文用戶能利用他們對漢語拼音的知識，在電腦或行動裝置上選用某一種拼音輸入法。與五筆、倉頡等基於結構的系統相比，這些結構化的輸入系統都要求用戶從頭開始學習一種新的方法。然而基於拼音的輸入法卻能「搭便車」，因為有越來越多中國人都是從小就接受了廣泛的漢語拼音教育。使用了這些基於拼音的輸入系統，以及數量較少的非拼音中文輸入法編輯器後，幾億的中國電腦和新媒體用戶，便將中國從全球資訊基礎設施的落後地區，變成了最具推動力也最賺錢的市場之一。在這些中文寫作資訊科技的產生並行之下，寫作本身也發生了根本性的變化。

不過「大眾化」並沒有讓所有中文使用者雨露均霑。漢語拼音奠基於中國許多不同方言的形式之一，因此對粵語使用者或其他許多中文使用者來說，並非同樣容易使用。拼音輸入當然也繼承了這種偏差，它與基於結構的輸入系統不同，因為結構式的輸入法對於非標準漢語的方言等於維持中立，但拼音輸入卻讓使用者幾乎別無選擇，只能根據「標準」漢語發音輸入字元。正如中國政府最初推廣漢語拼音，是服務於「國家認同」和「語言規範」等更廣大的目標一樣。拼音輸入等於也在要求粵語、上海話和其他方言使用者，在一定程度上進行「統一」。從這個方面看，拼音輸入法可以協助把中文電腦，變成國家主導的「漢民族主義」下的另一項工具。45

拼音輸入超書寫的興起，也改變了各家輸入法新創企業的政治經濟層面。儘管拼音輸入法有多種類型，專用軟體和底層內碼皆有所不同，但這些系統彼此之間的差異，與結構化輸入法彼此之間的差異截然不同。更精確地說，在結構基底的輸入法中，其超書寫的不穩定性，讓新的輸入系統源源不絕地出現，每個結構式輸入系統都推銷自己的結構元素本體、語法以及將元素分配給拉丁字母和阿拉伯數字的方式。從這個角度來看，我們發現結構基底的輸入法，彼此的多樣化差異相當明顯。

然而在拼音輸入領域上，其多樣化的表現形式，與結構化輸入法截然不同。無論有多少種不同的拼音輸入法被提出、原型化、專利化和商業化，它們仍然都跟漢語拼音有關，並且在某種程度上強化了這個基礎平台。無論是搜狗拼音、ＱＱ拼音、Google拼音或其他拼音輸入法，雖然彼此之間存在競爭關係，但這些系統都在使漢語拼音標準化。更重要的是，比起五筆和三角輸入法，或是支碼和倉頡輸入法之間的差異而言，這些拼音輸入競爭系統之間的差異並不明顯。這些拼音輸入法之間的差異，通常可以歸結為每種輸入法預測功能的準確性、字庫的完整性，甚至是用戶體驗設計的整體美感等。因此，如果說基於結構的輸入系統，傾向於一種「離心且顯眼」的多樣化形式，拼音輸入法的多樣化形式，則往往是「向心和難以察覺」的（但我們絕不能誤解這種趨勢，認為所有的拼音輸入法都一樣，事實上它們並不相同）。

然而即使拼音輸入法後來居上，我們也應該記住中文輸入在整體上，仍然保持著歷史上一直呈現的樣子：一個超書寫式的、基於檢索的、依靠本書一直考證的三階段過程（標準、候選和確認）的文本生成系統。儘管拼音輸入法和漢語拼音有著驚人的相似之處，但它們本質上是不同的。事實正如我們所見，拼音輸入法的成功本身，就是來自這種根本差異下的產物，拼音巨大的超書寫潛力，正是將它從電腦層次的最低層拯救出來的因素。拼音輸入法的成功，得益於它擁抱了超書寫。

結論

歡迎來到超書寫的世界

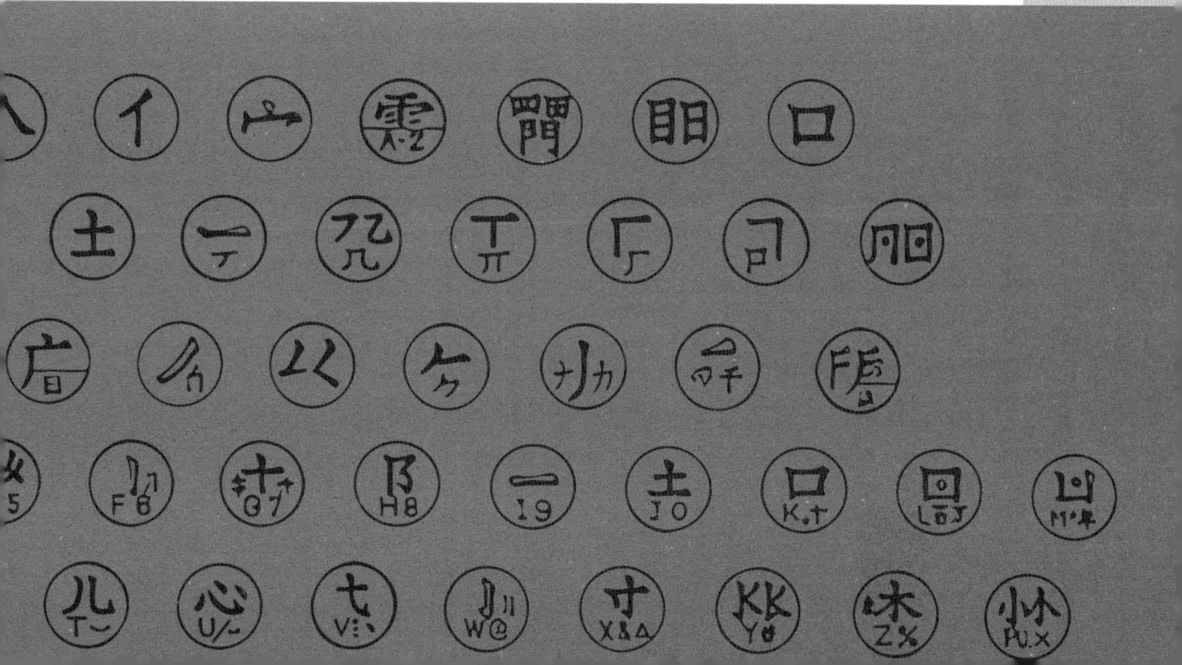

二〇一三年九月，正值「漢字失憶危機」最嚴重的時候，我跟一位八旬老人和他的孫女，坐在附近的星巴克喝茶。這是我第一次見到一位中國二戰老兵，許多中國人稱這場戰爭為「八年抗（日）戰（爭）」。

這次對談歸功於一次寫信的舉動。我和妻子在北京二環路沿線的郵筒裡，投入了幾百封信，信上的收件人都是根據中國專利資料庫裡找到的中文輸入法發明者。[1]讓我驚訝的是所有的發明者（包括這位老兵），都聲稱自己發明了一種全新的中文輸入法，並且堅信他們的發明，將能解決中文電腦文字輸入的難題。[2]

蔣琨（Jiang Kun，音譯）花了十五年的時間研發他的系統——他稱之為「音碼」。[3]該系統的基礎是把漢字分解為圖形元素，這點跟從一九五〇到八〇年代開發過的許多系統類似。他的系統的內容很有意思，當然可能因為發明者本身也很有趣，不過它不太可能讓我的研究改變方向。我想，大概可以當成一個迷人的註腳；如果不行，我也仍然感謝這次見面的機會。

後來，他的孫女在這場平靜的星期二下午對話中，突然急轉方向盤，讓我們猝不及防墜下懸崖。

「我覺得我的輸入法更好用些。」

她輕聲說著，以免祖父聽見。

「我正在做一套中文輸入法。」

「我爸爸也在做。」

我當時心想，難道我的中文能力不夠用了。真的同一家族的三代人，做了三種不同的輸入法？結果她證實了這一點：不光是她的祖父研發了一套中文輸入法，她和她父親也都在研發中文輸入法。她強調她父親甚至辭掉工作，全心投入開發自己的輸入法。[4]

經過一番愉快的交談後，蔣琨先生精神抖擻地站起來，微笑著伸出雙手和我握手。我們拍了一張照片，結束了這場對話。我茫然地走出了咖啡館。

這是在二〇一三年秋天裡的一個日子，我突然意識到一九八〇到九〇年代的中文輸入法大戰，仍在激烈進行著，和平協議可能永遠無法達成。這些輸入法可能永遠無法安定下來。

在十九世紀到二十世紀的大部分時間裡，為什麼會有這麼多的工程師、語言學家、企業家、政策制定者，致力於解決資訊時代的漢語輸入問題呢，我想原因相當明顯：中文語言下的科技，比起英語和許多其他語言下的科技效率更低，例如中文電報比較慢、中文打字比較慢、早期的中文電腦也更慢。此外，這些缺陷也為許多人帶來了重大問題，包括國家建設者、外交官、實業家、研究人員、企業家、軍事規劃者、金融家、教育工作者等……（名單太長，無法一一列舉）。除了實際問題之外，還有抽象的情緒動機。從概念層面來看，「速度」和「效率」長期以來既是一種「咒語」，也是一種「衡量標準」，亦即是用來比較和評斷社會、語言和科技的核心指標。中文明顯較「慢」的表現，讓人們對中華文化和文明的「適應性」產生不安的疑問。中文能與現代社會相容嗎？[5]中國必須放棄漢字嗎？

然而到了二十一世紀就是完全不同的故事了。使用中國語言的電子商務平台、應用程式、聊天室、線上文學網站和社交網路等，都讓世界各地科技公司和創投家羨慕不已。[6]一些中國科技公司的市場估值令人難以置信。[7]更讓我吃驚的是，就在我和蔣琨以及他的孫女在星巴克交談幾週後，我們在本書引言見到的那位黃振宇，走進了河南省的一個禮堂，以每分鐘二二一．九個字的速度（相當於每秒三．七個中文字），擊敗了二〇一三年全國漢字打字比賽的所有競爭對手。不論從什麼標準來看，中文似乎已經證明自己是數位時代裡，最成功的書寫系統之一。到底是什麼原因導致這種狂熱難解的輸入法發明風氣呢？為什麼已經有了超過一千種以上的中文輸入法，數量卻還在不斷增加？蔣琨家族，或者說每年提交輸入法專利申請的幾十位發明家，真的認為他們有辦法超越黃振宇的打字速度嗎？每秒三．七個字的速度，在中國與拉丁字母長達一個多世紀的競爭中，難道不算大獲全勝嗎？為何中國的工程師、發明家、各種公司和用戶們不先冷靜下來，享受當之無愧的勝利呢？[8]難道這些字母序列被顛覆得還不夠嗎？

要想理解中文輸入法為何持續躁動不斷，就必須了解兩個重要的關鍵因素。第一個關鍵因素是科技語言學（technolinguistic）上的原因，在英文鍵盤按下「Q」鍵，然後看到螢幕上出現「Q」這個英文字母，這是人機互動中理所當然的特徵之一。由於如此地理所當然，以至於滋生出一種「神話」情境，讓許多人認為字母文字的輸入是一種「即時」行為，亦即「按下等於顯示」。我之所以說這是「神話」，當然是因為在英語和中文電腦中，任何特定按鈕和任何特定字符之間，並不存在預設的關聯。按下標示為「Q」的按鍵，只是閉環（連通）了一個電路，該電路可以啟動無數種潛在操作中的任何一種結果。而將「Q」顯示到螢幕上，只是其中一種結果而已。

但是在這種框架已經運作了一個多世紀之後（該慣例可以追溯到機械打字機時代），英語電腦讓人們陷入一種深刻的、（對某些人來說）不可動搖的滿足感：無法想起所有「按鍵—符號」關係上的根本任意性。所有人機互動的任意性和可塑性，都已經沉入意識的底部，就像石頭沉入湖底一樣。所以，剩下的就只有Q（按鍵）必然等於Q（顯示）的假設了。

然而中文人機互動的情況，在結構上有著根本的不同。「按鍵—符號」關係雖然與英語一樣是任意性的，但就中文而言，日常用戶幾乎隨時都被提醒這種任意性。當你不可能為每個中文字分配一個專有按鍵時，也就是說，當你輸入的永遠不會是你得到的，按鍵和符號的「非同一性」，就不僅是可能的，而且是一開始就會知道的事。由此便產生了一種持續性的、結構性的「錯位」，讓超書寫無法像人機互動的傳統模型那樣陷入「同一性」的滿足感。畢竟，當「Q」等於「Q」時，鍵盤介面只不過是鍵盤本身的形狀，附上精確的符號分配而已。一旦該介面穩定成特定的形狀和分佈後，無論是標準鍵盤或其他鍵盤，其介面就根據「定義」而穩定下來了。

然而當「Q」不等於「Q」（至少不一定等於）時，**鍵盤本身就不是真正的介面了**。QWERTY標準鍵盤的所有按鍵，雖然都維持在相同位置，但只需改變輸入法即可改變介面。這種方式就像一種浮力，持續不斷地把語言的內在任意性，推回意識的表面，讓它不再是鵝卵石，而是像不斷上浮的普羅塞克氣泡酒的氣泡一樣，最終爆裂成批判意識的覺醒。

這些形容並不是在說日常中國電腦用戶，個個都是業餘語言哲學家或準符號學家，也不是說輸入法不會影響思考和實踐的習慣。而是在說，無論中國用戶使用哪一種輸入法，他們都無法看著標準鍵盤，假裝自己以任何直接或顯而易見的方式看到了「漢字」。因為使用標準鍵盤或觸控板輸入中文時，總是在從記憶體中呼叫或檢索漢字。按下拉丁字母的A-B-C……鍵，只是實現此一目的的手段，也就是無數種檢索方式裡的一種而已。

因此，我所說的浮力，跟儒家、共產主義、佛教、道教或任何其他對中國社會或文化有誤解的「傾向」或「本質」無關。這甚至不是一種選擇或目標，而是兩個世紀技術語言學不平等的歷史副產物。從電報發明以來，這個時期讓基於字元的中文語法處於嚴重的結構劣勢，工程師、語言學家和其他人，一直試圖克服這種劣勢。

持續改善中文輸入法的第二個關鍵因素是「社會政治」（sociopolitical）因素。我們必須記住，本書和前一本書《中文打字機》所考察的歷史，形成的是一個長達近兩世紀的、像燒紅的坩堝一樣的文明焦慮時期。[9]在這個時期裡，中國在世界上的地位，被一個由西方主導的現代與文明的新階級制度徹底質疑。因此在歷史上有很長的一段時期，中國處於一種「缺陷和補償」的處境中。無論是真實的還是被感知的缺陷，都要透過自我強加或外部強加的方式進行補償。中文輸入法正是這種焦慮所驅使的歷史「補償」中的一個部分；因為輸入法的發明，完全是為了解決這個「把中文塞進西式標準鍵盤」的棘手問題。的確，中國超書寫革命的每一個組成部分，都起源於某種可能的解決方法，改裝、補丁、破解、權宜之計或「B計畫」等，目的都在窮盡各種可能性。即使是率先開發中文輸入法的工程師們，也從未將他們的輸入法視為現代西方技術式的正式「替代方案」；他們也從未將超書寫吹捧為數位時代獨具特色的「中國式」解決方案。儘管像高仲芹、考德威爾、支秉彝等人，雖然對他們的系統能比得上甚至超越英文打字速度的能力，感到欣喜無比，但他們從未提議過英語或許也應該借鑒中文電腦輸入法並加以效仿。

然而隨後發生了一件奇怪的事。從二十一世紀初以來，本書和《中文打字機》一書中考察過的所有補償技術和方法，例如中國電報時代的巧妙解決方法和超媒介化、中文打字機時代的自然語言托盤選字，以及當然還有輸入法本身——**都比它們被設計用來補償的原始文本生產模式更快：**亦即比英語和長期存在的「一鍵一符號」、「所見即所得」模式更快。事實證明，「超媒介化」會比「即時性」攻上更高的效率頂峰。[10]

然而，打字速度達到每秒三．七個字元，並不代表就能改變幾百年來的典範。因為它無法完全移除拉丁字母主導地位的遺產，這種遺產已經同時在許多層面滲透入資訊科技中。即使中文輸入在速度和準確性上已經超越英文打字，但是這種長期缺陷感，亦即無法達到「一鍵一符號、所打即所得、即時性」的要求，仍然形成了一種信仰體系，持續影響著工程師、企業家和業餘愛好者的心態。這種影響將持續多久，沒人能肯定。

超書寫的極限在哪裡？

每秒三．七個字元就是故事的結局嗎？超書寫有機會變得更快嗎？超書寫的極限在哪裡？對於英文「打字」來說，人類似乎不太可能超過某個速度——大約每分鐘二百字左右。那麼電腦「輸入」呢？超書寫會有最高的「速度限制」嗎？如果有，我們該如何計算出來？

嘗試回答這個問題並不是一件容易的事。由於超書寫與預測技術（包括自動完成功能、機率檢索演算法、龐大且不斷增長的漢字詞庫、雲端輸入、大型語言模型（LLM）和生成式人工智慧等之間的相互糾纏，中文輸入早已超越了「輸入一個字，預測出後續詞語輸入」的階段。如今，提前預測兩個、三個和四個字元的組合詞語已經是司空見慣的事，甚至還可以擴展到七個或更多字詞語的預測，例如超縮寫拼音輸入序列「zhrmghg」（中華人民共和國）和「xmyjj」（下馬飲君酒）等。

請想像你是一位文學家，正在使用專門用於中國詩歌和文學的一套名為「連貫思想」中文輸入法外掛套件。（如果你是醫學專業人士、航空工程師、物理學家、藥劑師……也都有適合你的輸入法外掛套件。）當你輸入一首名詩的前幾個字元時，假設你的輸入系統會彈出你所需文本的長篇段落文字。當你確認之後，創作視窗裡會被填入十個字，也許是二十或三十個字。也就是在幾秒鐘內，引用詩句的你，每分鐘將能輸入介於三百到一千八百個字之間的任何內容。

當然到目前為止，至少存在著一個速度限制：人類「意圖」（打算寫什麼）的速度。所有目前考慮過的預測技術，都是假設寫作者已經知道他們想要寫什麼。輸入法的工作只是預測這種預先存在的意圖。但當「預測」能力超過可以存在某種需要預測的東西的速度時，會發生什麼事呢？超書寫能否開始建議作者還沒想到的單字或段落，亦即從「回饋」（feed back）轉向「前饋」（feed forward），進而超越思考的速度？[11]答案是可以，而且已經發生了。無論是自動新聞寫作、文法助理、自動翻譯，或是最近的生成式人工智慧技術（例如ChatGPT），這類技術的雛形已經存在。[12]當你登入ChatGPT並輸入一個超書寫序列，現在被稱為「提示詞」（prompt）時，該如何計算由此產生文字的「每分鐘字數」（WPM）？假設我輸入提示詞「產生一篇帶有附註的一千字論文，譴責常春藤聯盟學校學者的剽竊行為」，接著在十秒內收到了結果。從理論上計算，這段文章的生成速度大約是每分鐘六千字。然而此時的每分鐘字數（WPM）的概念本身，亦即這個社會用來衡量生產力以及評估一種輸入技術相對於另一種輸入技術的比較優勢，這種已經長達一世紀之久的可靠指標，便會開始失去意義，並在其自身的荒謬下崩潰。

請記住，這只是超書寫的「搖籃」時期：文字科技劃時代變革的前五十年，類似於過去在古騰堡時代的開創性五十年。[13]我們完全有理由期待超書寫技術變得更加強大，到它們能夠（或被人類認為能夠）評估正在形成的草稿的更廣泛「意義」，並能夠在單詞、短語、段落、頁面或整篇文章的各個層面，向寫作者提出建議。因此，我們正在目睹「**超書寫人**」的誕生，遠遠超過《古騰堡星系》的「古騰堡人」；借用自馬歇爾．麥克盧漢（Marshall McLuhan）那個用濫了的詞語。（譯註：指印刷術發明對人類的影響）。

此外，也沒有什麼可以保證超書寫必須保持文本性質，至少不是按照傳統意義上的文字。雖然超書寫的目的是產生文字，例如「zhrmghg」的目的是創建「中華人民共和國」這七個字。然而超書寫本身也可以是手勢的、表情的、聽覺的和嗅覺的。事實上，任何可以紀錄和分析的東西：一個人的走路方式、坐在椅子上的姿勢，甚至是上廁所，都有可能成為超書寫。[14]如此一來，當產生文字成為一種由電腦增強協作的完整形式時，追求「每分鐘字數」到底還有什麼意義？這並不是說超書寫毫無限制，而是說無論其限制是什麼，都不太可能遵守跟「即時」人機互動領域相同的規則。

英文呢？

「英文輸入呢？」一位北京的大學生，在我於人民大學講授全球資訊科技史課程結束後，向我提出了這個問題。「英文也有輸入法嗎？」

「有，」我回答他，我想到的是類似Cirrin或ShapeWriter之類的輔助系統。「但幾乎沒人使用。」[15]

正如我在本書簡介所討論的，超書寫並非也從未局限於中國或中文。無論是速記、Palm Pilot塗鴉字母表、T9輸入等形式，超書寫實踐在英語中已使用了 個多世紀。中文電腦之所以獨特的原因並非超書寫的存在，而是在於其使用規模與強度。在英語中，超書寫仍然是一種高度專業化的實踐，僅限於特定工作領域（例如法庭速記），或者在有實用限制或身體能力的問題，讓使用傳統QWERTY標準鍵盤打字變得不可行或不美觀（例如在Palm Pilot和其他小型電子設備上）的情況下。相較之下，中文的超書寫無所不在。

比較適合的類似範例來自音樂，更具體地說是電子音樂，亦即電子樂器數位介面或簡稱MIDI。當一九六〇年代電腦音樂出現後，音樂家便可使用外表看起來或感覺起來像是吉他、鍵盤、長笛等樂器外型的MIDI進行演奏。由於經過數位處理，它們可以產生套鼓、大提琴、風笛等不同樂器的聲音。MIDI在樂器形式上的實現，就像輸入法在標準鍵盤上實現的一樣。例如我們可以用MIDI鋼琴演奏大提琴，或者使用MIDI木管樂器演奏套鼓一樣。在輸入法下，我們同樣可以使用標準鍵盤和拉丁字母來「演奏」中文。因此，即使「樂器形式」保持一致（例如在中文電腦使用上占主導地位的標準鍵盤），MIDI可以演奏的不同樂器數量，事實上是無窮盡的。

QWERTY標準鍵盤在英語世界中的運作方式，就像在非英語世界裡扮演「MIDI控制器」的原理一樣。唯一的差別在於：英語電腦使用者被灌輸了一個觀念，亦即這種MIDI鋼琴所能演奏的唯一樂器**就是鋼琴本身**，甚至說唯一正確的演奏方式，**就是他們彈奏傳統鋼琴的方式**。對於「早期使用者」以外的大多數人來說，以另一種方式使用標準鍵盤來「演奏英語」的想法（即「Q」可能代表除了「Q」以外的其他字母），實在難以接受。此外，對於主流電腦使用者而言，使用完全不同的裝置來「演奏英文」的可能性，更是前所未聞（可以想想使用遙控器在Netflix搜尋，或使用汽車GPS的旋鈕輸入地址的情況）。畢竟談電腦或智慧型手機時，有多少人聽說過（更別說用過）Cirrin 或其他「一筆劃」文字輸入系統？又有多少人在電腦安裝過像Writerhander、BAT、TipTapSpeech、FrogWriter、Microwriter、SiWriting 或 CyKey這類「和弦鍵盤」（chorded keyboard，可以同時按多個按鍵來輸入文字）呢？

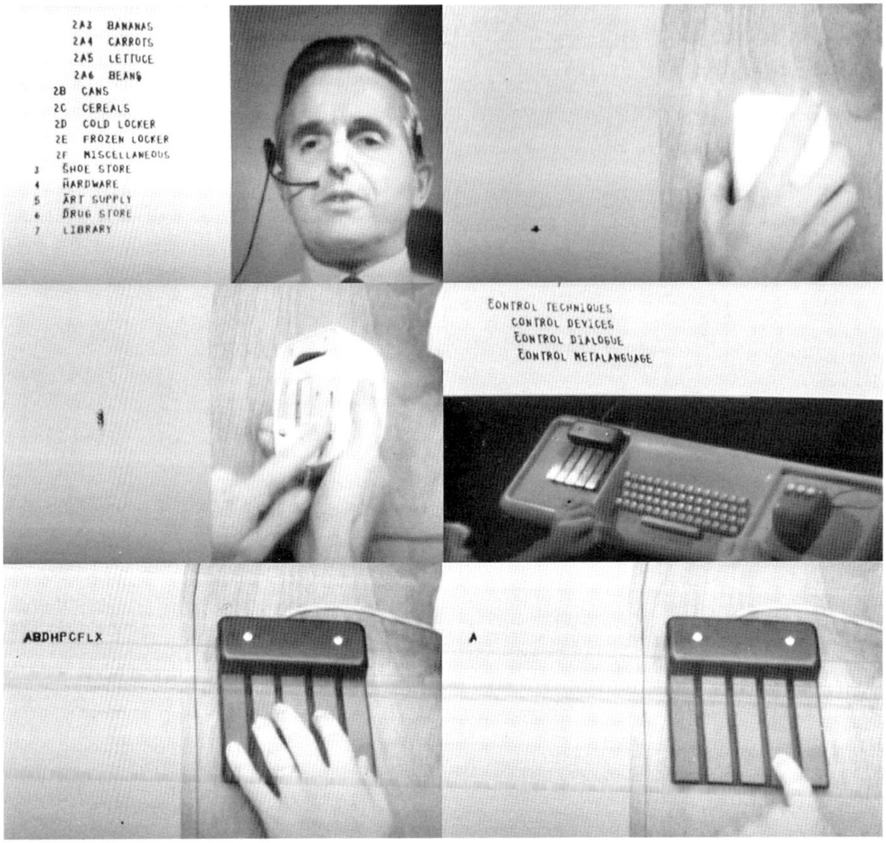

圖7.1　道格拉斯．恩格爾巴特在1968年的「所有演示之母」以及他使用的「和弦鍵盤」

所打即所得的人機互動模式相當普遍、有效且歷久不衰；它悄無聲息地抹去了電腦歷史上本來不應被忽視的某些部分。例如，電腦先驅道格拉斯．恩格爾巴特（Douglas Engelbart）在一九六八年所做的著名演示「所有演示之母」（The Mother of All Demos）。（**圖7.1**）許多人讚揚他預言了電腦的未來，因為他提前展示了視訊會議、超連結、圖形使用者介面和滑鼠等，這些技術在當時都領先全球。不過，很少有人會記得（或在意）恩格爾巴特也展示了一種基於「和弦鍵盤」的超書寫。當時他認為這個鍵盤跟電腦滑鼠的發明一樣重要，可以永遠改變人類與電腦設備互動的方式。[16]然而就這個預測來看，恩格爾巴特猜錯了。

所以超書寫在英文電腦和新媒體中，並非前所未聞，只不過多半被局限在邊緣領域，而非主流領域。儘管關於替代性的人機互動介面研究從不缺乏，但主流工程師和使用介面設計師所努力創造的是使用體驗，這些體驗在許多方面模仿了一九二四年的雷明頓打字機工作方式，只是後來的鍵盤更符合人體工學而已。換句話說，他們所做的一切努力，都是為了保留一個世紀前，機械打字的核心邏輯：一鍵一符號，所見即所得。

這其實不足為奇。畢竟，當使用者已經享受到可能最佳的選擇，也就是「即時性」時，又何必浪費寶貴的時間和精力去學習複雜、高度中介化的文字輸入系統呢？一旦遇到任何超出此核心範圍（即時性）的東西——無論是和弦鍵盤、自動完成功能、預測文字演算法等——英語電腦使用者都可決定將這些東西視為可選用的、輔助的或額外的工具。因此，微型電腦的許多演算法和運算能力，在文字輸入的用途方面都被「擱置在一旁」。[17]相較之下，專注於非拉丁語系電腦的工程師，則可能花上無數個小時，嘗試**重新構想人機互動的方式**，並**利用**微型電腦的運算能力，讓他們的輸入體驗能夠更加直觀或更有效率，所以這種追求是源自於基本需求。

諷刺的是，一些描述「正常」打字為何如此根深蒂固的最有力批判，竟是來自西方對QWERTY鍵盤的批評。經濟學家保羅・大衛（Paul David）在其著名的一九八五年論文〈克利俄（繆思女神之一）與QWERTY經濟學〉中，提出一個基本問題：QWERTY鍵盤在拉丁字母排列效率如此之低，為何仍能佔據主導地位？為什麼在歷史上從未被其他據稱更好的鍵盤排列方式所取代？低效率怎麼會取得勝利？[18]他的解答成為經濟思想的支柱之一：**經濟的塑造不僅取決於理性選擇，也取決於過去決策的累積**，因為經濟路徑是「路徑依賴」（path dependent）式的（許多人可能聽過「路徑依賴」這個專有名詞，但很少人注意到它是源自於一篇關於QWERTY標準鍵盤的文章）。

大衛的論文將抨擊的矛頭指向QWERTY鍵盤，鼓勵了其他人也拿起武器步其後塵。賈德・戴蒙（Jared Diamond，以《槍砲、病菌與鋼鐵》一書聞名）抨擊QWERTY「毫無必要地讓人疲勞、緩慢、不準確、難以學習和難以記住」，「迫使我們在正常的工作日裡，讓一位熟練的打字員手指在QWERTY鍵盤上的移動距離可能長達二十哩」。接著他還尖銳地批評，「用QWERTY鍵盤打字，經常會變成長時間單手連續打字母串的情況」。在戴蒙看來，QWERTY鍵盤就是個「災難」。[19]

然而當我們深入挖掘這種令人振奮的「破除偶像」運動的表象時，事情看起來就沒那麼革命性了。雖然英語世界確實有一小部分人，從一九八〇年代就開始質疑QWERTY鍵盤的神聖地位，甚至有人呼籲廢除它。但除此之外的拉丁字母世界裡，有更多的人在一百年前開始就這麼說了。早在一八八〇年代（不是一九八〇年代），語言改革者、技術專家、國家建設者以及跨越現在的東亞、南亞、中東、北非等地的人，就已經開始提問：我們該如何克服QWERTY鍵盤的阻礙？[20]

來自非西方對QWERTY鍵盤的批評，其所涉及到的利害關係，遠比大衛等人著作中所表達的更為深刻。大衛抱怨由於QWERTY鍵盤的佈局，讓人每分鐘損失了幾個單字的輸入速度。而戴蒙只想從他的鍵盤上榨取更多潛力，以減輕手腕的負擔。與此同時，中國評論家則在爭論以QWERTY鍵盤為代表的鍵盤介面，以及其他以拉丁字母為中心的資訊技術，是否會將中文寫作完全排除在全球科技語言的現代化過程之外。日本、韓國、埃及、泰國、印度等地的改革者，則是擔心他們文字文化的命運，亦即擔心他們國家的未來。

大衛文章裡的諷刺重點，是作者探索所謂的QWERTY鍵盤「解決方案」時經常遇到的。因為就英語世界批評QWERTY鍵盤的人來說，我們通常聽到的答案裡，除了少數例外，通常都覺得應該更換鍵盤佈局。也就是說，大家都認為只要把按鍵移動到鍵盤上的不同位置，就可以擺脫QWERTY鍵盤的束縛。許多人提到最喜歡的鍵盤佈局之一就是「德沃夏克鍵盤」（Dvorak Keyboard），這是由華盛頓大學教授奧古斯特·德沃夏克所設計，他從大約一九一四年到一九三〇年代以及之後，都一直在研究他的鍵盤介面。許多西方世界批評QWERTY鍵盤的人，都在吹捧德沃夏克鍵盤的字母排列比較「科學」，宣稱它是一種拯救打字員的工具，可以把他們從「罪魁禍首」QWERTY的「陰謀」中拯救出來。[21]

儘管在英語世界的人機互動情況下，這些作法似乎太過激進，但與非西方世界提出的方案相比，這些替代方案根本微不足道，甚至可以說是輕描淡寫。中國科技工作者和語言改革者以及許多非西方世界的人，都知道情況不止如此。要想「克服」QWERTY鍵盤的阻礙，需要的補救措施絕不止是簡單重新排列字母而已。除了必須直接對抗和克服 QWERTY鍵盤本身，還要攻克根深蒂固、環環相扣的「假設」網路，QWERTY鍵盤只是其中最醒目的部分而已。還要克服的是「一鍵一符號，所見即所得」、「即時寫作」等神話，這些才是最終需要克服的障礙，因為寫作就是作為一種創作行為別無其他可能。所以無論德沃夏克鍵盤或其他鍵盤，都無法透過簡單的「重新排列」來解決問題。最終的答案，就是我在這本書中主張的超書寫。

中文只是眾多放棄傳統即時人機互動模型，一頭栽進超書寫輸入法方向的非拉丁文字系統之一。從全世界的範圍看，QWERTY鍵盤和其他QWERTY樣式的鍵盤無所不在。但傳統意義上的「打字」卻非如此。

對於中文、日語、阿拉伯語、緬甸語、梵文或任何其他非拉丁文字來說，輸入法及其他許多「中介」程式，才是規則而非例外。它們被用來解決一個共同的問題：個人電腦（以及之前的電報、打字機、熱鉛排版等）輸入長期以來根深蒂固的偏見，這種偏見有利於拉丁字母，而不利於其他書寫系統。

請考慮以下幾點：

・對於這個世界上大約四・六七億阿拉伯語使用者來說，電腦解決方案是必需的，才能讓阿拉伯語（這是一種字母幾乎都是連接在一起，並且會根據前後文改變形狀的文字），跟西方構建的文字處理程式的互動順利。因為在這些程式中，字母被預設為並不會互相接觸，也不會改變形狀。

・對於超過七千萬以上的韓語使用者來說，電腦解決方案也是必需的，才能讓韓語（這是一種字母的尺寸和位置，都會依據前後文字因素而改變的語種）能在西方構建的電腦環境中運行，因為這些環境在個人電腦早期時，並沒有為其他類型的文字提供支援。

・對於大約五・八八億印地語和烏爾都語使用者、約二・五億孟加拉語使用者以及幾億其他印度語言使用者來說，也必須開發其他電腦解決方案。例如，儘管梵文的子音字母的數量相對較少，但它們通常以「合體字」的形式出現，其形狀可能與原始構成部分有很大的差異（這是這類書寫系統的特點，早期西方製造的電腦同樣無法處理）。

即使在今天，為了使基於QWERTY鍵盤的個人電腦與緬甸語、孟加拉語、泰語、梵文、阿拉伯語、烏爾都語等相容，仍然需要超過七種以上的不同電腦解決方案（請注意，我並**沒有**寫成「讓緬甸語……與QWERTY相容」）。這些方案包括：

1. 輸入法以及遞迴（不停出現）的彈出式選單（正如我們在書中所見），中文、日語、韓語和許多其他非拉丁文字系統都需要
2. 上下文形狀調整，對於阿拉伯語及其衍生形式以及緬甸語等文字都是必要的
3. 動態連字，阿拉伯語和泰米爾語等也需要
4. 放置變音符號，泰語等具有疊加變音符號的語系需要用到
5. 上下文重新排序，字母或字形的順序會根據上下文而改變（對於孟加拉語和梵文等印度文字來說相當重要，這些文字中的子音和隨後的母音會結合成組）
6. 拆分，對於印度文字來說也是必要的，單一字母或字形會同時出現在一行中的多個位置
7. 雙向性，適用於希伯來語和阿拉伯語等從右向左書寫的閃語系文字，但其數字會從左向右書寫（圖7.2）

如果我們統計因其書寫系統而被「系統性」的排除在西方製造的打字機、鑄排機、蒙納鑄排機、個人電腦等的人口總數，亦即被迫轉向超書寫人機互動模式的人口總數，就會發現這個數字已經超過全球人口的一半。換句話說，在個人電腦革命初期和之後相當長的一段時間裡，地球上絕大多數的人，如果不透過硬體或軟體的方式「改裝」，就無法使用個人電腦。

我們可以說，正是受益於非西方和非拉丁世界這股狂熱的超書寫「改裝」潮流，電腦和各種新媒體才能持續發展並取得如此成就。舉例來說，雖然未臻完美，但這些改裝讓阿拉伯語文字首次能以正確連接的形式，出現在螢幕和印刷品上；讓韓語字母比例能夠完整顯示；讓印度語合體字也得以正確呈現等，這些

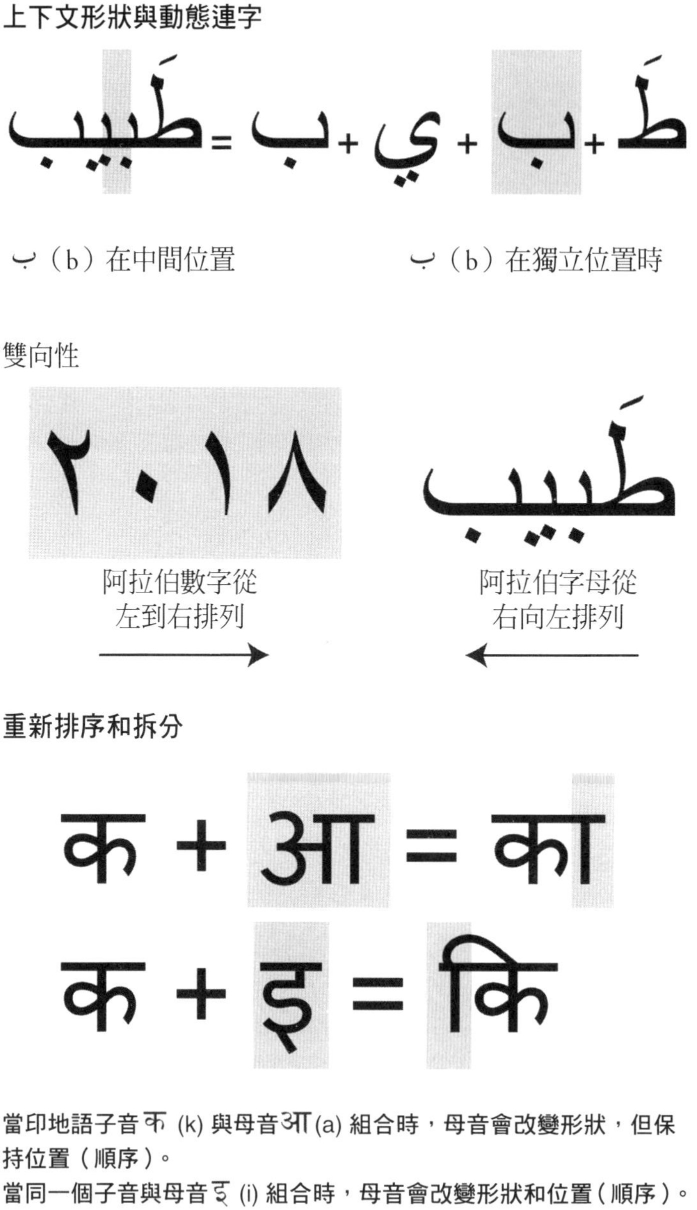

上下文形狀與動態連字
طَبيب = ب + ي + ب + طَ
ب（b）在中間位置
ب（b）在獨立位置時
雙向性
٢٠١٨
طَبيب
阿拉伯數字從
左到右排列
阿拉伯字母從
右向左排列
重新排序和拆分
क + आ = का
क + इ = कि
當印地語子音 क (k) 與母音 आ (a) 組合時，母音會改變形狀，但保持位置（順序）。
當同一個子音與母音 इ (i) 組合時，母音會改變形狀和位置（順序）。

圖7.2　上下文形狀、動態連字、重新排序與拆分範例

只是其中的一些例子。如今的亞洲、非洲和中東地區等，已經成為世界上最具活力和利潤最豐厚的ＩＴ市場，讓歐美公司爭先恐後地想要打入這些市場。對於那些執著於「即時性」神話的人來說，這樣的景像似乎印證了他們早已知道的事實：亦即西方工程和創新的輝煌，再次將恩賜灑遍了世界「其他」地區。

但這完全是一種謬誤。並不是西方設計的電腦拯救了中國和非西方世界，反而是中國和非西方世界拯救了西方設計的電腦——確切地說是拯救了西方電腦根深蒂固的局限性（無論是在概念上或物質上）。如果沒有各種輸入法、上下文調整、動態連字、渲染引擎、排版引擎、自適記憶體、上下文分析、自動完成功能、預測文本輸入、BIOS改裝、印表機驅動程式的破解、中文語言晶片，以及最重要的，擁抱超書寫等各種努力，西方製造的電腦在美洲和歐洲以外的世界，都將無法取得有意義的立足之地。[22]如今，超書寫已經成為全球標準，因為正是超書寫讓全球的電腦得以實際應用。

當需要「輔助」程式的語言數量，超過了電腦原先運作的語言數量時，我們對於電腦和新媒體的理解將發生怎樣的變化呢？當超書寫技術比原本「正常」的正字法輸入技術更普遍時，我們對電子寫作的理解，又將發生怎樣的改變呢？

讓我們回到二〇一三年中國輸入法大賽的黃振宇身上，我們不禁要問：黃振宇是否能夠用紙和筆「手寫」出胡錦濤主席的演講稿呢？如果他做不到，如果他也「提筆忘字」，我們真的會認為他是失憶、失語或文盲嗎？

書寫已經改變了。我們理解書寫的框架也必須隨之改變。

支秉彝. "The On-Site Coding Chinese Encoding System and Its Realization."（見字識碼漢字編碼方法及其在應用中實現）.《上海文匯報》（August 19, 1978）.

支秉彝. *On-Site Code Chinese Encoding Method*（《見字識碼漢字編碼方法》）. 上海儀器儀表研究所, 1982.

支秉彝與錢鋒. "On-Sight Coding' and its Realization."（見字識碼及其實現）.

中華人民共和國國家標準. "General Word Set for Chinese Character Keyboard Input"（漢字鍵盤輸入用通用詞語集）. GB/T 15732–1995. Circulated August 1, 1995. Adopted April 1, 1996.

Zhou, Yongmin. *Historicizing Online Politics: Telegraphy, the Internet, and Political Participation in China*. Stanford, CA: Stanford University Press, 2005.

周有光. *Basics of Pinyin Letters*（《拼音字母基礎知識》）. 北京：文字改革出版社, 1962.

Zhou Youguang. *General Theory of Chinese Character Reform*（《漢字改革概論》）. 北京：文字改革出版社, 1961.

Zhou Youguang. *Questions Regarding Pinyin-ization*（拼音化問題）. 中國文字改革委員會研究組. 1978.

Zhou Youguang. *The Pinyin-ization of Telegrams*（電報拼音化）. 北京：文字改革出版社, 1965.

朱世立. *Common Methods in Chinese TRUE BASIC Language and System Engineering*（《漢字TRUE BASIC語言和系統工程常用方法》）. Beijing: Dianzi gongye chubanshe, 1988.

Zimin Wu and J. D. White. "Computer Processing of Chinese Characters: An Overview of Two Decades' Research and Development." *Information Processing and Management* 26, no. 5（1990）: 681–692.

葉乃奉、張炘中與夏瑩. *Chinese Language Microcomputers and Chinese Character Recognition*（《漢字微型計算機與漢字識別》）. [機械工業出版社], 1989.

Ye, Sang. ”Computer Insects.“ In *The China Reader: The Reform Era*. Ed. Orville Schell and David Shambaugh, 291–296. New York: Vintage Books, 1999.

Ye, Weili. *Seeking Modernity in China's Name: Chinese Students in the United States, 1900–1927*. Stanford, CA: Stanford University Press, 2001.

Yeh, Chan-hui. ”System for the Electronic Data Processing of Chinese Characters.“ US Patent no. 3820644A. Filed May 7, 1973 and issued June 28, 1974.

袁琦. “Chinese Information Technology and Processing Natural Languages”（中文訊息技術和自然語言處理）. *Journal of Chinese Information Processing* 1, no. 1（1986）: 33–36.

張國防. *Fifty Character Element Computational Chinese Input Usage Manual*（五十字元計算漢字輸入法使用手冊）. Beijing: Zhongguo jiliang chubanshe, 1989.

張閎凡. “Chinese Character Shape-Letter Encoding Method”（漢字形母編碼法）.

張壽董、徐建毅與張建生. *Fundamentals of Chinese Language Computing*（《中文訊息的計算機處理》）. Shanghai: Yuzhou chubanshe, 1984.

張 廷 華 . *Double Pinyin Double Radical Encoding System Table of 4000 Commonly Used Chinese Characters*（《雙拼雙部編碼法四千常用漢字編碼表》）. Shanxi: Shanxi Linyi zhongxue, 1979.

張炘中. *Chinese Character Recognition Technology*（《漢字識別技術》）. Qinghua daxue chubanshe, 1992.

張薇. “Multilingual Creativity on China's Internet.” *World Englishes*（May 2015）: 231–246.

Zhang, Weiyu. *The Internet and New Social Formation in China: Fan Publics in the Making*. New York: Routledge, 2016.

鄭邑, ed. *The Apple II Microcomputer and Chinese System*（《Apple II微機及漢字系統》）. 上海同濟大學出版社，1985。

支秉彝. “A Cursory Discussion of On-Site Coding.”（淺談見字識碼）.《自然雜誌》（1978）: 1.

支秉彝. “An Introduction to ‘On Sight Encoding of Character.” *Nature Magazine* 1, no. 6（October 1979）: 350–353.

支秉彝.“Recommendation for a New Method of Chinese Character Encoding”（建議一種漢字編碼新方法）.《電工儀器》（1975）.

支秉彝. “The On-Site Coding Chinese Encoding Method and its Implementation on Computers.“（見字識碼漢字編碼方法及其在計算機實現）.《中國語文》（1979）.

法的電子計算機漢字系統）. *Wenzi gaige* [*Writing Reform*] 4（1985）: 47–48.

汶德勝. *Research on Computer Recognition of Printed Chinese Characters*（《印刷漢字計算機識別的研究》）. [中國科學技術大學], 1988.

"West Germany-Co-Operation in Typewriters." *BBC Summary of World Broadcasts*, July 30, 1980.

Wiener, Norbert. *Cybernetics: Or, Control and Communication in the Animal and the Machine.* Cambridge, MA: MIT Press, 1961.

Winder, Robert. "The Qwerty Conspiracy." *The Independent*, August 12, 1995.

Witzell, Otto W. and J.K. Lee Smith. *Closing the Gap: Computer Development in the People's Republic of China*. Boulder, CO: Westview Press, 1989.

Wood, Helen M., Donald J. Reifer, and Martha Sloan. "A Tour of Computing Facilities in China." *Computer*, January 1985, 80–87.

Wu, K. T. "The Development of Typography in China During the Nineteenth Century." *Library Quarterly* 22, no. 3（July 1952）: 288–301.

吳啟迪, ed. *The History of Chinese Engineers, Volume III, Innovation and Transcendence: The Rise and Engineering Achievements of Engineers in the Contemporary Period*（《中國工程師史 第三卷 創新超越：當代工程師群體的崛起與工程成就》）. 上海：同濟大學 Press, 2017.

吳嘯軍. *2.13 Series Chinese Character System User Manual*（《2.13系列漢字系統用戶手冊》）. Beijing: Jixie gongye chubanshe, 1993.

吳佑壽與丁曉青. *The Principle Method and Realization of Chinese Character Recognition*（《漢字識別原理方法與實現》）. Gaodeng jiaoyu chubanshe, 1992.

Xu, Yizhou. "The Postmodern Aesthetic of Chinese Online Comment Cultures." *Communication and the Public* 1, no. 4（2016）: 436–451.

薛士權與錢培得，《關於雙拼編碼漢字處理系統的實驗報告》. N.p.: 1986.

Yang, Guobin. *The Power of the Internet in China: Citizen Activism Online*. New York: Colombia University Press, 2011.

楊惠民與蔣子放. *Sinicized COBOL Language for Microcomputers*（*Programming Methods and Skills*）（微型計算機漢字化COBOL語言）. Beijing: Dianzi gongye chubanshe, 1987.

楊 繼 繩 . *The World Turned Upside Down: A History of the Chinese Cultural Revolution*. New York: Farrar, Straus and Giroux, 2021.

Yang, Shou-chuan, and Charlotte W. Yang. 1969. "A Universal Graphic Character Writer." In International Conference on Computational Linguistics COLING 1969: Preprint No. 42, Sånga Säby, Sweden. See this link for info: https://aclanthology.org/C69-4201/.

Vaisman, Carmel. "Performing Girlhood through Typographic Play in Hebrew Blogs." In *Digital Discourse: Language in the New Media*, eds. Crispin Thurlow and Kristine Mroczek. Oxford: Oxford University Press, 2011, 177–196.

Viguier, Septime Auguste（威基謁），《電報新書》（Guangxu 18）. In "Extension Selskabet-Kinesisk Telegrafordbog." 1871. Arkiv nr. 10.619. In "Love og vedtægter med anordninger." GN Store Nord A/S SN China and Japan Extension Telegraf. Rigsarkivet [Danish National Archives]. Copenhagen, Denmark.

"Visit of Caryl P. Haskins to Graphic Arts Foundation. Carnegie Corporation of New York Record of Interview." February 20, 1953. Louis Rosenblum Collection. Stanford University.

Walder, Andrew. *Agents of Disorder: Inside China's Cultural Revolution*. Cambridge, MA: Belknap Press, 2019.

Wang, Chi. *Building a Better Chinese Collection for the Library of Congress. Selected Writings*. Lanham: The Scarecrow Press, 2012.

Wang Code Computer: Special Issue on Five-Stroke Technology（*Wangma diannao: Wubi zixing jishu zhuankan*）6（October 1991）.

王官偉、陳閎中與王曉宇, eds. *Natural Code Chinese Character Input Method Tutorial*（《自然碼漢字輸入法教程》）. 上海：同濟大學 Press（*Tongji daxue chubanshe*）, 1994.

王輯志. "My Autobiography（25）: Making a Chinese Character Card"（《我的自傳》〈二五〉：製作漢卡）. http://blog.sina.com.cn/wangjizhi. Accessed January 2, 2018.

Wang, Maojiang. "On the Interface Between the High-Level Languages and Chinese Character Information." *Computer Standards and Interfaces* 6, no. 2（1987）: 181–186.

Wang Qihong. "PASCAL Compiler with Chinese Identifier"（可用漢字標識符的PASCAL編譯程式）. *Journal of Changchun Post and Telecommunication Institute*《長春郵電學院學報》2（1987）: 61–71.

王頌平. *Complete Illustrated Guide to Stroke Order Code*（《筆順碼圖解全集》）. Beijing: Zhongguo funü chubanshe, 1998.

王選. *Beijing University Founder Group Book Typesetting Technology and Application*（《北大方正書版排版技術和應用》）. Beijing: Founder Group: 1993.

Wang, Xinyuan. *Social Media in Industrial China*. London: UCL Press, 2016.

Wardrip-Fruin, Noah. *Expressive Processing: Digital Fictions, Computer Games, and Software Studies*. Cambridge, MA: MIT Press, 2009.

唯唐. "A Computational Chinese Character System with Multiple Input Methods"（可用多種輸入方

Information Technology History Collection. Stanford University.

Tianjin Chinese Character Encoding and Information Processing Research Society（天津市漢字編碼訊息處理研究會）. *Chinese Character Encoding Compilation*（《漢字編碼匯編》）. August 1979. Thomas S. Mullaney East Asian Information Technology History Collection. Stanford University.

Tianjin City Zhonghuan Electronic Computer Company（天津市中環電子計算機公司）. *Chinese Character Encoding Manual*（《漢字編碼手冊》）. Tianjin: Tianjin City Zhonghuan Electronic Computer Company, 1982.

Tien, H. C. "On Learning Chinese." *World Journal of Psychosynthesis* 4, no. 7（July 1972）: 4–5, *h.n.*

"To Lift One's Brush and Forget the Character': Did Informationalization Cause the Chinese Character Crisis?"（提筆忘字：是訊息化造成了漢字危機嗎）？《中国青年》. September 16, 2013. http://www.cernet.edu.cn/zhong_guo_jiao_yu/yiwujiaoyu/201309/t20130916_1017489.shtml.

"To Lift One's Brush and Forget the Character': What Have We Forgotten?"（「提筆忘字：我們究竟忘掉了什麼？）.《新華網》. November 4, 2013. http://edu.qq.com/a/20131104/002402.htm. Accessed March 1, 2019.

Tong, Q. S. "Inventing China: The Use of Orientalist Views on the Chinese Language." *Interventions* 2（2000）: 11–4.

"Toynbee Lectures." *VMI Cadet*（February 10, 1958）: 2.

"Tsinghua University Organizes 30-Plus Professors and Students to Test Electronic Computer Designed for Statistical Purposes"（清華大學組織三十多個師生為市計委試試托統計用電子計算機）. Beijing Municipal Archives（BMA）001-022-00494（March 11, 1960）.

Tsu, Jing. *Kingdom of Characters: The Language Revolution That Made China Modern*. New York: Riverhead Books, 2022.

Turner, R. H. "Chinese Type Casting Machine." November 19, 1943, 1. Mergenthaler Linotype Company Records, 1905–1993, Archives Center, National Museum of American History. Smithsonian Institution. 3628號檔案盒.

"Two Newly Invented Chinese Typewriters"（中文打字機兩起新發明）. *Kexue yuekan* 15（1947）: 23–44.

UCDOS High-Level Chinese Character System User Manual v. 2.0（*UCDOS*高級漢字系統用戶手冊 *v2.0*）. Beijing: Zhongguo kexueyuan xiwang gaoji dianna jishu gongsi, 1990.

Uzman, Mehmet. "Romanisation in Uzbekistan Past and Present." *Journal of the Royal Asiatic Society* 20（January 2010）: 61–74.

Office Work, 1900–1930. Chicago: University of Illinois Press, 1992.

Suchenwirth, Richard. *Systeme zur Datenverarbeitung in chinesischer Schrift. Eine Marktübersicht*. Beijing: April 15, 1985. Original housed in the Rolf Heinen Technology Collection in Drolshagen, Germany. Photocopy in author's collection.

"Suggested Outline X of License Agreement Between Chung-Chin Kao and Mergenthaler Linotype Company, N.Y." October 24, 1943. Mergenthaler Linotype Company Records, 1905–1993, Archives Center, National Museum of American History. Smithsonian Institution. 3628號檔案盒.

Su, Hsi-Yao. "The Multilingual and Multi-Orthographic Taiwan-Based Internet: Creative Uses of Writing Systems on College-Affiliated BBSs." *Journal of ComputerMediated Communication* 9, no. 1（2003）, JCMC912, https://doi.org/10.1111/j.1083-6101.2003.tb00357.x.

"Summary of Cable & Wireless' History in China." DOC/CW/12/54. Porthcurno Telegraph Museum Collection and Cable & Wireless Archives.

"Summary of the Discussions and Samples on the Sinotype Project." December 18, 1975. Graphic Arts Research Foundation. In Louis Rosenblum Collection. Stanford University.

Sun Qiang [孫強]. "Chinese Character Matrix Generator that Can Generate Multiple Fonts"（一種能生成多種字體的漢字字模發生器）. CN1031140A. Assignee: Beijing Sitong Group. Date of Application April 10, 1987. Patent Date February 15, 1989.

Szuprowicz, Bohdan O. "CDC's China Sale Seen Focusing Western Attention." *Computerworld*, November 29, 1976, 51.

Szuprowicz, Bohdan O."Expanding Chinese Micro Market Triggering Frenzy."*Computerworld*, May 21, 1984, 10.

Tam, Gina Anne. *Dialect and Nationalism in China, 1860–1960*. Cambridge: Cambridge University Press, 2020.

"Technical Data: IPX 5486 Automatic Send-Receive（ASR）Telecommunications Terminal."Thomas S. Mullaney East Asian Information Technology History Collection. Stanford University.

Thornton, Tamara Plakins. *Handwriting in America*. New Haven, CT: Yale University Press, 1996.

Thurlow, Crispin. "Generation Txt? The Sociolinguistics of Young People's TextMessaging." *Discourse Analysis Online* 1, no. 1（2003）. https://extra.shu.ac.uk/daol/articles/v1/n1/a3/thurlow2002003-paper.html.

Tian Wuzhao [田吳炤], trans., *Outline of logic*（《論理學綱要》）. 上海：商務印書館, 1903.

Tianhui ABC Chinese Input Method（天匯ABC漢字輸入法）. Thomas S. Mullaney East Asian

Texture of Internet: Netlinguistics in Progress. Ed. Santiago

Posteguillo, María José Esteve, and Lluïsa Gea-Valor. Cambridge: Cambridge Scholar Press, 2007.

Siegert, Bernard. *Cultural Techniques: Grids, Filters, Doors, and Other Articulations of the Real*. New York: Fordham University Press, 2015.

Simon, Denis Fred Simon and Merle Goldman, eds. *Science and Technology in PostMao China*. Cambridge, MA: Harvard University Asia Center, 1988.

Sloss, Robert P., and Peter H. Nancarrow. "A Binary Signal Generator for Encoding Chinese Characters into Machine-Compatible Form." Chinese Language Project. Cambridge, England. 1976. FH.410.45. Cambridge University Library Special Collections.

Sloss, Robert P., and P. H. Nancarrow. "C.L.P. Ideo-Matic 66: A Pre-Production Prototype Encoder for Chinese Characters." Chinese Language Project. Cambridge, England. May 1976. FH.410.46. Cambridge University Library Special Collections.

Smith, Eleanor. "Life after QWERTY." *The Atlantic*（November 2013）. "Software Exhibition '87." *South China Morning Post*, May 25, 1987, 47.

"Software Exhibition '88." *South China Morning Post*, August 22, 1988, 7.

"Software Exhibition '89." *South China Morning Post*, October 10, 1989, 28.

"Sogou Cloud Input: An Introduction to Cloud Computing"（搜狗輸入法雲計算介紹） https://pinyin.sogou.com/features/cloud/.

"Sound Code Input System"（音碼輸入法）. PRC Patent Document CN 1277379A. December 20, 2000.

"Stanford Libraries Receives a Remarkable East Asian Information Technology Collection." *Stanford Libraries Newsletter*（May 26, 2021）. https://library.stanford.edu/node/172367. Accessed July 2, 2022.

Stanley, Autumn. *Mothers and Daughters of Invention: Notes for a Revised History of Technology*. New Jersey: Rutgers University Press, 1995.

Stanton, Andrea. "Broken is Word." In *Your Computer Is on Fire*. Ed. Thomas S. Mullaney, Benjamin Peters, Mar Hicks, and Kavita Philip, 213–230. Cambridge, MA: MIT Press, 2021.

Stepanek, James B. "Microcomputers in China." *The Chinese Business Review*, May– June 1984, 26–29, 29.

Stern, Adi. "Aleph = X: Hebrew Type on the Edge." Presentation at the 2007 ATypI Annual Conference. Helsinki.

Strom, Sharon Hartman. *Beyond the Typewriter: Gender, Class, and the Origins of Modern American*

Rosenblum, Louis, B. D. Rosenblum, G. P. Low, and W. W. Garth. *Computerized Typesetting of Chinese: Text Processing on the Sinotype III*. Research Triangle Park, NC: Instrument Society of America, 1983.

Rotman, Brian. *Becoming Beside Ourselves: The Alphabet, Ghosts, and Distributed Human Being*. Durham: Duke University Press, 2008.

Schlombs, Corinna. "Women, Gender and Computing: The Social Shaping of a Technical Field from Ada Lovelace's Algorithm to Anita Borg's 'Systers.'" In *The Palgrave Handbook of Women and Science: History, Culture and Practice since 1660*, 307–332. London: Palgrave MacMillan, 2022.

"Science and Technology News: Domestic: Chung-Chin Kao Invents a Chinese Character Technology Application"（科學技術消息:國內:高仲芹發明'中國文字技術應用'）.《科學與技術》 1, no. 4（1944）: 87.

Scott, Matt [Mate Sikete 馬特・斯科特]. "The Background Technology and Story of Microsoft's Engkoo Pinyin Input Method"（微軟英庫拼音輸入法背後的技術和故事）. http://tech.sina.com.cn/it/csj/2013-01-25/08418014659.shtml.

Shannon, Claude E., and Warren Weaver. *The Mathematical Theory of Communication*. Urbana: University of Illinois Press, 1949.

Shanxi Province Chinese Character Encoding Research Special Issue（山西省漢字編碼研究專輯）. Shanxi sheng kexue jishu qingbao yanjiusuo, March 1979. Thomas S. Mullaney East Asian Information Technology History Collection, Stanford University.

Shashoua, Fred E. "Photocomposition Machine for the Chinese Language." *RCA, Camden, NJ, RCA Tech. Paper* 101（1964）.

Shashoua, Fred E., Warren R. Isom, and Harold E. Haynes. "Machine for Composing Ideographs."US Patent 3325786. Filed June 2, 1964, and issued June 13, 1967.

"S. H. Caldwell: 1904–1960." *The Technology Review* 63, no. 2（December 1960）: 4.

Sherblom-Woodward, Blake. "Hackers, Gamers and Lamers: The Use of l33t in the Computer Sub-Culture." Unpublished, Swarthmore College, Swarthmore, PA, 2008. https://www.swarthmore.edu/sites/default/files/assets/documents/linguistics/2003_sherblom-woodward_blake.pdf.

Shivtiel, Shlomit Shraybom. "The Question of Romanisation of the Script and the Emergence of Nationalism in the Middle East." *Mediterranean Language Review* 10（1998）: 179–196.

Shortis, Tim. "'Gr8 Txtpectations': The Creativity of Text Spelling." *English Drama Media* 8（June 2007）: 21–26.

Shortis, Tim. "Revoicing Txt: Spelling, Vernacular Orthography and 'Unregimented Writing.'" In *The*

Taiwan: Academia Sinica, August 14–16, 1973.

"Prof. Zhi Bingyi." College of Electrical Engineering, Zhejiang University. http:// ee.zju.edu.cn/english/redir.php?catalog_id=18647&object_id=19246. Accessed May 5, 2012.

Purdon, James. "Teletype." In *Writing, Medium, Machine: Modern Technographies*. Ed. S. Pryor and D. Trotter, 120–136. London: Open Humanities Press, 2016.

Qian Peide. "An Analysis of CC-DOS"（CC-DOS 分析）.*Microcomputer Applications*（《微計算機應用》），5（1985）: 1–10.

Qian Peide [錢培得], ed. *CC-DOS Chinese Character Operating System for Microcomputers*（《微型計算機漢字操作系統CC-DOS》）. Xi'an: Shaanxi dianzi bianjibu, 1988.

Qian Yuzhi [錢玉趾]. "Prospects for the Development of a 'Unified Script for Computers"（《電腦書同文的發展前景》）. *Zhongwen xinxi* 1（1992）: 6–9.

Qin Dulie [秦篤烈]. "Principles of Developing Expert Systems of Traditional Chinese Medicine." In *Expert Systems and Decision Support in Medicine*. Ed. Otto Rienhoff, Ursula Piccolo, and Berthold Schneider, 85–93. Berlin: Springer, 1988.

Quartermaster Research and Engineering Center. "Chinese Photocomposing Machine." Natick, MA: Headquarters Quartermaster Research and Engineering Command, U.S. Army, March 1960. Louis Rosenblum Collection. Stanford University.

"Radical Machines Chinese in the Information Age." Exhibition held October 18, 2018–March 24, 2019, at the Museum of Chinese in America. Curated by the author.

RCA Advanced Technology Labs. "Language Manual for Use with Ideographic Composing Machines." Camden, NJ: RCA, February 1970.

"Revolutionary Chinese Typewriter Displayed." *The North-China Daily News*（October 21, 1947）.

"Richard Solomon, Former Diplomat Who Helped Nixon Open Relations with China, Dies." *Wall Street Journal*, March 14, 2017, https://www.wsj.com/articles/richard-solomon-former-diplomat-who-helped-nixon-open-relations-with-china-dies-1489532159.

"Robot Writes *LA Times* Earthquake Breaking News Article." *BBC.com*, March 18, 2014. https://www.bbc.com/news/technology-26614051.

Romano, Frank J. *History of the Linotype Company*. Rochester, NY: RIT Press, 2014.

Romano, Frank J. *History of the Phototypesetting Era*. San Luis Obispo, CA: Graphic Communication Institute, California Polytechnic State University, 2014.

Rosenblum, Louis. "Photocomposition of Chinese: Input Systems and Output Results." n.p., n.d. Louis Rosenblum Collection. Stanford University.

.computerhistory.org/pdp-1/spacewar/.

Peckley, Silahis O. No Title. *Asia Africa Intelligence Wire*, October 14, 2002.

裴杰. *CC-DOS V4.2 Chinese Character Operating System User Guide*（CC-DOS V4.2 漢字操作系統使用指南）. Shanghai: Shanghai jiaotong daxue chubanshe, 1991.

Peiser, Jaclyn. "The Rise of the Robot Reporter." *New York Times*. February 5, 2019.

Peking University Chinese Character Information Processing Technology Research Office（北京大學漢字訊息處理技術研究室）,"Design Proposal for Medium-Sized Keyboard Chinese Character Information Processing and Input System"（漢字訊息處理輸入系統中型鍵盤設計方案）. In *Chinese Information Processing*（漢字訊息處理）. Ed. Chinese Language Journal Editorial Department（Zhongguo yuwen bianjibu）, 1–18. Beijing: Zhongguo shehui kexue chubanshe, 1979.

"Percentages of Letter Frequencies per 1000 Words." http://www.cs.trincoll.edu/~crypto/resources/LetFreq.html. Accessed August 2, 2020.

Peters, Benjamin. *Digital Keywords: A Vocabulary of Information Society and Culture*. Princeton, NJ: Princeton University Press, 2016.

Philip, Kavita. "What is a Technological Author? The Pirate Function and Intellectual Property."*Postcolonial Studies* 8, no. 2（2005）: 199-218.

Photograph of Chinese typist with "Eputima" label behind her. Thomas S. Mullaney East Asian Information Technology Collection. Stanford University.

Photograph of Harry Garland and Roger Melen（1980）. Wikimedia Commons. https://commons.wikimedia.org/wiki/File:Harry_Garland_and_Roger_Melen_-_ with_Cromemco_shipment_to_China_（1980）.jpg. Accessed June 17, 2020.

Photographic Album from Chung-Chin Kao to J. T. Mackey. August 14, 1946. Mergenthaler Linotype Company Records, 1905–1993, Archives Center, National Museum of American History. Smithsonian Institution. 3628號檔案盒.

Poo, Gee-Swee, Beng-Cheng Lim, and Edward Tan. "An Efficient Data Structure for Hanyu Pinyin Input System." *Computer Processing of Chinese and Oriental Languages* 4, no. 1（November 1988）: 1–17.

"The Press: Peace in Chicago." *Time*, September 26, 1949. https://content.time.com/time/subscriber/article/0,33009,800775,00.html. Retrieved February 19, 2022.

"Printing without Type." *Business Week*, October 1, 1949, 57.

Proceedings of the First International Symposium on Computers and Chinese Input/Output Systems. Taipei,

Nickjoo, Mahvash. "A Century of Struggle for the Reform of the Persian Script." *The Reading Teacher* 32（May 1979）: 926–929.

Norman, Jeremy. *Chinese*. Cambridge: Cambridge University Press, 1988.

Obituary of Robert Sloss. *The Darwinian: Newsletter of Darwin College*（Spring 2008）: 14. https://www.darwin.cam.ac.uk/drupal7/sites/default/files/downloads/Alumni-Darwinian10-2008.pdf

Obituary of T. Kevin Mallen. February 2, 2000. http://www.almanacnews.com/morgue/2000/2000_02_02.obit02.html. Accessed December 12, 2012.

O'Connell, Brigid. "New 'Smart Chair' Designed to Improve Posture and Protect Back Health." *The West Australian*, perthnow.com, June 16, 2015, https://www.perthnow.com.au/news/new-smart-chair-designed-to-improve-posture-and-protect-back-health-ng-1233bbbe13e3f6536fca4e13445f4d6a. "Olympia 1011." *Electronics* 54, no. 9–13（1981）: 71.

"Olympia 1011 Chinese Word Processor System." FBIS reprint from *China Computer World*（*Beijing jisuanji shijie*）no. 20（October 20, 1982）: 4. Translation in *China Report: Science and Technology* no. 189 FBIS（March 1, 1983）: 12–13.

Opinions on the Use of Double Pinyin Encoding Chinese Character Information Processing System（《雙拼編碼漢字訊息處理系統使用意見》），南京：南京大學 Jisuanjichang, May 28, 1986.

Ornstein, Severo. *Computing in the Middle Ages: A View from the Trenches 1955–1983*. Bloomington, IN: AuthorHouse, 2002.

"Over the Past Two Years, Tsinghua University Prototypes 18 Reliable Electronic Computers of Varying Types"（兩年來清華大學試製了十八台幾種不同類型的工作可靠的電子計算機）.《科學技術工作簡報》，30（March 7, 1960）: 64–70. Beijing Municipal Archives（BMA）001-022-00494.

Packer, Jeremy and Kathleen F. Oswald.「From Windscreen to Widescreen: Screening Technologies and Mobile Communication.」*The Communication Review* 13, no. 4（2010）: 309–39.

Packer, Jeremy. "Screens in the Sky: SAGE, Surveillance, and the Automation of Perceptual, Mnemonic, and Epistemological Labor." *Social Semiotics* 23, no. 2（2013）: 173–95.

潘德孚與詹振權. *Chinese Character Encoding Design*（《漢字編碼設計學》）. ca. 1997. Thomas S. Mullaney East Asian Information Technology History Collection, Stanford University.

Parisi, David. *Archaeologies of Touch Interfacing with Haptics from Electricity to Computing*. Minneapolis: University of Minnesota Press, 2018.

PDP-1 Restoration Project, "*Spacewar!*" Computer History Museum website, www

Army Airborne, Electronics and Special Warfare Board (March 1968).

Mullaney, Thomas S. "Controlling the Kanjisphere: The Rise of the Sino-Japanese Typewriter and the Birth of CJK." *Journal of Asian Studies* 75, no. 3 (August 2016): 725–753.

Mullaney, Thomas S. "How to Spy on 600 Million People: The Hidden Vulnerabilities in Chinese Information Technology." *Foreign Affairs*, June 5, 2016, https://www.foreignaffairs.com/articles/china/2016-06-05/how-spy-600-million-people.

Mullaney, Thomas S. "QWERTY in China: Chinese Computing and the Radical Alphabet." *Technology and Culture* 59, no. 4 Supplement (October 2018): S34-S65.

Mullaney, Thomas S. *The Chinese Typewriter: A History*. Cambridge, MA: MIT Press, 2017.

Mullaney, Thomas S. "The Font That Never Was: Linotype and the 'Phonetic Chinese Alphabet' of 1921." *Philological Encounters/Brill* 3, no. 4 (November 2018) :550–566.

Mullaney, Thomas S. "The Movable Typewriter: How Chinese Typists Developed Predictive Text during the Height of Maoism." *Technology and Culture* 53, no. 4 (October 2012): 777–814.

Mullaney, Thomas S. "The Origins of Chinese Supercomputing and an American Delegation's Mao-Era Visit.「 *Foreign Affairs* (August 4, 2016).

Mullaney, Thomas S., Benjamin Peters, Mar Hicks, and Kavita Philip, eds. *Your Computer Is on Fire*. Cambridge, MA: MIT Press, 2021.

"Museum of Printing Long-Time Board Member Louis Rosenblum Passes." https:// museumofprinting.org/news-and-events/long-time-board-member-louis-rosenblum-passes/.

Nancarrow, Peter, and Richard Kunst. "The Computer Generation of Character Indexes to Classical Chinese Texts." In *Sixth International Conference on Computers and the Humanities*. Ed. Sarah K. Burton and Douglas D. Short, 772–780. Rockville, MD: Computer Science Press, 1983.

National Archives and Records Administration, Washington, DC. Passenger and Crew Lists of Vessels Arriving at Seattle, Washington, NAI Number: 4449160. "Records of the Immigration and Naturalization Service, 1787–2004," Record Group Number: 85, Series Number: M1383, Roll Number: 230. Ancestry.com.

"New Invention"(新發明). *Guofang yuekan* 2, no. 1 (1947): 2.

"New Machine Sets Type on Film Instead of Metal." *Christian Science Monitor*, September 16, 1949, 1.

"News: Chung-Chin Kao Invents Electric Chinese Typewriter"(小消息:高仲芹氏發明電動中文打字機).《田家半月報》 13, no. 1/2/3/4 (1946): 3.

Ng, K. W. "An Intelligent CRT Terminal for Chinese Characters." *Microprocessing and Microprogramming* 8 (1981): 22–31.

"Memorandum for the Executive Office: Chinese Ideographic Composing Machine." May 21, 1959. OCB Secretariat Series, Box 3: Ideographic Composing Machine. Dwight D. Eisenhower Presidential Library.

"Memorandum for the Executive Office: Chinese Ideographic Composing Machine- Briefing Memo on Deferral of Board Consideration." May 20, 1959. OCB Secretariat Series, Box 3: Ideographic Composing Machine. Dwight D. Eisenhower Presidential Library.

"Memorandum of Meeting: OCB Ad Hoc Working Group on Exploitation of the Chinese Ideographic Composing Machine." May 7, 1959. OCB Secretariat Series, Box 3: Ideographic Composing Machine. Dwight D. Eisenhower Presidential Library.

Mergenthaler Linotype Company. *China's Phonetic Script and the Linotype*. Brooklyn: Mergenthaler Linotype Co., April 1922. Smithsonian National Museum of American History Archives Center. Collection no. 666, box LIZ0589 ("History-Non-Roman Faces"), folder "Chinese," subfolder "Chinese Typewriter."

Miller, George A. "The Magical Number Seven, Plus or Minus Two: Some Limits on Our Capacity for Processing Information."「 *The Psychological Review* 63, no. 2 (March 1956) : 81–97.

Mindell, David A. *Between Human and Machine: Feedback, Control, and Computing Before Cybernetics.* Baltimore: Johns Hopkins University Press, 2004

Mittler, Barbara. *A Continuous Revolution: Making Sense of Cultural Revolution Culture*. Cambridge, MA: Harvard University Asia Center, 2016.

"Modern Business Machines for Writing, Duplicating, and Recording." 1947 Film produced by Teaching Aids Exchange. Director not listed. Film housed online at http://www.archive.org/details/modern_business_machines_for_writing (segment begins at 12m35s) .

Montfort, Nick. "Continuous Paper: The Early Materiality and Workings of Electronic Literature." MLA Annual Conference, Philadelphia. December 2004. Text of talk here: https://nickm.com/writing/essays/continuous_paper_mla.html

Morita, Ichiko. "Japanese Character Input: Its State and Problems." *Journal of Library Automation* 14, no. 1 (March 1981) : 6–23.

Morrell, Alan. "Whatever Happened to . . . Cathay Pagoda?" *Democrat and Chronicle* (May 6, 2017) . https://www.democratandchronicle.com/story/local/rocroots/2017/05/06/whatever-happened-cathay-pagoda/101345224/. Accessed January 2, 2019.

Moser, David. *A Billion Voices: China's Search for a Common Language*. New York: Penguin, 2016.

Mott, Walter N. "Service Test of Ideographic Composing Machine Final Report." Fort Bragg, NC: US

Lowe Papers. Hoover Institute Archives. Accession No. 98055– 16.370/376. Box No. 276.

MacKenzie, I. Scott, and Kumiko Tanaka-Ishii. *Text Entry Systems Mobility, Accessibility, Universality.* Amsterdam: Morgan Kaufman, 2007.

Maddox, Brenda. "Women and the Switchboard." In *The Social History of the Telephone.* Ed. Ithiel de Sola Pool（Cambridge, MA: MIT Press, 1977）, 262–280.

Maier, John H. "Computer Science Education in the People's Republic of China." *Computer,* June 1986, 50–56.

Maier, John H. "Thirty Years of Computer Science Developments in the People's Republic of China: 1956–1985." *IEEE Annals of the History of Computing* 10, no. 1（1988）: 19–34.

Mair, Victor. "Character Amnesia." *Language Log,* July 22, 2010. https://languagelog.ldc.upenn.edu/nll/?p=2473.

Manovich, Lev. "An Archeology of a Computer Screen." Moscow: Soros Center for Contemporary Art. http://www.manovich.net/TEXT/digital_nature.html.

Marshall, Alan. *Du Plomb à la Lumière: La Lumitype-Photon et la Naissance des Industries Graphiques Modernes.* Paris: Maison des Sciences de L'Homme, 2003.

Martin, Michele. *"Hello, Central?": Gender, Technology and Culture in the Formation of Telephone Systems.* Montreal: McGill-Queens University Press, 1991.

Martin, W. A. *The History of the Art of Writing.* New York: Macmillan, 1920.

Materials related to IBM Electric Chinese Typewriter Demonstration in Shanghai. Shanghai Municipal Archives. Q449-1-535.

Mathias, Jim, and Thomas L. Kennedy, eds. *Computers, Language Reform, and Lexicography in China. A Report by the CETA Delegation.* Pullman: Washington State University Press, 1980.

Mauran, Cecily. "Pee and Me: The Gadget That Turns Toilets into Urine Labs. Why 2023 Could Be the Year of Personal Pee-Testing." *Medium.com,* January 3, 2023, https://mashable.com/article/withings-u-scan-urine-analysis-ces-2023.

McLuhan, Marshall. *The Gutenberg Galaxy: The Making of Typographic Man.* Toronto: The University of Toronto Press, 1962.

Medina, Eden. *Cybernetic Revolutionaries: Technology and Politics in Allende's Chile.* Cambridge, MA: MIT Press, 2014.

"Memorandum for the Operations Coordinating Board: Interim Report of the Chinese Ideographic Composing Machine（CICM）." May 18, 1959. OCB Secretariat Series, Box 3: Ideographic Composing Machine. Dwight D. Eisenhower Presidential Library.

Industry, 1890–1920." *American Historical Review* 99, no. 4（1994）:1074–1111.

劉甫迎與何希瓊. Chinese Language FoxBASE+ Novel Relational Database（Hanzi FoxBASE+ Xinying guanxi shujuku）[漢字FoxBASE+新穎關係數據庫]. Zhongguo kexueyuan changdu jisuanji yingyong yanjiusuo qingbao shi. November 1987.

劉開瑛與刑作林. *DJS-21 Type Electronic Computer Algorithmic Language*（DJS-21型電子數字計算機語言）. Shanxi renmin chubanshe, 1979.

Liu, Lydia H. *The Freudian Robot Digital Media and the Future of the Unconscious.* Chicago: The University of Chicago Press, 2010.

劉奇. *Chinese Language dBASE-II Relational Database Management System*（漢字型dBASE-II關係數據庫管理系統）. Beijing: Beijing Yanshan shiyou huagongsi qiye guanli xiehui, 1984.

劉樹吉 et al. *Impact Printers: Principles of Usage and Repair*（針式列印機原理使用與維修）. Beijing: Guoji gongye chubanshe, 1988.

Liu, Xiao. *Information Fantasies: Precarious Mediation in Postsocialist China.* Minneapolis: University of Minnesota Press, 2019.

劉湧泉. "A Discussion of Problems Related to Character Compound Repositories"（談談詞庫問題）. *Journal of Chinese Information Processing* 1, no. 1（1986）: 8–11.

Luh, Shiu C. "Ideographic Character Selection." US Patent 4270022A. Filed June 18, 1979, and issued May 26, 1981.

Loy, D. Gareth. "The Systems Concepts Digital Synthesizer: An Architectural Retrospective." *Computer Music Journal* 37, no. 3（2013）: 49–67.

魯迅."Reply to an Interview from My Sickbed"（病中答救亡情報訪員），1938, 160.《魯迅全集》. Vol. 6（Beijing: Renmin Wenxue, 1981）.

Lunde, Ken. *CJKV Information Processing: Chinese, Japanese, Korean & Vietnamese Computing.* Sebastopol, CA: O'Reilly Media, 2009.

羅英輝與張亞拉. *Shape-Meaning Three Letter Code: A Revolution in Chinese Character Input Methods*（形意三碼：漢字輸入法的革命）.Guangzhou: Zhongshan daxue chubanshe, 1995.

Lüthi, Lorenz M. *The Sino-Soviet Split: Cold War in the Communist World.* Princeton, NJ: Princeton University Press, 2008.

MacFarquhar, Roderick, and Michael Schoenhals. *Mao's Last Revolution.* Cambridge, MA: Belknap Press, 2008.

"Machine Heralds New Printing Era." *Boston Herald*, September 16, 1949, 1.

"Machine Seen as Possible 'Breakthrough' in Chinese Printing." File No. 147（June 22, 1959）. Pardee

Benjamin Peters, Mar Hicks, and Kavita Philip, 179-198. Cambridge, MA: MIT Press, 2021.

"Leaflet advertising the 'Ideo-Matic' Chinese character encoder, engineered by Robert Sloss and Peter Nancarrow of Cambridge University." June 1981. Needham Research Institute. SCC2/24/7.

Lean, Eugenia. *Vernacular Industrialism in China: Local Innovation and Translated Technologies in the Making of a Cosmetics Empire, 1900–1940*. New York: Columbia University Press, 2020.

Lee, Jennifer 8. "In China, Computer Use Erodes Traditional Handwriting, Stirring a Cultural Debate." *New York Times*, February 1, 2001.

Legrand, Marcellin. *Spécimen de caractères chinois gravés sur acier et fondus en types mobiles par Marcellin Legrand*. Paris: n.p., 1859.

Levy, Steven *Hackers: Heroes of the Computer Revolution*, 25th Anniversary Edition. Sebastopol, CA: O'Reilly Media, 2010.

Li, Jie. *Shanghai Homes: Palimpsests of Private Life*. New York: Columbia University Press, 2014.

Li, Jinying. "The Interface Affect of a Contact Zone: Danmaku on Video Streaming Platforms." *Asiascape: Digital Asia* 4, no. 3（2017）: 233–256.

李　嵬 . "New Chinglish and the Post-Multilingualism Challenge: Translanguaging ELF in China." *Journal of English as a Lingua Franca* 5, no. 1（2016）: 1–25.

Li Wei and Zhu Hua. "Tranßcripting: Playful Subversion with Chinese Characters."
International Journal of Multilingualism 16, no. 2（2019）: 145–161.

Light, Jennifer S. "When Computers Were Women." *Technology and Culture* 40, no. 3（July 1999）: 455–483.

Lilly, Edward P. "Memorandum for the Executive Officer: Chinese Ideograph Typesetting Machine." April 23, 1959. OCB Secretariat Series, Box 3: Ideographic Composing Machine. Dwight D. Eisenhower Presidential Library.

Lin Shuzhen. *Household Computer: Chinese Character Encoding Rapid Look-Up*（家庭電腦：漢字編碼速查）. Fuzhou: Fujian kexue jishu chubanshe, 1994.

Lin, Ming-Yao, and Wen-Hsiang Tsai. "Removing the Ambiguity of Chinese Input by the Relaxation Technique." *Computer Processing of Chinese and Oriental Languages* 3, no. 1（May 1987）: 1–24.

Lindtner, Silvia M. *Prototype Nation: China and the Contested Promise of Innovation*. Princeton, NJ: Princeton University Press, 2020.

Ling Zhijun. *The Lenovo Affair: The Growth of China's Computer Giant and Its Takeover of IBM-PC*. Trans. Martha Avery. Malden, MA: Wiley, 2006.

Lipartito, Ken. "When Women Were Switches: Technology, Work, and Gender in the Telephone

Kaske, Elisabeth. *The Politics of Language in Chinese Education, 1895–1919*. Leiden: Brill, 2008.

Katsuno, Hirofumi, and Christine R. Yano. "Kaomoji and Expressivity in a Japanese Housewives' Chat Room." In *The Multilingual Internet: Language, Culture, and Communication Online*. Ed. Brenda Danet and Susan C. Herring, 278–302. New York: Oxford University Press, 2007.

Kennedy, George A., ed. *Minimum Vocabularies of Written Chinese*. New Haven, CT: Far Eastern Publications, 1966.

"Kickin' the Bucket: 12 Outrageous Fake KFC Restaurants." https://weburbanist.com/2014/05/04/kickin-the-bucket-12-outrageous-fake-kfc-restaurants/.

King, Bob. "Enter the Dragon: IBM Launches Chinese Style Computer." *Financial Times*, February 8, 1984, 13.

Kirschenbaum, Matthew. *Mechanisms: New Media and the Forensic Imagination*. Cambridge, MA: MIT Press, 2012.

Kirschenbaum, Matthew G. *Track Changes: A Literary History of Word Processing*. Cambridge, MA: Harvard University Press, 2016.

Kittler, Friedrich. "Computer Graphics: A Semi-Technical Introduction." Trans. Sara Ogger. *Grey Room* 2（Winter 2001）: 30–45.

Kittler, Friedrich. *Optical Media: Berlin Lectures*. Trans. Anthony Enns. Cambridge: Polity, 2009.

Kline, Ronald. *The Cybernetics Moment: Or Why We Call Our Age the Information Age*. Baltimore, MD: Johns Hopkins University Press, 2015.

Kline, Ronald and Trevor Pinch. "Users as Agents of Technological Change: The Social Construction of the Automobile in the Rural United States." *Technology and Culture* 37（1996）: 763–795.

Kurtz, Joachim. *The Discovery of Chinese Logic*. Leiden: Brill, 2011.

Kurzon, Dennis. "Romanisation of Bengali and Other Indian Scripts." *Journal of the Royal Asiatic Society* 20（January 2010）: 61–74.

Kuzuo lu, Ulu . "Codebooks for the Mind: Dictionary Index Reforms in Republican China, 1912–1937." *Information & Culture* 53, no. 3/4（2018）: 337–366.

"Lab's Chris Berry Marks 40th Anniversary with IBM." *IBM News* 1, no. 4（February 25, 1964）: 4. Personal archives of Richard Foss and John O'Farrell.

Lam Man-Wah. "Now . . . a Chinese Language Computer!" *South China Morning Post*, July 21, 1980, 22.

Lanham, Richard A. *The Electronic Word*. Chicago: University of Chicago Press, 1993.

Lawrence, Halcyon M. "Siri Disciplines." In *Your Computer Is on Fire*, edited by Thomas S. Mullaney,

IPX Materials. SCC2/24/11. Needham Research Institute. Cambridge University.

"IPX Model 9600 Intelligent Keyboard User's Manual." Included inside "IPX Model 9600 Intelligent K'Board," Box 22 of 27, Folder 003047. Computer History Museum. Mountain View, CA.

Irvine, M. M. "Early Digital Computers at Bell Telephone Laboratories." *IEEE Annals of the History of Computing*（July–September 2001）: 22–42.

Ishida, Haruhisa. "Chinese Character Input/Output and Transmission in Japanese Personal Computing." *IEEE*（1979）: 402–409.

Ishii, Kae. "The Gendering of Workplace Culture: An Example from Japanese Telegraph Operators," *Bulletin of Health Science University* 1, no. 1（2005）: 37–48.

Jacobsen, Kurt. "A Danish Watchmaker Created the Chinese Morse System." *NIASnytt*（*Nordic Institute of Asian Studies*）*Nordic Newletter* 2（July 2001）: 17–21.

"Japan Sells China 'Strategic' Computer System." *New Scientist*, April 13, 1978, 69.

"Japanese Language Telegraph Printer." US Patent 2728816. Filed March 24, 1953, and issued December 27, 1955. Assignor to Trasia Corporation, NY.

"Jenny Chuang, 1986." Wang Laboratories Corporate Papers. Box 97, Folder 1. Harvard University Business School Special Collections.

Jiaotong bu. *Ming mi dianma xinbian*. 1935. Thomas S. Mullaney East Asian Information Technology History Collection, Stanford University.

Jones, Stacy V. "Telegraph Printer in Japanese with 2,300 Symbols Patented." *New York Times*（December 31, 1955）: 19.

Kachru, Braj B. "The Bilinguals' Creativity." *Annual Review of Applied Linguistics* 6（1985）: 20–33.

Kachru, Braj B. "The Bilingual's Creativity and Contact Literatures." In Braj B. Kachru, ed., *The Alchemy of English: The Spread, Functions, and Models of Non-Native Englishes*, 159–170. Oxford: Pergamon Press, 1986.

Kachru, Yamuna. "Code-Mixing, Style Repertoire and Language Variation: English in Hindu Poetic Creativity." *World Englishes* 8, no. 3（1989）: 311–319.

Kao Chung-Chin. "Chinese language typewriter and the like." US Patent 2412777A. Filed June 28, 1944, and issued December 17, 1946.

Kao Chung-Chin. "Keyboard-controlled ideographic printer having permutation type selection." US Patent 2427214A. Filed December 11, 1943, and issued September 9, 1947.

高仲芹. "The Design and Applications of the Electric Chinese Typewriter（電動華文打字機之設計及其應用）." *Kexue huabao* 13, 第十二期（1947）: 746–748.

1986, 30.

Hunter, Janet. "Technology Transfer and the Gendering of Communications Work: Meiji Japan in Comparative Historical Perspective." *Social Science Japan Journal* 14, no. 1（Winter 2011）: 1–20.

Hurst, Jan et al. "Retrospectives: The Early Years in Computer Graphics at MIT, Lincoln Lab and Harvard." *SIGGRAPH '89 Panel Proceedings*（1989）: 19–38.

Hutchins, John W. and Harold L. Somers. *An Introduction to Machine Translation*. Cambridge, MA: Academic Press, 1992.

Huters, Theodore. *Bringing the World Home: Appropriating the West In Late Qing and Early Republican China*. Honolulu: University of Hawai'i Press, 2005.

Hutton, Chris. "Writing and Speech in Western Views of the Chinese Language." In Q. S. Tong and D. Kerr, eds., *Critical Zone 2: A Forum of Chinese and Western Knowledge*, 83–105. Hong Kong: Hong Kong University Press, 2006.

IBM Brochure for Electric Chinese Typewriter. IBM Corporate Archives. New York.

IBM Electric Chinese Typewriter Four-Digit Code Tables. Smithsonian. Mergenthaler Papers.

"IBM Goes West: A 73-Year-Long Saga, From Punch Cards to Watson." *Fast Company*, October 28, 2016. https://www.fastcompany.com/3064902/ibm-goes-west-a-73-year-long-saga-from-punch-cards-to-watson.

IBM Multistation 5550（漢字編碼手冊）. October 1984. Thomas S. Mullaney East Asian Information Technology History Collection. Stanford University.

"IBM's Chinese Typewriter Demonstrated in New York." *Business Machines*, July 9, 1946.

"Ideographic Encoder Handbook"（April 1978）, 2.5.06, H1050B. Porthcurno Telegraph Museum Collection and Cable & Wireless Archives.

"Ideographic Professional Computer Database Reference Guide." Wang Laboratories Corporate Papers. Box 137, Folder 2. Harvard University Business School Special Collections.

Inoue, Miyako. "Word for Word: Verbatim as Political Technologies." *Annual Review of Anthropology* 47, no. 1（2018）: 217–32.

"Invention: Electric Chinese Typewriter"（發明：電動華文打字機）.《青年問題》3, no. 6（1946）: 21.

"Invitation Card to the Computational Chinese Information Processing Systems Exhibition"（計算機中文訊息處理系統展覽會請柬）. Thomas S. Mullaney East Asian Information Technology History Collection. Stanford University.

Hjorth, Larissa. "Cute@keitai.com" In *Japanese Cybercultures*. Ed. Nanette Gottlieb and Mark J. McLelland. London: Routledge, 2003.

Hoare, R. "Keyboard Diagram for Chinese Phonetic." Mergenthaler Linotype Collection. Museum of Printing, North Andover, Massachusetts, February 4, 1921.

Hoare, R. "Keyboard Diagram for Chinese Phonetic Amended." Mergenthaler Linotype Collection. Museum of Printing, North Andover, Massachusetts, March 3, 1921.

Hockx, Michel. *Internet Literature in China*. New York: Columbia University Press, 2015.

Hofheinz, Roy. "Conversation from 2 p.m. to 5 p.m. November 14 in the Chinchiang Hotel with Representatives of the *People's Daily* and the First Ministry of Machine Building." Memorandum. November 14, 1979. Louis Rosenblum Collection. Stanford University.

Hofheinz, Roy. "Memorandum of Conversation with Dr. Chih Ping-I." Louis Rosenblum Collection. Stanford University.

Hou, Dongchen. "Writing Sound: Stenography, Writing Technology, and National Modernity in China, 1890s." *Journal of Linguistic Anthropology* 30, no. 1（2019）: 103–122.

"How Electronics Helped Solve a Chinese Puzzle." 1977. DOC/CW/12/262. Porthcurno Telegraph Museum Collection and Cable and Wireless Archives.

How to Study Hanyu Pinyin（怎樣學習漢語拼音方案）. 北京：文字改革出版社, 1958.

Howard, Philip. "When Chinese is a String of Two-Letter Words." *The Times*, January 16, 1978, 12.

Hsieh, Ching-chun, Kai-tung Huang, Chung-tao Chang, and Chen-chau Yang. "The Design and Application of the Chinese Character Code for Information Interchange（CCCII）." Louis Rosenblum Collection. Stanford University.

胡錦濤. "Hold High the Great Banner of Socialism with Chinese Characteristics and Strive for New Victories in Building a Moderately Prosperous Society in All Respects." Report to the Seventeenth National Congress of the Communist Party of China（October 15, 2007）. Official English-language translation: https://www.chinadaily.com.cn/china/2007-10/25/content_6204663.htm.

黃金富. *The Weiwu Chinese Dictionary*（唯物中文字典）. Beijing: Jijie gongye chubanshe, 1988.

Huang, Jack Kai-tung. "Principles of Chinese Keyboard Layout." Draft. April 25, 1981. Louis Rosenblum Collection. Stanford University.

Huang, Jack Kai-tung, and Timothy D. Huang. *An Introduction to Chinese, Japanese and Korean Computing*. Singapore: World Scientific, 1989.

Hunter, Duncan B. "Chinese Computer that's Got Character." *South China Morning Post*, January 17,

Archives.
Graphic Arts Research Foundation. "Sinotype II Demonstration." August 1, 1979, 1–2. Louis Rosenblum Collection. Stanford University.
Graphic Arts Research Foundation. "Technical Report." December 6, 1979. Louis Rosenblum Collection. Stanford University.
Graphic Arts Research Foundation. "Trip Report. Peking, China October 29-November 22, 1980." December 1, 1980. Louis Rosenblum Collection. Stanford University.
Grier, David Alan. *When Computers Were Human*. Princeton, NJ: Princeton University Press, 2007.
"「A Guide to the OSCO-Method of Coding Chinese Characters for Entry into Olympia Chinese/English Memory Typewriters." Olympia Werke AG T1/04–10/84. Rolf Heinen Technology Collection. Drolshagen, Germany.
顧景文. *Driver Design for the Display of Chinese Characters and Images on a Microcomputer*（微機漢字與圖形的顯示及其接口程式設計）. 上海同濟大學出版社1995.
Handel, Zev. *Sinography: The Borrowing and Adaptation of the Chinese Script*. Leiden: Brill, 2019.
Hannas, William C. *The Writing on the Wall: How Asian Orthography Curbs Creativity*. Philadelphia: University of Pennsylvania Press, 2003.
Hansen, Mark B. N. *Feed-Forward. On the Future of Twenty-First-Century Media*. Chicago: University of Chicago Press, 2014.
Harrist, Robert E. and Wen Fong. *The Embodied Image: Chinese Calligraphy from the John B. Elliott Collection*. Princeton, NJ: Art Museum, Princeton University in association with Harry N. Abrams, 1999.
Hayashi, Hideyuki, Sheila Duncan, and Susumu Kuno. "Computational Linguistics: Graphical Input/Output of Nonstandard Characters." *Communications of the ACM* 11, no. 9（1968）: 613–618.
Hayles, N. Katherine. *How We Think: Digital Media and Contemporary Technogenesis*. Chicago: University of Chicago Press, 2012.
Hayles, N. Katherine. *Postprint: Books and Becoming Computational*. New York: Columbia University Press, 2021.
Hayles, N. Katherine. *Writing Machines*. Cambridge, MA: MIT Press, 2002.
Heijdra, Martin J. "The Development of Modern Typography in East Asia, 1850– 2000." *East Asia Library Journal* 11, no. 2（Autumn 2004）: 100–168.
Hicks, Mar. *Programmed Inequality: How Britain Discarded Women Technologists and Lost Its Edge in Computing*. Cambridge, MA: MIT Press, 2018.

實業通訊] 12, no. 3/4（1945）: 59.

"Gao Zhongqin Invents an Electric Chinese Typewriter"（高仲芹發明電動中文打字機）. *Jiaoyu tongxun* 4, no. 1（1947）: 29–30.

Garth, William W., IV, *Entrepreneur: A Biography of William W. Garth, Jr. and the Early History of Photocomposition*. Self-Published by Author, 2002.

Geoghegan, Bernard Dionysius. "An Ecology of Operations: Vigilance, Radar, and the Birth of the Computer Screen." *Representations* 147, no. 1（August 2019）: 59–95.

Geoghegan, Bernard Dionysius. "From Information Theory to French Theory: Jakobson, Lévi-Strauss, and the Cybernetic Apparatus." *Critical Inquiry* 38, no. 1（2011）: 96–126.

George A. Kennedy Papers. Manuscripts and Archives, Yale University Library, MS 308, Box 3, Folder 39.

Gere, Charlie. "Genealogy of the Computer Screen." *Visual Communication* 5, no. 2（2006）: 141–52.

Giannoulis, Elena, and Lukas R. A. Wilde, eds. *Emoticons, Kaomoji, and Emoji: The Transformation of Communication in the Digital Age*. New York: Routledge, 2020.

"A Girl from Shanghai and Her Father Create a 'New Character Retrieval Method': To Look Up Characters One Need Only Rely on Character Radicals"（上海姑娘與其父創檢字新法查字只需依據部首件）. *Dongfangwang*, October 20, 2013.

Gitelman, Lisa. *Scripts, Grooves, and Writing Machines: Representing Technology in the Edison Era*. Stanford, CA: Stanford University Press, 2000.

Goody, Jack. *The Interface between the Written and the Oral*. Cambridge: Cambridge University Press, 1987.

Goody, Jack. "Technologies of the Intellect: Writing and the Written Word." In *The Power of the Written Tradition*. Washington: Smithsonian Institution Press, 2000: 133–138.

Gottlieb, Nanette. *Word-Processing Technology in Japan: Kanji and the Keyboard*. Richmond, VA: Curzon, 2000.

Graphic Arts Research Foundation. "Graphic Arts Research Foundation 5-Year Plan 1980." Louis Rosenblum Collection. Stanford University.

Graphic Arts Research Foundation. Press Release Announcing News of Joint Protocol Signed in Shanghai. November 1979. Louis Rosenblum Collection. Stanford University.

Graphic Arts Research Foundation. "Second Interim Report on Studies Leading to Specifications for Equipment for the Economical Composition of Chinese and Devanagari."（December 1, 1953）Pardee Lowe Papers. Accession No. 98055–16.370/376. Box No. 276. Hoover Institute

字機曾在紐約全國商業展覽會中陳列該機為國人高仲芹氏所發明）.《新聞天地》18（1946）: cover.

“Electromechanics Multilingual Typesetters.” *Electronic Age: RCA in 1962 Year-End Report by RCA*（Winter 1962–63）: 27–29.

“Electronic Type-Setting Machine for Chinese Invented.” November 3, 1962. Pardee Lowe Papers. Accession No. 98055–16.370/376. Box No. 276. Hoover Institute Archives.

Ensmenger, Nathan L. *The Computer Boys Take Over: Computers, Programmers, and the Politics of Technical Expertise*. Cambridge, MA: MIT Press, 2012.

“Faster Chinese.” *Time*, July 15, 1946, 86.

“Final Report on Studies Leading to Chinese and Devanagari.” December 21, 1954. Graphic Arts Research Foundation. Louis Rosenblum Collection. Stanford University.

“Final Round of the 2013 ‘National Chinese Characters Typing Competition’ Takes Place in the Pingqiao District of Xinyang City”（2013年全國漢字輸入大賽總決賽在信陽平橋區舉行）. *Henan xinwen*（broadcast December 12, 2013, 7:11 p.m.）.

“The First Article Written by an Artificial Intelligence in the Guardian.” *Web24.news*, September 15, 2020.

“First Domestically Produced Microcomputer to Enter the International Market（首次進入國際市場國產微型計算機）. *Jiefang ribao*（October 26, 1982）: 3.

Freedman, Alisa, Laura Miller, and Christine R. Yano, eds. *Modern Girls on the Go: Gender, Mobility, and Labor in Japan*. Stanford, CA: Stanford University Press, 2013.

Fuller, Matthew. *Behind the Blip: Essays on the Culture of Software*. Brooklyn, NY: Automedia, 2003.

Gaboury, Jacob. “Hidden Surface Problems: On the Digital Image as Material Object.” *Journal of Visual Culture* 14, no. 1（2015）: 40–60.

Gaboury, Jacob. “Image Objects: An Archaeology of Computer Graphics, 1965–1979.” PhD dissertation, New York University, 2014.

Gabrilovich, Evgeniy and Alex Gontmakher. “The Homograph Attack.” December 2001. https://gabrilovich.com/publications/papers/Gabrilovich2002THA.pdf. Accessed August 10, 2022.

Galloway, Alexander R. *The Interface Effect*. Cambridge: Polity, 2012.

高永祖. “A Newly Invented Chinese Tele-Typewriter”（新發明的中文電報打字機）. *World Today*（March 16, 1962）. Pardee Lowe Papers. Accession No. 98055–16.370/376. Hoover Institute Archives. Box No. 276.

“Gao Zhongqin Invented Automatic Chinese Typewriter”（高仲芹發明自動式中文打字機）. [西南

2016.

丁西林. *Chinese Stroke-Shape Look-Up System and Encoding System*（漢字筆形查字法編碼法）. Beijing: Beijing shifan daxue Zhongwen xinxi keti zu, 1979.

Double Pinyin Encoding Chinese Character Information Processing System User Report（雙拼編碼漢字訊息處理系統用戶報告）.南京：南京大學 jisuanjichang（May 26, 1986）.

Downey, Greg. "Constructing 'Computer-Compatible' Stenographers: The Transition to Real-Time Transcription in Courtroom Reporting." *Technology and Culture* 47, no. 1（Jan 2006）: 1–26.

Dreaper, James. "Geared for Export: Three Cases Histories," *Design*（1968）: 30–39.

Duncan, S., T. Mukaii, and S. Kuno. "A Computer Graphics System for NonAlphabetic Orthographies," *Computer Studies in the Humanities and Verbal Behavior*（October 1969）: 5.2–5.14.

Dyer, Samuel. *A Selection of Three Thousand Characters Being the Most Important in the Chinese Language for the Purpose of Facilitating the Cutting of Punches and Casting Metal Type in Chinese.* Malacca: Anglo-Chinese College, 1834.

"Education and Culture: Chung-Chin Kao Invents an Electric Chinese Typewriter"（教育與文化:高仲芹發明電動中文打字機).《教育通訊》. 4, no. 1（1947）: 29–30.

Edwards, Paul N. *The Closed World: Computers and the Politics of Discourse in Cold War America.* Cambridge, MA: MIT Press, 1997.

Eisenstein, Elizabeth. *The Printing Press as an Agent of Change: Communications and Cultural Transformations in Early-Modern Europe.* Cambridge: Cambridge University Press, 1980.

"Electric Chinese Typewriter"（電華打字機）. January 17, 1948, 1–10. Tianjin Municipal Archives J66-3-410. Addressed to the Tianjin branch of the China Textile Industries Corporation（中國紡織建設公司天津分公司）.

"Electric Chinese Typewriter"（電動華文打字機）.《天地人》. 2, no. 1（1946）: 36.

"Electric Chinese Typewriter"（電動華文打字機）. *Kexue* 29, 第十二期（1947）: 378.

"Electric Chinese Typewriter"（電動華文打字機）.《青年世紀》1, no. 1（1946）: 10.

"Electric Chinese Typewriter"（電動華文打字機）.《時兆月報》42, no. 3（1947）: 33.

"Electric Chinese Typewriter"（電動華文打字機）.《市政評論》 9, 第十二期（1947）: 17.

"Electric Chinese Typewriter"（電動華文打字機）.《中華少年》3, no. 11（1946）: 1.

"Electric Chinese Typewriter"（電動華文打字機）. *Shenbao*（July 16, 1946）: 3.

"Electric Chinese Typewriter: First Electric Chinese Typewriter Displayed in New York at the National Trade Show, Invented by Chung-Chin Kao, Chinese"（電動中文打字機:第一架電動中文打

2019.
CROMEMCO Microcomputer Software Data Compilation 1–6（*CROMEMCO* 微型計算機軟件資料匯編）. Beijing: Tsinghua University Computing Center, 1980. Thomas S. Mullaney East Asian Information Technology History Collection. Stanford University.
Crystal, David. *A Glossary of Netspeak and Textspeak*. Edinburgh, Edinburgh University Press, 2004.
Crystal, David. *Txtng: The Gr8 Db8*. Oxford: Oxford University Press, 2008.
戴慶夏、許壽椿與高喜奎. *Chinese Ethnic Minority Languages and Computer Information Processing*（中國各民族文字與電腦訊息處理）. Zhongyan minzu xueyuan chubanshe, 1991.
Dale, N. B. "An Overview of Computer Science in China: Research Interests and Educational Directions." *ACM SIGCSE Bulletin* 12, no. 1（February 1980）: 186–190.
Danet, Brenda. *Cyberpl@y: Communicating Online*. Oxford: Berg Publishers, 2001.
David, Paul A. "Clio and the Economics of QWERTY." *American Economic Review* 75, no. 2（1985）: 332–337.
Davies, Margery W. *Woman's Place Is at the Typewriter: Office Work and Office Workers 1870–1930*. Philadelphia: Temple University Press, 1982.
Deceased Persons: Shanghai Cultural Yearbook 1994（逝世人物上海文化年鑑1994), 297–298.
DeFrancis, John. *Nationalism and Language Reform in China*. Princeton, NJ: Princeton University Press, 1950.
DeFrancis, John. *The Chinese Language: Fact and Fantasy*. Honolulu: University of Hawai'i Press, 1984.
DeFrancis, John. *Visible Speech: The Diverse Oneness of Writing Systems*. Honolulu: University of Hawai'i Press, 1989.
Demick, Barbara. "China Worries about Losing its Character（s）." *Los Angeles Times*, July 12, 2010. http://articles.latimes.com/2010/jul/12/world/la-fg-china-characters-20100712 Accessed September 2, 2014.
Denson, Shane. *Discorrelated Images*. Durham, NC: Duke University Press, 2020.
Diamond, Jared. "The Curse of QWERTY: O typewriter? Quit your torture!" *Discover Magazine*, April 1997. https://www.discovermagazine.com/technology/the-curse-of-qwerty.
Dianma xinbian. Shanghai: Shanghai Zhonghua shuju, n.d., ca. 1920. Thomas S. Mullaney East Asian Information Technology History Collection. Stanford University.
Dictionary of Famous Chinese Women（華夏婦女名人辭典）. Beijing: Huaxia chubanshe, 1988.
"Difficult Oriental Languages Ready for Computer Technology." *The TelegraphHerald*, June 4, 1978, 17.
Dikötter, Frank. *The Cultural Revolution: A People's History, 1962–1976*. London: Bloomsbury Press,

Chinese Information Processing（漢字訊息處理）. Beijing: Zhongguo shehui kexue chubanshe, 1979.

"Chinese Language Photocomposition Machine." May 4, 1959. Pardee Lowe Papers. Hoover Institute Archives. Accession No. 98055–16.370/376. Box No. 193.

"Chinese Machine, 1981–1982." Wang Laboratories Corporate Papers. Box 97, Folder 8. Harvard University Business School Special Collections.

"Chinese Progress in the Production of Integrated Circuits." Report by the CIA Directorate of Intelligence（March 12, 1985）: 2.

"Chinese Romanized-Keyboard no. 141." Hagley Museum and Library. Accession no. 1825. Remington Rand Corporation. Records of the Advertising and Sales Promotion Department. Series I Typewriter Div. Subseries B, Remington Typewriter Company, box 3, vol. 1.

"Chinese Science and the Requirements of Economic Development: Chung-Chin Kao Creates a Chinese Typewriter"（中國科學與經濟建設要訊:高仲芹創制華文打字機）.民主與科學，1, no. 4（1945）: 64.

"Chinese Typewriter Inventor Chung-Chin Kao Brings His Invention to San Francisco Recently, Attends American Business Stationery Exhibition; Kao Accompanied by Demonstrators Chen Rujin and Liu Shulian to Demonstrate Typing on the Machine"（華文打字機發明人高仲芹君,近攜其發明品赴三藩市參加「全美商業文具展覽會」:當眾表演打字情形,隨高君同往會場表演者有陳如金劉淑蓮兩女士）. *Chinese-American Weekly*（中美周報）230（1947）: 1.

"Chinese Typewriter, Shown to Engineers, Prints 5,400 Characters with Only 36 Keys." *New York Times*, July 1, 1946, 26.

朱邦復. *On Chinese Computing*（中文電腦漫談）. Self-Published: ca. 1982.

Chu, Yaohan. "Structure of a Direct-Execution High-Level Chinese Programming Language Processor." *ACM '74: Proceedings of the 1974 Annual Conference* 1（January 1974）: 19–27.

Clark, Mary Allen. "China Diary." *Washington University Magazine*（Fall 1972）, 11. Bernard Becker Medical Library Archives, Washington University School of Medicine, St. Louis, Missouri, https://digitalcommons.wustl.edu/ad_wumag/48/.

The Collected Works of Margaret C. Fung, PhD. Taipei: Showwe Information Corporation, 2004.

Conley, Rita K. "At Plant 3, Rochester." *Business Machines* 27, no. 20（May 10, 1945）: 5.

"Contract No. DA19–129-QM-458 Quarterly Progress Report of June 18, 1958, Report No. 12." Included in letter from R. G. Crockett to T. S. Bonczyk. June 18, 1958.

Cortada, James. *IBM: The Rise and Fall and Reinvention of a Global Icon*. Cambridge, MA: MIT Press,

陳增武與金連甫. *Chinese Language Information Processing System*（中文訊息處理系統）. Beijing: Zhongguo jisuanji yonghu xiehui zonghui, 1984.

Chiang, Yee. *Chinese Calligraphy: An Introduction to Its Aesthetics and Techniques*. Cambridge, MA: Harvard University Press, 1973 [1938].

Chin, Francis. "IBM Shows Chinese PC at Information Week." *Asia Computer Weekly*, December 23, 1983, 24.

China Great Wall Computer Group（中國長城計算機集團公司）. *Great Wall 95 DOS Chinese System Great Wall Tianhui Standard Chinese Character System User's Manual*（長城95DOS中文系統長城天匯標準漢字系統用戶手冊）. Zhongguo changcheng jisuanji jituan gongsi, n.d.

"China Will Apply for International Registration of Chinese Graphic Character Set for Computers." *Xinhua General Overseas News Service*, March 27, 1981.

Chinese Character Encoding Research Group of China（中國漢字編碼研究會）, ed. *Compendium of Proposals for Chinese Character Encodings*（漢字編碼方案彙編）. Shanghai: Kexue jishu wenxuan chubanshe,

n.d.（ca. 1979）.

"Chinese Characters Have Entered the Computer"（漢字進入了計算機）. *Wenhuibao*（July 19, 1978）: 1, 3. Housed in Graphic Arts Research Foundation（October 1976）, Box "Oct 94 Sinotype 81," Folder "Sinotype Vol VI Wang Pinyin Sequences." Graphic Arts Research Foundation Materials. Museum of Printing. North Andover, MA.

"Chinese Computer." *South China Morning Post*, December 7, 1983, 33.

"Chinese Computer, 1981–1982." Wang Laboratories Corporate Papers. Harvard University Business School Special Collections. Subseries IB2（"Horace Tsiang records, 1974–1992"）. Box 97, Folder 7.

Chinese Computer（中文電腦）. Inaugural issue, no. 1（January 1, 1986）.

"Chinese Computer Launched." *South China Morning Post*, July 17, 1984, 27. "Chinese Computer on Way." *South China Morning Post*, August 21, 1975, 32.

"Chinese Computers: Dr. Yeh Chen-hui Won the Day in London." *Kung Sheung Evening News*（September 11, 1978）. Clipping located in SCC2/24/1. Needham Research Institute.

"Chinese Divisible Type." *Chinese Repository* 14（March 1845）: 124–129. "Chinese Engineers Meet." *New York Times*, June 30, 1946, 9.

"Chinese Ideographic VS Programmers Manual." Box 136, Folder 4. Wang Laboratories Corporate Papers. Harvard University Business School Special Collections.

Cheatham, Jr., Thomas E. Wesley A. Clark, Anatoly W. Holt, Severo M. Ornstein, Alan J. Perlis, and Herbert A. Simon. "Computing in China: A Travel Report." *Science*（October 12, 1973）: 134–140.

Chen, David. "The Race is On to Design New Chinese System." *South China Morning Post*, September 1, 1987, 25.

陳建文. *Research Report on the Double Pinyin Code Chinese Character Information Processing System*（雙拼編碼漢字訊息處理系統研製報告）. Nanjing: Nanjing University Library and the Suzhou University Mathematics Department, ca. 1986.

陳建文. *The Double Pinyin Chinese Character Encoding Method: Purpose and Usage*（雙語雙拼編碼漢字的用途和用法）. 南京：南京大學 tushuguan, 1986.

陳建文、薛士權與錢培得. *Double Pinyin Encoding Chinese Character Information Processing System Development Report*（雙拼編碼漢字訊息處理系統研製報告）. Nanjing and Suzhou: Nanjing daxue tushuguan and Suzhou daxue jisuanji jiaoyanshi, ca. May 1986.

Chen, Joyce. *Joyce Chen Cook Book*. Philadelphia: J. B. Lippincott Company, 1962.

陳力為. "Develop Chinese Information Technology, Promote Computer Use in More Situations"（發展中文訊息技術，促進計算機推廣應用）. *Journal of Chinese Information Processing* 1, no.1（1986）: 5–7.

陳啟秀. *Chinese Character Input and Word Processing: 100 Questions*（漢字輸入與文字處理100問），南京：江蘇科學技術出版社，1996.

Chen Shu. "Symposium on Chinese Character Processing Systems Reviewed." FBIS report based on *Jisuanji shijie* 20（October 1982）: 13. In *FBIS* 83, 20–22.

陳樹楷. "Review of Academic Activities in 1982"（1982年度學術活動述評），*1983*春節座談會文集。

Proceedings（*1983*春節座談會文集）. Ed. Zhongguo Zhongwen xinxi yanjiuhui. n.p.: Beijing, February 1983.

陳樹楷與姜德存. "Overview of the Activities of the Chinese Information Processing Society of China in 1982"（中國中文訊息研究會1982年活動綜述），*1983*春節座談會文集。 Ed. Zhongguo Zhongwen xinxi yanjiuhui, 105–110, 109. n.p.: Beijing, February 1983.

陳相文, ed. *The Five-Stroke and Natural Code Chinese Character Input Methods on a Microcomputer*（微型計算機五筆字型及自然碼漢字輸入法）. Tianjin: Nankai daxue chubanshe, 1994.

陳耀星. "Introduction to 'Chinese Codes for Information Interchange"（信息交換用漢字編碼字元集簡介）. *Wenzi gaige* [*Writing Reform*] 4（1983）: 5–7.

Burns, John F. "China's Passion for the Computer." *New York Times*, January 6, 1985, 3.

蔡榮波, ed. *Computational Chinese Input Methods: Methods, Skills and Training*（電腦漢字輸入的方法技巧與訓練）. Guangzhou: Guangdong keji chubanshe, 1993.

Caldwell, Samuel H. "Final Report on Studies Leading to Chinese and Devanagari."（December 21, 1954）. Louis Rosenblum Collection. Stanford University.

Caldwell, Samuel H. Ideographic type composing machine. US Patent no. 2950800. Filed October 24, 1956, and issued August 30, 1960.

Caldwell, Samuel H. "Progress on the Chinese Studies," 1–6. In "Second Interim Report on Studies Leading to Specifications for Equipment for the Economical Composition of Chinese and Devanagari." Report by the Graphic Arts Research Foundation, Inc. Addressed to the Trustees and Officers of the Carnegie Corporation of New York. Pardee Lowe Papers. Hoover Institute Archives. Accession No. 98055– 16.370/376. Box No. 276.

Caldwell, Samuel H. *Switching Circuits and Logical Design*. New York: Wiley, 1958.

Caldwell, Samuel H. "The Sinotype: A Machine for the Composition of Chinese from a Keyboard." *Journal of The Franklin Institute* 267, no. 6（June 1959）: 471–502.

Caldwell, Samuel H., and W. W. Garth Jr. "Proposal for Studies Leading to Specifications for Equipment for the Economical Composition of Chinese and Devanagari." Marked "Confidential." Graphic Arts Research Foundation. Cambridge, MA. March 25, 1953. Louis Rosenblum Collection, Stanford University.

Cameron, Deborah. *Verbal Hygiene*. London: Routledge, 1995.

Campbell-Kelly, Martin. "The History of the History of Software." *IEEE Annals of the History of Computing*（December 18, 2007）: 40–51.

Canagarajah, Suresh. "Codemeshing in Academic Writing: Identifying Teachable Strategies of Translanguaging." *The Modern Language Journal* 95, no. 3（2011）: 401–417.

Cao Xuenan. "Bullet Screens（Danmu）: Texting, Online Streaming, and the Spectacle of Social Inequality on Chinese Social Networks." *Theory, Culture and Society* 38, no. 3（2019）: 29–49.

Carrington, Victoria. "Txting: The End of Civilization（Again）?" *Cambridge Journal of Education* 35（2004）: 161–175.

Central Intelligence Agency Directorate of Intelligence. "China: Progress in Computers." *Intelligence Memorandum*. December 1972, 7.

Ceruzzi, Paul E. *A History of Modern Computing*. Cambridge, MA: MIT Press, 2003 [1998], chapter 7.

"Chan H. Yeh A Brief Biography." Personal collection of author, provided by Yeh.

教程學）. Beijing: Xuefan chubanshe, 1994.

Baum, Richard. "DOS ex Machina: The Microelectric Ghost in China's Modernization Machine." In *Science and Technology in Post-Mao China*. Ed. Denis Fred Simon and Merle Goldman, 347–374. Cambridge, MA: Harvard University Asia Center, 1988.

Becker, Joseph D. "Multilingual Word Processing." *Scientific American* 251, no. 1 (July 1984): 96–107.

Beeching, Wilfred A. *Century of the Typewriter*. New York: St. Martin's Press, 1974.

Beijing Institute of Electronics Electronic Computing Group（北京市電子學會電子計算機專業組　）. "Announcement Regarding the Attendees Name List for the 1964 Beijing Institute of Electronics Electronic Computing Professionals Academic Conference"（關於1964年北京市電子學會電子計算機專業學術會代表名額的通知）. Beijing Municipal Archives（BMA）010-002-00431（April 17, 1964）.

Beijing Wireless Factory No. 3（北京無線電三廠）. "Small-Scale General Purpose Transistorized Digital Computer Design Task Report"（小型通用晶體管數字電腦設計任務書）. Beijing Municipal Archives（BMA）165-001-00130（c. 1965）: 11–14.

Berlin, Leslie. *Troublemakers: Silicon Valley's Coming of Age*. New York: Simon and Schuster, 2018.

"Bill Garth's Narrative of Demonstrations of Chinese Text Processing Computers in Beijing and Shanghai in 1979 and Negotiations in Beijing in 1980." Prepared by William Garth IV for the author and sent via email on April 17, 2014.

Bloom, Alfred H. "The Impact of Chinese Linguistic Structure on Cognitive Style."

Current Anthropology 20, no. 3（1979）: 585–601.

Bloom, Alfred H. *The Linguistic Shaping of Thought: A Study in the Impact of Language on Thinking in China and the West*. Hillsdale, NJ: L. Erlbaum, 1981.

Bolter, Jay David, and Richard Grusin. *Remediation: Understanding New Media*. Cambridge, MA: MIT Press, 1998.

"Boon to China: Typewriter Has 5,400 Symbols." *Herald Tribune*, July 1, 1946.

Bray, Francesca. "Gender and Technology." *Annual Review of Anthropology* 36（2007）: 37–53.

"A Brief History of the Development of Chinese Computer（1956–2006）." http:// www.nobelkepu.org.cn/art/2008/11/13/art_1025_66163.html. Accessed May 9, 2015.

"Brief Note on 1986 International Conference on Chinese Computing"（1986 國際中國計算機會議簡況）. *Journal of Chinese Information Processing* 1, no. 1（1986）: 44, 62.

Buhler, Eugen, and Christopher A. Berry. "Machine Adapted for Typing Chinese Ideographs." US Patent 2458339. Filed May 3, 1946, and issued January 4, 1949.

參考資料

24-Pin Chinese Printer User Manual（二十四針漢字列印機用戶手冊）. n.d, n.p. Thomas S. Mullaney East Asian Information Technology History Collection. Stanford University.

Abbate, Janet. *Recoding Gender: Women's Changing Participation in Computing*. Cambridge, MA: MIT Press, 2017.

Adal, Raja. "The Flower of the Office: The Social Life of the Japanese Typewriter in Its First Decade." Presentation at the Association for Asian Studies Annual Meeting, March 31–April 3, 2011.

Adas, Michael. *Machines as the Measure of Men: Science, Technology, and Ideologies of Western Dominance*. Ithaca: Cornell University Press, 1989.

Adler, Michael H. *The Writing Machine: A History of the Typewriter*. London: Allen and Unwin, 1973.

Alexander, Jennifer Karns. *The Mantra of Efficiency From Waterwheel to Social Control*

（Baltimore, MD: Johns Hopkins University Press, 2008）.

Allen, Joseph R. "I Will Speak, Therefore, of a Graph: A Chinese Metalanguage."

Language in Society 21, no. 2（June 1992）: 189–206.

"An Wang Oral History." Interviewed by Richard R. Mertz, October 29, 1970. Computer Oral History Collection, 1969–1973, 1977. Archives Center, National Museum of American History.

Andreas, Joel. *Rise of the Red Engineers: The Cultural Revolution and the Origins of China's New Class*. Stanford, CA: Stanford University Press, 2009.

Androutsopoulos, Jannis. "Introduction: Sociolinguistics and Computer-Mediated Communication." *Journal of Sociolinguistics* 10, no. 4（2006）: 419–438.

Ann, T. K. [安子介]. *Chinese Character List A: Ann's System of Coding Chinese Characters*. Hong Kong: Stockflows Co., Inc., 1985.

Apple, R. W. "Two Britons Devise a Computer That Can Communicate in Chinese."

New York Times, January 25, 1978.

"Asia Computer Plaza." *South China Morning Post*, February 22, 1986, 21.

Baark, Erik. *Lightning Wires: The Telegraph and China's Technological Modernization, 1860–1890*. Westport, CT: Greenwood Press, 1997.

Bachrach, Susan. *Dames Employées: The Feminization of Postal Work in NineteenthCentury France*. London: Routledge, 1984.

鮑岳橋、甘登岱與劉慶華. *Hope Soft UCDOS 3.1 Training Manual*（Hope Soft UCDOS 3.1 培訓

Outsourcing Repression: Everyday State Power in Contemporary China, by Lynette H. Ong. Oxford University Press, 2022.

Diasporic Cold Warriors: Nationalist China, Anticommunism, and the Philippine Chinese, 1930s–1970s, by Chien-Wen Kung. Cornell University Press, 2022.

Dream Super-Express: A Cultural History of the World's First Bullet Train, by Jessamyn Abel. Stanford University Press, 2022.

The Sound of Salvation: Voice, Gender, and the Sufi Mediascape in China, by Guangtian Ha. Columbia University Press, 2022.

Carbon Technocracy: Energy Regimes in Modern East Asia, by Victor Seow. The University of Chicago Press, 2022.

Disunion: Anticommunist Nationalism and the Making of the Republic of Vietnam, by NuAnh Tran. University of Hawai'i Press, 2022.

Learning to Rule: Court Education and the Remaking of the Qing State, 1861–1912, by Daniel Barish. Columbia University Press, 2022.

哥倫比亞大學韋瑟海德東亞研究所研究的選定書目

（Complete list at: weai.columbia.edu/content/publications）

Territorializing Manchuria: The Transnational Frontier and Literatures of East Asia, by Miya Xie. Harvard East Asian Monographs, 2023.

Takamure Itsue, Japanese Antiquity, and Matricultural Paradigms that Address the Crisis of Modernity: A Woman from the Land of Fire, by Yasuko Sato. Palgrave Macmillan, 2023.

Rejuvenating Communism: Youth Organizations and Elite Renewal in Post—Mao China, by Jérôme Doyon. University of Michigan Press, 2023.

From Japanese Empire to American Hegemony: Koreans and Okinawans in the Resettlement of Northeast Asia, by Matthew R. Augustine. University of Hawai'i Press, 2023.

Building a Republican Nation in Vietnam, 1920—1963, edited by Nu—Anh Tran and Tuong Vu. University of Hawai'i Press, 2022.

China Urbanizing: Impacts and Transitions, edited by Weiping Wu and Qin Gao. University of Pennsylvania Press, 2022.

Common Ground: Tibetan Buddhist Expansion and Qing China's Inner Asia, by Lan Wu. Columbia University Press, 2022.

Narratives of Civic Duty: How National Stories Shape Democracy in Asia, by Aram Hur. Cornell University Press, 2022.

The Concrete Plateau: Urban Tibetans and the Chinese Civilizing Machine, by Andrew Grant. Cornell University Press, 2022.

Confluence and Conflict: Reading Transwar Japanese Literature and Thought, by Brian Hurley. Harvard East Asian Monographs, 2022.

Inglorious, Illegal Bastards: Japan's Self-Defense Force During the Cold War, by Aaron Skabelund. Cornell University Press, 2022.

Madness in the Family: Women Care, and Illness in Japan, by H. Yumi Kim. Oxford University Press, 2022.

Uncertainty in the Empire of Routine: The Administrative Revolution of the EighteenthCentury Qing State, by Maura Dykstra. Harvard University Press, 2022.

圖片說明

發表過的文章

本書論點來自作者先前發表過的文章，條列如下：

「America Has a Rich History of Innovation by Asian Immigrants.」（亞洲移民在美國的創新歷史源遠流長），《石英財經網》，2021年5月29日。.

「America's Secret Cold War Mission to Build the First Chinese Computer.」（美國的祕密冷戰任務，打造第一台中文電腦），《大西洋月刊》，2016年9月14日。

「Behind the Painstaking Process of Creating Chinese Computer Fonts. 」（創造中文電腦字體背後的艱辛過程），《麻省理工科技評論》，2021年5月31日。

「Chinese Is Not a Backward Language.」（中文不是落後的語言），《外交事務》，2016年5月12日。

「The Engineering Daring That Led to the First Chinese Personal Computer. 」（創造第一台中文個人電腦的工程膽識），*TechCrunch*，2021年6月29日。

「How a Solitary Prisoner Decoded Chinese for the QWERTY Keyboard. 」（一名孤獨的囚犯如何利用QWERTY鍵盤解碼中文），*Psyche*，2021年7月21日。

「How to Spy on 600 Million People: The Hidden Vulnerabilities in Chinese Information Technology.」（如何監視6億人：中國資訊科技裡隱藏的漏洞），《外交事務》，2016年6月5日。

「Meet the Mystery Woman Who Mastered IBM's 5,400-Character Chinese Typewriter.」（見識這位掌控IBM 5400字元中文打字機的神祕女子），《快公司》，2021年5月17日。

「The Origins of Chinese Supercomputing, and an American Delegation's Mao-Era Visit.」（中國超級電腦的起源，以及毛澤東時代美國代表團的訪問），《外交事務》，2016年8月4日。

「'Security Is Only as Good as Your Fastest Computer': China Now Dominates Supercomputing. That Matters for US National Security.」（安全性取決於最快的電腦：中國現在在超級電腦領域佔有主導地位，關乎美國的國家安全），《外交政策》，2016年7月21日。

「The Underground Zines That Kept Self-Expression Alive in Mao's China.」（在毛澤東時代的中國，讓自我表達維持活躍的地下雜誌），《波士頓全球報》，2021年6月6日。

「Why Is the World's Largest Collection on China's Modern IT History in the US?」（世界上最大的中國現代IT史館藏為何在美國？」《南華早報》，2021年6月6日。

22. 認為擺脫QWERTY這件事已經發生或正在進行，跟暗示「非西方世界」在某種程度上，已經從我們最初討論的深刻不平等的全球資訊基礎設施中「解放」出來，是完全不1樣的事。舉例來說，即使現在，某些Adobe軟體仍無法做到阿拉伯文連寫。考慮到Adobe公司在個人電腦領域取得的領先地位，以及超過十億人使用某種形式的阿拉伯文或源自阿拉伯文的書寫系統時，這種事實確實令人驚訝。見如 Andrea Stanton, "Broken is Word," in *Your Computer Is on Fire*, ed. Thomas S. Mullaney, Benjamin Peters, Mar Hicks, and Kavita Philip（Cambridge, MA: MIT Press, 2021）, 213–230. 我試圖提出的論點是，當代資訊科技已經進入了一個新階段，在這個階段中，西方拉丁字母的霸權，繼續在我們理解和實踐資訊的方式上，施加了在物質上和在許多概念上的控制。不過在這種情況下，新的適應甚至抵抗的空間，也已經開始浮現。

D—U—M、M—E—D—M，甚至M—D—M就好？當然，其中一些輸入字串可能會導致多個潛在拼字（例如M—D—M不僅會推薦「medium」，可能還會推薦「madam」），但從長遠來看，使用拼字檢查彈出式選單的額外步驟，會被你省下的按鍵次數補償回來。然而，對大多數講英語的人來說，這種作法說好聽一點像是一種浪費時間的荒謬方式，說難聽一點就像是一種病態行為。

18. Paul A. David, "Clio and the Economics of QWERTY," *American Economic Review 75, no. 2（1985）: 332–337.*

19. Jared Diamond, "The Curse of QWERTY: O Typewriter? Quit Your Torture!" *Discover Magazine*, April 1997.

20. 在談論我的研究時經常出現的一個問題是：語音辨識呢？這是否可能構成期待已久的「解放」時刻？這難道不是克服QWERTY鍵盤的最佳解答嗎？不。儘管語音轉文字技術無疑是一項進步，尤其是在行動和「免持」裝置的背景下，但語音轉文字的基本前提，只是透過其他手段重新建立現有的技術語言秩序，取代了基於QWERTY的「所打即所得」。假設書寫行為本質上是逐字逐句地「拼寫」，我們便只是有了一個基於語音的預期：即「所說即所得」。讓文字創作不是在鍵盤介面上完整地「拼寫」單字，而是透過語音完整地「發音」單字（譯註：兩者本質上沒有差別，只是實作方式不同）。無論如何分析，「語音辨識」仍然是同一個技術語言的牢籠，只是換了更堅固的欄桿而已（覺得更堅固是因為我們錯認自己是「自由的」）。此外，正如已故的深受喜愛的Halcyon Lawrence的研究所生動展示的，語音轉文字程式在方言方面，對使用者施加了新的紀律形式（譯註：因為不同方言的使用者在使用語音辨識時可能會遇到更多的困難或限制）。見Halcyon M. Lawrence, "Siri Disciplines," in *Your Computer Is on Fire*, ed. Thomas S. Mullaney, Benjamin Peters, Mar Hicks, and Kavita Philip（Cambridge, MA: MIT Press, 2021）, 179–198.

21. Eleanor Smith稱QWERTY是「罪魁禍首」，它阻止了打字員超過人類語速的平均速度（每分鐘120個單字），而大多數人都「爬行」在大約每分鐘14到31個單字之間。同時，Robert Winder稱QWERTY鍵盤為一種「陰謀」。見Robert Winder, "The Qwerty Conspiracy." *The Independent*, August 12, 1995；Eleanor Smith, "Life after QWERTY," *The Atlantic*, November 2013.

Posture and Protect Back Health," *The West Australian*, perthnow.com, June 16, 2015, https://www.perthnow.com.au/news/new-smart-chair-designed-to-improve-posture-and-protect-back-health-ng-1233bbbe13e3f6536fca4e13445f4d6a. On urine stream signatures, 見 Cecily Mauran, "Pee and Me: The Gadget That Turns Toilets into Urine Labs. Why 2023 Could Be the Year of Personal Pee-Testing," *Medium.com*, January 3, 2023, https://mashable.com/article/withings-u-scan-urine-analysis-ces-2023. For the classic account on the "Gutenberg Galaxy," 見 Marshall McLuhan, *The Gutenberg Galaxy: The Making of Typographic Man*（Toronto: The University of Toronto Press, 1962）.

15. 我並不是對提到的系統進行批評，而是作為對英語「非傳統文本輸入系統」的整體邊緣性所做的廣泛觀察。正是由於這些系統的卓越性——例如Shumin Zhai的ShapeWriter——使得日常英語電腦使用者不使用它們的情況，變得與本書的討論主題如此相關。此外，這也不是在說缺乏對替代介面、觸覺等方面的研究。這裡的問題不是實驗、原型和研究，比較像是一個深入內在的規範假設。關於觸覺的權威研究，見David Parisi, *Archaeologies of Touch: Interfacing with Haptics from Electricity to Computing*（Minneapolis: University of Minnesota Press, 2018）. 關於行動裝置文字輸入系統的早期研究，見I. Scott MacKenzie and Kumiko Tanaka-Ishii, *Text Entry Systems Mobility, Accessibility, Universality*（Amsterdam: Morgan Kaufman, 2007）.

16. 特別感謝我以前的大學部學生顧問徐川，他基於在史丹佛大學特殊收藏和大學檔案館保存的Douglas C. Engelbart文獻所進行的一手檔案研究後，撰寫的一篇關於恩格爾巴特和弦鍵盤的優秀學期論文。雖然並未在期刊發表，但他的論文激發並影響了本段文字的寫作內容。

17. 請思考一下：如果講英語的電腦使用者真的想簡化輸入，他們現在就可以做到，不必安裝專門的輸入法。只要靠「拼字檢查」（這是現在所有商業文字處理軟體中，普遍預先安裝的功能）便可開始簡化一切。無論是用紅色底線標記錯誤拼字、突出錯字、產生包含建議更正的彈出式選單，或是自動把文字改成系統認為最有可能的「正確」形式等都是。因為拼字檢查已經成為文字處理軟體的一個廣為接受和日常使用的便利功能，其出現也已經超過十年以上。那為何英語的電腦使用者不肯利用這項技術，透過拼字錯誤或更快更有效率的輸入來實現目的呢？例如當他們想輸入單字「better」，為何堅持輸入B—E—T—T—E—R？只打B—T—T—R或B—T—R也能達到相同的效果（軟體會自動完成正確拼字，或讓你選擇正確的拼字）。如果你想輸入單字「medium」，為何不輸入M—D—I—M、M—

中國工程師、企業家、政府官員或日常用戶的自豪點。1980年代，一位作者呼籲「電腦書同文」，這讓人想起中國帝國歷史的開端，當時秦朝的法家思想家呼籲在不同王國和地區的多種文字變體中，實現漢字的標準化。另一位觀察者則把1986年左右的當時情況稱為「編碼污染」。然而，新輸入系統的浪潮並未停止。一項調查顯示，在1985年至1990年間，一共存在著超過五百種不同的中文輸入法，實際使用中的至少有一百種。「編碼污染」沒有任何緩解的跡象。見錢玉趾，《電腦書同文的發展前景》，*Zhongwen xinxi* 1（1992）: 6–9；Pan Defu and Zhan Zhenquan, *Chinese Character Encoding Design*（*Hanzi bianma shejixue*）, ca. 1997, TCM, 26；Zimin Wu and J. D. White, "Computer Processing of Chinese Characters: An Overview of Two Decades' Research and Development," *Information Processing and Management* 26, no. 5（1990）: 681–692, 684.

9. Theodore Huters, *Bringing the World Home: Appropriating the West in Late Qing and Early Republican China*（Honolulu: University of Hawai'i Press, 2005）.

10. 關於自然語言中文打字機托盤選字的歷史，以及毛澤東時代中文預測文本技術的發展，見Thomas S. Mullaney, *The Chinese Typewriter: A History*（Cambridge, MA: MIT Press, 2007）；and Thomas S. Mullaney, "The Movable Typewriter: How Chinese Typists Developed Predictive Text during the Height of Maoism," *Technology and Culture* 53, no. 4（October 2012）: 777–814.

11. 關於前饋和生成預測技術的兩部重要著作，見Mark B. N. Hansen, *Feed—Forward: On the Future of Twenty-First-Century Media*（Chicago: University of Chicago Press, 2014）；and Shane Denson, *Discorrelated Images*（Durham, NC: Duke University Press, 2020）.

12. "Robot Writes *LA Times* Earthquake Breaking News Article," *BBC.com*, March 18, 2014, https://www.bbc.com/news/technology-26614051; Jaclyn Peiser, "The Rise of the Robot Reporter," *New York Times*, February 5, 2019；"The First Article Written by an Artificial Intelligence in the Guardian," *Web24.news*, September 15, 2020. Google最近推出了一項功能，讓你不必親自輸入對話，而是可以從選單中選擇回覆，這些選項可能是由Google的機器閱讀演算法，為你客製化的回覆。

13. Elizabeth Eisenstein, *The Printing Press as an Agent of Change: Communications and Cultural Transformations in Early-Modern Europe*（Cambridge: Cambridge University Press, 1980）.

14. On "butt signatures," 見 Brigid O'Connell, "New 'Smart Chair' Designed to Improve

結論

1. 截至2024年7月，可以在此處找到此「專利檢索及分析」網頁：https://pss—system.cponline.cnipa.gov.cn/conventionalSearch.

2. 來自蔣薇（發明家蔣琨的孫女）於2013年9月15日發送給作者的電子郵件。

3. 「音碼輸入法」, 中華人民共和國專利文件CN 1277379A，2000年12月20日；2013年9月17日於上海與蔣琨和蔣薇的會面。

4. 「上海姑娘與其父創檢字新法查字只需依據部首件」，東方晚報，2013年10月20日。

5. Michael Adas, *Machines as the Measure of Men: Science, Technology, and Ideologies of Western Dominance*（Ithaca, NY: Cornell University Press, 1989）；Jennifer Karns Alexander, *The Mantra of Efficiency From Waterwheel to Social Control*（Baltimore, MD: Johns Hopkins University Press, 2008）.

6. Cao Xuenan, ”Bullet Screens（Danmu）: Texting, Online Streaming, and the Spectacle of Social Inequality on Chinese Social Networks,“ *Theory, Culture and Society* 38, no. 3（2019）: 29–49；Yongmin Zhou, *Historicizing Online Politics: Telegraphy, the Internet, and Political Participation in China*（Stanford, CA: Stanford University Press, 2005）；Weiyu Zhang, *The Internet and New Social Formation in China: Fan Publics in the Making*（New York: Routledge, 2016）；Guobin Yang, *The Power of the Internet in China: Citizen Activism Online*（New York: Colombia University Press, 2011）；Yizhou Xu, ”The Postmodern Aesthetic of Chinese Online Comment Cultures,“ *Communication and the Public* 1, no. 4（2016）: 436–451；Xinyuan Wang, *Social Media in Industrial China*（London: UCL Press, 2016）；Li Jinying, ”The Interface Affect of a Contact Zone: Danmaku on Video Streaming Platforms,“ *Asiascape: Digital Asia* 4, no. 3（2017）: 233–256. 在解決了許多漢字訊息處理的問題後，確實有一些中國工程師將他們的注意力，轉向中國少數民族文字書寫系統的訊息處理。見戴慶夏、許壽椿與高喜奎，《中國各民族文字與電腦訊息處理》，中央民俗學院出版社，1991。

7. Michel Hockx, *Internet Literature in China*（New York: Columbia University Press, 2015）.

8. 我們可以立即排除掉的一個可能性，就是認為中國工程師和電腦使用者在某種程度上對擁有大量輸入法感到重視或自豪。從1980年代起，輸入法的激增從未成為見 William C. Hannas, *The Writing on the Wall: How Asian Orthography Curbs Creativity* (Philadelphia: University of Pennsylvania Press, 2003) .

37. 中華人民共和國國家標準"General Word Set for Chinese Character Keyboard Input"(漢字鍵盤輸入用通用詞語集) , GB/T 15732–1995. Circulated August 1, 1995, adopted April 1, 1996. 有關標準化數位字元集的早期工作，另見Liu Yongquan, "A Discussion of Problems Related to Character Compound Repositories" (談談詞庫問題) , *Journal of Chinese Information Processing* 1, no. 1 (1986) : 8–11.

38. 這三個機構包括：中國中文信息協會、中國標準化與信息分類編碼研究所和中國標準技術開發公司。

39. Chen Xiangwen, *The Five-Stroke and Natural Code Input Methods for Microcomputers*, 110–112.

40. Pei Jie, *CC-DOS V4.2 Chinese Character Operating System User Guide*, 140–141. 使用者必須執行LXCK.exe程式，叫出「聯想詞庫維護程式」。另見*UCDOS High—Level Chinese Character System User Manual v. 2.0*「*UCDOS*高級漢字系統用戶手冊 *v. 2.0*」，Beijing: Zhongguo kexueyuan xiwang gaoji dianna jishu gongsi, 1990, 6, 38.

41. *UCDOS*高級漢字系統用戶手冊，第37頁。

42. 中國長城計算機集團公司，長城95DOS中文系　長城天匯標準漢字系統用户手　」n.d., 9.4；「天匯ABC漢字輸入法」, TSM.

43. 見Matt Scott（馬特・斯科特）, "The Background Technology and Story of Microsoft's Engkoo Pinyin Input Method" (微軟英庫拼音輸入法背後的技術和故事) , http://tech.sina.com.cn/it/csj/2013—01—25/08418014659.shtml；與"Sogou Cloud Input: An Introduction to Cloud Computing" (搜狗輸入法雲計算介紹) , https://pinyin.sogou.com/features/cloud/.

44. 有關「雲輸入」的黑暗潛力的介紹，見Thomas S. Mullaney. "How to Spy on 600 Million People: The Hidden Vulnerabilities in Chinese Information Technology," *Foreign Affairs* (June 5, 2016) , https://www.foreignaffairs.com/articles/china/2016—06—05/how-spy-600-million-people.

45. 見David Moser, *A Billion Voices*；Gina Anne Tam, *Dialect and Nationalism*；and Elisabeth Kaske, *The Politics of Language in Chinese Education, 1895–1919* (Leiden: Brill, 2008) .

and “Software Exhibition ’89,” *South China Morning Post*, October 10, 1989, 28.

27. 自十9世紀以來，中日交流一直對現代中文資訊科技的歷史相當重要。任何忽視中日交流的分析，都無法全面理解現代IT時代下的中文。有關電腦時代之前的中日交流分析，見Thomas S. Mullaney, *The Chinese Typewriter: A History*（Cambridge, MA, 2017）；and Thomas S. Mullaney, “Controlling the Kanjisphere: The Rise of the Sino-Japanese Typewriter and the Birth of CJK,” *Journal of Asian Studies* 75, no. 3（August 2016）: 725–753.

28. Ichiko Morita, “Japanese Character Input: Its State and Problems,” *Journal of Library Automation* 14, no. 1（March 1981）: 6–23；Ken Lunde, *CJKV Information Processing*, 228–229；Nanette Gottlieb, *Word-Processing Technology in Japan: Kanji and the Keyboard*（Richmond, VA: Curzon, 2000）. 有關日語文字處理的重要早期工作介紹，見Joseph D. Becker, “Multilingual Word Processing,” *Scientific American* 251, no. 1（July 1984）: 96–107.

29. Duncan B. Hunter, “Chinese Computer that’s Got Character,” *South China Morning Post*, January 17, 1986, 30.

30. 一種基本但功能強大的預測文本形式，成為1950年代機械中文打字的基礎，甚至早於電腦出現之前。《中文打字機》一書對此主題進行了詳細的研究。

31. 劉湧泉，“A Discussion of Problems Related to Character Compound Repositories,” 8–11.

32. Qin Dulie, “Principles of Developing Expert Systems of Traditional Chinese Medicine,” in *Expert Systems and Decision Support in Medicine*, ed. Otto Rienhoff, Ursula Piccolo, and Berthold Schneider（Berlin: Springer, 1988）, 85–93, 92.

33. 張國防，《五十字元計算漢字輸入法使用手冊》，（Beijing: Zhongguo jiliang chubanshe, 1989）, 238.

34. 齊元，《中文訊息技術和自然語言處理》, *Journal of Chinese Information Processing* 1, no. 1（1986）: 33–36.

35. Zhang Guofang, *Fifty Character Element Computational Chinese Input Usage Manual*, 238. 原文如下：目前，現代漢語的實際應用輸入速度，已經明顯地超過了英文的速度。將來，字、詞處理再經過更深入的研究後，建立起更高水準或更理想的詞語庫，絕對有希望在從容按鍵的情況下，達到或大幅超越口述的語率速度。

36. John DeFrancis, *Visible Speech: The Diverse Oneness of Writing Systems*（Honolulu: University of Hawai’i Press, 1989）, 266–267. William Hannas表達了更尖銳的觀點。

研討會」；1975年在臺灣舉行的後續會議；1978年青島漢字編碼學術交流會；以及1979年在史丹佛大學舉行的自動書目系統東亞字符處理ACLS會議。見*Proceedings of the First International Symposium on Computers and Chinese Input/Output Systems*, Taipei, Taiwan: Academia Sinica, August 14–16, 1973；Zimin Wu and J. D. White, "Computer Processing of Chinese Characters," 681；"Chinese Computer on Way," *South China Morning Post*, August 21, 1975, 32.

25. 例如1980年在香港舉行的國際電腦會議；1982年9月承德會議；在北京舉行的兩次專門討論漢字編碼的會議（1982年7月和12月），1982年12月在南京舉行的一次專門討論漢字周邊設備（包括印表機、顯示器和鍵盤）的會議，中國信息研究協會於1983年3月在成都舉行的編碼專業委員會會議、1983年10月在北京舉行的國際中文資訊處理會議、第一屆國際電腦與中文輸入/輸出系統研討會；1983年4月的Miconext 83；1983年中國中文資訊學會、1983年ICCIP；以及1986年由中國計算機學會舉辦的國際中國計算機會議。見Jim Mathias and Thomas L. Kennedy, eds., *Computers, Language Reform, and Lexicography in China*, 36；Zhang Shoudong et al., *Fundamentals of Chinese Language Computing*, 4；Chen Shu, "Symposium on Chinese Character Processing Systems Reviewed," 20；"Brief Note on 1986 International Conference on Chinese Computing," 44, 62. The Chengde conference was held September 12– 19, 1982；Zimin Wu and J. D. White, "Computer Processing of Chinese Characters," 681；陳樹楷與姜德存，"Overview of the Activities of the Chinese Information Processing Society of China in 1982"（中國中文訊息研究會1982年活動綜述），及*1983 Spring Festival Symposium Proceedings*（*1983 chunjie zuotanhui wenji*）, ed. Zhongguo Zhongwen xinxi yanjiuhui, 105–110, 109（n.p.: Beijing, February 1983）.

26. 根據陳樹楷估計，1979年中國一共舉辦了6場與電腦相關的活動，發表論文798篇，參加人數約1169人。到了1982年，這個數字增加到二十場活動、1358篇論文和3233名與會者。見陳樹楷，《1982年度學術活動述評》, *1983 Spring Festival Symposium Proceedings*, ed. Zhongguo Zhongwen xinxi yanjiuhui, 142. 主要貿易展範例包括Data Show（1981）, the Chinese Computer Exhibition（1986）, Software Exhibition '86, Software Exhibition '87, China Software Show（1987）, the Hong Kong Productivity Council Software Exhibition（1988）, 以及在香港展覽中心舉辦的軟體展覽'89，還有許多其他可能的例子。見"Asia Computer Plaza," *South China Morning Post*, February 22, 1986, 21；"Software Exhibition '87," *South China Morning Post*. May 25, 1987, 47；"Software Exhibition '88," *South China Morning Post*, August 22, 1988, 7;

人在1950年代到90年代初嘗試的各種可能性。但這並不意味著基於結構的輸入法發明者，必須在許多領域擁有深厚的專業知識（正如支秉彝的電機專業）。我的觀點很簡單：發明一個基於結構的輸入系統，並不一定就得是電機工程師。

21. N. B. Dale, "An Overview of Computer Science in China: Research Interests and Educational Directions," *ACM SIGCSE Bulletin* 12, no. 1（February 1980）: 186–190；Zhang Shoudong et al., *Fundamentals of Chinese Language Computing*「中文訊息的計算機 處 理 」（Shanghai: Yuzhou chubanshe, 1984）, 1；Jim Mathias and Thomas L. Kennedy, eds., *Computers, Language Reform, and Lexicography in China. A Report by the CETA Delegation*（Pullman: Washington State University Press, 1980, 34–35；"First Domestically Produced Microcomputer to Enter the International Market"（首次進入國際市場國產微型計算機）, *Jiefang ribao*, October 26, 1982, 3；"A Brief History of the Development of Chinese Computer（1956–2006）," http://www.nobelkepu.org.cn/art/2008/11/13/art_1025_66163.html [accessed May 9, 2015]；Zhang Shoudong et al., *Fundamentals of Chinese Language Computing*, 2.

22. Zhang Shoudong et al., *Fundamentals of Chinese Language Computing*, 4；Chen Shu, "Symposium on Chinese Character Processing Systems Reviewed," FBIS report based on *Jisuanji shijie* 20（October 1982）: 13, in *FBIS* 83, 20；"Brief Note on 1986 International Conference on Chinese Computing"（1986國際中國計算機會議簡況）, *Journal of Chinese Information Processing* 1, no. 1（1986）: 44, 62；"Invitation Card to the Computational Chinese Information Processing Systems Exhibition"（計算機中文訊息處理系統展覽會請柬）,TSM. 許多中國最早的電腦期刊（專門研究中國電腦的期刊），也是在這個時期推出。例如1980年《電腦世界》創刊，隨後幾年又相繼推出了《中文資訊》、《中文資訊學報》、《電腦科學與技術學報》等。見"A Brief History of the Development of Chinese Computer（1956–2006）"; and Chen Liwei, "Develop Chinese Information Technology, Promote Computer Use in More Situations"（發展中文訊息技術，促進計算機推廣應用）, *Journal of Chinese Information Processing* 1, no.1（1986）: 5–7.

23. 有關文革後時期中國技術官僚崛起的精彩研究，見Joel Andreas, *Rise of the Red Engineers: The Cultural Revolution and the Origins of China's New Class*（Stanford, CA: Stanford University Press, 2009）.

24. 1970年代的會議範例包括1973年在臺灣舉行的「第一屆電腦和中文I/O系統國際

體，48×48）等。向量字體也已標準化，如GB/T 13845–1992和GB/T 13848–1992等編碼，在1990年代及以後，由於Unicode之故，CJK標準化的新時代誕生了。Unicode的全球歷史超出了本書的時間範圍，也超越了我目前工作的野心範圍。不過最近隨著史丹佛大學獲得了Unicode開發的相關文件而變得更有可能（也更有必要）書寫一番。見Zimin Wu and J. D. White, "Computer Processing of Chinese Characters: An Overview of Two Decades' Research and Development," *Information Processing and Management* 26, no. 5（1990）: 681–692；Ching-chun Hsieh, Kai-tung Huang, Chung-tao Chang, and Chen-chau Yang, "The Design and Application of the Chinese Character Code for Information Interchange（CCCII）," Louis Rosenblum Collection. Stanford University（以下稱LR）. 另見Jack Kai-tung Huang and Timothy D. Huang, *An Introduction to Chinese, Japanese and Korean Computing*（Singapore: World Scientific, 1989）；Ken Lunde, *CJKV Information Processing: Chinese, Japanese, Korean & Vietnamese Computing*（Sebastopol, CA: O'Reilly Media, 2009）；and the Unicode Collection, M2864, Stanford University Special Collections. Chen Zengwu and Jin Lianfu, *Chinese Language Information Processing System*, 82；GB 5007.1-2010: Information technology-Chinese ideogram coded character set（basic set）-24 dot matrix font. 請注意，出於同樣的原因，漢字點陣圖也於此時在日本標準化。另見Haruhisa Ishida（石田晴久）, "Chinese Character Input/Output and Transmission in Japanese Personal Computing," *IEEE*（1979）: 402–409, 405.

18. 值得注意的是，這種拼音偏差是有限制的。儘管國標碼第一層字元是按照拼音音序排列，但國標碼第二層卻是按照部首筆劃組織（與中文打字機的方式非常相似），其中包含3008個以上的字元和部件（跟1949年以前中文打字機所設置的托盤十分類似）。

19. 見如Ming-Yao Lin and Wen-Hsiang Tsai, "Removing the Ambiguity of Chinese Input by the Relaxation Technique," *Computer Processing of Chinese and Oriental Languages* 3, no. 1（May 1987）: 1–24；and Gee-Swee Poo, Beng-Cheng Lim, and Edward Tan, "An Efficient Data Structure for Hanyu Pinyin Input System," *Computer Processing of Chinese and Oriental Languages* 4, no. 1（November 1988）: 1–17.

20. 這並不是說基於結構的輸入系統消失了，也不是說這些熱衷於語言學的愛好者放棄了。相反的，他們每年都不斷提交新的專利申請，並就自創的輸入系統進行宣傳。然而時代潮流已經從基於結構的輸入轉向基於語音的輸入，等於排除了這些

16. *Shanxi Province Chinese Character Encoding Research Special Issue*「山西省漢字編碼研究專輯」，山西省科學技術情報研究所，March 1979. Thomas S. Mullaney East Asian Information Technology History Collection, Stanford University（以下稱TSM）.

17. 中國向國際標準化組織（ISO）提交了代碼正式認可。"China Will Apply for International Registration of Chinese Graphic Character Set for Computers," *Xinhua General Overseas News Service*, March 27, 1981；Chen Yaoxing, "Introduction to Chinese Codes for Information Interchange"（Xinxi jiaohuan yong Hanzi bianma zifu ji jianjie）, *Wenzi gaige* [*Writing Reform*] 4, 1983, 5–7. 在範圍更廣的中文界與CJK（中日韓）世界中，許多其他國家也頒布了標準。1978年，日本頒布了JIS C6226，其設計目的是相當於日文的ASCII。程式碼基於二個位元組結構，總共包含6349個常用日語漢字。1981年和1982年，韓國也制定了韓式漢字國家標準，代碼由1692個字元組成。兩年後，也就是1984年，臺灣文化發展委員會漢字分析小組頒布了CCCII（資訊交換漢字代碼）。儘管這些競爭標準之間存在互通性的重大挑戰，但中日韓資訊環境正在逐漸穩定，為開始依賴拼音輸入提供了基礎。編碼系統只是這時期大量新標準的一部分。中文點陣圖也被正式化，試圖對抗1970年代末和80年代初發現的各種相互競爭的網格尺寸和佈局。讀者應該記得在前面的章節中，葉晨暉在1970年代開發的 IPX系統具有20×24網格，而王安電腦、圖形藝術研究基金會、H. C. 田等人採用了15×16、16×16和18×18等尺寸。這裡的目標與其說是美觀問題，不如說是互通性的問題，因為對中文點陣圖的監管，將使字體設計者和漢字生成卡製造商能夠依賴商定的標準，讓他們的產品能跨系統兼容，或至少在系統內能夠相容。1983年6月，電子部標準化研究所召開了專門針對漢字點陣圖的會議，題為「資訊交換用漢字點陣字形的國家標準草案工作會議」。

會議特別關注三種大小：16×16、214×214和32×32。這次會議以及隨後舉行的其他會議，最後形成了一系列全面的官方GB標準。GB 5007.1、GB 5007.2和相關指南，建立了214×214中文點陣圖的中國最早國家標準。GB 11458.1—1989制定了15×16中文點陣圖的初始國家標準；GB 11459.11989對於214×214中文點陣圖也是如此。個別字體樣式也標準化，包括黑體（或哥德體）、宋體、仿宋體、楷體等。例如，GB 12036-1989制定了32×32中文哥德體的標準，GB 12040-1989為316×316中文哥德體製定了標準，GB12044-1989為48×48中式哥德式製定了標準。宋體、仿宋體、楷體點陣圖採用多種標準編碼，包括GB 12037-1989（宋體，36×36）、GB 12034-1989（仿宋，32×32）、GB 12038-1989（仿宋36×36）、GB 12042-1989（仿宋48×48）、GB 12039-1989（楷體36×36）、GB 12043-1989（楷革出版社，1962；周有光《拼音化問題》，中國文字改革委員會研究組，1978。

6. David Moser, *A Billion Voices: China's Search for a Common Language*（New York: Penguin, 2016）.

7. 周有光，《電報拼音化》，北京文字改革出版社，1965。

8. 從技術術語來看，拼音輸入碼不能作為「前綴碼」的基礎，「前綴碼」是指代碼系統中任何一個代碼片段都不會成為另一個代碼片段的開頭（譯註：拼音輸入法中的某些拼音組合可能是其他拼音組合的前綴，這會導致在處理或識別輸入時出現混淆）。

9. 例如在Sinotype下，考德威爾和他的同事在記憶體中識別漢字時，經常使用前面提過的「馬修斯編號」。

10. 見陳建文，*Research Report on the Double Pinyin Code Chinese Character Information Processing System*, 1；and Chi Wang, *Building a Better Chinese Collection for the Library of Congress. Selected Writings*. Lanham: The Scarecrow Press, 2012, 99. 陳建文和薛士權在南京大學圖書館工作，錢培得在蘇州大學電腦系任職。陳建文，《漢語雙拼編碼漢字的用途和用法》，Nanjing: Nanjinguanxueue tushug，1986年2月；《關於雙拼編碼漢字處理系統的實驗報告》，1986年2月；陳建文、薛欽（Xue Chin音譯）與錢培得，《雙拼編碼漢字訊息處理系統研制報告》，南京與蘇州：南京大學圖書館與Suzhouiiue jisuanji aoaoyanshi, njid。《雙拼編碼漢字訊息處理系統使用意見》，南京：南京大學 jisuanjichang，1986年5月28日）；《雙拼編碼漢字訊息處理系統用戶報告》，南京：南京大學 jisuanjichang，1986年5月26日。

11. 蔡榮波編，《電腦漢字輸入的方法技巧與訓練》，廣州科技出版社，1993，第128頁。

12. 陳建文，《雙拼編碼漢字訊息處理系統研制報告》，南京大學圖書館與蘇州大學數學系，約1986，第4頁。

13. 陳建文, *Research Report on the Double Pinyin Code*, 1–6. 到1986年2月，雙拼輸入法也已安裝在一些IBM PC/XT電腦上。

14. 張廷華，《雙拼雙部編碼法四千常用漢字編碼表》，（Shanxi: Shanxi Linyi zhongxue, 1979）, 2；Cai Rongbo, ed. *Computational Chinese Input Methods*, 128.

15. 張國防，《五十字元計算漢字輸入法使用手冊》（Beijing: Zhongguo jiliang chubanshe, 1989）.

compute/issue130/42_NEC_Pinwriter_P6200.php；*UCDOS High-Level Chinese Character System User's Manual*, 24–25；雖然這些印表機大多數是日本製造的，但TH-2100和KC-3070在許多資料來源中，均被認定為中國印表機。例如，見劉奇，*Chinese Language dBASE-II Relational Database Management System*「漢字型dBASE-II關係數據庫管理系統」，（Beijing: Beijing Yanshan shiyou huagongsi qiye guanli xiehui, 1984）. 另見Liu Shuji et al., *Impact Printers: Principles of Usage and Repair*（*Zhenshi dayinji yuanli shiyong yu weixiu*）（Beijing: Guoji gongye chubanshe, 1988）, 134–138.

71. 雷射列印是進一步研究的一個重要領域。關於高解析度中文圖形學與商業印刷領域的重要人物王選的介紹，見王選，《北大方正書版排版技術和應用》，北京方正集團，1993。

72. 例如中文字點陣圖和中繼資料，仍然比對應的字母數字佔用更多「數量級」以上的記憶體。直到現在，兩者在如此巨大的低成本儲存海洋中漂動，並通過速度快得多的電腦呈現，所以如果現在還有這種差異的話也沒什麼關係。亦即中文字體可能仍舊佔很大的記憶體部分，但它們跟單1影片檔案所佔用的記憶體空間相比，根本不算什麼，更別提現在那些超級龐大的應用程式了。

第6章

1. Pei Jie, *CC-DOS V4.2 Chinese Character Operating System User Guide*（*CC-DOS V4.2 Hanzi caozuo xitong shiyong zhinan*）（Shanghai: Shanghai jiaotong daxue chubanshe, 1991）, 22, 141–142.

2. 例如，按住ALT鍵和F1功能鍵，使用者可以選擇五筆輸入法。ALT鍵和F2切換到手寫輸入法，ALT鍵和F3切換到拼音輸入法等。Pei Jie, *CC-DOS V4.2 Chinese Character Operating System User Guide*, 140.

3. Pei Jie, *CC-DOS V4.2 Chinese Character Operating System User Guide*, 75.

4. Ling Zhijun, *The Lenovo Affair: The Growth of China's Computer Giant and Its Takeover of IBM—PC*, trans. Martha Avery（Malden, MA: Wiley, 2006）；James Cortada, *IBM: The Rise and Fall and Reinvention of a Global Icon*（Cambridge, MA: MIT Press, 2019）.

5. 《怎樣學習漢語拼音方案》，北京文字改革出版社，1958；周有光，《漢字改革概論》，北京文字改革出版社，1961；周有光，《拼音字母基礎知識》，北京文字改

(operators，例如set、display、move以及其他依賴英文單字或縮寫的操作碼）方面，或是更細一點的偏見（例如文本必須從左到右的假設，而且當然是使用ASCII字母數字）。因此每個程式設計師都必須在某種意義上「熟悉」英語和拉丁字母，才能認真地寫程式（更不用說專業編碼了）。正如中國工程師試圖修改BIOS和磁碟作業系統1樣，他們也瞄準了COBOL和Basic 等程式語言。創建了「中文COBOL」，以及中文版的PASCAL等。也開發了SuperCalc、VisiCalc、Multiplan、Lotus 1-2-3、Fortran、Wordstar、dBaseII、dBaseIII等中文版本。有關中文高級程式語言程式的精彩早期論文，見Yaohan Chu,「Structure of a Direct-Execution High Level Chinese Programming Language Processor.「*ACM '74: Proceedings of the 1974 Annual Conference* 1（January 1974）: 19–27. 另見Zhu Shili [朱世立], *Common Methods in Chinese TRUE BASIC Language and System Engineering*「漢字TRUE BASIC語言和系　工程常用方法」,（Beijing: Dianzi gongye chubanshe, 1988）.

67. 正如顧景文所說，每個工程團隊破解BIOS的方式各有不同。「中國計算機技術服務公司」（現稱為中國國家軟體公司）將RSX-11M-PLUS作業系統漢化，成為漢字作業系統（漢字操作系統），在DJS-180-a上運作（中國製的PDP-11複製品）。見Gu Jingwen, *Driver Design for the Display of Chinese Characters*, 19.

68. Gu Jingwen, *Driver Design for the Display of Chinese Characters*, 241–242. 顧景文沒有具體說明他在文中指的是哪個版本的Wordstar。然而不用說，這一定是某種軟體逆向工程，尤其是渴望為現有產品添加新功能的開發人員所進行的軟體逆向工程，這種事情並非中國獨有，美國工程師也經常如此。不過中國案例與美國案例的區別在於，中國的改裝對於「基本可用」至關重要，而不只是尋求擴展功能而已。

69. David Chen, "The Race is On to Design New Chinese System," *South China Morning Post*, September 1, 1987, 25.

70. 主要例子包括Toshiba P321 Printer, Panasonic KX-P2123, Star Micronics NX-2420 Rainbow and NX-2420 Multi-Font, Star AR-2463, NEC NK 3826, NEC Pinwriter P6200, M2040, M1724, T3070, P1350, P1351, Epson LQ2500, Epson LQ1500, Epson LQ 1000K, Brother M-1724, M1570, OKI OK1, OKI 8320, and OKI 5320, AR3240, AR2463, TH-2100, and KC-3070. 見 https://www.atarimagazines.com/compute/issue75/Toshiba_P321_Printer.html；https://www.atarimagazines.com/compute/issue144/G10_Panasonic_KXP2123.php；https://www.atarimagazines.com/compute/issue123/28_2_NEW_PRODUCTS_4-STAR_PRINTERS.php；https://www.atari magazines.com/

自臺灣基於MS-DOS），01（來自臺灣基於MS-DOS），CDPS-2（中文字訊處理系統），聲數漢語系統以及CW中文語詞處理系統等。見陳相文, ed., *The Five-Stroke and Natural Code Input Methods for Microcomputers*「微型計算機五筆字形及自然碼輸入法」，Tianjin: Nankai daxue chubanshe, 1994），1–4；Zimin Wu and J. D. White, "Computer Processing of Chinese Characters," 687；Super-CCDOS （SPDOS）「金山超想類」由香港金山公司約在1988研發。陳啟秀, Chinese Character Input and Word Processing: 100 Questions「漢字輸入與文字處理100問」，Nanjing: Jiangsu kexue jishu chubanshe, 1996, 19. CDPS-2（中文資料處理系統）由工業研究院工業技術研究所電子研究與服務機構設計製造。Margaret C. Fung, PhD（Taipei: Showwe Information Corporation, 2004）著作, 147. UCDOS「希望漢字系統」於 1986年由中國科學院的鮑岳橋、甘登岱、劉慶華研發。Hope Soft UCDOS 3.1 Training Manual「Hope Soft UCDOS 3.1 培訓教程」，（Beijchuing: Xuefan 199, 1994） 序言；UCDOS High-Level Chinese Character System User's Manual, 1. 另見Luo and Zhang, Shape-Meaning Three Letter Code, 40. 1983年8月，第一版的WMDOS「王碼操作系統」，第二版於19八4年8月推出，第三版WMDOS於1986年3月推出，WMDOS曾經推出到5.0版。 見 Chen Xiangwen, The FiveStroke and Natural Codeput version 5.0. 見 Chen Xiangwen, The FiveStroke and Natural Codeput version Methods, 114； 2.13 xilie Hanzi xitong yonghu shouce, 242–243；CW中文語詞處理系統由北京大學與CASS語言文字應用研究所聯合開發。Wu Xiaojun, 2.13 xilie Hanzi xitong yonghu shouce, 231.

65. 例如關於CP/M的研究工作，是由中國科學院計算研究所的研究人員領導。Chen Zengwu and Jin Lianfu, *Chinese Language Information Processing System*, 150–155；"Maojiang Wang, "On the Interface Between the High-Level Languages and Chinese Character Information," *Computer Standards and Interfaces* 6, no. 2（1987）: 181–186, 181. 另見Wang Qihong, "PASCAL Compiler with Chinese Identifier"「可用漢字標識符的PASCAL編譯程式」，長春郵電學院學報，2（1987）: 61–71. COBOL可見楊惠民與蔣子放，*Sinicized COBOL Language for Microcomputers*（*Programming Methods and Skills*）「微型電腦漢字化COBOL語言」（Beijing: Dianzi gongye chubanshe, 1987）. 而FoxBASE可見劉甫迎與何希瓊，*Chinese Language FoxBASE+ Novel Relational Database*「漢字FoxBASE+ 新穎關係數據庫」（Zhongguo kexueyuan changdu jisuanji yingyong yanjiusuo qingbao shi, November 1987）.

66. 高階程式語言是另一個需要進一步研究的領域。無論使用COBOL、Basic、C或其他語言，歷史上所有行業標準的程式語言，都以英語為前提。無論是在運算子

Use of Orientalist Views on the Chinese Language," *Interventions* 2（2000）: 11–14.

52. Chen Zengwu and Jin Lianfu, *Chinese Language Information Processing System*, 214.

53. 錢培得，《CC—DOS分析》，第5頁；Chen Zengwu and Jin Lianfu, *Chinese Language Information Processing System*, 218.

54. 錢培得，《CC-DOS分析》，第5頁。

55. 錢培得，《CC-DOS分析》，第6頁。

56. 這些查找表稱為「漢字輸入碼掃描表」，每個條目由四個位元組組成。為了節省記憶體，輸入系統代碼盡量被儲存在同一個查找表中。舉例來說，在查找表中每個條目的第1段，專門用於稱為「首尾碼」的輸入系統，它佔用記憶體的第一個位元組，然後是第二個位元組的一部分。每個條目的第二段專門用於拼音輸入碼，這是迄今為止最長的一段，佔據了記憶體第二個位元組的大部分，加上第三個位元組的全部以及第四個位元組的一大部分。

57. Chen Zengwu and Jin Lianfu, *Chinese Language Information Processing System*, 208.

58. 錢培得，《CC-DOS分析》，第2頁。"CCBIOS Keyboard Control Program"（*CCBIOS de jianpan kongzhi chengxu*）.

59. 在CS 1848和CS 2797之間存在著「CCBIOS INT 10程式」（10類中段程式）。從CS 2BD5到9595，是可以實現漢字輸入碼和漢字內碼轉換的掃描表。從CS 98B3到AA76，存在「CCBIOS INT 16程式」（16類中段程式）。最後，在CS AAC0和CS AB43之間，存在著主要「執行代碼」本身。正是在AAC0這個位址，亦即cccc.exe的入口位址，在ROMBIOS中現有的中斷，將會被重定向，有效捕獲所有鍵盤、顯示器和列印控件，並透過cccc.exe重新導向。見錢培得，《CC—DOS分析》，第二頁。

60. 錢培得，《CC-DOS分析》，第二頁。

61. 錢培得編，《微型計算機漢字操作系統CC-DOS》，第1頁。

62. 錢培得，「*CC-DOS*分析」， 1. "CC-DOS是對PC-DOS的擴充."

63. Chen Zengwu and Jin Lianfu, *Chinese Language Information Processing System*, 161.

64. 其他包括China Star（中國之星）, 2.13、GWBIOS「長城浪潮類」、Super-CCDOS（SPDOS）「金山超想類」、LXBIOS「聯想式漢卡類」、UCDOS「希望漢字系統」、HDCCDOS、MECCDOS、WMDOS、新時代漢字操作系統、HZDOS, WMDOS「王碼操作系統」, XSD-1, 南京DOS, ET（倚天，來自臺灣基於MS-DOS）, KC（來

Level Chinese Character System User's Manual, 23.

42. 雖然彈出式選單是1980年代以來，中文電腦裡普遍存在的功能，但這種回饋技術可以追溯到1940年代。在本書前面章節以及《中文打字機》一書中，我們已經多次看到彈出式選單（只差不是在電腦顯示器上）。1947年林語堂設計的實驗性中文打字機的「魔眼」組件，雖然是機械式的，但依舊算是歷史上第一個「彈出式選單」。讀者可能還記得，其目的是根據使用者的按鍵序列向操作員提供多達8個候選字元。見Thomas S. Mullaney, *The Chinese Typewriter: A History*（Cambridge, MA: MIT Press, 2017）.

43. Pei Jie, *CC-DOS V4.2 Chinese Character Operating System User Guide*, passim.

44. *UCDOS High-Level Chinese Character System User's Manual*, 6, 31.

45. 顧景文，《微機漢字與圖形的顯示及其接口程式設計》，上海同濟大學出版社，1995），頁10至13。

46. 錢培得編，《微型計算機漢字操作系統CC-DOS》，西安陝西電子編輯部，1988，第1頁；錢培得，《CC-DOS分析》，微計算機應用，第五期（1985），頁1至10。

47. 感謝Jim Beveridge協助我在關於中斷和BIOS的討論上，進行了極富洞察力的編輯和更正。

48. Chen Zengwu and Jin Lianfu, *Chinese Language Information Processing System*, 147–150.

49. Chen Zengwu and Jin Lianfu, *Chinese Language Information Processing System*, 220.

50. 螢幕緩衝區也必須擴展，一共設計了三個新的代碼區：字元點陣圖緩衝區、CRT刷新區和虛擬刷新區。第一個區域以組合語言儲存，從代碼點CS0078到CS0099，儲存的是漢字點陣圖代碼——分為「左側區域」（左邊區）和「右側區域」（右邊區））。CRT刷新區域儲存在兩個區域：從代碼點8000到953F，以及從代碼點A000到BF3F。虛擬刷新區則儲存在三個區域：000B至087F、0880至104F和1050至181F。見錢培得，"An Analysis of CC-DOS," 3；Chen Zengwu and Jin Lianfu, *Chinese Language Information Processing System*, 223– 224；與顧景文，"Driver Design," 20–21. 另見Gu Jingwen, *Driver Design for the Display of Chinese Characters and Images on a Microcomputer*, 18–19；錢培得 "An Analysis of CC-DOS," 3.

51. Chris Hutton, "Writing and Speech in Western Views of the Chinese Language," in *Critical Zone 2: A Forum of Chinese and Western Knowledge*, ed. Q. S. Tong and D. Kerr（Hong Kong: Hong Kong University Press, 2006）, 83–105；Q. S. Tong. "Inventing China: The

要的商業規模上推出，存在的理由比較像是理論練習而非實際的解決方案。見Shouchuan Yang and Charlotte W. Yang, A Universal Graphic Character Writer. In International Conference on Computational Linguistics COLING 1969: Preprint No. 42, Sånga Säby, Sweden.更多資訊請參考連結：https://aclanthology.org/C69—4201/. 在史丹佛大學，訪問研究人員嘗試使用Donald Knuth開發的 METAFont程式，開發出一種基於向量的中文字體。該項目被稱為LCCD（「漢字設計語言」），但也從未取得任何商業上的成功。有關Metafont及其大量資料文件，收藏在史丹佛大學的Donald Knuth論文中。

36. Chan H. Yeh, "System for the Electronic Data Processing of Chinese Characters," US Patent 3820644, filed May 7, 1973, and issued June 28, 1974；葉晨暉專訪，2010年3月21日。

37. 為了達成這種效果，中國工程師必須使用能夠提供這種精度的西方製印表機。文獻中提到的兩台這類機器是Epson FX和Epson MX。見Chen Zengwu and Jin Lianfu, *Chinese Language Information Processing System*（Beijing: Zhongguo jisuanji yonghu xiehui zonghui, 1984）, 84–85. 在這種技術下，當時的許多點陣中文的列印輸出都呈現出帶點「凹凸不平」的漢字紋理。之所以有這種品質源於一個事實：使用這種「拉鍊」技術時，漢字中的點陣圖其實會稍微彼此重疊。這跟低解析拉丁字母點陣圖列印不同，人們經常發現點與點之間存在細小但仍可辨別的間隙，但中文點陣圖列印輸出中的點，經常會相互接觸到（僅限於採用此種列印模式的系統）。

38. 王輯志，"My Autobiography（25）: Making a Chinese Character Card（*Wo de zizhuan*（*25*）*: zhizuo Hanka*）," http://blog.sina.com.cn/wangjizhi（January 2, 2018檢索）.

39. 這段英文翻譯成中文是：經過一點技術開發工作後。

40. 由於中文所需的漢字比日文多得多，王所做的山寨過程核心之一，就是增加漢字晶片裡的漢字數量。

41. Zheng Yi, ed., *The Apple II Microcomputer and Chinese System*（*Apple II weiji ji Hanzi xitong*）（上海同濟大學出版社，1985），第10頁。螢幕顯示器的尺寸為200乘640，可以放10行，每行40個字元。這雖然是一種進步，但仍遠低於英文單字的顯示能力，因為英文可以放25行，每行80個字元。見Chen Zengwu and Jin Lianfu, *Chinese Language Information Processing System*, 221. 到1990年時，螢幕尺寸越來越大，可以顯示更多行中文字，大約從10行增加到25行。然而這種改進下的中文顯示，跟英文顯示的情況比較起來，在根本上幾乎沒有什麼改變。見*UCDOS High-*

34. 見www.pcang.com（2019年3月26日檢索）；吳曉軍，《2.13系列漢字系統用戶手冊》，北京機械工業出版社，1993；陳相文編，《微型計算機五筆字型及自然碼漢字輸入法》，天津南開大學出版社，1994，第1頁；鄭邑編「Apple II微機及漢字系統」前言，上海同濟大學出版社，1985；劉書季等，《針式列印機原理使用與維修》，北京高級工業出版社，1988，第134頁；孫強，《一種能生成多種字體的漢字字模發生器》，CN1031140A. Assignee: Beijing Sitong Group. Date of Application April 10, 1987. Patent Date February 15, 1989；Zimin Wu and J. D. White, "Computer Processing of Chinese Characters: An Overview of Two Decades' Research and Development," *Information Processing and Management* 26, no. 5（1990）: 681–692, 687.

35. 解決儲存中文點陣字體挑戰的另一項嘗試，涉及到對向量字體的早期探索和長期探索，中文稱為「向量漢字」（譯註：大陸稱矢量漢字）。在向量字體中，儲存在記憶體中的不是點陣圖本身，而是一系列座標，利用電腦的本機的圖形處理能力動態產生字元。早在1969年，威斯康辛大學麥迪遜分校的兩名研究人員Shou-chuan Yang和Charlotte Yang，就已經證明可以把中文字分解為一系列x—y座標，而不是分解為傳統的點陣圖點。利用他們的技術可以在螢幕上繪製漢字，就像兒童玩的「連點成線」的圖畫遊戲一樣。他們以「勇」這個繁體中文字為例，解釋這個字可以用二十二對空間座標來表示，每對座標描述一條線段的起點和終點。與傳統的16×16位元點陣圖相比，所佔記憶體的差異相當大：在點陣圖中儲存該字元需要256位元（或32位元組），而使用「連連看」向量系統則只需192位元（24位元組）。更重要的是，因為它是傳統而非簡化的格式，所以16×16網格可能無法渲染出這個特定的字。為了實現最低限度的可讀性，可能需要24×24點陣圖才放得下，而這又需要576位元（或72位元組）。「以此為基礎，」研究人員得出結論，「壓倒性的一萬個漢字可以被分解並打包在40 K記憶體中。」而且這些威斯康辛大學的研究人員並不孤單。哈佛、中央情報局、圖形藝術研究基金會、蘋果公司、史丹佛大學也都在探索中文向量字體，或者稱為「壓縮漢字」。雖然從記憶體的角度來看是更經濟的做法，但這些骨架字體的生成在計算上的工作更加繁重，因為必須計算並繪製每個單獨線段，不再是簡單地把點陣圖印到顯示器上，所以一切取決於系統的CPU。不僅如此，這些骨架字體甚至比公認粗糙的低解析度點陣圖更不美觀。點陣字體雖然很粗糙，但仍至少保留住手寫漢字的一些正字法特徵，包括筆畫的曲線、筆畫端點等。相較之下，在此時的中文向量字體中，曲率完全被廢除了。「筆畫的曲線，」兩位研究人員在1969年的報告中，直言不諱地說，「被視為許多短直線段。」因此，骨架字體整體上並沒有機會在任何重

of Chinese: Text Processing on the Sinotype III（Research Triangle Park, NC: Instrument Society of America, 1983）

21. 布魯斯・羅森布魯姆寫給作者的電子郵件，2017年4月8日。

22. 布魯斯・羅森布魯姆寫給作者的電子郵件，2017年4月8日。

23. 布魯斯・羅森布魯姆寫給作者的電子郵件，2017年4月8日。

24. 路易斯・羅森布魯姆寫給支秉彝的信，1981年6月30日。

25. 根據Bruce的計算，為了儲存每個漢字的點陣圖，以及每個漢字的兩種中文輸入法的描述資料，代表每個2K PROM晶片最多可以容納51個字元。而如果他為每個字元配備四個中文輸入法描述資料，而非兩個的話，這個數字便會下降到每個PROM晶片只有28個字元。

26. 布魯斯・羅森布魯姆寫給作者的電子郵件，2017年4月8日。

27. 羅森布魯姆寫給支秉彝的信，1981年6月30日，羅森布魯姆收藏。.

28. 羅森布魯姆寫給支秉彝的信，1981年6月30日，羅森布魯姆收藏。

29. 羅森布魯姆寫給支秉彝的信，1981年6月30日，羅森布魯姆收藏。當關閉時，Sinotype III可能會清除這些臨時記憶的字，回復為原來實體連線的高頻字元集。不過在路易斯・羅森布魯姆的任何信件或筆記中，均未具體說明這點。

30. 此外，圖形藝術研究基金會並不是唯一探索這項技術的組織。蘇成（Chen Shu音譯）在1982年左右描述過一種類似的方法，其中將七到一萬個字元的漢字字元集儲存在軟碟上。當機器啟動時，電腦執行的第一個操作是將這些字元中最常見的字元載入到內建記憶體中，之後便可以用明顯更快的速度來執行記憶體檢索。然而，低頻字元將僅保留在外部軟碟儲存中，導致這些字的檢索時間要慢得多。見Chen Shu, "Symposium on Chinese Character Processing Systems Reviewed," FBIS report based on *Jisuanji shijie* 20（October 1982）: 13, in *FBIS* 83, 20–22.

31. James B. Stepanek, "Microcomputers in China," *The Chinese Business Review*, May–June 1984, 31.

32. 如上文所述，布魯斯・羅森布魯姆簡要探討了使用PROM的可能性，這在某些方面與「漢字晶片」卡相當，但由於當時PROM為商業專用而讓這種方法變得不可行。

33. Stepanek, "Microcomputers in China," 31.

有的話）。正如我所強調的，大多數情況下，簡體字或繁體字的問題，對於相關技術幾乎沒有影響。例如，透過四位中文電報傳送漢字，完全不會關心漢字的形體是什麼。然而，當我們進入個人電腦時代，尤其是記憶體如此有限且價格如此昂貴的早期時期，簡體字與繁體字的問題確實成為一個突出的因素。大多數商用印表機提供9針印字頭（轉換為高度為14或18點的最大點陣圖尺寸），這意味著許多常見的「傳統」形式的漢字，實際上無法使用這些印表機列印，除非印字頭完整走三遍。雖然我們無法完全確定，不過電腦記憶體和點陣圖中文字體的早期歷史，很可能也促成了簡體字的流行或轉向。

13. 這是一種「宋體」字體。

14. 其中包括 24×24黑體字體、24×24楷體字體和24×24仿宋字體。見《UCDOS高級漢字系統用戶手冊2.0版》，北京：中國科學院希望高級電腦技術公司，1990，頁4至5。對好奇的讀者解釋一下，這些都是5.25吋、360 KB的軟碟。同時，對於CCDOS 4.2版的客戶來說，整套35張軟碟片只裝了7種字體，稱為「打印（列印）字庫」。其中包括仿宋（24×24）（2張：FSLIB24）、楷體（24×24）（2張：KTLIB24）、楷體（32×32）（3張：KTLIB32）、黑體（48x48）（7張：HTLIB48）、宋體（48x48）（7張：STLIB48）、楷體（48x48）（7張：KTLIB48）、仿宋（48x48）（7張）：FSLIB48）。見Pei Jie,《CC-DOS V4.2 漢字操作系統使用指南》，上海：上海交通大學出版社，1991，第142頁。

15. 該團的專業知識遠遠超出了中方代表，再次表明圖形藝術研究基金會的佈局全球的野心和範圍（其他成員包括哈佛大學印度穆斯林文化教授Annemarie Schimmel）。圖形藝術研究基金會辦公室寫給Judy Ling的信，1981年6月9日；寫在圖形藝術研究基金會的信箋上，其中包括顧問團成員名單。"Richard Solomon, Former Diplomat Who Helped Nixon Open Relations with China, Dies," *Wall Street Journal*, March 14, 2017: https://www.wsj.com/articles/richard-solomon-former-diplomat-who-helped-nixon-open-relations-with-china-dies-1489532159.

16. 布魯斯・羅森布魯姆寫給作者的電子郵件，2017年4月1日；布魯斯・羅森布魯姆寫給作者的電子郵件，2017年4月8日。

17. 布魯斯・羅森布魯姆寫給作者的電子郵件，2017年4月8日。

18. 布魯斯・羅森布魯姆寫給作者的電子郵件，2017年4月8日。

19. 布魯斯・羅森布魯姆寫給作者的電子郵件，2017年3月26日與2017年4月8日。

20. Louis Rosenblum, B. D. Rosenblum, G. P. Low, and W. W. Garth, *Computerized Typesetting*

仍對漢字資訊處理的發展，投注了大量心力）。見Richard Suchenwirth, *Systeme zur Datenverarbeitung in chinesischer Schrift. Eine Marktübersicht*, Beijing, April 15, 1985. Original housed in the private collection of the Rolf Heinen in Drolshagen, Germany. 照片來自作者收藏。

4. 有關「資訊文化在中國興起」的一份相當引人入勝的介紹，見Xiao Liu, *Information Fantasies: Precarious Mediation in Postsocialist China*（Minneapolis: University of Minnesota Press, 2019）.

5. Helen M. Wood, Donald J. Reifer, and Martha Sloan, "A Tour of Computing Facilities in China," *Computer*, January 1985, 80–87, 85.

6. 有關近代中國「仿造」歷史的更深入分析，見Eugenia Lean, *Vernacular Industrialism in China: Local Innovation and Translated Technologies in the Making of a Cosmetics Empire, 1900–1940*（New York: Columbia University Press, 2020）. 另見 Silvia M. Lindtner, *Prototype Nation: China and the Contested Promise of Innovation*（Princeton, NJ: Princeton University Press, 2020）.

7. "Kickin' the Bucket: 12 Outrageous Fake KFC Restaurants," https://weburbanist.com/2014/05/04/kickin-the-bucket-12-outrageous-fake-kfc-restaurants/.

8. 有關電腦和軟體領域中較傳統「盜版」形式的生動描述，見Sang Ye, "Computer Insects," in *The China Reader: The Reform Era*, ed. Orville Schell and David Shambaugh, 291–296. New York: Vintage Books, 1999. 盜版對二十世紀末到21世紀初全球經濟的顛覆潛力，見Kavita Philip, "What is a Technological Author? The Pirate Function and Intellectual Property," *Postcolonial Studies* 8, no. 2（2005）: 199–218.

9. 根據系統和軟體的不同，用於螢幕的中文點陣字體也被稱為「單線體」和「顯示字」等術語。見《214針漢字列印機使用手冊》，n.p., n.d., 37；羅英輝與張亞拉，Shape-Meaning Three Letter Code: A Revolution in Chinese Character Input Methods，《形意三碼: 漢字輸入法的革命》，廣州中山大學出版社，第40頁。

10. 此圖說明了簡體字或繁體字元形式，但無法同時說明兩者，而且也沒有隨附的說明資料。

11. 為了讓機器配備這些字元的簡體形式和繁體形式，記憶體需求必須增加一倍。

12. 在我做過的許多關於中文資訊科技的演講中，經常出現的一個問題就是簡體字和繁體字的問題，以及這兩種不同字元形式對各類中文文字技術帶來的挑戰（如果後，他們希望輸入系統使用Z80微處理器，因為中國計畫在不久的將來，就要生產這種微處理器。他們將這種想法稱為「中型系統」。「在這些討論裡，」圖形藝術研究基金會自己的紀錄裡提到，「我們被問了很多次是否可以出售我們帶來的這套設備」。當天結束時，圖形藝術研究基金會要不是沒有注意到這些跡象，就是忽略了它們。結果反過來，圖形藝術研究基金會最終向中國同行提出的願景——多年規劃、聯合培訓計畫等，終於為這項關係帶來厄運。見Roy Hofheinz, "Conversation from 2 p.m. to 5 p.m., November 14 in the Chinchiang Hotel with Representatives of the *People's Daily* and the First Ministry of Machine Building." Memorandum, November 14, 1979, LR；and Graphic Arts Research Foundation, "Technical Report," 3.

105. Zhang Shoudong et al., *Fundamentals of Chinese Language Computing*, 106.

第5章

1. Bohdan Szuprowicz, "Expanding Chinese Micro Market Triggering Frenzy," *Computerworld*, May 21, 1984, 10；Otto W. Witzell and J. K. Lee Smith, *Closing the Gap: Computer Development in the People's Republic of China*（Boulder, CO: Westview Press, 1989）, 35. 另見Richard Baum, "DOS ex Machina: The Microelectric Ghost in China's Modernization Machine," in Denis Fred Simon and Merle Goldman, eds. *Science and Technology in Post-Mao China*（Cambridge, MA: Harvard University Asia Center, 1988）, 347–374.

2. John F. Burns, "China's Passion for the Computer," *New York Times*, January 6, 1985. 1984年11月，在附近成立了新通（Xintong音譯）公司，這是附近第一家專注於科技事業的股份制企業。

3. Burns, "China's Passion for the Computer," 3. 為了解釋1985年左右中國電腦界的活力，可以參考1份來自當時相當出色的德語資料，提供了內容非常廣泛（但仍可能並非全貌）的1張名單，裡面紀錄了幾十個國際和中國本土的大小公司和機構，都在冒險進入這個新領域。這份名單包括兄弟、富士通、日立、IBM、Logitec和NEC等家喻戶曉的名字，但也包括蘋果電腦、Bookmark TeleCommunication、Bright Forward等無數其他公司，以及更多已經在市場上消失的公司（但這些公司用的設備，其購買或租賃費用的報價。正如這封信以及隨後霍夫海因茨、支秉彝和圖形藝術研究基金會之間的討論所示，硬體本身歸羅伊．霍夫海因茨（也許還有約翰．福斯特）所有，但圖形藝術研究基金會有權使用。結果，霍夫海因茨在與支秉彝和中方其他人的交流身份便出現了模糊地帶。他是作為圖形藝術研究基金會的代表（當然這是圖形藝術研究基金會的假設和願望）來運作，或是作為一個獨立當事人（理論上有權出價購買硬體）來運作呢？在1980年1月14日，霍夫海因茨寫給支秉彝的信中寫道：「如果您有興趣購買演示的機器，請告訴我確切的需求配置，我們將為您報出最優惠的價格」。如果需求規格跟1979年11月展示的機器相同，霍夫海因茨說預估價格應為79350美金（包含一萬美金的安裝費，以及百分之二十五的美國製造商附加費）。雖然圖形藝術研究基金會從未向霍夫海因茨對於1979年原型的所有權提出異議，但到1980年代中期，圖形藝術研究基金會領導層開始抗議霍夫海因茨與支秉彝的個人交易，大概是因為一次性銷售，可能會削弱圖形藝術研究基金會與中國大陸建立長期關係的目標。羅伊．霍夫海因茨寫給支秉彝的信，1980年1月14日，羅森布魯姆收藏；霍夫海因茨寫給支秉彝的信，1980年5月21日。必須強調的重點是圖形藝術研究基金會從未主張該機所有權。例如在霍夫海因茨寫給加思四世的1封信裡，霍夫海因茨（應圖形藝術研究基金會的要求）還向圖形藝術研究基金會提供了原型機的報價，價格為58600美元。羅伊．霍夫海因茨寫給蓋茲四世，1980年1月16，羅森布魯姆收藏。.

103. Zhi Bingyi to Garth, IV and Rosenblum, February 19, 1982, LR.

104. 回想起來，圖形藝術研究基金會的領導階層也許已經意識到，即使在1979年的成功訪問期間，這種轉變的跡象就已經出現了，霍夫海因茨也曾經試圖警告他們。某天下午，來自第一機械工業部和《人民日報》的四名中國代表，造訪霍夫海因茨的飯店房間，進行他們所謂的「隨意交談」。「很明顯的，」霍夫海因茨在給圖形藝術研究基金會看的重點裡寫道，「他們有個相當嚴肅的提案，」他們的願景比起公開會議上討論的宏偉計畫而言，更加基本簡單，但也更靈活，更符合中國的現實情況。他們對開發一套複雜的「分時編輯終端」（time-shared editing terminal，一部大主機多人終端使用）網路並不感興趣。他們想要的不是在「線上」準備文本的系統，而是一種可以「離線」準備文本的系統，亦即《人民日報》的每1頁文本由一個工作站準備。他們希望將每個工作站的內容輸出到軟碟上，「以便傳輸到中央排版站」，而非依賴網路傳輸。如同霍夫海因茨所紀錄的對方想要的系統是「類似Optronics開發的pagitron系統，」就連圖形藝術研究基金會對字體的預估也有點過頭了。中國代表解釋說，他們只需要五種字體，而不是十種。最

shipment_to_China（1980）.jpg [accessed June 17, 2020].

97. 支秉彝教授。

98. Zhi Bingyi to William Garth IV and Louis Rosenblum, February 19, 1982. LR.

99. 圖形藝術研究基金會從1979年底到80年代初，開始向其他輸入法設計師尋求幫助，以了解他們的系統，將其與支秉彝的系統進行比較，並評估在Sinotype上實施其他輸入法的可行性。另一方面，Sinotype II能夠同時處理多個輸入系統是一件好事，但與此同時，記憶體的限制仍然存在，至少目前如此。很明顯地，電腦硬體正處於巨變邊緣，隨著記憶體容量穩定呈幾何級數成長，人們可以想像一臺能夠「輕鬆處理幾十個中文輸入法」的個人電腦來臨之日已經不遠了。於是圖形藝術研究基金會陷入一種過渡階段，他們最希望得到的可能是三個、四個或五個輸入法：考德威爾輸入法、標準電報碼、支碼，或許還有其他一、兩個。在可能性如此有限的情況下，面對日新月異且令人眼花繚亂的新系統，他們如何確定自己該選擇支秉彝和支碼呢？圖形藝術研究基金會在此期間聯繫的第一批發明人之一，就是北京師範大學教授李金凱（Li Jinkai音譯）。他開發了一套與支秉彝截然不同的輸入系統，並在中國大陸的科技圈取得了進展。理查．所羅門與李金凱進行全面性的會談，之後李向圖形藝術研究基金會提供了一份長達80頁的報告。李聲稱他的機器平均每個漢字需要3.28個筆畫，平均速度可以達到每分鐘80個字元，或每小時4600至5000個字元。 李的系統被稱為6位元三角碼法（6-digit Three Corner Code Method，TCCM），完全依賴數字，不需字母。正因如此，羅森布魯姆的思緒，自然而然地轉向了他所熟悉的中國電報代碼（儘管三角輸入法與電報代碼並無任何協議上的關聯）。該系統基於6個基本筆劃、一個十字和一個方框，總共包含大約四千個字元。較大的代碼序列長度為9個數字，而平均代碼長度約為五個數字。當考慮漢字本身的頻率對該平均值進行加權時，平均代碼長度約為四個數字。 見“Bill Garth's Narrative of Demonstrations of Chinese Text Processing Computers in Beijing and Shanghai in 1979 and Negotiations in Beijing in 1980.”

100. 見 Louis Rosenblum to Richard Solomon, June 21, 1982, LR；Richard Solomon to William Garth IV and Louis Rosenblum. August 2, 1982, LR.

101. Richard Solomon to William Garth IV and Louis Rosenblum, August 2, 1982, LR.

102. 另一個複雜的因素涉及Sinotype II原型機的所有權，以及支秉彝和霍夫海因茨之間的1系列場外對話，後來圖形藝術研究基金會也對此提出異議。在1979年12月或1980年1月時，中國代表直接向霍夫海因茨詢問了他們在1979年11月展示期間使布魯姆，2017年3月3日；後續布魯斯・羅森布魯姆寫給作者的電子郵件，2017年3月26日。

84. Zhi Bingyi to Hofheinz, September 27, 1979, LR.

85. 布魯斯・羅森布魯姆寫給作者的電子郵件，2017年4月8日。

86. Graphic Arts Research Foundation, "Technical Report," December 6, 1979, 3.

87. Graphic Arts Research Foundation, "Technical Report," 4–5；"Bill Garth's Narrative of Demonstrations of Chinese Text Processing Computers in Beijing and Shanghai in 1979 and Negotiations in Beijing in 1980," prepared by William Garth IV for the author and sent via email on April 17, 2014.

88. Graphic Arts Research Foundation, "Technical Report," 5.

89. Rosenblum, "Photocomposition of Chinese: Input Systems and Output Results," 314–315.

90. 圖形藝術研究基金會，宣佈在上海簽署聯合協議消息的新聞稿，1979年11月，路易・羅森布魯姆收藏（史丹佛大學）。

91. William Garth IV and Louis Rosenblum to Roy Hofheinz, January 14, 1980, LR；Graphic Arts Research Foundation, "Technical Report," 4.

92. Graphic Arts Research Foundation, "Trip Report. Peking, China October 29–November 22, 1980," December 1, 1980, LR；"Bill Garth's Narrative of Demonstrations of Chinese Text Processing Computers in Beijing and Shanghai in 1979 and Negotiations in Beijing in 1980," prepared by Bill Garth for the author and sent via email on April 17, 2014.

93. For discussion of Sinotype as an "intelligent terminal," 見 Graphic Arts Research Foundation, "Sinotype II Demonstration," 1–2. For Zhi's letter, 見 Zhi Bingyi to Rosenblum, March 3, 1980, LR. Hofheinz to William Garth IV, January 16, 1980, LR；Telex to Zhi Bingyi from Pres Low, Garth IV, and Rosenblum, June 23, 1980.

94. Paul E. Ceruzzi, *A History of Modern Computing*（Cambridge, MA: MIT Press, 2003 [1998]）, chap. 7.

95. *CROMEMCO Microcomputer Software Data Compilation 1–6*（CROMEMCO微型計算機軟件資料匯編1–6）。Beijing: Tsinghua University Computing Center, 1980. Housed in TCM；Stepanek, "Microcomputers in China," 26.

96. Photograph of Harry Garland and Roger Melen（1980）, Wikimedia Commons, https://commons.wikimedia.org/wiki/File:Harry_Garland_and_Roger_Melen_with_Cromemco_

（*Keyong duozhong shuru fangfa de dianzi jisuanji Hanzi xitong*）, *Wenzi gaige* [*Writing Reform*], 4（1985）: 47–48.

78. 原始文章出自October 1979 issues of the journal *Nature*. Zhi Bingyi, "An Introduction to 'On Sight Encoding of Character,'" *Nature Magazine* 1, no. 6（October 1979）: 350–353, 367. Hofheinz的翻譯被標為「Internal Circulation to GARF」, 位於LR.

79. 霍夫海因茨在給羅森布魯姆的備忘錄中，概述了他對支秉彝系統的疑慮。就編碼系統本身而言，支碼系統給他的印象是「一般人不容易掌握」。要看到代碼並辨別字元——「實際上是不可能的」，尤其對於說粵語、上海話或其他非標準漢語形式的人來說更是如此。然而，對於考德威爾系統也很容易地可以得出同樣結論。在考德威爾系統中，很少有漢語使用者能夠僅在提供筆畫類型時，就能明確知道所引用的是哪個漢字。羅森布魯姆和他在圖形藝術研究基金會的同事認為，支秉彝的支碼系統可能會優於考德威爾的系統，因此決定探索在Sinotype II（標準電報碼和考德威爾系統一起運行）上添加支碼，作為第三種輸入法的想法。見Roy Hofheinz to Louis Rosenblum, December 7, 1978, LR；and Louis Rosenblum, "Photocomposition of Chinese: Input Systems and Output Results," n.p., n.d., 305–344, 310.

80. Louis Rosenblum. "Photocomposition of Chinese."

81. 請注意，圖形藝術研究基金會並未獲得支秉彝的完整OSCO代碼（支碼），發明人在未獲得正式許可的情況下不願提供。因此，圖形藝術研究基金會團隊只為Sinotype配備了OSCO程式碼的子集，以供演示之用。布魯斯・羅森布魯姆寫給作者的電子郵件，2023年1月8日。

82. Li Liuping to Roy Hofheinz, September 13, 1979, LR. 文件中將李留平列為儀器總局祕書；Graphic Arts Research Foundation, "Technical Report," 1. 霍夫海因茨在1979年9月27日的一封信中正式接受了邀請。Roy Hofheinz to Li Liuping, September 27, 1979, LR. 另見Zhi Bingyi to Roy Hofheinz., September 27, 1979, LR.

83. Hofheinz to Li Liuping, September 27, 1979；Rosenblum. "Photocomposition of Chinese: Input Systems and Output Results," 332； 另 見"Richard Solomon, Former Diplomat Who Helped Nixon Open Relations with China, Dies," *Wall Street Journal*, March 14, 2017, https://www.wsj.com/articles/richard-solomon-former-diplomat-who-helped-nixon-open-relations-with-china-dies-1489532159. 為了準備這次訪問，光電公司幫助圖形藝術研究基金會製作了一種高解析度的中文字體。專訪布魯斯・羅森

68. Mott, “Service Test,” 6, 22. 機器的重量為2,288磅。

69. Mott, “Service Test,” 3–6.

70. 有關RCA製作的ICM最新報告之一，見RCA Advanced Technology Labs. “Language Manual for Use with Ideographic Composing Machines.” Camden, NJ: RCA, February 1970.

71. “Museum of Printing Long-Time Board Member Louis Rosenblum Passes,” https://museumofprinting.org/news-and-events/long-time-board-member-louis-rosenblum-passes/；布魯斯・羅森布魯姆寫給作者的電子郵件，2017年3月26日。

72. 大約在1980年左右，圖形藝術研究基金會董事會成員包括Prescott Low（主席/財務主管）、三14歲的William Garth IV（1980年1月當選圖形藝術研究基金會主席　）、James Hagler、Susumo Kuno、Alfred Moran、Ithiel deSola Pool、Annemarie Schimmel和Richard Solomon。見Graphic Arts Research Foundation, 「圖形藝術研究基金會5年計畫」1980, LR, 12–18.

73. 此時，小霍夫海因茨已經撰寫了多項研究成果，包括*Rural Administration in Communist China*（1962）, *Chinese Communist Politics in Action*（1969）, and *The Origins of Chinese Communist Concept of Rural Revolution*（1974）, among others.

74. 從Sinotype發展史上計算其各代的方法，可能容易令人混淆。毫無疑問地，後來被稱為Sinotype I的系統，是由考德威爾和他在圖形藝術研究基金會的團隊所建造。因此理論上，Sinotype II應該就是指當時美國無線電公司（RCA）和Quartermaster MC開發的機器。正是在這一代的後期階段，雷射攝影的儲存方式才被納入其中。按照這個邏輯，霍夫海因茨及其同事開發的系統，就該算是Sinotype III。如此接過來又讓路易斯・羅森布魯姆、布魯斯・羅森布魯姆和他們在圖形藝術研究基金會的團隊所開發的後續系統，應該稱為Sinotype IV。但在大多數關於該主題的文獻中，包括羅森布魯姆自己的文獻裡，基於 Apple II開發的Sinictype系統，始終被稱為Sinictype III。見“Summary of the Discussions and Samples on the Sinotype Project”（December 18, 1975）: Appendix I, 2. Graphic Arts Research Foundation, LR.

75. John Forster to Hugh, April 15, 1980, 1, LR.

76. Graphic Arts Research Foundation, “Sinotype II Demonstration.” August 1, 1979, 1–2, LR.

77. 例如Wei Tang, “A Computational Chinese Character System with Multiple Input Methods”

"Microcomputers in China," 27.

58. Zimin Wu and White, "Computer Processing of Chinese Characters," 685. 值得注意的是，此時不論擁有或使用電腦都仍然受到限制。

59. 5550是IBM早期日本系統的擴充。採用61鍵QWERTY樣式鍵盤，附倉頡符號。Francis Chin, "IBM Shows Chinese PC at Information Week." *Asia Computer Weekly*, December 23, 1983, 24；"Chinese Computer," *South China Morning Post*, December 7, 1983,

33；"Chinese Computer Launched," *South China Morning Post*, July 17, 1984, 27；Bob King, "Enter the Dragon: IBM Launches Chinese Style Computer," *Financial Times*, February 8, 1984, 13；「*IBM Multistation*5550漢字編碼手冊」，October 1984, IBM Corporation（請注意，英文標題包含在原文中）, TSM；Stepanek, "Microcomputers in China," 28. IBM 似乎重新命名了輸入系統，將其稱為「IBM最佳鍵盤輸入順序」。該機器定價為1萬美金，有256K主記憶體，雙磁碟機和點陣印表機。該機的日本前身於1983年推出。另見Chin, "IBM Shows Chinese PC," 24 .

60. 潘德孚與詹振權， *Chinese Character Encoding Design*「漢字編碼設計學」，ca. 1997, 26, TCM

61. Louis Rosenblum to Zhi Bingyi, November 1, 1978, LR.

62. "Electromechanics Multilingual Typesetters," *Electronic Age: RCA in 1962 YearEnd Report by RCA*（Winter 1962–63）: 27–29. F. E. Shashoua, "Photocomposition Machine for the Chinese Language." *RCA, Camden, NJ, RCA Tech. Paper* 101（1964）.

63. "Electromechanics Multilingual Typesetters"; Fred E. Shashoua, Warren R. Isom, and Harold E. Haynes,"Machine for Composing Ideographs,"US Patent 3325786, filed June 2, 1964, issued June 13, 1967. Assigned to the Radio Corporation of America（Delaware）.

64. "Electronic Type—Setting Machine for Chinese Invented"（November 3, 1962）, Pardee Lowe Papers. Accession No. 98055–16.370/376. Box No. 276. Hoover Institute Archives（以下稱HI）.

65. Walter N. Mott, "Service Test of Ideographic Composing Machine Final Report," Fort Bragg, NC: US Army Airborne, Electronics and Special Warfare Board（March 1968）.

66. Mott, "Service Test," 1–3.

67. Mott, "Service Test," 9.

會應該歸功於紐約Summit Industry的 P. M. Yen寫的推薦信。這封信是寫給王安的，請王安注意這位名叫莊珍妮的年輕女子，信中無疑概述了她出色的學歷背景。1971年，莊珍妮受聘於王安電腦，繼續為Wang 2200作業系統編寫浮點運算包，精確到16位數。王安電腦原本沒有女性程式設計師，於是莊便成為了第一位。見莊珍妮的採訪，以及2013年9月3日和2013年9月6日的後續電子郵件；莊珍妮（Jenny Chuang）的簡歷，包含在愛荷華州立大學保存的資料中；Stanley, *Mothers and Daughters*, 482. 莊是經由Vicky Ching女士認識了高太太，Vicky Ching是帕洛阿爾托知名餐廳Ming's的老闆。

51. 2013年9月3日和2013年9月6日對莊珍妮的採訪，以及後續的電子郵件交流。據莊珍妮回憶，團隊的其他成員包括Ken Mei、Virginia Chung 和一位名叫Michelle（莊不記得姓氏）的女士，以及負責品管團隊中的初級成員。

52. 大約在1974年到75年間，就在表意文字處理小組成立之前，臺灣的圖書館開始嘗試使用三角編碼作為組織「圖書目錄」條目的方式。見*The Collected Works of Margaret C. Fung, PhD*（Taipei: Showwe Information Corporation, 2004）, 143.

53. 這並不是說這些共享的臺灣關聯，讓三角輸入法成為不可避免的選擇。事實上，臺灣還有許多其他圖書館編目系統，當地圖書館和其他機構也實驗了許多其他系統。當然，除此之外，泛中文世界中的絕大多數人，都在使用各自流行的其他系統，而大多數負責整理中文材料的機構，可能並不知道或根本沒有用過三角輸入法。除了兩個團隊（「三角」背後的團隊和王「表意計畫」背後的團隊）有共同的臺灣傳統之外，還有更多應該屬於我們無法從歷史紀錄裡重建的意外發現。

54. 王碼電腦：五筆字形技術專刊，第6期（1991年10月）. 該雜誌1991年10月號上面寫著第6期，因此王碼電腦很可能是在1991年初或1990年末創刊。

55. 中文電腦，1986年1月1日，創刊號。如前所述，第四個打入市場的系統是朱邦復的倉頡輸入法，由IBM公司用於其Multistation5550電腦。大約在1985年，這台機器採取積極營銷，捐了一百台工作站給四所大陸的大學，包括清華、北京、復旦和上海交通大學，其目的在中國大陸市場搶佔灘頭陣地。不過最後Multistation5550還是失敗了。Zimin Wu and J. D. White, "Computer Processing of Chinese Characters," *Information Processing and Management* 26, no. 5（1990）: 686–687.

56. Zimin Wu and White, "Computer Processing of Chinese Characters," 685.

57. Zimin Wu and White, "Computer Processing of Chinese Characters,「" 685；Stepanek,

憶體，也被分配用來產生漢字點陣圖。該設備配備標準QWERTY鍵盤、3吋軟碟機和一次可以顯示少量漢字的22吋顯示器。整體而言，該機器最多可以處理4096個漢字。再來就時間安排上，該財團心裡有一個具體的最後期限：中國將在1981年進行全國人口普查，因此需要一批總價值超過五百萬美元的一千台Olympia 1011機器，供專門的輸入人員使用；"Olympia 1011," 71；"West Germany-Co-Operation in Typewriters," *BBC Summary of World Broadcasts*, July 30, 1980；"Olympia 1011 Chinese Word Processor System," 12, 14–15.

48. 哈佛大學商學院特別館藏（以下簡稱HUBSSC）可能是最多「王安電腦」相關資料的館藏，其中包括其「表意」團隊的資料。此HUBSSC收藏，見"Chinese Ideographic VS Programmers Manual," Box 136, Folder 4；"Ideographic Professional Computer Database Reference Guide," Box 137, Folder 2. 另見the following materials, located in Subseries IB2（"Horace Tsiang Records, 1974–1992"）: "Chinese Computer, 1981–1982," Box 97, Folder 7；and "Chinese Machine, 1981–1982," Box 97, Folder 8；"Jenny Chuang, 1986," Box 97, Folder 1. For documentation on Wang Labs Taiwan, 見Subseries IA1, particularly boxes 28 through 32.

49. Autumn Stanley, *Mothers and Daughters of Invention: Notes for a Revised History of Technology*（New Brunswick, NJ: Rutgers University Press, 1995）, 487；"An Wang Oral History," interviewed by Richard R. Mertz, October 29, 1970. Computer Oral History Collection, 1969–1973, 1977. Archives Center, National Museum of American History.

50. 值得指出的是，中國的電腦世界仍然屬於一個相當小而緊密的群體。例如，在臺灣大學學習物理期間，莊珍妮與高仲芹的妻子關係密切（高仲芹就是我們在第一章中談到的同一位發明家，他為IBM開發了實驗性中文打字機）。從1965年到1967年，高夫人每週輔導莊兩次，為她準備美國大使館面試（她必須在十五分鐘內寫一篇英文文章）。1967年，莊獲得物理學士學位，同年參加大使館考試。高夫人顯然是一位出色的老師，而莊則是一位優秀的學生，因為她在同一年通過考試並前往美國。莊進入布朗大學攻讀碩士學位，主修高能粒子物理學。在撰寫題為「氫氣泡室中 4.1 BeV/c 的 π 電子散射」的論文同時，她還擔任紐約揚克斯聖文森特山學院的物理講師。莊回憶說，她最早的願望是成為「第二個居禮夫人」，並為臺灣設計飛彈系統。她永遠不會知道她的職業生涯會把她帶到王安電腦，更不用說她會幫助建立第一個中文和日文文字處理器。莊當時在哈佛大學擔任按鍵打孔操作員，每週收入90美元，此時剛好有個獨特的機會出現了，這個機學就讀期間發明的。見羅英輝與張亞拉，《形意三碼：漢字輸入法的革命》，廣州中山大學出版社，1995，頁39至40。

38. 當霍夫海因茨第一次見到支秉彝時，他誤判支秉彝的年齡多了十幾二十歲，以為支秉彝已經七、八十歲了，而實際上他才六十七歲。所以我們有理由認為支秉彝早衰的外表及舉止，部分原因是由於他在中國文化大革命時期（1966至1976）的艱難經歷。

39. Hofheinz, "Memorandum of Conversation with Dr. Chih Ping-I," LR.

40. Weili Ye, *Seeking Modernity in China's Name: Chinese Students in the United States, 1900–1927*（Stanford, CA: Stanford University Press, 2001）.

41. 「支秉彝教授」，College of Electrical Engineering, Zhejiang University, http:// ee.zju.edu.cn/english/redir.php?catalog_id=18647&object_id=19246 [accessed May 5, 2012].

42. 「支秉彝教授」。

43. 支愛娣出生於1908年，比支秉彝大兩歲。1939年至1946年間，她在萊比錫大學工作，大部分時間是在大學圖書館工作。1946年，她隨支秉彝回國，在德國大使館擔任翻譯。1947年至1957年間，她曾經在浙江大學工學院、同濟大學工學院、復旦大學、交通大學、中國科學院上海辦事處等地擔任職務。1958年，她即將退休前的職位是上海外國語學院德語教授。除了她的母語德語和她習得的中文之外，她還會說英語和法語。見《華夏婦女名人辭典》，北京華夏出版社，1988，頁110至111。

44. 《逝世人物上海文化年鑑1994》，頁297至298。

45. 中文打字員的照片，後面有「Eputima」標籤，TSM。

46. 該合資公司由支秉彝、奧林匹亞公司（Olympia Werke，AEGTelefunken的子公司，總部位於德國威廉港）以及來自中國技術進出口總公司、上海儀器儀表研究院、中國儀器儀表工業管理局和香港新鴻基地產集團。見"Olympia 1011 Chinese Word Processor System," FBIS reprint from *China Computer World*（*Beijing jisuanji shijie*）no. 20（October 20, 1982）: 4. Translation in *China Report: Science and Technology* no. 189 FBIS（March 1, 1983）: 12–13；另見"Olympia 1011," *Electronics* 54, no. 9–13（1981）: 71.

47. Olympia1011使用三個Intel 8085處理器，其中一個是CPU，另一個用來控製印表機，還有一個專門用於生成漢字。該機器配備10 K隨機存取記憶體、60 K唯讀記

1981, LR.

31. 《中文打字機》的讀者可能還記得，中國現代歷史上最早、最成功的字符檢索系統之一，就是王雲五發明的「四角號碼檢字法」，因此約在五十年前，就有了相同的邏輯。

32. Evgeniy Gabrilovich and Alex Gontmakher, “The Homograph Attack,” December 2001, https://gabrilovich.com/publications/papers/Gabrilovich2002THA.pdf（20二 2年 8月 10日檢索）。

33. Adi Stern, “Aleph = X: Hebrew Type on the Edge,” presentation at the 2007 ATypI Annual Conference, Helsinki.

34. H. C. Tien, “On Learning Chinese,” World Journal of Psychosynthesis 4, no. 7（July 1972）: 4–5.

35. H.C. 田先生本身是一位很有趣的人物，簡短的敘述可能依舊無法充分說明他的生活和職業故事。田先生於1929年出生在中國，是中國外交家田方城的兒子，也是清朝官員和中國邏輯學家田吳炤的孫子。第二次世界大戰期間，他童年的一部分是在葡萄牙度過，在那裡學習了英語和其他各種科目。在庚子賠款基金的支持下，田先生繼續就讀於密西根州的阿德里安學院，獲得兩個碩士學位：密西根大學的神經學碩士學位和密西根州立大學的電氣工程碩士學位。後來他還在密西根大學獲得醫學學位，並在密西根州伊普西蘭蒂州立醫院完成精神病學住院醫師實習。作為一個充滿熱情、富有創業精神、而且很多人可能會認為古怪的人，田先生出版了自己的期刊《世界心理綜合雜誌》，並且是東蘭辛人權委員會以及各種民權和反越戰運動的積極成員。有關田先生更深入的討論，見Thomas S. Mullaney, “QWERTY in China: Chinese Computing and the Radical Alphabet,” *Technology and Culture* 59, no. 4 Supplement（October 2018）: S34–S65. 有關田氏祖父的更多訊息，見Joachim Kurtz, *The Discovery of Chinese Logic*（Leiden: Brill, 2011）. 另見田吳炤, trans., *Outline of Logic*，《論理學綱要》（上海：商務印書館, 1903；fourth ed., 1914）；原創出版物： Totoki Wataru 十時彌, *Ronrigaku kōyō*（*Outline of logic*）論理學綱要（Tōkyō: Dai Nihon tosho, 1900）. 我還要感謝H. C. Tien 的兒子Aled Tien，在2015年3月16日接受我的電話訪問。

36. 張閎凡，“Chinese Character Shape-Letter Encoding Method”，「漢字形母編碼法」。

37. 張閎凡，“Chinese Character Shape-Letter Encoding Method”, 45, 83. 這些技術一直用到1990年。舉例來說還有「形意三碼」，這是羅英輝於1993年在廣州華南理工大

Technology Collection. Drolshagen, Germany（以下稱RHTC）；支秉彝，《見字識碼漢字編碼方法》，上海儀器儀表研究所，1982。

26. 這是跟超書寫有關的另一個問題，但我們不會在這裡深入探討，因為會涉及錯誤的問題：在超書寫的背景下，什麼東西會構成「錯誤」和「歧義」？在正字法背景下，歧義的概念為我們帶來了某些可能性。首先是同音，例如是*principle*或*principal*（原則與主要的）？接著還有縮寫符號，是*their's*或*theirs*（都可做他們的），*it's*或*its*（它是和它的）？當然最根本的就是拼字本身，是*weird'* 或 *'wierd*（奇怪或奇怪，後者為拼錯）？是*embarrassing, embarassing*或*embarrasing*（尷尬的，後面二字為拼錯）？ *Liason*或*liaison* ？（聯絡，後者為拼錯）*Artic*或*Arctic* ？（北極，後者為拼錯）？ 然而，當字母的功能不再是拼字而是檢索時，歧義會如何發揮作用？如果我們考慮上面的例子，並在類似中文輸入的「標準—候選—確認」過程的背景下想像時，幾乎任何一個例子都無法產生人們想要的、準確的、期望中的字元。 即使在英語拼字檢查的情況下，輸入「wierd」也足以提示大多數文字檢查系統先標註出拼法錯誤，接著，再向使用者建議更正。因此，在拼字上，「wierd」是錯誤的。但在輸入中，「wierd」與「weird」都一樣能完成工作。這個例子所展現的並不是在輸入的上下文中「一切都會發生」，而是當我們從正字法轉向超書寫時，歧義本身會以一種不同的、也許是意想不到的方式發揮作用。也就是說，仍然存在混亂，但這種混亂並不會以同樣的方式表現。

27. "A Guide to the OSCO-Method," 3.

28. 倉頡輸入法又稱倉頡中文字母輸入法、龍輸入法。朱邦復，《中文電腦漫談》1982年元月自費出版。

29. 從某些方面看，我們可以用取樣法和光學字元辨識（OCR）之間，進行未臻完美的類比，其差別在於是由人類（而非機器），作為被訓練來識別中文字特定特徵的實體。有關中文 OCR歷史的更多資訊（本書未討論的主題），見汶德勝，《印刷漢字計算機識別的研究》，中國科學技術大學，1988；吳佑壽與丁曉青，《漢字辨識原理方法與實現》高等教育出版社，1992；以及葉乃奉，張炘中與夏瑩，《漢字微型計算機與漢字識別》，機械工業出版社，1989；還有張炘中，《漢字識別技術》，北京清華大學出版社，1992。

30. 黃先生曾任臺灣銘傳學院電腦科學系教授、電腦科學系主任。見Jack Kai-tung Huang to Louis Rosenblum, April 16, 1980, Louis Rosenblum Collection（以下稱LR）. 另見Jack Kai-tung Huang, "Principles of Chinese Keyboard Layout"（draft）, April 25,

20. 有關二十世紀初漢字檢索危機的歷史，見 Mullaney, *The Chinese Typewriter*, as well as Ulu Kuzuo lu, "Codebooks for the Mind: Dictionary Index Reforms in Republican China, 1912–1937," *Information & Culture* 53, no. 3/4（2018）: 337–366.

21. 這是來自1961年4月的一場「關於統一漢字排檢法問題座談會」，另見丁西林, Chinese Stroke-Shape-Lookjke-Shape-Look Up System and Encoding System「漢字筆形查字法編碼法」（Beijing: Beijing shifan daxue Zhongwen xinxi keti zu, 1979）, 3, 8.

22. 這並不是說五筆輸入的具體協議與1930年代的五筆檢索相同。這是在說輸入時代的許多基本策略，早在民國時期，即所謂的「字符檢索問題」時期，已經得到良好的發展。

23. 鄭碼、太極碼、五筆輸入法、易輸入法、形意三碼、筆形編碼、漢字筆形查字法編碼法。

24. 雖然此處概述的一些輸入序列都是以字母「D」開頭，暗示了討論到的這些輸入法在語音維度上的類似，但其實這些輸入序列中的所有後續字母都完全偏離拼音。DJFZ在「雙位音形輸入法」的情況下，並非拼音；在「雙筆音形輸入法」的情況下，DJJM也不是拼音；DQTK是在「雙拼雙部編碼法」的情況；就「支碼」而言的DDDD；或自然碼的DMLA等都是如此。清單中只有一個例外——漢語拼音輸入法，其輸入序列為d—i—a—n。我在此再次強調，在詳細研究各種輸入方法時，我們的目的是說明這三個廣泛的領域，而不是對廣泛的輸入法領域本身，劃定嚴格或快速的限制。正如在更廣泛的書寫歷史中1樣——通常指的是「正字」書寫的歷史——對任何特定書寫系統（平假名樣式的音節、阿拉伯樣式的註釋或其他）的研究，都是繪製書寫的廣大領域中的一種方式，並不是說書寫本身已經被這些例子講完了。超書寫是一個極其多樣化的潛力領域，就像正字法書寫1樣，它提供了比人類目前擁有的還要更多的可能性（以實際存在的書寫系統形式而言）。巧合的是，在中國文字問題上最有洞察力的學者，也就是澤夫．亨德爾（Zev Handel）和徐冰兩位，他們的著作促使我們超越民族和文化的界限，甚至超越曾經存在的界限，來探索中國文字的文化技巧。見Zev Handel, *Sinography: The Borrowing and Adaptation of the Chinese Script*（Leiden: Brill, 2019）.「文化技巧」見Bernard Siegert, *Cultural Techniques: Grids, Filters, Doors, and Other Articulations of the Real*（New York: Fordham University Press, 2015）.

25. "A Guide to the OSCO-Method of Coding Chinese Characters for Entry into Olympia Chinese/English Memory Typewriters." Olympia Werke AG T1/04–10/84. Rolf Heinen

布魯斯・羅森布魯姆的電子郵件轉寄給我。

11. 支秉彝,《見字識碼漢字編碼方法》,第14頁。

12. ”China: Progress in Computers,“ 7.

13. ”China: Progress in Computers,“ 7. 由於與法國、英國、加拿大甚至日本的持續友好關係,中國在電腦工程上取得更多進步,並帶來逆向工程的機會。其中包括根據報導所說的,中國試圖透過法國購買IBM Stretch,用於該國最新的核子計畫上;此外,也有說確認(或僅傳聞)購買了Honeywell-Bull Gamma 3、Data General Nova小型電腦、Redifon R-2000、Elliott Electric 803 以及 Computer Ltd. 1903和1905等電腦。見”Japan Sells China 'Strategic' Computer System,“ *New Scientist*(April 13, 1978):69;Bohdan O. Szuprowicz, ”CDC's China Sale Seen Focusing Western Attention,“ *Computerworld*, November 29, 1976, 51.

14. Otto W. Witzell and J. K. Lee Smith, *Closing the Gap: Computer Development in the People's Republic of China*(Boulder, CO: Westview Press, 1989), 12.

15. 支秉彝,《見字識碼漢字編碼方法》,第14頁。

16. ”Chinese Characters Enter the Computer,“ 1, 3;支秉彝,《見字識碼漢字編碼方法》,第14頁。

17. 支秉彝在青島舉行的「全國漢字編碼學術交流會議」所說。

18. 中國漢字編碼研究會,《漢字編碼方案匯編》,(Shanghai: Kexue jishu wenxuan chubanshe, n.d. [ca. 1979]), iii, 30–34, 43–48, 79, 83–84. 多元化是當時的主流,不僅體現在提出的提案上,也體現在倡議者的「背景」方面。例如編纂中輸入法之一的發明者牛振華,便因來自新疆阿克蘇兵團第五師第一中學而受矚目。見Chinese Character Encoding Research Group of China, ed. Compendium of Proposals for Chinese Character Encodings, 79–82,與以下輸入法相關:漢字層次分解輸入法、四位浮動編碼法、三鍵編碼法、三字母編碼法、漢字形母編碼法。另見Tianjin Chinese Character Encoding and Information Processing Research Society「天津市漢字編碼訊息處理研究會」,Chinese Character Encoding Compilation「漢字編碼彙編」。August 1979, Thomas S.laney East Asian Information History Collection. Stanford University(以下稱TSM).

19. *Proceedings of the First International Symposium on Computers and Chinese Input/ Output Systems*, Taipei, Taiwan: Academia Sinica(以下稱AS), August 14–16, 1973, passim.

法及其在電腦實作〉,《中國語文》,1979;支秉彝〈見字識字編碼方法編碼本〉,上海儀器儀表研究所1982。

3. "Chinese Characters Have Entered the Computer",「漢字進入了計算機」," Wenhuibao (July 19, 1978), housed in Graphic Arts Research Foundation (October 1976), Box "Oct 94 Sinotype '81, Arts Research Foundation" Folder "Sinotype Vol VI Wang Pinyin Sequences," Graphic Arts Research Foundation Materials, Museum of Printing, North Andover, MA(以下稱MOP).

4. 文字羅馬化(拉丁化)的歷史就像一部豐富的文獻,由於內容過於廣泛,無法在此11討論。見Mahvash Nickjoo, "A Century of Struggle for the Reform of the Persian Script," *The Reading Teacher* 32 (May 1979): 926–929;Shlomit Shraybom Shivtiel, "The Question of Romanisation of the Script and the Emergence of Nationalism in the Middle East," *Mediterranean Language Review* 10 (1998): 179–196;Mehmet Uzman, "Romanisation in Uzbekistan Past and Present," *Journal of the Royal Asiatic Society* 20 (January 2010): 61–74;and Dennis Kurzon, "Romanisation of Bengali and Other Indian Scripts," *Journal of the Royal Asiatic Society* 20 (January 2010): 61–74.

5. James B. Stepanek, "Microcomputers in China," *The Chinese Business Review*, May– June 1984, 26–29, 29. 另見黃金富,《唯物中文字典》,北京機械工業出版社,1988,第1頁。

6. 其他還有「走資派」、「牛鬼子」、「蛇精」等。見Jie Li, *Shanghai Homes: Palimpsests of Private Life* (New York: Columbia University Press, 2014), 124.

7. "Chinese Characters Have Entered the Computer",「漢字進入了計算機」,MOP.

8. 這構成了我在上一本書中探討的譜系的一部分,其中包括陳立夫、杜丁友、王雲武等人。見 Thomas A. Mullaney, *The Chinese Typewriter: A History* (Cambridge, MA: MIT Press, 2017).

9. 吳啟迪編,"*The History of Chinese Engineers, Volume III, Innovation and Transcendence: The Rise and Engineering Achievements of Engineers in the Contemporary Period*",《中國工程師史第三卷 創新超越:當代工程師群體的崛起與成就工程》,(上海:同濟大學 Press, 2017).

10. 根據支秉彝自己的說法,文化大革命的剩餘歲月裡,即使他正式獲釋之後,仍然要被監禁1年,只不過這次是關在他的家裡。布魯斯·羅森布魯姆在1984年1月與支秉彝博士和夫人共進晚餐後的第二天早上寫下的日記,於2017年3月26日透過

81. "Chinese Computers: Dr. Yeh Chen-hui Won the Day in London," *Kung Sheung Evening News*, September 11, 1978. Clipping located in SCC2/24/1, NI.

82. 葉晨暉專訪，2010年3月21日。

83. 葉晨暉專訪，2010年3月21日。

84. IPX Materials. SCC2/24/11, NI.

85. 日本製造的「中型鍵盤」大致也是如此。不過命運相反的是，從Instagram和Pinterest 上的圖片可以看到至少一臺此類機器的命運，被藏在日本某處鏽跡斑斑了。

86. 葉晨暉專訪，2010年4月18日。

87. 一臺倖存的IPX存放在電腦歷史博物館的場外館藏中，另一臺則存放在史丹佛大學。其他IPX機器則可能由葉晨暉家族收藏。.

88. 葉晨暉專訪，2010年3月21日。

89. 葉晨暉專訪，2010年3月21日。葉晨暉告訴我，Ideographix公司的最後一位員工於2005年左右離職，留下了這片巨大的空間。葉一直擁有這個地方，出租了其中一部分空間，但把剩下的空間保留給自己。

第4章

1. Yang Jisheng, *The World Turned Upside Down: A History of the Chinese Cultural Revolution*（New York: Farrar, Straus and Giroux, 2021）；Andrew Walder, *Agents of Disorder: Inside China's Cultural Revolution*（Cambridge, MA: Belknap Press, 2019）；Roderick MacFarquhar and Michael Schoenhals, *Mao's Last Revolution*（Cambridge, MA: Belknap Press, 2008）；Barbara Mittler, *A Continuous Revolution: Making Sense of Cultural Revolution Culture*（Cambridge, MA: Harvard University Asia Center, 2016）；and Frank Dikötter, *The Cultural Revolution: A People's History, 1962–1976*（London: Bloomsbury Press, 2016）.

2. 支秉彝，〈建議一種漢字編碼新方法〉，《電工儀器》，1975；支秉彝，〈見字識碼漢字編碼方法及其在應用中實現〉，《上海文匯報》，1978年8月19日；支秉彝，〈淺談見字識字〉，《自然雜誌》，1978，第1頁；支秉彝，〈見字識字漢字編碼方工作檯表面，操作員使用機器上的「鉛筆」，追描關鍵輪廓元素。當鉛筆與原件表面接觸時，便會產生一個電場，該電場被桌子本身內的感測器追蹤感應，藉此創建一個數位化版本。見James Dreaper, 「Geared for Export: Three Cases Histories,「 *Design*（1968）: 30–39；and interview with Andrew Sloss. 史洛斯和南卡洛必須靠劍橋大學地質系的協助，以及一位名叫查爾斯．艾爾默(Charles Aylmer）的同事幫助，艾爾默的工作是「繪製」網格，將其從最初的紙質形式轉換為1組數位化的x—y座標。“Leaflet Advertising the ‘Ideo-Matic’ Chinese Character Encoder, Engineered by Robert Sloss and Peter Nancarrow of Cambridge University,” NI, SCC2/24/7（June 1981）. 另 見“Simple Computer Conquers Chinese Translation Problem,” *The Leader-Post*, January 28, 1978, 53；Robert P. Sloss and P. H. Nancarrow, “A Binary Signal Generator for Encoding Chinese Characters into Machine-Compatible Form,” *Chinese Language Project*. Cambridge, England, 1976. FH.410.45, CSP.

73. 史洛斯和南卡洛，“C.L.P. Ideo-Matic 66”, 6.

74. 史洛斯和南卡洛，“C.L.P. Ideo-Matic 66”, 2.

75. 現存的Ideo-Matic 66（意碼66）原型之一，可以在波思科諾電報博物館（Porthcurno Telegraph Museum，以下簡稱 PTM）和大東電報局檔案館（以下簡稱 CW）中找到。這些收藏裡也包含其他相關資料，包括“Ideographic Encoder Handbook（April 1978）”, 2.5.06, H1050B；”Summary of Cable & Wireless’ History in China,“ DOC/CW/12/54； 以 及“How Electronics Helped Solve a Chinese Puzzle”（1977）, DOC/CW/12/262. 據作者所知，其他只剩兩台機器尚存：一臺位於劍橋大學，另一臺位於國家電腦博物館（布萊切利公園）。

76. “Leaflet Advertising the ‘Ideo-Matic’ Chinese Character Encoder.”

77. Philip Howard, “When Chinese Is a String of Two-Letter Words,” *Times*, January 16, 1978, 12；Apple, “Two Britons Devise a Computer.”

78. Joseph Needham to Kung Sheung Wan Pao（September 25, 1978）.

79. Joseph Needham to the *Kung Sheung Wan Pao*（*Kung Sheung Evening News*）, September 25, 1978. In “Correspondence and other documents relating to an inaccurate report published in *Kung Sheung Evening News, Hong Kong*, about the computerisation of Chinese,” reference SCC2/24/1, creator R. P. Sloss, Joseph Needham, Lee Tsung-Ying, September 25 to October 10, 1978, NI.

80. Apple, “Two Britons Devise a Computer.”

66. Apple, "Two Britons Devise a Computer"; Philip Howard, "When Chinese is a String of Two-Letter Words," *The Times*, January 16, 1978.

67. Peter Nancarrow and Richard Kunst, "The Computer Generation of Character Indexes to Classical Chinese Texts," in *Sixth International Conference on Computers and the Humanities*. ed. Sarah K. Burton and Douglas D. Short（Rockville, MD: Computer Science Press, 1983）, 772–780. 有關早期漢英機器翻譯的介紹，見John W. Hutchins and Harold L. Somers, *An Introduction to Machine Translation*（Cambridge, MA: Academic Press, 1992）. 雖然超出本書範圍，但我們鼓勵讀者進一步了解歐文・賴夫勒（Erwin Reifler），這位出生於奧地利的猶太語言學家。他在華盛頓大學的職業生涯裡，可說是早期漢英機器翻譯研究的重要人物。他的論文收藏於華盛頓大學特別館藏。

68. Joseph Needham to Michael Loewe, September 26, 1979. Needham Research Institute（以下稱NI）. SCC2/23/65.

69. 在參觀劍橋東亞圖書館期間，我查閱了史洛斯和南卡洛的第一手中文索引卡，這些索引卡存放在圖書館高密度存放區的上層書架中。我算了一下，總共有54個卡片抽屜，每個抽屜應該都能輕鬆容納一千張甚至更多的中文索引卡。

70. Apple,「兩個英國人設計了一臺可以用中文溝通的電腦」；羅伯特・史洛斯也依賴了他兒子在電腦程式設計方面的天賦。「我們是第一批讓孩子們學電腦的人人，」安德魯對我回憶著。隨著TRS-18 Level 2（TRS-18的香港版）等微型電腦的廣泛普及與價格低廉，安德魯對電腦的興趣越來越濃，尤其是在十二或十三歲左右。爸爸當然鼓勵這種興趣，當然部分原因也是因為他需要完成這項專案的工作。專訪安德魯・史洛斯。

71. Robert P. Sloss and P. H. Nancarrow, "C.L.P. Ideo-Matic 66: A Pre-Production Prototype Encoder for Chinese Characters," *Chinese Language Project*, Cambridge, England, May 1976. FH.410.46. Cambridge University Library Special Collections（以下稱CSP）, 6；專訪安德魯・史洛斯。

72. 一開始的想法是建造一部：使用以Flexowriter代碼編碼的字母數字鍵盤操作的機器。但他們後來放棄了這種方法，改成讓操作員直接操作字元滾筒。為了建造66×66網格，史洛斯和南卡洛採用了一種名為「製圖數位化儀」（Cartographic Digitiser）的技術，這項技術來自格拉斯哥的D-Mac LTD設計製造。該系統通常用於將紙質地圖加以數位化，也會用於航空測量、交通分析、林業科學、船舶設計以及培根中的脂肪/瘦肉含量分析。該系統的做法是把紙質裝訂的原件，放置在腦。該計畫也稱為「哈佛圖形系統」（Harvard Graphics System），由美國國家科學基金會、ARPA和美國空軍資助。Kuno平板電腦是在PDP—1電腦後端運行，以蘭德（RAND）平板電腦為基礎，也就是一種基於筆的系統，操作員使用手寫筆透過觸控螢幕表面來選字。平板電腦的頂部放置著大字體的漢字表——基本上跟中文打字機使用的「字符盤索引」相同——其備便需使用Stromberg-Carlson 4020錄音機。平板電腦的文字量也幾乎與中文機械打字機相同：3024個字元（機械打字機則為2450個字元）。見Hideyuki Hayashi, Sheila Duncan, and Susumu Kuno, "Computational Linguistics: Graphical Input/Output of Nonstandard Characters," *Communications of the ACM* 11, no. 9（1968）: 613–618. 另見S. Duncan, T. Mukaii, and S. Kuno, "A Computer Graphics System for NonAlphabetic Orthographies," *Computer Studies in the Humanities and Verbal Behavior*（October 1969）: 5.2–5.3, 5.7, 5.14；Zhang Shoudong et al., *Fundamentals of Chinese Language Computing*, 103；and Ichiko Morita, "Japanese Character Input: Its State and Problems," *Journal of Library Automation* 14, no. 1（March 1981）: 6–23, 9–10. 除了這些例子之外，Mathias和Kennedy還提到他們在中國科學技術情報研究所（ISTIC）親眼目睹的345鍵鍵盤。正如作者所說，該機器是改良過的日本T4100。機器上的每個按鍵都配有十二個漢字。見Jim Mathias and Thomas L. Kennedy, eds., *Computers, Language Reform, and Lexicography in China. A Report by the CETA Delegation*（Pullman: Washington State University Press, 1980）.

59. 專訪安德魯·史洛斯，2011年2月21日。

60. "Difficult Oriental Languages Ready for Computer Technology," *The TelegraphHerald*, June 4, 1978, 17.

61. 專訪安德魯·史洛斯；"Difficult Oriental Languages Ready for Computer Technology," 17.

62. 羅伯·史洛斯訃聞，*The Darwinian: Newsletter of Darwin College*（Spring 2008）: 14, https://www.darwin.cam.ac.uk/drupal7/sites/default/files/downloads/Alumni-Darwinian10-2008.pdf.

63. 羅伯·史洛斯訃聞，同上。

64. 專訪安德魯·史洛斯。

65. R. W. Apple, "Two Britons Devise a Computer That Can Communicate in Chinese," *New York Times*, January 25, 1978.

是在十九世紀中葉由法國、德國和美國的印刷商所發明。更多相關信息，見墨磊寧《中文打字機》。另見K. T. Wu, "The Development of Typography in China During the Nineteenth Century";"Chinese Divisible Type," *Chinese Repository* 14（March 1845）: 124–129；and Martin J. Heijdra, "The Development of Modern Typography in East Asia, 1850–2000," *East Asia Library Journal* 11, no. 2（Autumn 2004）: 100–168.

54. 在某些方面，這種策略類似於艾倫所描述的中文後設語言（Meta-language）。見Joseph R. Allen, "I Will Speak, Therefore, of a Graph: A Chinese Metalanguage," *Language in Society* 21, no. 2（June 1992）: 189–206.

55. Peking University Research Office, "Design Proposal for Medium-Sized Keyboard Chinese Character Information Processing and Input System," 2.

56. 例如參見線上資源"Percentages of Letter Frequencies per 1000 Words," http://www.cs.trincoll.edu/~crypto/resources/LetFreq.html [accessed August 2, 2020].

57. 張壽董、徐建毅和張建生，《Fundamentals of Chinese Language Computing，中文信息的計算機處理》，上海宇宙出版社（1984），頁98至99。作者已將本出版物的英文名稱包含在原文中。

58. 同時，日本也開發了其他中型鍵盤，包括東芝TOSMEC鍵盤，這是日本國立國會圖書館採用的192鍵系統，也是由伊藤忠商事株式會社設計的鍵盤。見樂秀章, Ideographic character selection, US Patent 4270022A, filed June 18, 1979, and issued May 26, 1981；Lam Man-Wah, 「Now a Chinese Language Computer!「*South China Morning Post*, July 21, 1980, 22. For more on Loh, 另見K. W. Ng, 「An Intelligent CRT Terminal for Chinese Characters.「 *Microprocessing and Microprogramming* 8（1981）: 22–31. 羅的系統被稱為「拼」系統，它是基於手寫字元的初始筆畫。羅確定了五種這樣的「拼」類型：橫筆、豎筆、彎筆、勾筆和點或頓筆。羅對英語按鍵平均次數的估計，略高於北京大學團隊的估計，但這一點仍然成立：根據報導，在這兩個系統上產生漢字所需的平均按鍵次數，少於（而且顯著少於）產生一個英語單字的按鍵數。儘管該系統與北京大學的鍵盤不同，但羅的分析卻得出驚人相似的結果。他算出使用他的256鍵鍵盤打中文，平均每個字元需要按鍵2.7次，與基於單字完整拼字的英文輸入相比，它更具有競爭力。雖然我們在本章的討論僅限於IPX、大東電報局公司以及中國大陸開發的各種中型鍵盤的案例，但仍然可以引用其他例子，進一步證明早期實驗性的中國電腦周邊與中國大陸之間的關聯。舉例來說，也可以看看由Susumo Kuno和他的同事在哈佛大學開發的Kuno平板電分之四十。在北京大學小組看來，這就意味著對這些常用字元進行嚴格的細分和模組化會適得其反，更好的解決方案應該是完整保留這些常見字元，並細分不太頻繁的字元。見Peking University ... Research Office, “Design Proposal for Medium-Sized Keyboard Chinese Character Information Processing and Input System,” 2.

51. 使用「中型」鍵盤可以讓設計人員有辦法繞過「結構歧義」這個棘手問題，該問題困擾著生產完全透明輸入系統的許多努力。正如我們討論考德威爾的打字機Sinotype時所見，漢字並非總是能分解成井然有序、簡單直接的元素，因為其中可能存在歧義。即使一個漢字的組成部分被廣泛認可，輸入順序也可能引起爭議。經典的例子之一，也是北京大學團隊報告中所提到的例子，就是「凸」這個字（代表「凸起」）。雖然大家都同意筆畫應該從最左上角開始，但有一部分中文使用者可能會往右下方移動筆畫 (㇕)，另一些人則可能習慣向下和向左移動 (亅)。透過選擇中等大小的鍵盤，而不是「小鍵盤 / 標準鍵盤」的方案，設計團隊便能夠在鍵盤的右下角創建一個小的按鍵組，專門用於他們所說的「難拆字」。正如我們回想在考德威爾Sinotype的討論時，知道了中文字元並不一定都能分解成一組整齊而直接的元素。也很可能存在歧義。此外，即使字元的基本單位被廣泛接受，它們的輸入順序也可能會引起分歧。北京大學小組在報告中引用的一個經典例子是「凸」字，它的意思是「突出」，向右和向下移動筆（㇕），而其他人則傾向於向下和向左移動筆（亅）。決定支援中型鍵盤，反對「小鍵盤 / QWERTY鍵盤」路線，團隊便能在鍵盤的右下角創建一個小組按鍵，專門用於他們所謂的「難拆的字」。

52. Samuel Dyer, *A Selection of Three Thousand Characters Being the Most Important in the Chinese Language for the Purpose of Facilitating the Cutting of Punches and Casting Metal Type in Chinese*（Malacca: Anglo-Chinese College, 1834）；Marcellin Legrand, *Tableau des 214 clefs et de leurs variants*（Paris: Plon frères, 1845）；Marcellin Legrand, *Spécimen de caractères chinois gravés sur acier et fondus en types mobiles par Marcellin Legrand*（Paris: n.p., 1859）；K. T. Wu, “The Development of Typography in China During the Nineteenth Century,” *The Library Quarterly* 22, no. 3（1952）: 288–301；and Ibrahim bin Ismail, “Samuel Dyer and His Contributions to Chinese Typography,” *The Library Quarterly* 54, no. 2（1984）: 157–169. 我也建議讀者留意謝筠，這是一位從事中國字體史研究的傑出早期學者。

53. 這種中文打字法被稱為「分離式」印刷，出現時間早於打字。中國的分離式印刷

Chinese Character Information Processing and Input System," in Chinese Information Processboard Chinese Character Information Processing and Input System," in Chinese Information Processing「漢字訊息處理」, ed. Chinese Language Journal Editorial Department（Zhongguo yuwen bianjibu）（Beijing: Zhongguo shehui kexue chubanshe, 1979）, 1–18.

42. Peking University Chinese Character Information Processing Technology Research Office, "Design Proposal for Medium-Sized Keyboard Chinese Character Information Processing and Input System," 2.

43. 見"Pressure Sensitive Chinese Character Keyboard"（*yagan shi Hanzi jianpan*）and "Electrostatic Chinese Keyboard"（*jingdian ouhe shi Hanzi jianpan*）, in Chen Zengwu and Jin Lianfu, *Chinese Language Information Processing System*（北京：中國計算機用戶協會總會, 1984）, 78.

44. In Chen Zengwu and Jin Lianfu, *Chinese Language Information Processing System.*

45. In Chen Zengwu and Jin Lianfu, *Chinese Language Information Processing System.*

46. Peking University Chinese Character Information Processing Technology Research Office, "Design Proposal for Medium-Sized Keyboard Chinese Character Information Processing and Input System." 有關武漢和瀋陽共同監督的聯合項目，以及燕山研究院正在進行的工作的更多訊息，見Chen Zengwu and Jin Lianfu, *Chinese Language Information Processing System*, 78.

47. Peking University ... Research Office, "Design Proposal for Medium-Sized Keyboard Chinese Character Information Processing and Input System," 2.

48. Peking University ... Research Office, "Design Proposal for Medium-Sized Keyboard Chinese Character Information Processing and Input System," 9.

49. Peking University ... Research Office, "Design Proposal for Medium-Sized Keyboard Chinese Character Information Processing and Input System," 2–3.

50. 此處包含完整中文字的選擇，乍看之下可能被認為是對寶貴空間的浪費，沒有充分利用中文字固有的模組性，卻被認為是統計上最明智的抉擇。正如外國和中國詞典編纂者，在一個多世紀以來都知道的，中文字的頻率分佈非常不平均。根據當時的一項研究顯示，在構成中文字的七萬多個字元中，有8個中文字元佔了所有中文字使用量的百分之十，而103個最常用的中文字佔了全部漢語使用量的百

（ca. 1965）: 11–14 ;"China: Progress in Computers," 7. 本機的平均加法時間為1500微秒；平均乘法時間為960微秒；平均除法時間為1080微秒。相較之下，EDVAC機器（1944）的平均加法時間為864微秒，平均乘法時間為2900微秒。RAYDAC（1953）則分別為38和240微秒。FUJIC（1956）加減法100微秒，乘法1600微秒。這意味著中國機器仍然落後於美國，但仍然值得注意。

36. 1965年北京計算技術研究所設計的109 C型電腦，性能已達115千浮點運算（每秒千次之意）。雖然這個速度與美國控制數據公司（Control Data Corporation）的6600電腦相比仍形見絀，後者以三兆次浮點運算的速度，成為當時世界上最快的電腦。但109C型電腦仍然證明了中國在沒有來自任何冷戰超級大國技術支援的情況下，所取得的進步。「Chinese Progress in the Production of Integrated Circuits.「Report by the CIA Directorate of Intelligence（March 12, 1985）: 2.

37. Mary Allen Clark, "China Diary," *Washington University Magazine*（Fall 1972），

Bernard Becker Medical Library Archives, Washington University School of Medicine, St. Louis, Missouri, https://digitalcommons.wustl.edu/ad_wumag/48/；Cheatham et al., "Computing in China: A Travel Report."

38. 正如美國代表團的總結報告所解釋，中國同行「對近年來在美國流行的微型電腦興趣不大。微型電腦由於其簡單性和經濟性，使許多新的應用成為可能。」相反地，中國工程師向美國團隊提出了關於「非常大、非常快的機器，例如CDC Star電腦和Burrough的B6700的相關問題。」此外，代表團還在報告中加入了中國人對於所謂的「超級電腦」表示了高度興趣。在結論裡帶著恐嚇語氣說出的超級電腦，是個相當微妙但又具有啟發性的產物，代表這個在幾年前由美國電腦科學領域領導者們創造出來的術語，仍然足夠新穎，值得一看。「人們猜測中國將會繼續邁向發展出更大、更快的電腦之路，」該報告繼續預言，「下一步也許會是非常大的一步。」

39. 王官偉、陳閔中與王曉宇編輯，Natural Code Chinese Character Input Method Tutorial「自然碼漢字輸入法教程」，Shanghai: Tonget University Press, 1994, 1–10.

40. 參見Chinese Character Encoding Research Group of China（Zhongguo Hanzi bianma yanjiuhui）, ed., Compendium of Proposals for Chinese Character Encodings（Shanghai: Kexue jishu wenxuan chubanshe）, n.d. [ca. 1979] 19–24.

41. Peking University Chinese Character Information Processing Technology Research Office「北京大學漢字訊息處理技術研究室」, "Design Proposal for Medium-Sized Keyboard

27. 其中包括《經濟日報》、《生活日報》和晚報。葉晨暉專訪，2010年3月21日。

28. 見1982年9月16日出版的《聯合報》，有關於新系統運作過程的多篇文章和幾十張完整報導圖片。

29. 1972年的這次行程經歷本身，就是一段引人入勝的歷史。見Severo Ornstein, *Computing in the Middle Ages: A View from the Trenches 1955–1983*（Bloomington, IN: AuthorHouse, 2002）；Thomas E. Cheatham Jr., Wesley A. Clark, Anatoly W. Holt, Severo M. Ornstein, Alan J. Perlis, and Herbert A. Simon, "Computing in China: A Travel Report," *Science*（October 12, 1973）: 134–140；and Thomas S. Mullaney, "The Origins of Chinese Supercomputing and an American Delegation's MaoEra Visit," *Foreign Affairs*, August 4, 2016. 存放在華盛頓大學貝克爾圖書館的Wesley A. Clark 論文，包含與代表團有關的檔案資料和信件，還有Alan J. Perlis的論文（存放在耶魯大學和明尼蘇達大學）、Herbert A. Simon的論文（藏於卡內基美隆大學），以及其他檔案館藏。特別感謝Severo Ornstein接受我們的採訪，並與作者分享大量照片和個人資料。

30. 型號：551型四階非線性電子模擬計算機；552型6級非線性電子模擬計算機；中國經濟成就展覽會。「兩年來清華大學試製了18台不同類型的工作可靠的電子計算機」，科學技術工作簡報，30（March 7, 1960）: 64–70. Beijing Municipal Archives（以下稱BMA）001-022-00494. 另見John H. Maier, "Thirty Years of Computer Science Developments in the People's Republic of China: 1956–1985," *IEEE Annals of the History of Computing* 10, no. 1（1988）: 19–34.

31. Lorenz M. Lüthi, *The Sino-Soviet Split: Cold War in the Communist World*（Princeton, NJ: Princeton University Press, 2008）.

32. 「清華大學組織三十多個師生為市計委試試托統計用電子計算機」, BMA 001-022-00494（March 11, 1960）.

33. Central Intelligence Agency Directorate of Intelligence. "China: Progress in Computers." Intelligence Memorandum. December 1972, 7.

34. 會議於1964年12月17日至23日舉行。見[北京電子學會電子計算機專業組]，「關於1964年北京市電子學會電子電腦專業學術會代表名額的通知」, BMA 010-002-00431（April 17, 1964）.

35. 北京無線電三廠，「小型通用電晶體數位電腦設計任務書」, BMA 165-001-00130

Steven Levy, *Hackers: Heroes of the Computer Revolution*, 25th Anniversary Edition（Sebastopol, CA: O'Reilly Media）, 2010.

18. 鍵盤重30磅。見"IPX Model 9600 Intelligent Keyboard User's Manual," included inside "IPX Model 9600 Intelligent K'Board," Computer History Museum. Mountain View, CA, Box 22 of 27, Folder 003047（以下稱CHM）.

19. "Technical Data: IPX 5486 Automatic Send-Receive（ASR）Telecommunications Terminal," Thomas S. Mullaney, East Asian Information Technology History Collection, Stanford University（以下稱TSM）.

20. "Technical Data: IPX 5486 Automatic Send-Receive（ASR）Telecommunications Terminal," TSM.

21. "IPX Model 9600 Intelligent Keyboard User's Manual," CHM.

22. Chan-hui Yeh, System for the electronic data processing of Chinese characters, US Patent 3820644A, filed May 7, 1973, and issued June 28, 1974. 即使葉晨暉的靈感是來自中文打字機，但他也對它們提出了批評。葉晨暉在1973年的專利申請書中，批評了中文打字機，他寫道：「打字員必須接受訓練，記住每種字符類型的所在位置。這種訓練至少需要四個月或更長的時間。」他總結道：「受過良好訓練的打字員，每分鐘可以打出二十至三十個字。」葉先生積極思考了支持和反對中文機械打字機，也就是說，他跟中國電腦前的IT歷史關係是一種非常矛盾的關係。從很多方面看，這種批評即使不是預言，也是不足為奇的。就我們目前在本書以及在前一本《中文打字機》書中所見，在葉晨暉提出申請時，機械中文打字機在近一個世紀的時間裡，成為了各種批評的焦點，甚至是蔑視的焦點。

23. 葉晨暉專訪，2010年3月21日；葉晨暉專訪，2010年4月18日。

24. 見 Chi Wang, *Building a Better Chinese Collection for the Library of Congress. Selected Writings*（Lanham, MD: The Scarecrow Press, 2012）, 106.

25. 葉晨暉專訪，2010年3月21日。

26. 史丹佛大學也是史丹佛圖書館中文目錄製作的客戶。1979年時，該公司與Julia Tung合作開展項目，Tung來到葉晨暉位於桑尼維爾的辦公室輸入資料。具體而言，史丹佛大學圖書館員使用IPX系統與IBM 370結合，整理《中國政府系列出版品書目，1880至1949》索引。其他表示有興趣但最終沒有購買該系統的機構，包括日本東京大學電腦中心和韓國東亞日報。葉晨暉專訪，2010年3月21日。

Computer Graphics at MIT, Lincoln Lab and Harvard," *SIGGRAPH '89 Panel Proceedings*（1989）: 19–38；Jacob Gaboury, "Hidden Surface Problems: On the Digital Image as Material Object," *Journal of Visual Culture* 14, no. 1（2015）: 40–60；Jacob Gaboury, "Image Objects: An Archaeology of Computer Graphics, 1965–1979," PhD dissertation, New York University, 2014；Charlie Gere, "Genealogy of the Computer Screen," *Visual Communication* 5, no. 2（2006）: 141–152.

8. 葉晨暉就讀於加州英格爾伍德的諾斯洛普航空學院（現為諾斯洛普大學），獲得了飛行員和機械師執照，並繼續在伯班克的斯利克航空貨運公司（Slick Airways）擔任貨機機械師。《葉晨暉略傳》（筆者個人資料編集，葉晨暉提供）。

9. 《葉晨暉略傳》。

10. "IBM Goes West: A 73-Year-Long Saga, From Punch Cards to Watson," *Fast Company*, October 28, 2016, https://www.fastcompany.com/3064902/ibm-goes-west-a-73-year-long-saga-from-punch-cards-to-watson.

11. 葉晨暉專訪，2010年3月21日。

12. 葉晨暉專訪，2010年3月21日。

13. 葉晨暉專訪，2010年3月21日。

14. 葉晨暉專訪，2010年3月21日。

15. 葉晨暉專訪，2010年3月21日；葉晨暉專訪，2010年4月18日。1971年，葉晨暉向IBM請了一年假，到臺灣清華大學應用數學與核子工程系擔任客座教授。這是極具變革的一年，他提交的專利申請立刻引起臺灣軍方的更多關注。

16. 葉晨暉專訪，2010年3月21日。 葉晨暉的弟弟葉晨江（Chan Jong音譯）也獲得機械工程博士學位。

17. 訪問彼得・參孫（Peter Samson），2023年9月5日。遊戲歷史學家最了解彼得・參孫的一件事，可能就是他所開發的*Spacewar!*（太空戰爭！）遊戲，這是最早的電腦遊戲之一。而電子音樂歷史學家則可能因為世界上最早的數位合成器「Samson Box」而認識他，這是由史丹佛大學音樂與聲學電腦研究中心（CCRMA）所委託建 造。 見PDP-1 Restoration Project, "*Spacewar!*" Computer History Museum website, www.computerhistory.org/pdp-1/spacewar/；D. Gareth Loy, "The Systems Concepts Digital Synthesizer: An Architectural Retrospective," *Computer Music Journal* 37, no. 3（2013）: 49–67. Samson features prominently in parts of Steven Levy's classic account.見

56. 有關數位媒體現象學的富有洞察力和創新工作，以及現有模型無法理解它的方式， 見Mark B. N. Hansen. *FeedForward: On the Future of Twenty-First-Century Media*（Chicago: University of Chicago Press, 2014）. 有關介面的經典描述以及中介的競爭概念，見Alexander R. Galloway, *The Interface Effect*（Cambridge: Polity, 2012）.

第3章

1. 葉晨暉專訪，2010年3月21日。
2. "Toynbee Lectures." *VMI Cadet*（February 10, 1958）: 2.
3. 葉晨暉專訪，2010年3月21日。這跟原來的想法差很多，必須強調一下。湯恩比之前和之後的許多人都提出相同建議。
4. 魯迅，《病中答救亡情報訪員》（1938），載於《魯迅全集》，北京：人民文學，第6冊，（1981）第160頁。
5. John DeFrancis, *Nationalism and Language Reform in China*（Princeton, NJ: Princeton University Press, 1950），John DeFrancis, *The Chinese Language: Fact and Fantasy*（Honolulu: University of Hawai ʻi Press, 1984）；Jeremy Norman, *Chinese*（Cambridge: Cambridge University Press, 1988）；and John DeFrancis, *Visible Speech: The Diverse Oneness of Writing Systems*（Honolulu: University of Hawai ʻi Press, 1989）.
6. Leslie Berlin, *Troublemakers: Silicon Valley's Coming of Age*（New York: Simon and Schuster, 2018）.
7. Bernard Dionysius Geoghegan, "An Ecology of Operations: Vigilance, Radar, and the Birth of the Computer Screen," *Representations* 147, no. 1（August 2019）: 59–95；Jeremy Packer and Kathleen F. Oswald, "From Windscreen to Widescreen: Screening Technologies and Mobile Communication," *The Communication Review* 13, no. 4（2010）: 309–339；Jeremy Packer, "Screens in the Sky: SAGE, Surveillance, and the Automation of Perceptual, Mnemonic, and Epistemological Labor," *Social Semiotics* 23, no. 2（2013）: 173–195；Friedrich A. Kittler, "Computer Graphics: A Semi-Technical Introduction," trans. Sara Ogger, *Grey Room* 2（Winter 2001）: 30– 45；Lev Manovich, "An Archeology of a Computer Screen," Moscow: Soros Center for Contemporary Art. http://www.manovich.net/TEXT/digital_nature.html; Jan Hurst et al., "Retrospectives: The Early Years in

June 18, 1958, Report no. 12," LR.

43. Caldwell, "The Sinotype," 486–487.

44. Caldwell, "The Sinotype," 484.

45. Caldwell, "Progress on the Chinese Studies," 2, in "Second Interim Report on Studies Leading to Specifications for Equipment for the Economical Composition of Chinese and Devanagari." Report by the Graphic Arts Research Foundation, Inc. Addressed to the Trustees and Officers of the Carnegie Corporation of New York, HI.

46. Samuel Caldwell. "Progress on the Chinese Studies," 1–6, HI.

47. Caldwell, "The Sinotype," 478. 考德威爾更進一步的分析指出，「如果研究整個詞彙而不對字元出現頻率進行加權比重的話，完整拼字的中位數長度為10.2個筆畫，最小拼字的中位數長度為6.7個筆畫。對於相對規模較小的實際散文文本，在完整拼字的中位數長度為8.3個筆畫，最小拼字的中位數長度則為6.1個筆畫。」

48. "Contract No. DA19–129-QM-458 Quarterly Progress Report of June 18, 1958, Report No. 12." Included in letter from R. G. Crockett to T. S. Bonczyk. June 18, 1958. Crockett listed as Project Administration. Addressee listed as Quartermaster Research and Development Section, Natick, MA.

49. "Chinese Language Photocomposition Machine," May 4, 1959, HI. Box No. 193.

50. "Memorandum of Meeting: OCB Ad Hoc Working Group on Exploitation of the Chinese Ideographic Composing Machine," May 19, 1959. Attendees included Colonel Weber（Defense）, Edwin Kretzmann（State Department）, Pardee Lowe（USIA）, Albert L. Cox Jr.（OCB）, Colonel Charles Welsh（Defense）, Major Charles Frances（Defense）, Richard See（NSF）, and Kay Kitagawa（NSF）.

51. "Memorandum for the Executive Office," May 20, 1959, DEPL.

52. "Memorandum for the Executive Office," May 20, 1959, DEPL.

53. "Memorandum for the Executive Officer," May 21, 1959, 2, DEPL.

54. K. E. Eckland to Pardee Lowe, n.d.（約 August 10, 1959）. HI, Box No. 193；Rosenblum to Torrey, *MIT Technology Review*, regarding the passing of Samuel H. Caldwell, LR.

55. 訪問Louis Rosenblum, April 21, 2014.

33. 考德威爾在第二次世界大戰期間的部分作品，保存在麻省理工學院檔案館和特別館藏中的一小部分材料中。（見Collection AC 0004, Box 44, Folder 66. Institute Archives and Special Collections at MIT）。然而，麻省理工學院本身並不會存放圖形藝術研究基金會的論文（這是至少一位業餘歷史學家犯下的「可以理解」的錯誤）。有關考德威爾和圖形藝術研究基金會的最豐富的藏品，保存在麻薩諸塞州北安多弗印刷博物館（MOP）和史丹佛大學路易斯·羅森布魯姆論文館（LR）。

34. 有關第二次世界大戰期間工程、研究和軍事之間密切關係的更多例子，另見M. M. Irvine, "Early Digital Computers at Bell Telephone Laboratories," *IEEE Annals of the History of Computing*（July-September 2001）:22–42.

35. Florence Anderson（Associate Secretary, Carnegie Corporation）to W. W. Garth Jr.（President, Graphic Arts Research Foundation）, Mergenthaler Linotype Company Records, 1905–1993, Archives Center, National Museum of American History. Smithsonian Institution. 3628號檔案盒（以下稱 MLCR）；Edward P. Lilly, "Memorandum for the Executive Officer: Chinese Ideograph Type-setting Machine."（April 23, 1959）. OCB Secretariat Series, Box 3: Ideographic Composing Machine. Dwight D. Eisenhower Presidential Library（以下稱 DEPL）；"Machine Seen as Possible 'Breakthrough' in Chinese Printing," H1.

36. Samuel H. Caldwell. "The Sinotype: A Machine for the Composition of Chinese from a Keyboard," *Journal of The Franklin Institute* 267, no. 6（June 1959）: 302.

37. "Memorandum for the Operations Coordinating Board: Interim Report of the Chinese Ideographic Composing Machine（CICM）," May 18, 1959. OCB Secretariat Series, Box 3: Ideographic Composing Machine. DEPL.

38. R. G. Crockett to T. S. Bonczyk, June 18, 1958.

39. "Memorandum of Meeting: OCB Ad Hoc Working Group on Exploitation of the Chinese Ideographic Composing Machine," May 7, 1959, DEPL.

40. "Memorandum for the Operations Coordinating Board: Interim Report of the Chinese Ideographic Composing Machine（CICM）,"

41. "Memorandum for the Executive Office: Chinese Ideographic Composing Machine-Briefing Memo on Deferral of Board Consideration," May 20, 1959, DEPL.

42. R. G. Crockett to T. S. Bonczyk of the Quartermaster Research and Development Section, June 18, 1958. Subject: "Contract No. DA19-129-QM-458 Quarterly Progress Report of

11開頭的編碼。同樣的情況，P筆畫的編碼是1001，沒有其他以1001開頭的編碼。」在優化此編碼系統的目的上，帶來了很明顯的影響。首先，它讓考德威爾不必為每個筆畫分配同樣長度的代碼，該代碼必然等於五個二進位數字（表達21個筆畫所需最少五個二進位數字）。使用最小冗餘代碼，考德威爾便可利用他從筆劃頻率分析中得到的結果，為最常見的筆劃分配較短的二進位代碼。而對於水平和垂直等常見的筆畫，也應該為其分配兩位數代碼。下一個最常見的筆畫類別——左下筆畫和點——將被分配三位數字的二進位代碼，同樣也比他在整個過程中平均分佈的五位代碼要少得多。另一方面，罕見筆畫如「乙」，出現在考德威爾樣本裡不到百分之三的字元中，將會被分配一個11位的二進位代碼。即使加上如此長的代碼序列，它們在頻率上的明顯差異，也能讓考德威爾確信系統的整體效率可以提高。

22. ‘CJK STROKE H’（U+31D0）；Unicode U+31D2（嵢）.

23. R = or Unicode U+31C4: CJK STROKE SW；T= U+31E0（嵰）；H = U+31D6（嵦）；M = U+31D9（嵩）.

24. 平面藝術研究基金會，「關於中文和梵文經濟構成設備規範研究第二次中期報告」。該報告是寫給紐約卡內基公司的受託人和管理人員；Samuel Caldwell and W. W. Garth Jr., “Proposal for Studies Leading to Specifications for Equipment for the Economical Composition of Chinese and Devanagari.” Marked “Confidential.” Graphic Arts Research Foundation. Cambridge, MA. March 25, 1953, LR. 其中一萬七千美元將專門用於中文項目；梵文一萬美元；以及三千美元的行政費用。

25. Caldwell and Garth Jr., “Proposal for Studies Leading to Specifications for Equipment for the Economical Composition of Chinese and Devanagari.”

26. Caldwell, Ideographic type composing machine.

27. Caldwell, Ideographic type composing machine.

28. Caldwell and Garth Jr., “Proposal for Studies Leading to Specifications for Equipment for the Economical Composition of Chinese and Devanagari,” 1.

29. Vannevar Bush to Garth Jr., August 19, 1954, LR.

30. Bush to Garth Jr., May 9, 1955, LR.

31. W.W. Garth Jr. to Vannevar Bush, December 14, 1953, LR.

32. W.W. Garth Jr. to Vannevar Bush, December 14, 1953, LR.

6. 與Ann Welch的訪談，考德威爾孫媳，September 5, 2013.

7. 與Ann Welch的訪談。

8. Joyce Chen, *Joyce Chen Cook Book*（Philadelphia: J. B. Lippincott Company, 1962）, 223.

9. "Machine Seen as Possible 'Breakthrough' in Chinese Printing," File No. 147（June 22, 1959）, Pardee Lowe Papers. Hoover Institute Archives. Accession No. 98055–16.370/376. Box No. 276（以下稱HI）.

10. Samuel Caldwell, "Progress on the Chinese Studies," HI.

11. "Progress on the Chinese Studies," HI.

12. Samuel H. Caldwell, Ideographic type composing machine, US Patent 2950800, filed October 24, 1956, and issued August 30, 1960.

13. Caldwell, "Final Report on Studies Leading to Chinese and Devanagari," 14, LR.

14. 考德威爾的Sinotype並不是第一個採用這種人機互動模式的中文系統。事實上第一台實驗性的中文打字機是林語堂在1940年代發明的，被稱為「明快打字機」。有關明快中文和中文檢索燒錄機的深入研究，見墨磊寧《中文打字機》一書。*The Chinese Typewriter: A History*（Cambridge, MA: MIT Press, 2017）.

15. Robert E. Harrist and Wen Fong. *The Embodied Image: Chinese Calligraphy from the John B. Elliott Collection*（Princeton, NJ: Princeton University Art Museum, in association with Harry N. Abrams, 1999）, 4.

16. Yee Chiang. *Chinese Calligraphy: An Introduction to Its Aesthetics and Techniques*（Cambridge, MA: Harvard University Press, 1973 [1938]）.

17. Harrist and Fong, *The Embodied Image*, 152.

18. Harrist and Fong, *The Embodied Image*, 152.

19. Caldwell, Ideographic type composing machine.

20. 索引卡的右上角還包含一個「序號」，以幫助保存紀錄。為此，考德威爾使用了羅伯特・亨利・馬修斯著名參考書中一般所稱的馬修斯數。

21. Samuel H. Caldwell, "Final Report on Studies Leading to Chinese and Devanagari," 5, LR. 考德威爾將他的二進制系統設計為最小冗餘代碼，這是他的麻省理工學院顧問大衛霍夫曼的開創性發明之一。考德威爾總結地說，在這樣的程式碼中，「任何長度的程式碼都不會成為更長程式碼的開頭。這樣B筆畫的編碼是11，沒有其他以

munication Institute, California Polytechnic State University, 2014); William W. Garth IV, *Entrepreneur: A Biography of William W. Garth, Jr. and the Early History of Photocomposition*, selfpub., 2002; "Visit of Caryl P. Haskins to Graphic Arts Foundation. Carnegie Corporation of New York Record of Interview," February 20, 1953, LR." February 20, 1953, LR. Haskins曾任卡內基基金會主席。N. Katherine Hayles, *Postprint: Books and Becoming Computational*（New York: Columbia University Press, 2021）. 平面藝術研究基金會成立後不久，就有多達140家不同的印刷、出版和報紙機構加入圖形藝術研究基金會會員，他們的一千美元會員費，幫助圖形藝術研究基金會進一步開發這項技術——訂閱者將成為第一批獲得資助的人。現在的印刷術是一種過時的藝術，」著名的模擬電腦先驅 Vannevar Bush 在1949年出版的《商業周刊》中宣布。"Printing Without Type," 57. 另 見"New Machine Sets Type on Film Instead of Metal," *Christian Science Monitor*, September 16, 1949, 1.

4. Samuel H. Caldwell, *Switching Circuits and Logical Design*（New York: Wiley, 1958）;"S. H. Caldwell: 1904–1960," *MIT Technology Review* 63, no. 2（December 1960）: 4. 考德威爾作為麻省理工學院學生和教職人員的核心長期成員，也深受資訊理論和控制論潮流的影響。有關控制論研究早期時代的更多信息，包括從經典著作到重要歷史， 請 見 David A. Mindell, *Between Human and Machine: Feedback, Control, and Computing Before Cybernetics*（Baltimore, MD: Johns Hopkins University Press, 2004）, 171, 278；Ronald Kline, *The Cybernetics Moment: Or Why We Call Our Age the Information Age*（Baltimore, MD: Johns Hopkins University Press, 2015）, 20；Nathan L. Ensmenger, *The Computer Boys Take Over: Computers, Programmers, and the Politics of Technical Expertise*（Cambridge, MA: MIT Press, 2012）, 125, 170；Bernard Dionysius Geoghegan, "From Information Theory to French Theory: Jakobson, Lévi—Strauss, and the Cybernetic Apparatus," *Critical Inquiry* 38, no. 1（2011）: 96–126；Claude E. Shannon and Warren Weaver, *The Mathematical Theory of Communication*（Urbana: University of Illinois Press, 1949）；Norbert Wiener, *Cybernetics: Or, Control and Communication in the Animal and the Machine*（Cambridge, MA: MIT Press, 1961）, 6；and Eden Medina, *Cybernetic Revolutionaries: Technology and Politics in Allende's Chile*（Cambridge, MA: MIT Press, 2014）.

5. "S. H. Caldwell: 1904–1960"; Louis Rosenblum to Mr. Volta Torrey, editor, MIT Technology Review, regarding the passing of Prof. Samuel H. Caldwell," 1960年10月13日，LR.考德威爾也被任命為美國藝術與科學學院院士。

89. Jones, "Telegraph Printer in Japanese with 2,300 Symbols Patented"; "Japanese Language Telegraph Printer," US Patent 2728816, 專利轉讓給 "Trasia Corporation," 高仲芹當時擔任該公司副總裁。

90. Interview with Winston Kao, son of Chung-Chin Kao, April 23, 2014.

91. 有趣的是，這次對高仲芹數字代碼的實驗和爭論，發生在喬治・A・米勒（George A. Miller）發表關於人類資訊處理極限規範研究的幾年前。見George A. Miller,"The Magical Number Seven, Plus or Minus Two: Some Limits on Our Capacity for Processing Information," *The Psychological Review* 63, no. 2（March 1956）: 81–97.

92. Alan Morrell, "Whatever Happened to ... Cathay Pagoda?" *Democrat and Chronicle*, May 6, 2017, https://www.democratandchronicle.com/story/local/rocroots/2017/05/06/whatever-happened-cathay-pagoda/101345224/（January 2, 2019檢索）.

93. 由作者規劃的展覽"Radical Machines Chinese in the Information Age,"（資訊時代的極端機器化中文），於2018年10月18日至2019年3月24日在美國華人博物館舉行。

第2章

1. Paul N. Edwards, *The Closed World: Computers and the Politics of Discourse in Cold War America*（Cambridge, MA: MIT Press, 1997）.

2. 他們認為，這樣也可以破壞毛澤東和共產黨想廢除漢字，用拉丁字母取而代之的野心。後來美國陸軍的一份報告強調，「隨著中文鍵盤排版的最終發展，語言改革的需求將不復存在。」見Quartermaster Research and Engineering Center, "Chinese Photocomposing Machine" (Natick, MA: Headquarters Quartermaster Research and Engineering Command, US Army, March 1960), 6. Louis Rosenblum Collection, Stanford University (hereafter LR).

3. 平面藝術研究基金會的成立目的是與美國照相排版研究和製造中心（首先是 Lumitype 以及後來的 Photon, Inc.）合作，共同改進新技術並將其商業化。Quartermaster Research and Engineering Center, "Chinese Photocomposing Machine" (Natick, MA: Headquarters Quartermaster Research and Engineering Command, US Army, March 1960), 6. Louis Rosenblum Collection, Stanford University (hereafter LR).

Frank J. Romano, History of the Phototypesetting Era (San Luis Obispo: Graphic Com-

二卷第一期（1946），第36頁；〈電動華文打字機〉，《中華少年》，第三卷第十一期（1946），第1頁；〈發明：電動華文打字機〉，《青年問題》，第三卷第六期（1946），21頁；〈電動中文打字機〉，《申報》，（1946年7月16日）：第3頁。

82. 打字機的推廣不僅限於那些進行實地展示的城市。根據所有可獲得的資料顯示，天津並不是該小組行程中的預定地點之一，但它仍然是小規模宣傳活動的地點。宣傳資料被送至中國紡織工業總公司天津分公司。見“Electric Chinese Typewriter”「電華打字機」，January 17, 1948, 1–10. Tianjin Municipal Archives（以下稱TMA）J66-3-410. Addressed to the Tianjin branch of the China Textile Industries Corporation，中國紡織建設公司天津分公司。

83. 〈電動華文打字機〉，《科學》，第29卷第十二期（1947），第378頁；〈電動華文打字機〉，《時兆月報》，第十二卷，第三期（1947），第33頁；《電動華文打字機》，市政評論，第九卷第十二期（1947），第17頁；〈高仲芹發明了電動華文打字機〉，《交通通信》，第四卷第一期（1947），頁29至30；〈新發明〉，《國防月刊》，第二卷第一期（1947），第二頁；〈中文打字機兩起新發明〉，《科學月刊》，第十五期（1947），頁23至24；高仲芹，〈電動華文打字機設計及其應用〉，《科學畫報》第十三卷第十二期（1947），頁746至748。

84. 華文打字機發明人高仲芹君,近攜其發明品赴三藩市參加全美商業文具展覽會:當眾表演打字情形,隨高君同往會場表演者有陳如金劉淑蓮兩女士，中美周報，第230期（1947），第1頁。

85. “Lab’s Chris Berry Marks 40th Anniversary with IBM”; personal archives of Richard Foss and John O’Farrell.

86. Interview with Winston Kao, April 23, 2014.

87. 高永祖，〈新發明的中文電報打字機〉, *World Today*, March 16, 1962. Pardee Lowe Papers. Accession No. 98055–16.370/376. Hoover Institute Archives. Box No. 276（以下稱HA）. 另見https://www.oki.com/en/130column/08.html（2018年7月2日檢索）.

88. 首先，鍵盤現在可以透過紙帶自動操作，當然，字元滾筒也重新配備了日文漢字和假名字元。和以前一樣，機器內部的滾筒不斷旋轉、左右移動，把正確的字元帶到「打字」位置。Japanese Language Telegraph Printer, “US Patent 2728816, filed March 24, 1953, and issued December 27, 1955, assignor to Trasia Corporation, NY”; 另見Stacy V. Jones, “Telegraph Printer in Japanese with 2,300 Symbols Patented,“ *New York Times*, December 31, 1955, 19.

71. Interview with Lois Lew, January 14, 2019.

72. 大約在1951年，一位蓋伊・N・劉（Gay N. Lew），職業在當代紀錄中被列為「打字員」，地址在紐約州羅徹斯特東大街281號。她被紀錄與湯尼・劉（Tony Lew）同居。Tony Lew（Yuen Lew 的英文名）可能是露薏絲・劉的丈夫，蓋伊・N・劉則是她的嫂嫂。City Directory, Rochester, NR, 1951, 542.

73. 見https://www.ibm.com/ibm/history/exhibits/vintage/vintage_4506VV2045.html.

74. Interview with Lois Lew, January 14, 2019.

75. 若要深入分析1920至1950年代中國打字員的教育背景，以及與幾百名中國打字員相關的人口統計訊息，見墨磊寧《中文打字機》一書。

76. 在船艙名冊中，16歲的Lois Eng被列為由住在紐約法拉盛主街41-51號的叔叔「Will Moy」陪同。在我們的訪談中，露薏絲・劉提到一位住在紐約的親戚，似乎證實了這種關聯。

77. Materials related to IBM Electric Chinese Typewriter Demonstration in Shanghai. Shanghai Municipal Archives（以下稱SM）, Q449-1-535.

78. Interview with Winston Kao, son of Chung-Chin Kao, April 23, 2014.

79. 這張收據紀錄了1947年12月2日提供了一臺型號為EH 1的設備，文件上還標有「資源委員會」。

80. "Revolutionary Chinese Typewriter Displayed," *The North-China Daily News*, October 21, 1947.

81. 高仲芹，〈電動華文打字機之設計及其應用〉，《科學畫報》，第十三卷第十二期（1947）：746至748頁；〈教育與文化:高仲芹發明電動中文打字機、應昌期創編國音電報詞典〉，《教育通訊》，第四卷第一期（1947），29至30頁；《電動中文打字機:第一架電動中文打字機曾在紐約全國商業展覽會中陳列該機為國人高仲芹氏所發明〉，《新聞天地》，第十八期（1946），封面；〈小消息：高仲芹氏發明電動中文打字機〉，《田家半月報》，第十三卷第一至四期（1946），第3頁；〈中國科學與經濟建設要訊:高仲芹創制華文打字機〉，《民主與科學》，第一卷第四期（19四五），第64頁；〈高仲芹發明自動式中文打字機〉，《西南實業通訊》，第十二卷第三至四期（1945）第59頁；〈科學技術消息國內：高仲芹發明中國文字技術應用〉，《科學與技術》，第一卷第四期（1944），第87頁；〈電動華文打字機〉，《青年世紀》，第一卷第一期（1946），第10頁；〈電動華文打字機〉，《天地人》，第

52. Mirovitch to Mackey, April 30, 1946.

53. Frolander to Mead, June 11, 1946.

54. Frolander to Mead, June 11, 1946.

55. Mirovitch to Mackey, June 19, 1946. MLCR.

56. Burt to Mead, June 7, 1946；and Mirovitch to Mackey, June 19, 1946.

57. IBM Brochure Chinese；"IBM's Chinese Typewriter Demonstrated in New York," July 9, 1946.

58. Photographic album from Chung-Chin Kao to J. T. Mackey. August 14, 1946. MLCR.

59. Chung-Chin Kao to Griffith, August 21, 1946, MLCR.

60. "Boon to China: Typewriter Has 5,400 Symbols," *Herald Tribune*, July 1, 1946；"Chinese Engineers Meet," *New York Times*, June 30, 1946, 9.

61. Chung-Chin Kao to Griffith, August 21, 1946.

62. Chung-Chin Kao to J. T. Mackey, October 1, 1946, MLCR.

63. *IBM Journal of Research and Development* 40（1996）: 34.

64. Chung-Chin Kao to R. H. Turner, October 1, 1946.

65. "Faster Chinese," *Time*, July 15, 1946, 86.

66. "Faster Chinese," *Time*, July 15, 1946, 86.

67. "Chinese Typewriter, Shown to Engineers," 26.

68. 1944年5月，Grace和Yanghu Tong夫婦在肯塔基州萊星頓市迎來他們的第一個孩子。到了1948年冬天，她懷上了他們的第二個孩子薇薇安（Vivian），生於1948年9月22日。秋天）。雖然後來的這個時機點應該不會影響到她繼續參與（中國之行發生在1947年秋天），但家庭生活和婚姻的壓力很可能影響到她的生活。

69. Rita K. Conley, "At Plant 3, Rochester," *Business Machines* 27, no. 20（May 10, 1945）: 5.

70. 紐約州出生紀錄，1881～1942年。根據1924年奧爾巴尼城市名錄，有一位「Ying Eng」是當時在奧爾巴尼的餐廳工人。有鑑於當時居住在奧爾巴尼的華裔人數較少，而且奧爾巴尼和特洛伊距離很近，由於姓氏相同，幾乎可以肯定這是Lois Eng的親戚。此人的地址為「55 Green」。在她的名字「Lois Eng」旁邊，用鉛筆寫著「Eng Ying Yum」（這種紀錄似乎是寫了這個年輕女孩的中文名字；如此看來，其姓氏將是「Eng」，她的名字則是「Ying Yum」。

Workplace Culture: An Example from Japanese Telegraph Operators," *Bulletin of Health Science University* 1, no. 1（2005）: 37–48；Mullaney, *The Chinese Typewriter*；Alisa Freedman, Laura Miller, and Christine R. Yano, eds., *Modern Girls on the Go: Gender, Mobility, and Labor in Japan*（Stanford, CA: Stanford University Press, 2013）；and Raja Adal, "The Flower of the Office: The Social Life of the Japanese Typewriter in Its First Decade," presentation at the Association for Asian Studies Annual Meeting, March 31–April 3, 2011. On the feminization of clerical and other forms of white collar labor in the United States and Europe,見Sharon Hartman Strom, *Beyond the Typewriter: Gender, Class, and the Origins of Modern American Office Work, 1900–1930*（Chicago: University of Illinois Press, 1992）；Margery W. Davies, *Woman's Place Is at the Typewriter: Office Work and Office Workers 1870–1930*（Philadelphia: Temple University Press, 1982）；Brenda Maddox, "Women and the Switchboard," in *The Social History of the Telephone*, ed. Ithiel de Sola Pool（Cambridge, MA: MIT Press, 1977）, 262–280；Susan Bachrach, *Dames Employées: The Feminization of Postal Work in Nineteenth-Century France*（London: Routledge, 1984）；Michele Martin, *"Hello, Central?": Gender, Technology and Culture in the Formation of Telephone Systems*（Montreal: McGill-Queens University Press, 1991）；and Ken Lipartito, "When Women Were Switches: Technology, Work, and Gender in the Telephone Industry, 1890–1920," *American Historical Review* 99, no. 4（1994）:1074–1111.

46. IBM 電動中文打字機四位數代碼表。 MLCR.

47. Kao to Griffith, April 29, 1944.

48. 她出生於濟南，在Ancestry.com的歷史紀錄中也以Huan Jung Kwoh和Grace Hjan—Jung Kwoh 的身份出現。Dutchess County, New York, Naturalization Records, 1932–1989；National Archives and Records Administration（以下稱 NARA—MD）, Passenger and Crew Lists of Vessels Arriving at Seattle, Washington, NAI Number: 4449160, "Records of the Immigration and Naturalization Service, 1787–2004," Record Group Number: 85, Series Number: M1383, Roll Number: 230, Ancestry.com.

49. Index to Marriages, New York City Clerk's Office, New York, New York, Volume Number, vol. no. 5, New York City Municipal Archives.

50. Park College 1939 Yearbook；Plasteras to Mead, June 13, 1946.

51. Eugene B. Mirovitch to J. T. Mackey, April 30, 1946, MLCR.

電動打字機還出現在拍賣會上，由學者兼字體設計師Vaibhav Singh買下。在機器的設計和原型製作過程中，高仲芹特別感謝兩位IBM工程師：Eugen Buhler和Christopher Berry。兩人都來自IBM位於波基普西的研究實驗室，高的原型機就是在那裡製造的。克里斯多夫貝瑞Christopher Berry於1923年加入IBM，當時該公司被稱為「計算製表紀錄公司」（Computing-Tabulating Recording Company）。他晉升迅速，於1927年調到波士頓擔任服務主管，然後在1935年擔任地區經理。1943年，貝瑞搬到位於東奧蘭治（橘郡）的IBM實驗室，隔年搬到波基普西，當時IBM正在為美國軍方生產卡賓槍。尤金．布勒（Eugen Buhler）則是一位出生於瑞士的工程師和發明家，1910年，當尤金還是個小男孩時，他的家人移民到美國。見"Lab's Chris Berry Marks 40th Anniversary with IBM," IBM News 1, no. 4 (February 25, 1964): 1, 4 (Personal archives of Richard Foss and John O'Farrell); "Chinese Typewriter, Shown to Engineers," 26; IBM 1947 press release. 另見https://ethw.org/Oral-History:John_McPherson. For information on Eugen Buhler, 見 1930 US Census information and his World War II Draft Registration Card（1942）via Ancestry.com.

42. IBM Brochure for Electric Chinese Typewriter. International Business Machines Corporate Archives, Somers, New York（以下稱IBM）, 1. "Chinese Typewriter, Shown to Engineers," 26；Buhler and Berry, "Machine adapted for typing Chinese ideographs"; H. A. Burt to R. R. Mead, June 7, 1946, MLCR. 高仲芹的設計隨時間推移而演變。在他早期的設計和專利材料中，高設想了一種帶有靜態而非旋轉滾筒的機器，除非鍵盤輸入過程觸發橫向和旋轉移動，否則旋轉滾筒將保持靜止狀態。根據IBM工程師指稱，在他們敦促下，高最終被說服採用連續旋轉的滾筒。見Frolander to Mead, June 11, 1946. 另見Chung-Chin Kao, "Keyboard-controlled ideographic printer having permutation type selection," US Patent 2427214A；and Chung-Chin Kao, "Chinese language typewriter and the like," US Patent 2412777A；J. C. Plasteras to R. R. Mead, June 13, 1946, MLCR. 由於滾筒在字元出現過程中，並不會停止旋轉，因此亞秒級（不到1秒）的速度可以保證字元不會模糊或有污跡。

43. Chung-Chin Kao to Thomas S. Watson, February 2, 1946, IBM.

44. Chung-Chin Kao to Eugene B. Mirovitch, May 13, 1946, MLCR.

45. 關於亞洲文書工作的女性化，見Janet Hunter, "Technology Transfer and the Gendering of Communications Work: Meiji Japan in Comparative Historical Perspective," *Social Science Japan Journal* 14, no. 1（Winter 2011）: 1–20. 另見Kae Ishii, "The Gendering of

Subseries B, Remington Type-writer Company, box 3, vol. 1.

26. Silahis O. Peckley, No Title, *Asia Africa Intelligence Wire*, October 14, 2002；Obituary of T. Kevin Mallen, February 2, 2000, http://www.almanacnews.com/morgue/2000/2000_02_02.obit02.html（2012年12月12日檢索）。

27. Frank Romano, *History of the Linotype Company*（Rochester, NY: RIT Press, 2014）.

28. Chung-Chin Kao to A. P. Paine, February 7, 1944. MLCR.

29. A. P. Paine to J. T. Mackey, February 7, 1944, MLCR.

30. Griffith to Mackey, February 11, 1944.

31. Griffith to Mackey, February 11, 1944.

32. Griffith to Mackey, February 11, 1944.

33. 高仲芹越來越焦慮，動員了自己的人脈網路，在哈佛大學與院長喬治・H・蔡斯（Dean George H. Chase）、哈佛印刷辦公室主任詹姆斯・W・麥克法蘭（James W. MacFarlane）、哈佛燕京學堂主任賽吉・埃利塞夫（Serge Elisseeff）、哈佛中日圖書館館長久國明（K. M. Jiu）以及受人尊敬的語言學家Y. R. 趙會面。這些人都對高的中文自動鑄字機表示了濃厚的興趣，並向他保證他們很快就會與默根瑟勒聯繫——可能是為了直接表達他們的觀點。見Chung-Chin Kao to J. T. Mackey, MLCR.

34. Eugene B. Mirovitch to J. T. Mackey, April 26, 1944, MLCR；C. H. Griffith to J. T. Mackey. April 27, 1944, MLCR.

35. Griffith to Mackey, April 27, 1944.

36. Chung-Chin Kao to C. H. Griffith. April 29, 1944, MLCR.

37. Kao to Griffith, April 29, 1944.

38. Kao to Griffith, April 29, 1944.

39. Kao to Griffith, April 29, 1944.

40. "IBM's Chinese Typewriter Demonstrated in New York," *Business Machines*, July 9, 1946; "Boon to China: Typewriter Has 5,400 Symbols," *Herald Tribune*, July 1, 1946; "Chinese Engineers Meet," *New York Times*, June 30, 1946, 9.

41. 其中一臺倖存的IBM電動打字機，保存在德拉瓦州威爾明頓MBHT的半私人收藏中。該收藏品也收藏了高仲芹原創的四位數字代碼本。幾年前，第二台IBM中文

16. Chung-Chin Kao to A. P. Paine, February 7, 1944, MLCR；Chung-Chin Kao to C.H. Griffith, February 7, 1944, MLCR. 高仲芹與J. T. Mackey進一步會面在1994年1月十9日。見Chung-Chin Kao to C. H. Griffith. February 7, 1944, MLCR.

17. F. C. Frolander to R. R. Mead, June 11, 1946, MLCR.

18. 根據淨銷售額百分之三的特許權使用費進行評估。"Suggested Out-line X of License Agreement Between Chung-Chin Kao and Mergenthaler Linotype Company, NY," October 24, 1943, MLCR；Frolander to Mead, June 11, 1946.

19. C. H. Griffith to George A. Kennedy, December 1, 1943, MLCR.

20. C. H. Griffith to George A. Kennedy, February 11, 1944, MLCR；C. H. Griffith to J. T. Mackey, February 11, 1944, MLCR.

21. George A. Kennedy to C. H. Griffith, December 17, 1943, MLCR. 有關甘迺迪在中國統計分析方面的廣泛工作的更多相關訊息，見George A. Kennedy Papers. Manuscripts and Archives, Yale University Library, MS 308, Box 3, Folder 39. 另見George A. Kennedy, ed. *Minimum Vocabularies of Written Chinese*（New Haven, CT: Far Eastern Publications, 1966）.

22. George A. Kennedy to C. H. Griffith. February 17, 1944, MLCR.

23. Kennedy to Griffith, February 17, 1944.

24. Kennedy to Griffith, February 17, 1944.

25. 這也不是因為缺乏嘗試。1920年代，該公司展開打入中國市場的一次嘗試，但最終以失敗告終。有關此一失敗的更多訊息，見Thomas S. Mullaney, "The Font That Never Was: Linotype and the 'Phonetic Chinese Alphabet' of 1921," *Philological Encounters*/Brill 3, no. 4 (November 2018): 550–566. 亦見R. Hoare, "Keyboard Diagram for Chinese Phonetic," Mergenthaler Linotype Collection, Museum of Printing, North Andover, MA (hereafter MOP), February 4, 1921; R. Hoare, "Key board Diagram for Chinese Phonetic Amended." Mergenthaler Linotype Collection, MOP, March 3, 1921; Mergenthaler Linotype Company, China's Phonetic Script and the Linotype (Brooklyn: Mergenthaler Linotype Co., April 1922), Smithsonian National Museum of American History Archives Center, Collection no. 666, box LIZ0589 ("History-Non-Roman Faces"), folder "Chinese," subfolder "Chinese Type-writer"; and "Chinese Romanized-Keyboard no. 141," Hagley Museum and Library, Accession no. 1825, Remington Rand Corporation, Records of the Advertising and Sales Promotion Department. Series I Typewriter Div.

獻。見Jing Tsu, *Kingdom of Characters: The Language Revolution That Made China Modern*（New York: Riverhead Books, 2022）, 294.

12. 由於面對這些挑戰和其他更多的挑戰，某些中國工程師和政策制定者嘗試取代四位電報代碼，其他人則是尋求盡量減少其缺點。第一個陣營嘗試了中文語音電報代碼，希望用「拼出」漢字聲音的系統取代數位系統。後者陣營基本上接受了原來的電報代碼，但請求管理電報傳輸的國際機構，確保對中國電報實行特殊的、降低的費率。雖然其中有些努力確實取得了成果——例如給予了優惠關稅——但更激進的放棄代碼系統的呼籲卻失敗了。部分原因是語音系統受到漢語同音問題的困擾：亦即有時幾十個不同的漢字具有相同的發音，大幅增加了當人們只靠拼音持續下去時，產生更多誤解的可能性。關於這些努力過程的詳細討論，見墨磊寧《中文打字機：機械書寫時代的漢字輸入進化史》（Cambridge, MA: MIT Press, 2017）.

13. 雖然重建這些中國電報員和職員的個人傳記頗具挑戰性，但我們擁有一個小窗口可以窺見，這就是托馬斯・拉法格收藏（Thomas La Fargue Collection，1872～1954），該收藏位於華盛頓州立大學手稿、檔案和特別收藏部門的第255號檔案中。該收藏包含有關進入電報局的中國年輕人的傳記資料以及電報培訓課程。據一位當代消息人士所說，例如江蘇省有133個電報站，廣東省有84個電報站。即使在中國較偏遠、人口稀少的地區，如新疆、甘肅、寧夏、蒙古和青海，也總共有62個站點。確切的總數是新疆26個、甘肅24個、寧夏6個、蒙古4個、青海2個。新疆電報站在吐呼魯、巴楚、古城、伊犁、伊爾克斯塘、吐魯番、托克遜、秦城、阿爾泰、哈密、迪化、庫克深倉、庫車、烏蘇、焉耆、喀什格爾、溫宿、星星峽、塔城、綏來、寧遠、精河、輪台、霍爾果斯、振熙、額敏等地。寧夏電報站分別位於大巴、石嘴山、寧夏吳中堡、寧安堡、磴口。蒙古電報站位於道林、庫倫、武德和買買城。青海電報站位於西寧和貴德。參見*Dianma xinbian*（Shanghai: Shanghai Zhonghua shuju, n.d. ca. 1920, and Jiaotong bu, *Ming mi dianma xinbian*, 1935. Special thanks to Sijia Mao for assistance in collating this list.

14. James Purdon, "Teletype," in *Writing, Medium, Machine: Modern Technographies*, ed. S. Pryor and D. Trotter（London: Open Humanities Press, 2016）, 120–136；Jay David Bolter and Richard Grusin, *Remediation: Understanding New Media*（Cambridge, MA: MIT Press, 1998）.

15. R. H. Turner, "Chinese Type Casting Machine," November 19, 1943, 1. MLCR.

"Keyboard-controlled ideographic printer having permutation type selection" US Patent 2427214A, filed December 11, 1943, and issued September 9, 1947；and Chung-Chin Kao, "Chinese language typewriter and the like," US Patent 2412777A, filed June 28, 1944, and issued December 17, 1946；"Chinese Typewriter, Shown to Engineers, Prints 5,400 Characters with Only 36 Keys," *New York Times*, July 1, 1946, 26；J. C. Plasteras to R. R. Mead, June 13, 1946, MLCR.

7. 我的工作（以及本章的標題）多半是獲益於Jennifer Light、David Alan Grier、Janet Abbate、Corinna Schlombs、Mar Hicks和Nathan Ensmenger 在西方電腦方面的學術成 就。Jennifer S. Light, "When Computers Were Women," *Technology and Culture* 40, no. 3 (July 1999): 455–483; David Alan Grier, *When Computers Were Human* (Princeton, NJ: Princeton University Press, 2007); Janet Abbate, *Recoding Gender: Women's Changing Participation in Computing* (Cambridge, MA: MIT Press, 2017); Francesca Bray, "Gender and Technology." *Annual Review of Anthropology* 36 (2007): 37–53; Corinna Schlombs, "Women, Gender and Computing: The Social Shaping of a Technical Field from Ada Lovelace's Algorithm to Anita Borg's Systers,'" in *The Palgrave Handbook of Women and Science: History, Culture and Practice Since* 1660 (London: Palgrave MacMillan, 2022), 307– 332; Mar Hicks, *Programmed Inequality: How Britain Discarded Women Technologists and Lost Its Edge in Computing* (Cambridge, MA: MIT Press, 2018).

8. 高仲芹的名字出現時，有時會是Kao Chung-Chin, C. C. Kao, 以及Gao Zhongqin.

9. 2014年4月23日訪問高仲芹之子 Winston Kao。

10. Erik Baark, *Lightning Wires: The Telegraph and China's Technological Modernization, 1860–1890*（Westport, CT: Greenwood Press, 1997）, 82.

11. 該代碼包含不到七千個字元，並留有額外空白鍵，以便中國電報員根據需要自訂其代碼本。Sep-time Auguste Viguier (Weijiye [威基謁]), Dianbao xinshu [電報新書] (Guangxu 18), in "Extension Selskabet-Kinesisk Telegrafordbog." 1871. Arkiv nr. 10.619, in "Love og vedtægter med anordninger," GN Store Nord A/S SN China and Japan Extension Telegraf. Rigsarkivet [Danish National Archives], Copenhagen, Denmark; Kurt Jacobsen, "A Danish Watchmaker Created the Chinese Morse System," NIASnytt (Nordic Institute of Asian Studies) Nordic Newsletter 2 (July 2001): 17–21. Viguier最初的人物名單後來被Deming Zaichu稍作調整。Deming Zaichu的全名直到最近才被比較文學學者、冬奧解說員楚晶（Jing Tsu音譯）重建，對中國電報史考證做出了重大貢

30. 換句話說，如果學者們長期以來如Jack Goody所形容的，誤解了書寫和口頭之間的「介面」，那麼我們現在似乎就誤解了各種書寫語域之間的關係。見Jack Goody, *The Interface Between the Written and the Oral* (Cambridge: Cambridge University Press, 1987). 借用班傑明·彼得斯（Benjamin Peters）的話，在我們嘗試理解和理論化數位科技時，必須注意「文字所做的工作」；在這種情況下，隨著整個世界發生巨大的變化，詞語的節奏也不會改變。見Benjamin Peters, "Introduction." In *Digital Keywords: A Vocabulary of Information Society and Culture,* ed. Benjamin Peters (Princeton, NJ: Princeton University Press, 2016), xv.

第1章

1. 此評論出現在Thomas S. Mullaney（個人部落格）, August 21, 2010.

2. Thomas S. Mullaney, "Have you ever used a Chinese typewriter? Do you own one?"(中文打字機你用過沒有？辦公室有嗎？)（個人部落格）, June 22, 2010, https://thechinesetypewriter.wordpress.com/2010/06/22/have-you-ever-used-a-chinese-typewriter-do-you-own-one/. 我免費幫一個非營利組織寫稿，該組織會把歷史電影加以數位化並公開發布。

3. *Modern Business Machines for Writing, Duplicating, and Recording,* 導演未列出。*Teaching Aids Exchange*, 1947, 電影可上網觀看http://www.archive.org/details/modern_business_machines_for_writing（片段從12分35秒開始）.

4. 我最近將這些藏品捐贈給史丹佛大學，供研究界使用。見"Stanford Libraries Receives a Remarkable East Asian Information Technology Collection," Stanford Libraries, May 26, 2021, https://library.stanford.edu/node/172367（2022年7月2日檢索）.

5. "IBM Electric Chinese Typewriter." Museum of Business History and Technology. Wilmington, Delaware（以下簡稱 MBHT）.

6. Eugen Buhler and Christopher A. Berry, B Machine adapted for typing Chinese ideographs," US Patent 2458339, filed May 3, 1946, and issued January 4, 1949；Burt to Mead, June 7, 1946；F. C. Frolander to R. R. Mead, June 11, 1946, Mergenthaler Linotype Company Records, 1905-1993, Archives Center, National Museum of American History, Smithsonian Institution, 3628號檔案盒（以下稱MLCR）. 亦見高仲芹

Christine R. Yano, "Kaomoji and Expressivity in a Japanese Housewives' Chat Room," in *The Multilingual Internet: Language, Culture, and Communication Online*, ed. Brenda Danet and Susan C. Herring (New York: Oxford University Press, 2007), 278–302; Tim Shortis, "Revoicing Txt: Spell- ing, Vernacular Orthography and 'Unregimented Writing," in *The Texture of Inter- net: Netlinguistics in Progress*, ed. Santiago Posteguillo, María José Esteve, and Lluïsa Gea-Valor(Cambridge: Cambridge Scholar Press, 2007); Tim Shortis, " 'Gr8 Txtpectations'"; Blake Sherblom-Woodward, "Hackers, Gamers and Lamers: The Use of l33t in the Computer Sub-Culture," unpublished paper, Swarthmore College, Swarthmore, Pennsylvania, 2008, https://www.swarthmore.edu/sites/default/files/assets / documents/linguistics/2003_sherblom-woodward_blake.pdf; Suresh Canagarajah, "Codemeshing in Academic Writing: Identifying Teachable Strategies of Trans- languaging," *The Modern Language Journal* 95, no. 3 (2011): 401–417; Zhang Wei, "Multilingual Creativity on China's Internet," World Englishes (May 2015): 231–246; Li Wei, "New Chinglish and the Post-Multilingualism Challenge: Translanguaging ELF in China," *Journal of English as a Lingua Franca* 5, no. 1 (2016): 1–25; Li Wei and Zhu Hua, "Tranßcripting: Playful Subversion with Chinese Characters," *International Journal of Multilingualism* 16, no. 2 (2019): 145–161; Elena Giannoulis and Lukas R. A. Wilde, eds., *Emoticons, Kaomoji, and Emoji: The Transformation of Communication in the Digital Age* (New York: Routledge, 2020). 在蘇席瑤關於臺灣的著作中，可以找到一系列引人入勝的語碼轉換和風格化範例，還有Carmel Vaisman對希伯來語及其用ASCII字符表示的精彩研究見Carmel Vaisman, "Performing Girlhood through Typographic Play in Hebrew Blogs," in Digital Discourse: Language in the New Media, ed. Crispin Thurlow and Kristine Mroczek (Oxford: Oxford University Press, 2011), 177–196.

28. Greg Downey, "Constructing 'Computer-Compatible' Stenographers: The Transition to Real-Time Transcription in Courtroom Reporting," *Technology and Culture* 47, no. 1 (January 2006): 1–26; Miyako Inoue, "Word for Word: Verbatim as Political Technologies," *Annual Review of Anthropology* 47, no. 1 (2018): 217–232; Dongchen Hou, "Writing Sound: Stenography, Writing Technology, and National Modernity in China, 1890s," *Journal of Linguistic Anthropology* 30, no. 1 (2019): 103–122.

29. 有時即使出現在鍵盤上的字母，也不代表字母本身。例如，要紀錄聲母「F」（即出現在單字開頭的「F」），使用者實際上並沒有按下代表「F」的鍵（即使上面有一個），而是必須同時按下另外兩個鍵：「T」和「P」。

透過中文語法，這些字母過去主要用於以語音為中心的書寫，現在則呈現出曾經被認為幾乎獨有的「表意」品質。見Brian Rotman, *Becoming Beside Ourselves: The Alphabet, Ghosts, and Distributed Human Being* (Durham, NC: Duke University Press, 2008); Lydia H. Liu, *The Freudian Robot: Digital Media and the Future of the Unconscious* (Chicago: University of Chicago Press, 2011); and "Interview with Lydia Liu," http://rorotoko.com/interview/20110615_liu_lydia_freudian_robot_digital_media_future _ unconscious/?page=2. 另見Alfred H. Bloom, "The Impact of Chinese Linguistic Structure on Cognitive Style," *Current Anthropology* 20, no. 3 (1979): 585–601; and Alfred H. Bloom, *The Linguistic Shaping of Thought: A Study in the Impact of Language on Thinking in China and the West* (Hillsdale, NJ: L. Erlbaum, 1981). 歐美脈絡下的數位書寫主要著作，參見Richard A. Lanham, *The Electronic Word* (Chicago: University of Chicago Press, 1993); Matthew G. Kirschen-baum, *Track Changes: A Literary History of Word Processing* (Cambridge, MA: Harvard University Press, 2016); N. Katherine Hayles, Writing Machines (Cambridge, MA: MIT Press, 2002); and N. Katherine Hayles, *How We Think: Digital Media and Contempo-rary Technogenesis* (Chicago: University of Chicago Press, 2012).

27. 創建語言的例子包括世界語或克林貢語，輔助腳本之一是日語注音假名（用於幫助讀者辨別漢字字符的正確發音）。縮寫和母音減少的例子包括「congrats」和「imedtly」（替換immediately）。字母數字同音詞包括諸如「r」代替are）、「b」代替be等例子。在其他語言中，「6」代替意大利語的sei（6或「是」）。Braj B. Kachru, "The Bilinguals' Creativity," *Annual Review of Applied Linguistics* 6 (1985): 20–33; Braj B. Kachru, "The Bilingual's Creativity and Contact Literatures," in *The Alchemy of English: The Spread, Functions, and Models of Non-Native Englishes*, ed. Braj B. Kachru (Oxford: Pergamon Press, 1986), 159–170; Yamuna Kachru, "Code-Mixing, Style Repertoire and Lan- guage Variation: English in Hindu Poetic Creativity," *World Englishes* 8, no. 3 (1989): 311–319; Brenda Danet, Cyberpl@y: Communicating Online (Oxford: Berg Publish- ers, 2001); 蘇席瑤，「臺灣網路的多語言和多正字法：大學附屬BBS上書寫系統的創造性使用」，*Journal of Computer-Mediated Communication* 9, no. 1 (2003), JCMC912, https://doi.org/10.1111 /j.1083-6101.2003.tb00357.x; Larissa Hjorth, "Cute@keitai.com," in Japanese Cyber- cultures, ed. Nanette Gottlieb and Mark J. McLelland (London: Routledge, 2003); David Crystal, A Glossary of Netspeak and Textspeak (Edinburgh: Edinburgh Univer- sity Press, 2004); Hirofumi Katsuno and

「反傳統」等概念混淆。而術語如infrasonic（次聲波），代表的是「低於人類聽覺範圍」。然而超書寫這個詞的意思，並不是指人類感知的「下方」或「之下」，而是寫作過程中短暫且最終可拋棄的步驟。Underwriting（承保）是另一種可能性，但它有與金融和銀行業術語混淆的風險。hypotext（假文本）也許是最接近的競爭者，它也跟眾所周知的術語hypertext（超文本）提供了一個潛在的有效對立，可以被認為是僅連結到自己的文本（亦即它要表示和檢索的內容）。然而在我看來，後面的graph（書寫）的選擇，更能捕捉到關於寫作的潛在擴展性和多樣性。畢竟就前面說過的內容來看，hypography（超書寫）不一定是文字，它可以是手勢、眼球運動、各種符號和標記等等。任何可以紀錄的東西都可以作為超書寫的基礎。

24. W. A. Martin, *The History of the Art of Writing* (New York: Macmillan, 1920).

25. 中國電腦和新媒體裝置中的超書寫規模和普遍性，使其有別於博爾特和格魯辛（Bolter and Grusin）的「超媒體」概念中，對於「即時性」的相反術語。整體而言，對博爾特和格魯辛來說，「超媒體」（hypermediacy）是藝術家、設計師或評論家的領域。這是一種帶有目的、通常具有明顯顛覆性的行為，人們可以透過它來吸引大家對媒體本身的關注——有的人可能會說這是數位時代的實體「詩」。但在中文語境中，超書寫是司空見慣的。雖然它與「超中介」（hypermediation）有某些共同特徵，但它絕對不是藝術家或評論家的舞台。超書寫是每個拿起數位裝置者的領域，博爾特和格魯辛的修正版。

26. 跟Brian Rotman和Lydia Liu接觸過後，讓我的工作獲益匪淺，因為他們兩人都在我之前就探索過這些問題。羅特曼認為，語音文字的出現是人類「變得超越自身」的過程：一個認知自我異化的過程，創造了新的分析抽象空間，同時排除了其他認知可能性。雖然這個論點似乎與阿爾弗雷德・布魯姆（Alfred Bloom）和其他人的早期看法相互呼應，他們試圖尋找語言和認知樣式之間的關聯，但是羅特曼在避免將「拼音文字」和「中文」之間任何明顯或簡單化的二分法方面，完成了令人敬佩的工作。如果口說文字列印（呈現）出來是一種抽象行為，那麼超書寫似乎讓這種抽象更進一步。超書寫取決於抽象「抽象」本身的能力：可以說像一種脫離身體的體驗，或者說「瘋狂變得瘋狂」之類。

    莉迪亞劉（Lydia Liu）說英語印刻在數位時代是表意文字式的英語，變成字母的「後語音」轉變。「什麼是數位寫作？」劉在接受採訪時談到了她的作品主題。「它是一個由離散的表意符號組成的系統——可以被電腦識別和處理的數字或字母。」

見 Jay David Bolter and Richard Grusin, *Remediation: Understanding New Media* (Cambridge, MA: MIT Press, 1998).

19. Michael H. Adler, *The Writing Machine: A History of the Typewriter* (London: Allen and Unwin, 1973); Wilfred A. Beeching, *Century of the Typewriter* (New York: St. Mar— tin's Press, 1974).

20. 我在這裡的觀點是從尼克・蒙特福特、諾亞・沃德里普—弗魯因、馬修・基申鮑姆、雅各布・加布里等學者處汲取靈感，並加入他們的行列。他們敦促我們應該超越蒙特福特所說的「螢幕本質主義」（screen essentialism）：亦即對視覺輸出執著的電腦設備。「電腦不是視覺媒介，」雅各・加布里提醒我們。「我們可能會說它主要是數學的，或者可能是電學的，但它最初並不涉及視覺或圖像問題。然而，我們與電腦技術的接觸越來越常透過螢幕介面進行引導。因此，絕大多數電腦媒體學術研究，都致力於分析電腦的視覺輸出（如文字、圖像和互動），很少會考慮產生這些圖像的實質過程，也不會令人覺得奇怪。然而對於中文電腦和新媒體的學者來說，卻是特別急切的事，因為對輸出的關注，轉移了對拉丁字母占主導地位的無數重點注意力，包括編碼系統、印表機撞針的冶金特性、BIOS中斷、點陣圖網格大小等。見Nick Montfort, "Continuous Paper: The Early Materiality and Workings of Electronic Literature," *MLA Annual Conference*, Philadelphia. December 2004. 該說法的完整文字見https://nickm.com/writing/essays/continuous_paper_mla.html; Noah Wardrip–Fruin, *Expressive Processing: Digi tal Fictions, Computer Games, and Software Studies* (Cambridge, MA: MIT Press, 2009); Matthew Kirschenbaum, *Mechanisms: New Media and the Forensic Imagination* (Cambridge, MA: MIT Press, 2012); and Jacob Gaboury, "Hidden Surface Problems: On the Digital Image as Material Object," *Journal of Visual Culture* 14, no. 1 (2015): 40–60.

21. 第五章加入了克萊恩（Ronald Kline）和平奇（Trevor Pinch）在經典著作中所提關於使用者主導創新的對話。Ronald Kline and Trevor Pinch, "Users as Agents of Technological Change: The Social Construction of the Automobile in the Rural United States," *Technology and Culture* 37 (1996): 763–795.

22. Jack Goody, "Technologies of the Intellect: Writing and the Written Word," in *The Power of the Written Tradition* (Washington, DC: Smithsonian Institution Press, 2000), 133-138.

23. 跟任何新造詞一樣，其他可能性也會隨之出現。我想到了Subtext（潛台詞）和subverse（顛覆），但把它們排除了，因為可能會跟「潛在主題」、「隱含意義」或是由「打字比賽聯盟」考慮過的英文單字「平均長度」）。這就帶來了一個公認的棘手問題：如何量化和比較漢字與英文單字。比較合理的技術就是將中文原文翻譯成英文，然後計算出一個比率。根據中華人民共和國國家官方認可的英文翻譯，這31個中文字的段落：「高舉中國特色社會……」翻譯成英文就是「Hold High the Great Banner of Socialism with Chinese Characteristics and Strive for New Victories in Building a Moderately Prosperous Society in All Respects.」雖然原來的段落是24個字，不過用英語打字比賽規則來換算，實際總數就是31.4個字（157個字母數字字元、空格和標點符號，除以五）。更多有關中文翻譯者的「經驗法則」訊息，見郭凱澤在Quora上的精彩討論：「翻譯一個英文單字平均需要多少個漢字？」https://www.quora.com/On-average-how-many-Chinese-characters-does-it-take-to-translate-an-English-word（2019年8月3日檢索）。

15. 還有一些打字愛好者的打字速度驚人，達到每分鐘200、242、甚至256個字。雖然這種打字「衝刺」只能持續幾秒鐘，但整體而言，這種「衝刺」競賽讓打字員能夠達到在任何時間段落下都無法追上的速度。

16. 黃振宇的「衝刺」速度也超過了英文打字界所見過的速度。Sean Wrona的表演在打字比賽中名垂青史，他曾在不到6秒的時間內轉錄（按稿輸入）了21個單字（每個單字再次被定義為「平均5個字母，包括所有空格和符號」，依據北美打字比賽標準）。所以他的表演速度為每分鐘256個單字，這表示他在大約5.25秒內就完成了21個單字的轉錄。儘管Wrona的表現快如閃電，但2013年比賽中黃振宇開場幾秒鐘的「衝刺」仍然更快。請見https://www.youtube.com/watch?v=IozhMc6lPTU。這個比賽梯次中的其他人包括 Jelani Nelson、Guilherme Sandrini、Yifei Chen、Nate Bowen和一位名叫Kathy的Youtuber，https://www.youtube.com/watch?v=IFuMEnLthHs。另見https://seanwrona.com/typing.php。在SXSW的打字比賽上，Wrona以每分鐘124個字的速度贏得了冠軍。https://www.youtube.com/watch?v=m9EXEpjSDEw。

17. 在其他情況下，中國人根本無法加入這個大家庭的行列，就像熱金屬排版（更廣為人知的名字是Linotype和Monotype機器）一樣，工程師們試圖調整機器來適應中國基於漢字的文字，但未能成功。有關對於中國資訊科技偏見的深入調查，見Thomas S. Mullaney，《中文打字機：機械書寫時代的漢字輸入進化史》（劍橋，麻薩諸塞州：麻省理工學院出版社，2017年）。

18. 一本有關文化邏輯和「即時性」持久吸引力的基礎著作，重點關注於西方世界，

7. 曹雪楠，“Bullet Screens (彈幕): Texting, Online Streaming, and the Spectacle of Social Inequality on Chinese Social Networks,” *Theory, Culture and Society* 38, no. 3 (2019): 29–49.

8. 從某種意義上說，本書對輸入法編輯器的關注，使其與軟體研究的子領域和軟體的歷史間，進行了某種對話。然而輸入法作為「中介層」而言，與這些子領域之間有點無法協調，因為輸入法是一種在用戶和其他軟體應用程式之間（例如用戶和微軟Word、資料庫程式、網路瀏覽器或其他應用程式之間）運作的軟體形式，情況就是如此。見Martin Campbell—Kelly, “The History of the History of Software,” *IEEE Annals of the History of Computing* (December 18, 2007): 40–51. 另見Matthew Fuller, *Behind the Blip: Essays on the Culture of Software* (Brooklyn, NY: Automedia, 2003).

9. 也有基於手指滑動的輸入法，也就是使用智慧型手機、平板電腦或電腦觸控板，透過繪製中文字來檢索。在這種情況下，輸入法會根據此資料（而非按鍵）不斷更新其潛在漢字匹配清單。

10. 「2013年全國漢字輸入大賽總決賽在信陽平橋區舉行」，河南新聞（2013年12月12日晚間7:11分播出），https://zhuanlan.zhihu.com/p/37361698。

11. 完整官方內容為「高舉中國特色社會主義偉大旗幟，為奪取全面建設小康社會新勝利而奮鬥。」見胡錦濤《在中國共產黨第十七次全國代表大會上的報告》，2007年10月15日，https://www.chinadaily.com.cn/china /2007-10/25/content_ 620 4663.htm。

12. 該比賽由中國主要報紙《光明日報》共同主辦，與1980年代以來在中國和華語世界各地舉辦的數百場比賽類似。在這樣的比賽中，可能有幾十到幾百名參與者使用電腦和QWERTY鍵盤，盡可能快速、準確地轉錄一篇中文文章。就像黃振宇一樣，他們不斷地打出長長的字母數字串，而這些字母數字串就像變魔術一樣，變成了螢幕上的文字段落。另一個共同發起者是中國發明協會。

13. 為了偵測黃按下的按鍵，尤其必須考慮到他驚人的打字速度，因此有必要暫停影片，一格格移動觀看。

14. 每分鐘多少個漢字和每分鐘多少個英文單字之間的「翻譯」比較，不僅要仔細考慮中文「字元」和英文「單字」之間的差異，而且還要考慮英文打字比賽中，定義「單字」概念的特殊方式。讓我們先考慮第二個問題：給定段落中的「字數」在打字比賽評審的計算上，會與一般人的計算方式不同。首先，評審們統計出文章中的字母數字字元總數（包括空格和標點符號），然後將這個數字除以五（這

附註

導言

1. 提筆忘字。

2. Barbara Demick, "China Worries about Losing its Character(s)," *Los Angeles Times*, July 12, 2010, http://articles.latimes.com/2010/jul/12/world/la-fg-china-characters- 20100712 (accessed September 2, 2014).

3. Victor Mair,"CharacterAmnesia," *Language Log*, July 22, 2010, https://languagelog.ldc.upenn.edu/nll/?p=2473; Jennifer 8. Lee, "In China, Computer Use Erodes Traditional Handwriting, Stirring a Cultural Debate," *New York Times*, February 1, 2001; Demick, "China Worries."

4. 「『提筆忘字』我們究竟忘掉了什麼？」，新華網，2013年11月4日，http://edu.qq.com/a/20131104/002402.htm（2019年3月1日瀏覽）

5. 漢字危機；「『提筆忘字』：是信息化造成了漢字危機嗎？」，《中國青年報》，2013年 9月 16日，http://www.cernet.edu.cn/zhong_guo_jiao_yu/yiwujiaoyu/201309/t20130916_1017489.shtml.

6. Deborah Cameron, Verbal Hygiene (London: Routledge, 1995); Crispin Thurlow, "Generation Txt? The Sociolinguistics of Young People's Text-Messaging," *Discourse Analysis Online 1*, no. 1 (2003), https://extra.shu.ac.uk/daol/articles/v1/n1/a3/thurlow2002003-paper.html; Victoria Carrington. "Txting: The End of Civilization (Again)?" *Cambridge Journal of Education* 35 (2004): 161-175; Jannis Androutsopoulos, "Introduction: Sociolinguistics and Computer-Mediated Communication," *Journal of Sociolinguistics* 10, no. 4 (2006): 419-438; Tim Shortis, " 'Gr8 Txtpectations': The Creativity of Text Spelling," *English Drama Media* 8 (June 2007): 21-26; David Crystal, *Txtng: The Gr8 Db8* (Oxford: Oxford University Press, 2008); Tamara Plakins Thorn- ton, Handwriting in America (New Haven, CT: Yale University Press, 1996).

Zhongguo jisuanji yonghu xiehui（China Computer User Society）中國計算機（電腦）用戶協會

Zhongguo Zhongwen xinxi xuehui（Chinese Character Encoding Working Group of the Chinese Information Society）中國中文信（訊）息學會

Zhongguo Zhongwen xinxi yanjihui（Chinese Information Processing Society of China）

中國中文信（訊）息研究會

Zhongguo Zhongwen xinxi yanjiuhui（Chinese Information Processing Society of China）中國中文信（訊）息研究會

Zhongguo Zhongwen xinxi yanjiuhui Hanzi bianma zhuanye weiyuanhui（Chinese Information Research Association Chinese Character Encoding Professionals Committee meeting）中國中文信（訊）息研究會漢字編碼專業委員會

Zhongwen jisuanji xiehui（Chinese Computing Society）中文計算機（電腦）協會

Zhongwen xinxi chuli guojia yanjiuhui（ICCIP）中文信（訊）息處理國家研究會

Zhongwen xinxi yanjiuhui（Chinese Information Research Association）中文信（訊）息研究會

zhongxing jianpan（medium-sized keyboard）中型鍵盤

Zhou Youguang 周有光

zhuyin zimu（Chinese Phonetic Alphabet）注音字母

zifu fangshi（symbolic mode）字符（元）方式

zifu fangshi xianshi（symbolic display mode/character display format）字符（元）方式顯示

zifu zimo ku（character font library）字符（元）字模庫

zimo huanchongqu（Character Bitmap Buffer Zone）字模緩衝區

Riben chongdianqi gongye（OKI Corporation）日本沖電器工業

Shanghai yinshua jishu yanjiusuo（Shanghai Printing Institute of Technology）上海印刷技術研究所

shiliang Hanzi（vector font）矢量（向量）漢字

shurufa 輸入法

shuruma huanchong qu（Input Code Buffer Zone）輸入碼緩衝區

sijibu（Fourth Machinery Ministry）四機部

Sougou yunrufa（Sogou Cloud Input）搜狗雲輸入法

tishihang（prompt line）提示行

tuxing fangshi（graphics mode）圖形方式

Wang An 王安

Wang Jizhi 王輯志

Wang Xuan 王選

Wang Yongming 王永民

weixing jisuanji（microcomputer）微型計算（微型電腦）

xianshizi（display fonts）顯示字

xiao moshi lianxiang ciku（Small-Scale Associative Character Repository）小模式聯想詞庫

xinxihua（informationalization）信（訊）息化

Xue Shiquan 薛士權

xuni shuaxin qu（Virtual Refresh Zone）虛擬刷新區

yagan shi Hanzi jianpan（Pressure Sensitive Chinese Character Keyboard）壓感式漢字鍵盤

Yang Lien-Sheng（Lien-Sheng Yang）楊聯陞

Yanshan jisuanji yingyong yanjiu zhongxin（Yanshan Computer Applications Research Center）燕山計算機（電腦）應用研究中心

zhenshi dayinji（Impact printer）針式印表機（點陣式印表機）

Zhi Bingyi 支秉彝

Zhima（Zhi Code, also known as OSCO）支碼（亦稱為見字識碼）

zhong moshi lianxiang ciku（Medium-Scale Associative Character Repository）中模式聯想詞庫

Zhongguo biaozhun jishu kaifa gongsi（Chinese Standards Technology Development Company）中國標準技術開發公司

Zhongguo biaozhunhua yu xinxi fenlei bianma yanjiusuo（Chinese Standardization and Information Classification and Encoding Research Institute）中國標準化與信（訊）息分類編碼研究所

erjinzhi（binary）二進制

fandong xueshu quanwei（Reactionary Academic Authority）反動學術權威

fangzao（emulation / copy-catting）仿造 /仿冒

Haanzii Zhuaannbiaan Zimuhua（Chinese Transalphabet）漢字轉換字母化

Hanzi BASIC yuyan（Chinese BASIC）漢字BASIC語言

Hanzi bianma（Chinese Character Encoding）漢字編碼

Hanzi COBOL yuyan（Chinese COBOL）漢字COBOL語言

Hanzi shibie（Chinese character recognition / OCR）漢字辨識

Hanzi ziku xinpian（Chinese Character Library Chip）漢字字庫芯片（晶片）

Hanzi shuru dasai（Chinese Input Competition）漢字輸入大賽

Hanzi xianshi（Chinese Character Display）漢字顯示

Hanzi xinxi chuli（Chinese Character Information Processing）漢字信息（訊息）處理

jineima（Internal Code）機內碼

jianzi shima（OSCO）見字識碼

jidianbu liusuo（Number 6 at the Ministry of Machine-Building Industries）機電部六所

jingdian ouhe shi Hanzi jianpan（Electrostatic Chinese Keyboard）靜電耦合式漢字鍵盤

jisuanji（computer）計算機（電腦）

Jisuanji yanjiusuo（Computer Research Institute）計算機研究所（電腦研究所）

Kung Sheung Wan Pao（Kung Sheung Evening News）工商晚報

Le shi jianpan（Loh's keyboard）樂氏鍵盤

Le Xiuzhang（Shiu C. Loh）樂秀章

Li Fan（Francis Fan Lee）李凡

Li Jinkai 李金凱

lianxiang ciku weihu chengxu（Associative Character Repository Maintenance Program）聯想詞庫維護程序（程式）

Lin Yutang 林語堂

Lois Lew 劉淑蓮

mokuai（interrupt/INT）模塊（模組）

nanzhezi（hard-to-cut characters）難拆字（難拆的字）

Pinyin（Pinyin）拼音

Pinyin-ization（Pinyinhua）拼音化

Qian Peide 錢培得

詞彙對照表

10 lei zhongduan chengxu (INT 10)，10類終端程序（程式）

16 lei zhongduan chengxu (INT 16)，16類終端程序（程式）

24 zhen Hanzi dayinji (24-Pin Chinese Printer)，二十四針漢字打印機（印表機）

Beijing hangkong xueyuan (Beijing Institute for Aeronautics and Astronautics)，北京航空學院

Beijing shi jisuanji yanjiusuo (Beijing Computer Research Institute)，北京市計算機（電腦）研究所

bianma wuran ("Code Pollution") ，編碼污染

CCBIOS de CRT kongzhi chengxu (CCBIOS CRT Control Program)，CCBIOS的CRT控製程序（程式）

CCBIOS de jianpan kongzhi chengxu (CCBIOS Keyboard Control Program)，CCBIOS的鍵盤控製程序（程式）

chazifa gongzuozu (Character Retrieval Working Group) ，查字法工作組

Chen Jianwen 陳建文

chongma huanchong qu (Chinese Character Duplicate Code Buffer)，重碼緩衝區

Chung-Chin Kao 高仲芹

chushi daicanshu cunfangchu (CRT Initial Generation Parameter Storage)，初始代參數存放處

CRT shuaxin qu (CRT Refresh Zone) ，CRT刷新區

CRT zifu fashengqi (CRT Character Generator)，字符發生器（字元產生器）

Cui Tienan 崔鐵男

da moshi lianxiang ciku (Medium-Scale Associative Character Repository)，大模式聯想詞庫

danxianti (terminal script)，單線體

daziji (typewriter)，打字機

di yi jixie gongyebu (First Ministry of Machine Building)，第一機械工業部

Dianbao xinshu（Chinese telegraph code）電報新書

diannao（computer / electronic brain）電腦／電子大腦

diannao shu tongwen（unification of writing for computers）電腦書同文

R. G. 克羅克特寫給軍需研究與發展部門 T. S. 邦奇克的信，1958年6月18日。標題：合約編號 DA19–129-QM-458，1958年6月18日季度進度報告，路易斯．羅森布魯姆收藏，史丹佛大學。

R.G.克羅克特寫給 T.S.邦奇克的信，1958年6月18日。克羅克特被列為專案管理人員。

理查．所羅門寫給威廉．加斯四世和路易斯．羅森布魯姆的信，1982年8月2日，羅森布魯姆論文，史丹佛大學。

羅伊．霍夫海因茨寫給李留平的信，1979年9月27日，路易斯．羅森布魯姆收藏，史丹佛大學。

羅伊．霍夫海因茨寫給路易斯・羅森布魯姆的信，1978年12月7日，路易斯．羅森布魯姆收藏，史丹佛大學。

羅伊．霍夫海因茨寫給威廉．加斯四世的信，1980年1月16日，路易斯．羅森布魯姆收藏，史丹佛大學。

範尼瓦．布許寫給小W. W. 加斯 的信，1954年8月19日，路易斯．羅森布魯姆收藏，史丹佛大學。

範尼瓦．布許寫給小W. W. 加斯 的信，1955年5月9日，路易斯．羅森布魯姆收藏，史丹佛大學。

小W. W. 加斯 寫給範尼瓦．布許的信，1953年12月14日，路易斯．羅森布魯姆收藏，史丹佛大學。

威廉．加斯四世和路易斯．羅森布魯姆寫給羅伊．霍夫海因茨的信，1980年1月十4日，路易斯．羅森布魯姆收藏，史丹佛大學。

支秉彝寫給路易斯．羅森布魯姆的信，1980年3月3日，路易斯．羅森布魯姆收藏，史丹佛大學。

支秉彝寫給羅伊．霍夫海因茨的信，1979年9月27日，路易斯．羅森布魯姆收藏，史丹佛大學。

支秉彝寫給威廉．加斯四世和路易斯．羅森布魯姆的信，1982年2月19日，路易斯．羅森布魯姆收藏，史丹佛大學。

普瑞斯．羅（Pres Low）、加斯四世和羅森布魯姆寫給支秉彝的傳真，1980年6月23日，路易斯．羅森布魯姆收藏，史丹佛大學。

默根瑟勒鑄排公司紀錄，1905年至1993年，美國國家歷史博物館檔案中心，史密森學會，3628號檔案盒。

喬治·甘迺迪寫給C. H. 格里菲斯的信，1943年12月17日，史密森學會，3628號檔案盒。

喬治·甘迺迪寫給C.H.格里菲斯的信，1944年2月17日，默根瑟勒鑄排公司紀錄，1905年至1993年，美國國家歷史博物館檔案中心，史密森學會，3628號檔案盒。

H. A. 伯特寫給 R. R. 米德的信，1946年6月7日，默根瑟勒鑄排公司紀錄，1905年至1993年，美國國家歷史博物館檔案中心，史密森學會，3628號檔案盒。

J. C. Plasteras 寫給 R. R. Mead的信，1946年6月13日，默根瑟勒鑄排公司紀錄，1905年至1993年，美國國家歷史博物館檔案中心，史密森學會，3628號檔案盒。

黃凱東（Kai-tung Huang音譯）寫給路易斯·羅森布魯姆的信，1980年4月16日。史丹佛大學。

約翰·福斯特寫給休伊的信，1980年4月15日。羅森布魯姆收藏，史丹佛大學。

李約瑟寫給《工商晚報》的信（1978年9月25日）。請參閱「香港《工商晚報》刊登有關中文電腦化的不準確報導的通訊及其他文件」參考SCC2/24/1。創作者 R.P. Sloss、李約瑟、李宗英。日期為 1978年9月25日至10月10日，李約瑟研究所。

K. E.艾克蘭寫給帕迪·洛的信。N.d.（1959年8月，大約在1959年8月10日之後的某個時間）。帕迪·洛論文。登記編號 98055–16.370/376，193號檔案盒，胡佛學會檔案。

李留平（Li Liuping音譯）寫給羅伊·霍夫海因茨的信，1979年9月13日，路易斯·羅森布魯姆收藏，史丹佛大學。

路易斯·羅森布魯姆寫給理查德·所羅門的信，1982年6月21日，路易斯·羅森布魯姆收藏，史丹佛大學。

路易斯·羅森布魯姆寫給沃爾塔·托雷的信，1960年10月13日，路易斯·羅森布魯姆收藏，史丹佛大學。

路易斯·羅森布魯姆寫給支秉彝的信，1981年6月30日，路易斯·羅森布魯姆收藏，史丹佛大學。

路易斯·羅森布魯姆寫給支秉彝的信，1978年11月1日，路易斯·羅森布魯姆收藏，史丹佛大學。

米羅維奇寫給麥基的信，1946年4月30日，默根瑟勒鑄排公司紀錄，1905年至1993年，美國國家歷史博物館檔案中心，史密森學會，3628號檔案盒。

米羅維奇寫給麥基的信，1946年6月19日，默根瑟勒鑄排公司紀錄，1905年至1993年，美國國家歷史博物館檔案中心，史密森學會，3628號檔案盒。

李約瑟寫給麥可·洛威的信，1979年9月26日，SCC2/23/65，李約瑟研究所。

紀錄，1905年至1993年，美國國家歷史博物館檔案中心，史密森學會，3628號檔案盒。
C. H. 格里菲斯寫給喬治・甘迺迪（George A. Kennedy）的信，1944年2月11日，默根瑟勒鑄排公司紀錄，1905年至1993年，美國國家歷史博物館檔案中心，史密森學會，3628號檔案盒。
C. H. 格里菲斯寫給J T 麥基的信，1944年4月27日，默根瑟勒鑄排公司紀錄，1905年至1993年，美國國家歷史博物館檔案中心，史密森學會。3628號檔案盒。
C. H. 格里菲斯寫給J. T. 麥基的信，1944年2月11日，默根瑟勒鑄排公司紀錄，1905年至1993年，美國國家歷史博物館檔案中心，史密森學會，3628號檔案盒。
高仲芹寫給A. P. 潘恩的信，1944年2月7日，默根瑟勒鑄排公司紀錄，1905年至1993年，美國國家歷史博物館檔案中心，史密森學會，3628號檔案盒。
高仲芹寫給C. H. 格里菲斯的信，1944年4月29日，默根瑟勒鑄排公司紀錄，1905年至1993年，美國國家歷史博物館檔案中心，史密森學會，3628號檔案盒。
高仲芹寫給C. H. 格里菲斯的信，1944年2月7日，默根瑟勒鑄排公司紀錄，1905年至1993年，美國國家歷史博物館檔案中心，史密森學會，3628號檔案盒。
高仲芹寫給格里菲斯的信，1946年8月21日，默根瑟勒鑄排公司紀錄，1905年至1993年，美國國家歷史博物館檔案中心，史密森學會，3628號檔案盒。
高仲芹寫給J. T. 麥基的信，1944年2月18日，默根瑟勒鑄排公司紀錄，1905年至1993年，美國國家歷史博物館檔案中心，史密森學會，3628號檔案盒。
高仲芹寫給J. T. 麥基的信，1946年10月1日，默根瑟勒鑄排公司紀錄，1905年至1993年，美國國家歷史博物館檔案中心，史密森學會，3628號檔案盒。
高仲芹寫給米洛維奇的信，1946年5月13日，默根瑟勒鑄排公司紀錄，1905年至1993年，美國國家歷史博物館檔案中心，史密森學會，3628號檔案盒。
高仲芹寫給R.H. 透納的信。 1946年10月1日，默根瑟勒鑄排公司紀錄，1905年至1993年，美國國家歷史博物館檔案中心，史密森學會，3628號檔案盒。
高仲芹寫給湯馬斯・S・沃森的信，1946年2月2日。IBM公司檔案，紐約。
尤金・米洛維奇（Eugene B. Mirovitch） 寫給J. T. 麥基的信，1944年4月26日，默根瑟勒鑄排公司紀錄，1905年至1993年，美國國家歷史博物館檔案中心，史密森學會，3628號檔案盒。
F.C.弗洛蘭德寫給R. R. 米德的信。 1946年6月11日，默根瑟勒鑄排公司紀錄，1905年至1993年，美國國家歷史博物館檔案中心，史密森學會，3628號檔案盒。
佛羅倫斯・安德森（卡內基公司副祕書長）寫給W.W. Garth Jr.（平面藝術研究基金會主席），

訪問與通訊

Aled Tien，田艾立，H. C. Tien之子，2015年3月16日

Andrew Sloss，安德魯・史洛斯，羅伯・史洛斯之子，2011年2月21日

Ann Welch 安・韋爾奇，考德威爾的親戚，2013年9月5日

Bruce Rosenblum 布魯斯・羅森布魯姆，2017年3月3日

Chan-hui Yeh 葉晨暉，2010年3月21日及2010年4月18日

Jenny Chuang 莊珍妮（音譯），2013年9月3日

Jenny Stagner 珍妮・史塔格納，考德威爾的親戚，2013年9月4日

Jiang Kun and Jiang Wei 蔣琨和蔣薇，2013年9月17日

Jim Dowling 吉姆・道林，考德威爾的親戚，2013年8月20日

Joseph Becker 喬瑟夫・貝克，2013年1月18日

Lee Collins 李・柯林斯，2013年1月18日

Lily Ling 凌莉莉，2017年9月25日

Lois Lew 露薏絲劉（劉淑蓮），2019年1月14日

Louis Rosenblum 路易斯・羅森布魯姆，2014年4月21日

Patrick Finnigan 派崔克・芬尼根，2022年4月15日

Peter Samson 彼得・薩姆森，2023年9月5日

Roger Melen 羅傑・梅倫，2023年6月13日

Severo Ornstein 塞維羅・奧恩斯坦，2016年6月30日

Winston Kao 溫斯頓・高，高仲芹之子，2014年4月23日

發明家蔣琨的孫女蔣薇寫給作者的電子郵件，2013年9月15日。

平面藝術研究基金會辦公室致茱蒂林的信，1981年6月9日，路易斯・羅森布魯姆收藏，史丹佛大學。

A. P. 潘恩（A. P. Paine）寫給麥基（J. T. Mackey）的信，1944年2月7日，默根瑟勒鑄排公司紀錄，1905年至1993年，美國國家歷史博物館檔案中心，史密森學會，3628號檔案盒。

C. H. 格里菲斯（C. H. Griffith）寫給喬治甘迺迪的信，1943年12月1日，默根瑟勒鑄排公司

NARA-SB National Archives and Records Administration，國家檔案和紀錄管理局（加州聖布魯諾）

NCM National Cryptologic Museum，國家密碼博物館（馬里蘭州安納波利斯章克申））

NDL National Diet Library，國立國會圖書館（日本東京））

NI Needham Research Institute，李約瑟研究院（英國劍橋）

OA Olivetti Archives，奧利維提展示中心（義大利伊夫雷亞）

PTM Porthcurno Telegraph Museum，波思科諾電報博物館（英國波思科諾）

RHTC Rolf Heinen Technology Collection，羅爾夫·海寧科技收藏（德國德羅爾斯哈根）

SI Smithsonian Institute，史密森學會（華盛頓特區）

SMA Shanghai Municipal Archives，上海市檔案館（中國上海）

SPEC Stanford University Special Collections，史丹佛大學特藏（史丹佛大學）

TMA Tianjin Municipal Archives，天津市檔案館（中國天津）

TSM Thomas S. Mullaney East Asian Information Technology History Collection，墨磊寧東亞資訊科技史館藏（史丹佛大學）

UW University of Washington Special Collections，華盛頓大學特藏（華盛頓州西雅圖）

WL Wang Laboratories Corporate Papers，王安電腦企業論文（哈佛大學商學院特藏））

YU Yale University Special Collections，耶魯大學特藏（康乃狄克州紐黑文）

檔案藏館縮寫查詢

＊編按：以下為方便查閱改成橫排、西翻排列

AS Academia Sinica，中央研究院（臺灣台北）

BMA Beijing Municipal Archives，北京市檔案館（中國北京）

CW Cable and Wireless Archives，英國大東電報局檔案館（英國波思科諾）

CSP Cambridge University Library Special Collections，劍橋大學圖書館特藏（英國劍橋）

CHM Computer History Museum（Mountain View, CA），電腦歷史博物館（加州山景城）

DNA Danish National Archives（Copenhagen），丹麥國家檔案館（哥本哈根）

DEPL Dwight D. Eisenhower Presidential Library，德懷特・艾森豪威爾總統圖書館（阿比林，堪薩斯州）

HI Hoover Institute，胡佛研究所（史丹佛大學）

HML Hagley Museum and Library，哈格利博物館和圖書館（德拉瓦州威爾明頓）

HUBSSC Harvard University Business School Special Collections，哈佛大學商學院特藏

IBM International Business Machines Corporate Archives，國際商業機器公司檔案館（紐約州薩默斯）

DK Donald Knuth Papers，高德納論文（史丹佛大學）

LOC Library of Congress 美國國會圖書館（華盛頓特區）

LR Louis Rosenblum Collection，路易・羅森布魯姆收藏（史丹佛大學）

MBHT Museum of Business History and Technology 商業歷史與技術博物館（德拉瓦州威爾明頓））

MLCR Mergenthaler Linotype Company Records，默根瑟勒鑄排公司紀錄，1905年至1993年，史密森學會，美國國家歷史博物館檔案中心

MIT Caldwell Papers，麻省理工學院考德威爾論文（麻省理工學院，劍橋，麻薩諸塞州）

MOP Museum of Printing History，印刷史博物館（麻薩諸塞州北安多弗））

NARA-MD National Archives and Records Administration，國家檔案和紀錄管理局（馬里蘭州科利奇帕克）

國家圖書館出版品預行編目 (CIP) 資料

中文數位探索 ： 從漢字輸入到電腦中文化的壯闊歷程 / 墨磊寧 (Thomas S. Mullaney)著 ; 吳國慶譯. -- 初版. -- 新北市 : 臺灣商務印書館股份有限公司, 2024.12
面； 公分. -- (歷史. 科技史)
譯自 : The Chinese computer : a global history of the information age
ISBN 978-957-05-3597-6(平裝)

1.CST: 中文資訊處理 2.CST: 中文字集字碼 3.CST: 歷史

312.909 113015858

歷史・科技史

中文數位探索

從漢字輸入到電腦中文化的壯闊歷程

原著書名 The Chinese Computer: A GLOBAL HISTORY OF THE INFORMATION AGE
作　　者 墨磊寧（Thomas S. Mullaney）
譯　　者 吳國慶
發 行 人 王春申
選書顧問 陳建守、黃國珍
總 編 輯 林碧琪
主　　編 何珮琪
封面設計 陳學[illegible]
內文排版 菩薩蠻電腦科技有限公司
業　　務 王建棠
資訊行銷 劉艾琳、孫若屏
出版發行 臺灣商務印書館股份有限公司
23141 新北市新店區民權路 108-3 號 5 樓（同門市地址）
電話：（02）8667-3712　傳真：（02）8667-3709
讀者服務專線：0800-056193　郵撥：0000165-1
E-mail：ecptw@cptw.com.tw　網路書店網址：www.cptw.com.tw
Facebook：facebook.com.tw/ecptw

局版北市業字第 993 號
2024 年 12 月初版 1 刷
印刷　中原造像股份有限公司
定價　新台幣 640 元
ISBN　978-957-05-35976

法律顧問　何一芃律師事務所